新编21世纪高等职业教育精品教材

装备制造类

工程制图

主　编◎林爱琴

副主编◎张　华　王　珏

参　编◎范海慧

中国人民大学出版社

·北京·

图书在版编目（CIP）数据

工程制图 / 林爱琴主编 . -- 北京 : 中国人民大学出版社，2024.4

新编 21 世纪高等职业教育精品教材 . 装备制造类

ISBN 978-7-300-32290-2

Ⅰ. ①工… Ⅱ . ①林… Ⅲ . ①工程制图－高等职业教育－教材 Ⅳ . ① TB23

中国国家版本馆 CIP 数据核字（2023）第 211378 号

新编 21 世纪高等职业教育精品教材 • 装备制造类

工程制图

主　编　林爱琴

副主编　张　华　王　珏

参　编　范海慧

Gongcheng Zhitu

出版发行	中国人民大学出版社		
社　址	北京中关村大街 31 号	邮政编码	100080
电　话	010－62511242（总编室）		010－62511770（质管部）
	010－82501766（邮购部）		010－62514148（门市部）
	010－62515195（发行公司）		010－62515275（盗版举报）
网　址	http://www.crup.com.cn		
经　销	新华书店		
印　刷	唐山玺诚印务有限公司		
开　本	787 mm × 1092 mm　1/16	版　次	2024 年 4 月第 1 版
印　张	16.5	印　次	2024 年 4 月第 1 次印刷
字　数	366 000	定　价	48.50 元

前言

党的二十大报告指出，教育、科技、人才是全面建设社会主义现代化国家的基础性、战略性支撑。教育是国之大计、党之大计。职业教育是我国教育体系的重要组成部分，肩负着“为党育人、为国育才”的神圣使命。本教材以习近平新时代中国特色社会主义思想为指导，深入贯彻落实党的二十大精神，将思想道德建设与专业素质培养融为一体，着力培养爱党爱国、敬业奉献，具有工匠精神的高素质技能人才。

本教材适应新形势下高等职业教育教学改革和发展的需要，以培养高等技术应用型人才为目标，是编者在总结多年教学经验和课程教学改革成果的基础上编写而成的。

本教材综合了传统教学模式和任务驱动教学法的优点，在保持完整学科体系的前提下，通过“任务驱动”模式进行教学，搭建制图理论和技能训练教学平台，把各知识点融合在对应任务中，在完成任务的过程中实现教学目标，有利于进行启发式教学。每个任务中都引入企业实际典型案例，对所学知识点进行强化和综合应用，实现“教、学、做”三位一体化教学。

编者深入企业调查研究，明确专业岗位人员应具备的基本能力与职业素养，并邀请企业专家参与教材的编写。本教材以培养岗位职业能力为目标，引入企业实际案例，具有较强的针对性和实用性，信息量大，实操性强，便于学生积累更多的识图、绘图经验，以增强学习效果，同时也注意适应时代需要，将新观念、新方法、新标准纳入教材；在内容上，以“实用为主、能力够用”为原则，适当删减了画法几何部分知识，增加了一些能够锻炼学生实际应用能力的内容，奉行“理论不减、技能进一步提高”的理念，使高职高专学生处在一个相对完整的知识链中，全面培养他们的空间想象能力和识图、绘图实践能力。

本教材融入数字资源，将教学视频、动画等数字化教学资源以二维码的形式插入相应内容处，使复杂问题简单化、抽象内容形象化、动态内容可视化。教材内容融文字、声音、动画、视频于一体，构成多方位、多视觉、立体化新教材表现形式，使学生易学、好学、乐学，提高学生自主学习的积极性。

本书由辽宁经济职业技术学院的林爱琴任主编，张华、王珏任副主编。全书共有 9 个任务，任务 1 ～ 3 由王珏编写，任务 4 ～ 6 由张华编写，任务 7、任务 8、附录由林爱琴编写，任务 9 及书中的案例由沈阳品索工程设计有限公司的范海慧编写。

本书在编写过程中参考了国内外有关资料和文献，得到了同行专家的大力支持，在此表示衷心的感谢。

由于时间仓促，加之编者水平有限，书中难免存在疏漏之处，恳请广大读者批评指正。

编　者

CONTENTS

目 录

任 务 1

制图基础知识

知识目标

- 了解技术制图国家标准的相关规定；了解几何作图（如等分线段、圆弧连接）的相关知识。
- 了解定形尺寸、定位尺寸，会进行尺寸分析。
- 了解已知线段、中间线段和连接线段，会进行线段分析。
- 了解机械制图中的主要绘图工具。

能力目标

- 具备按照国家标准相关规定制图的能力。
- 具备分析平面图形的尺寸、线段的能力，具备绘制平面图形的能力。
- 具备正确使用绘图工具的能力。

素养目标

- 培养学生遵纪守法的意识。
- 培养学生勤奋、进取的敬业精神。
- 培养学生的爱国情怀和民族自豪感。

1.1 国家标准中的基本规定

制图的基础知识

工程制图所绘制的图样是用来组织生产工业产品的，并非美术作品，不能随绘图者主观意愿任意发挥，必须以统一的标准绘制，让读图者准确理解绘图者的意图，进而准确无误地生产出符合要求的工业产品。因此，图样又被称作“工程界的共同技术语言”。我国以国家标准（《技术制图》《机械制图》）的形式，对机械图样中的图纸幅面、比例、字体、尺寸注法等各项内容都做了明确规定。国家标准《技术制图》涵盖了工程界各个专业（机械、电气、水利、建筑等），是对工程制图的通则性基本规定，是各个专业制图国家标准的上级标准。国家标准《机械制图》在不违背国家标准《技术制图》的前提下，针对机械行业自身特点，进行了一些补充。制图标准不是一成不变的，随着时代和技术的发展，人们会对其进行修订，本书将在下面的任务中介绍最新版的国家标准。本任务首先介绍图纸幅面及格式、比例、字体、图线和尺寸注法等部分。工程技术人员以严肃认真的态度遵守国家标准规定，是保证工业产品顺利生产的前提条件。

1.1.1 图纸幅面和格式

图纸幅面和格式的国家标准是《技术制图　图纸幅面和格式》(GB/T 14689—2008)。

绘制图样时，应优先选用表 1.1 中的幅面，必要时允许进行加长。加长的方法是将基本幅面的短边尺寸增加至整数倍。大于 A4 的图纸均可裁成两张比它小一号的图纸，如将 A0 图纸的长边对裁，即可得到两张 A1 图纸，依此类推。

表 1.1　图纸的基本幅面和图框尺寸　　（单位：mm）

<table>
<tr><th>幅面代号</th><th>A0</th><th>A1</th><th>A2</th><th>A3</th><th>A4</th></tr>
<tr><td>$B \times L$</td><td>841 × 1 189</td><td>594 × 841</td><td>420 × 594</td><td>297 × 420</td><td>210 × 297</td></tr>
<tr><td>e</td><td colspan="2">20</td><td colspan="3">10</td></tr>
<tr><td>c</td><td colspan="3">10</td><td colspan="2">5</td></tr>
<tr><td>a</td><td colspan="5">25</td></tr>
</table>

绘制图样时，必须在图纸上用粗实线框出绘图区域，这部分绘图区域称为图框。图框分为不留装订边（见图 1.1）和留装订边（见图 1.2）两种。同一种产品（如汽车、机床等）的所有图样只允许采用一种格式。

图纸上必须有标题栏，用以说明图纸中所绘图样的基本信息，如机件名称、制图人、材料等。标题栏应配置于图框的右下角，如图 1.1 和图 1.2 所示。《技术制图　标题栏》(GB/T 10609.1—2008) 中规定了标题栏的基本要求、内容、尺寸和格式，具体形式如图 1.3 所示。在不影响工程技术交流准确性的前提下，可采用简化标题栏，如图 1.4 所示。

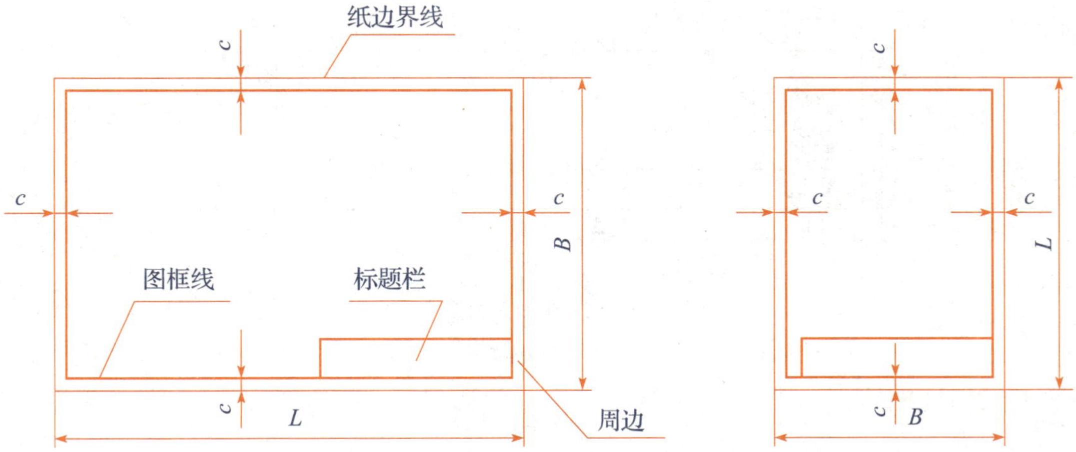

图 1.1 不留装订边的图框

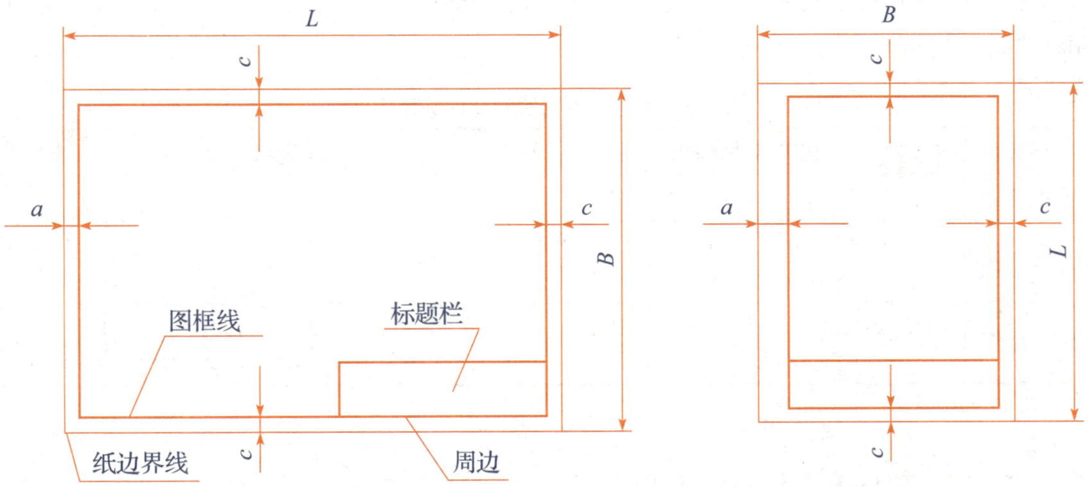

图 1.2 留装订边的图框

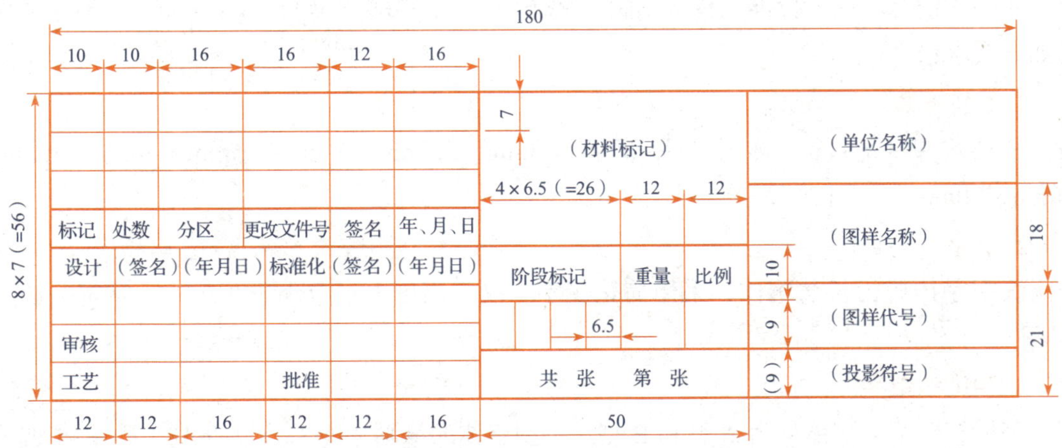

图 1.3 国家标准规定的标题栏

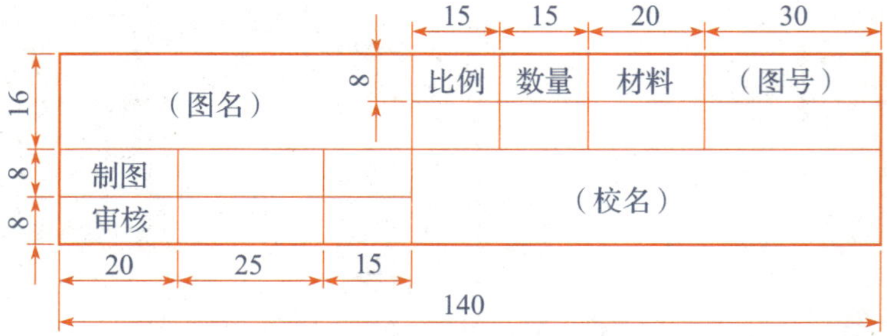

图 1.4　简化标题栏

1.1.2　比例

比例是工程图样中的图与所绘实物相应要素的线性尺寸之比。比值（图比实物）等于 1 为原值比例；大于 1 为放大比例；小于 1 为缩小比例。国家标准《技术制图　比例》（GB/T 14690—1993）规定了优先选用比例和允许选用比例（见表 1.2），绘图时应尽量使用优先选用比例。

表 1.2　优先选用比例和允许选用比例

种类	优先选用比例	允许选用比例
原值比例	1∶1	
放大比例	2∶1，5∶1，1×10^n∶1，2×10^n∶1，5×10^n∶1	2.5∶1，4∶1，2.5×10^n∶1，4×10^n∶1
缩小比例	1∶2，1∶5，1∶10，1∶1×10^n，1∶2×10^n，1∶5×10^n	1∶1.5，1∶2.5，1∶3，1∶4，1∶6，1∶1.5×10^n，1∶2.5×10^n，1∶3×10^n，1∶4×10^n，1∶6×10^n

注：n 为正整数。

1.1.3　字体（GB/T 14691—1993）

在绘制机械图样时，需要用汉字、字母和数字等字体来表达所绘机械的尺寸、技术要求、名称等信息。国家标准《技术制图　字体》（GB/T 14691—1993）（部分摘录）对字体做了如下要求：

1. 字体高度

字体高度（h）的公称尺寸系列为：1.8mm，2.5mm，3.5mm，5mm，7mm，10mm，14mm，20mm。

2. 汉字

汉字字体应为长仿宋体，采用简化汉字。汉字高度 h 不应小于 3.5mm，字宽一般为 $h/\sqrt{2}$。

3. 字母和数字

字母和数字的字体分为 A 型和 B 型。A 型字体的笔画宽度（d）为字高（h）的十四分之一，B 型字体的笔画宽度（d）为字高（h）的十分之一。同一张图样上只允许使用一种字体。字母和数字可写成斜体或正体。斜体字字头向右倾斜，与水平基准线成 75°。

国家标准字体实例如图 1.5 所示。

图 1.5 国家标准字体实例

1.1.4 图线

图线是图样中用到的各种型式的线，相关国家标准有《技术制图 图线》（GB/T 17450—1998）和《机械制图 图样画法 图线》（GB/T 4457.4—2002）。国家标准规定图线的基本线型共 15 种。其中，机械图样主要用到 9 种，如表 1.3 所示。图线按照线宽分为粗线和细线两种，它们的宽度比为 2∶1。

表 1.3 机械图样图线的基本类型

图线名称	图线型式	线宽	主要用途
细实线		0.5*d*	过渡线、尺寸线、尺寸界线、剖面线、指引线、基准线、重合断面的轮廓线等
粗实线		*d*	可见轮廓线、可见棱边线、相贯线等
细虚线		0.5*d*	不可见轮廓线、不可见棱边线等
粗虚线		*d*	允许表面处理的表示线
细点画线		0.5*d*	轴线、对称中心线等
粗点画线		*d*	限定范围表示线
细双点画线		0.5*d*	相邻辅助零件的轮廓线、轨迹线、中断线等
波浪线		0.5*d*	断裂处边界线、视图与剖视图的分界线。在同一张图样上一般采用一种线型，即都采用波浪线或都采用双折线
双折线		0.5*d*	

图线应用实例如图 1.6 所示。

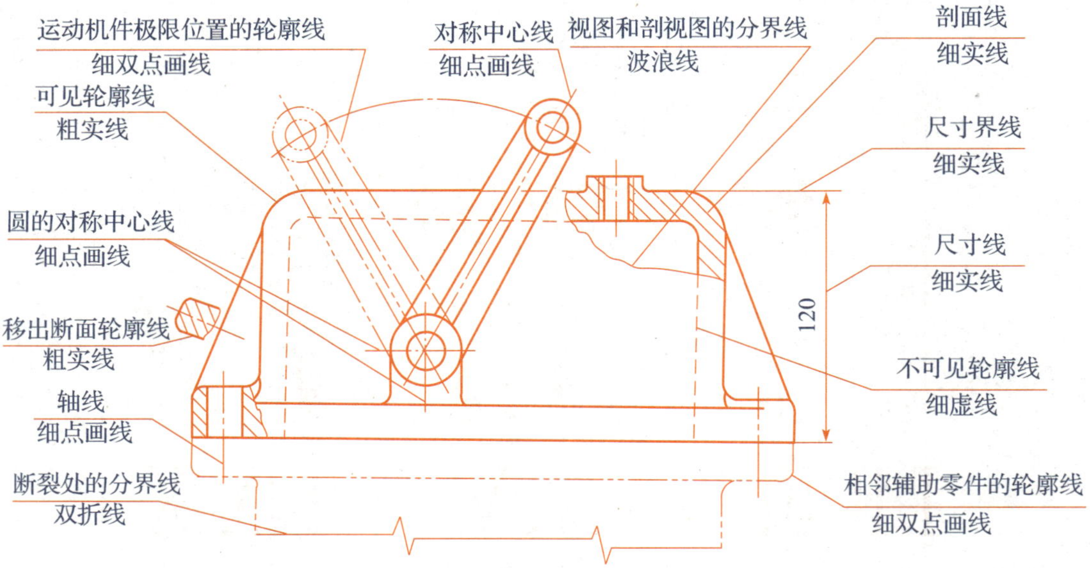

图 1.6　图线应用实例

图线的画法应遵循如下规则：

（1）同一张图样中的同一类图线宽度应该相同。虚线、点画线、双点画线等出现在同一张图样中时，同类线型的线段长度和间隔应大致相同。

（2）圆的两个对称中心线（即点画线）应以长画相交，参与相交的几何元素不能是点或者间隔。

（3）图线之间应以画相交，当细虚线在粗实线延长线上时，或虚线圆弧与粗实线相切时，虚线或虚线圆弧应留有间隔，不应与粗实线连在一起。

（4）如果图形较小，绘制细点画线或细双点画线的间隔有困难时，可取消间隔，直接用细实线代替，如图 1.7 所示。

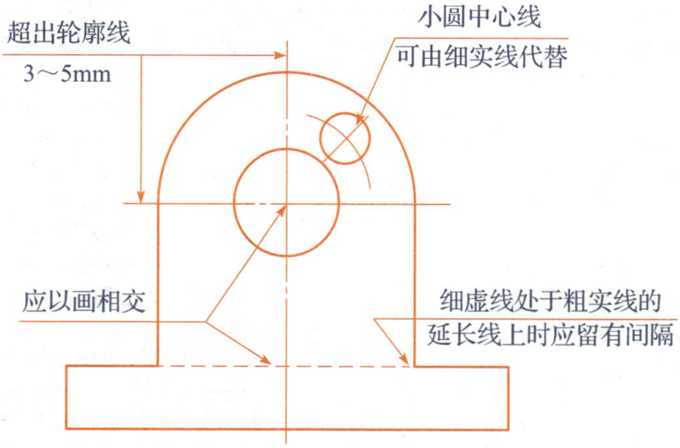

图 1.7　绘制图线的注意事项

1.1.5 尺寸注法

工程图样中的尺寸类别主要有线性尺寸、角度尺寸和弧长尺寸。其中，线性尺寸和角度尺寸应用较多。线性尺寸是指机件某两点间的距离，如机件的长、宽、高、半径、直径等；角度尺寸是指两相交直线、两相交平面或相交的直线与平面所形成的夹角。

国家标准《机械制图　尺寸注法》(GB/T 4458.4—2003）的主要内容如下：

1. 基本规则

（1）图样中所标注的尺寸数值是机件的真实大小，与图形的大小及绘图的准确度无关。

（2）图样中的尺寸，包括技术要求和其他说明，当以毫米（mm）为单位时，不需要标注计量单位符号，如果采用其他单位，则必须注明单位符号。

（3）图样中的尺寸应为机件的最后完工尺寸，如果不是最后完工尺寸应另行说明。

（4）机件的某一尺寸一般只标注一次，并标注在反映该结构最清晰的图形上。

2. 尺寸标注的基本规定

尺寸一般由尺寸界线、尺寸线和尺寸数字组成，如图 1.8 所示。

尺寸标注

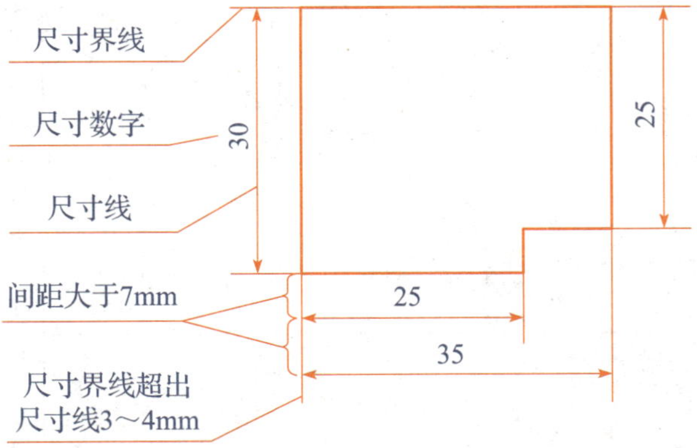

图 1.8　尺寸的组成

（1）尺寸界线。

1）尺寸界线是尺寸的起点或终点，用细实线绘制。尺寸界线可以是图形的轮廓线、轴线或对称线，或者是它们的延长线。

2）尺寸界线一般应与尺寸线垂直，必要时才允许倾斜。

（2）尺寸线。

1）尺寸线必须用细实线单独画出，不能与其他图线重合或画在其他图线的延长线上。

2）尺寸线须与所标注的线段平行。尺寸线与图形轮廓线的间距、相同方向上尺寸线之间的间距应大于 7mm。

3）尺寸线之间，或尺寸线与尺寸界线之间应尽量不相交。

4）尺寸线的两端通常用箭头表示，如图 1.8 所示。当绘制箭头的空间不足时，可用斜线和圆点代替箭头。

（3）尺寸数字。

线性尺寸数字一般应标注在尺寸线上方，也允许标注在尺寸线的中断处，位置不够时可引出标注。同一机械图样中尺寸数字的大小应该相同。尺寸数字不可被任何图线所通过，如发生干涉，则须断开图线。

以上所述为尺寸标注的一些基本规定，常见尺寸的标注方法如表 1.4 所示。

表 1.4　常见尺寸的标注方法

标注内容	图例	说明
线性尺寸	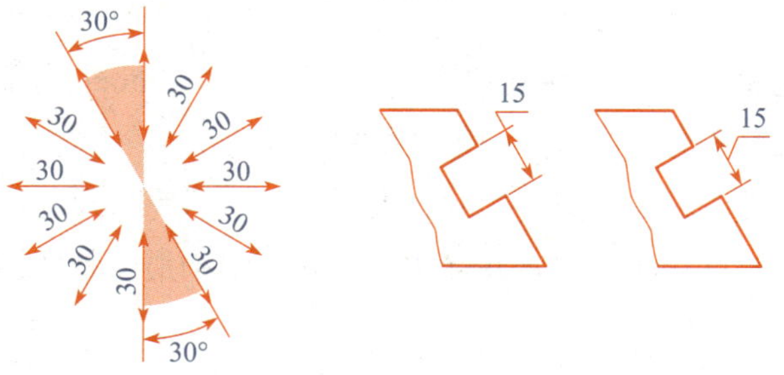	尺寸线必须与所标注的线段平行，尺寸数字应按左图所示的方向注写，并尽量避免在图示 30° 范围内标注尺寸。当无法避免时，应按右图形式标注
角度	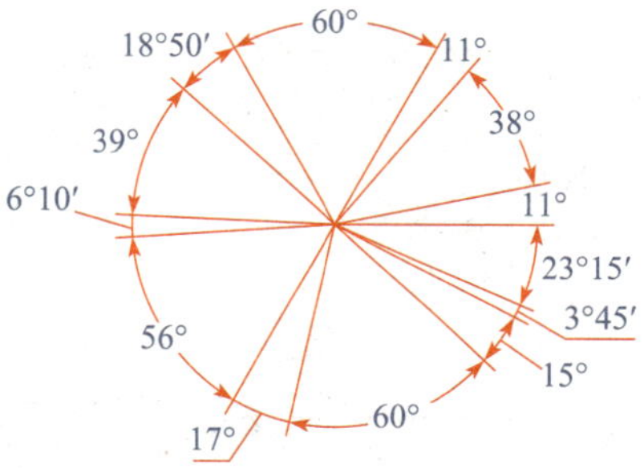	尺寸界线应沿径向引出。尺寸线画成圆弧，圆心是角的顶点。尺寸数字一律水平书写，一般注写在尺寸线的中断处，必要时也可引出标注
圆和圆弧	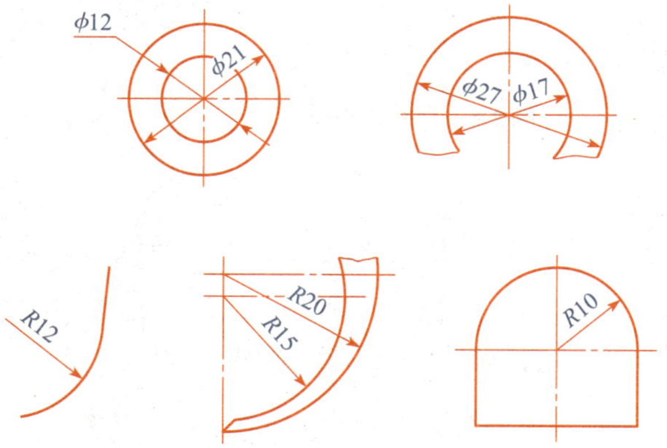	标注圆心角大于 180° 的圆弧时，注明直径尺寸。尺寸线通过圆心，以圆周为尺寸界线，尺寸数字前加注直径符号“ϕ”； 标注圆心角小于等于 180° 的圆弧时，注半径尺寸。尺寸线自圆心引向圆弧，只画一个箭头，尺寸数字前加注半径符号“R”
大圆弧	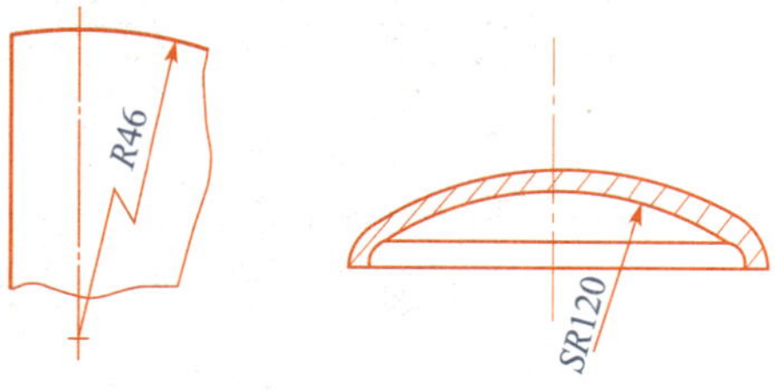	当圆弧的半径过大或在图纸范围内无法标注其圆心位置时，可采用折线形式。若圆心位置不需注明，则尺寸线可只画靠近箭头的一段

续表

标注内容	图例	说明
小尺寸和小圆弧	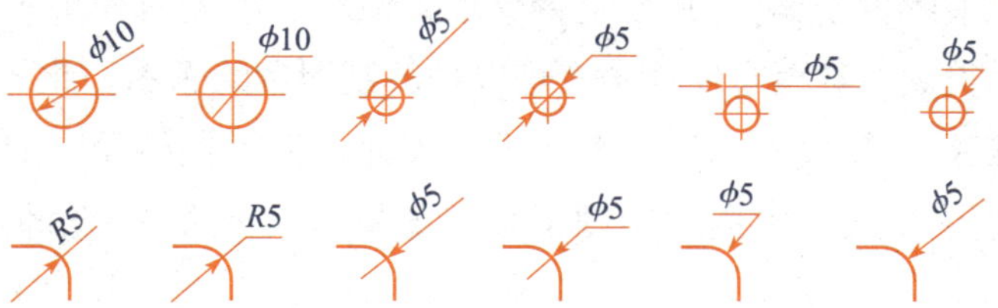	对于小尺寸，若没有足够的位置画箭头或注写数字时，箭头可画在外面，或用小圆点代替两个箭头；尺寸数字也可旁注或引出标注
球面	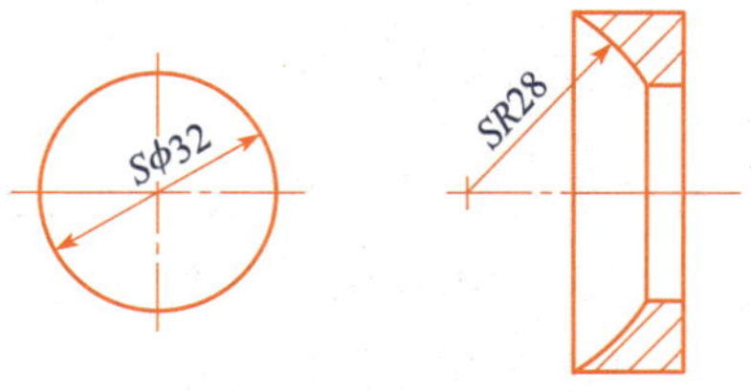	标注球面的直径或半径时，应在尺寸数字前分别加注符号“*Sϕ*”或“*SR*”
弦长和弧长	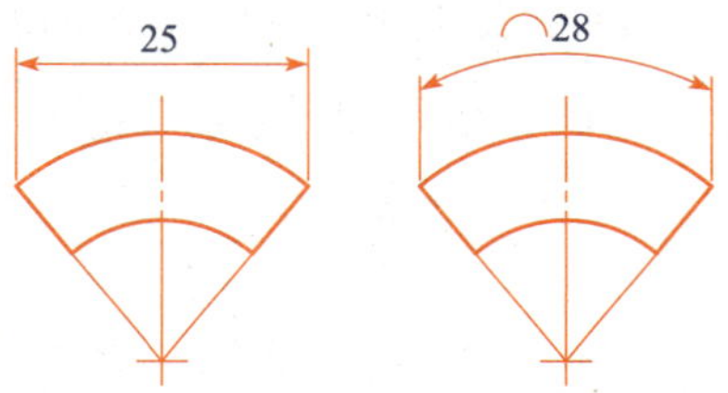	标注弦长或弧长时，尺寸界线应平行于弦的垂直平分线。弧长的尺寸线为同心弧，并应在尺寸数字前加注符号“⌒”
对称机件、板状零件简化画法	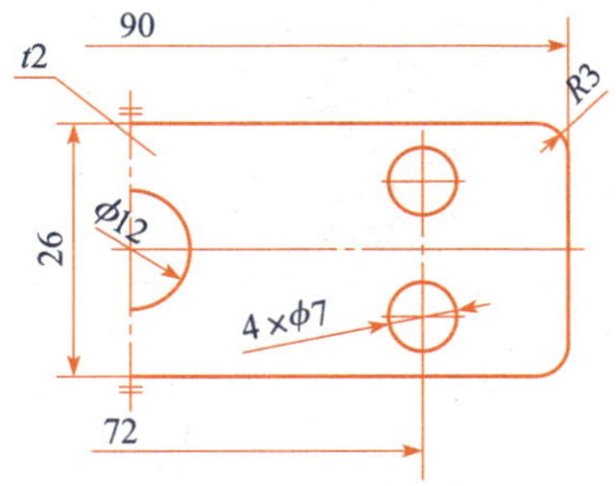	尺寸线应略超过对称中心线或断裂处的边界线，仅在尺寸线的一端画出箭头。 标注板状零件的尺寸时，在厚度的尺寸数字前加注符号“*t*”
方头结构	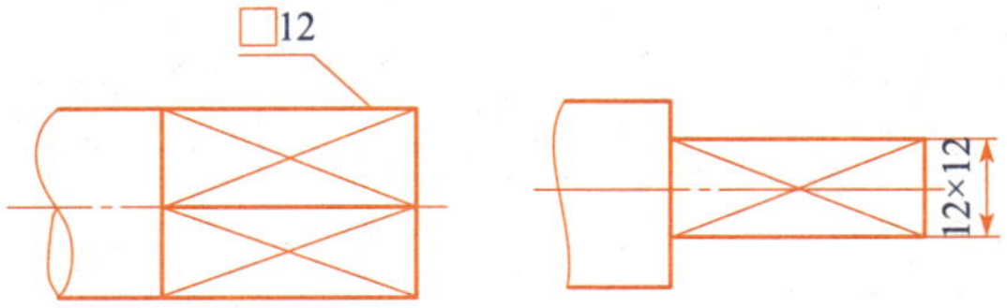	表示剖面为正方形结构的尺寸时，可在正方形边长尺寸数字前加注符号“□”，如“□12”，或用“12×12”代替“□12”
斜度与锥度	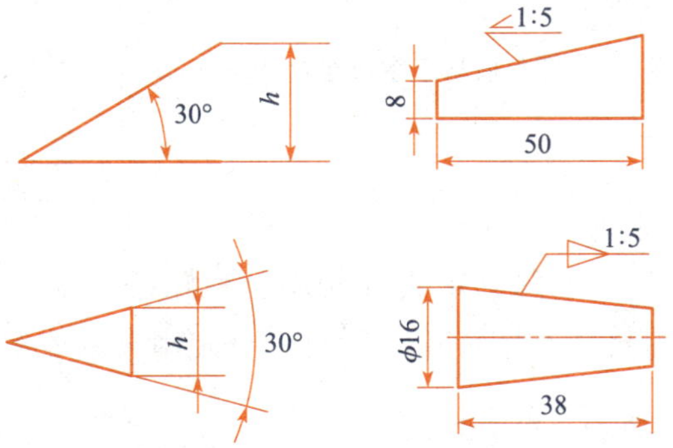	斜度和锥度的符号应与斜度、锥度的方向一致；h=1.4× 字高，符号线宽=h/10

1.2 绘图工具及其使用方法

虽然国家标准对机械图样的准确度并无定量要求，但手工绘图时如果不借助绘图工具，会使工程图样非常不美观，甚至会使读图者难以理解制图者的意图。此外，当绘制圆形等形状时，如无绘图工具，会大大降低绘图效率。因此，为了提高绘图的准确度和效率，手工制图必须使用绘图工具。常用的绘图工具有图板、丁字尺、三角板、圆规、分规等。

1.2.1 图板、丁字尺和三角板

图板的作用是铺放图纸。因此，对图板的要求是平整、光洁、软硬适中，左右硬边应平直。图板的左边为丁字尺的导向边，丁字尺由尺头和尺身组成，一般由塑料制造而成。绘图时，丁字尺的尺头要紧贴图板左边并上下移动，即可由丁字尺的水平边画出水平线。三角板有 45°、45°、90° 和 30°、60°、90° 两种类型。将单块或两块三角板与丁字尺配合，可画出垂直线和角度为 15°、30°、45°、60°、75° 等的斜线，如图 1.9 所示。

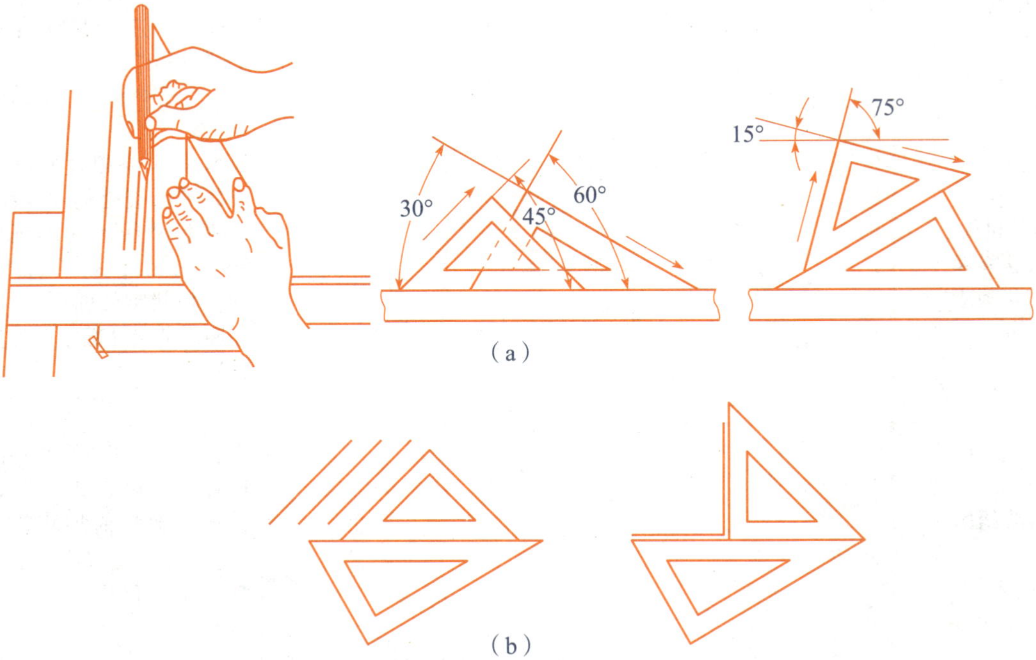

图 1.9　三角板与丁字尺组合使用

1.2.2 圆规和分规

圆规的作用是绘制圆弧线。绘图时，定心针脚用有台阶的一端，以避免图纸上的针孔不断扩大。画大圆时，注意针脚与图面保持垂直。分规用来截取线段、等分直线或圆周。

1.3 平面几何作图

绘制工程图样时经常会出现等分线段和圆周、斜度和锥度、圆弧连接等几何作图问题。下面分别加以介绍。

1.3.1 等分线段和圆周

等分线段就是将一条线段分成若干长度相等的线段。如果该已知线段的长度能被等分的份数整除，则可直接用直尺或三角板上的刻度将其等分；如果不能整除，则可采用辅助线法进行等分。下面以将线段 *AB* 六等分为例介绍绘图步骤：

（1）过 *A* 点作与 *AB* 不重合的射线 *AC*。

（2）用分规以某一固定长度（该长度可自己确定）在 *AC* 上截取 6 条长度相等的线段，将末端点 6 与 *B* 连接起来。

（3）过其他等分点 1、2、3、4、5 作线段 6*B* 的平行线，这些线段与 *AB* 的交点即为所求的等分点，等分线段绘制完成。

1.3.2 斜度和锥度

1. 斜度

斜度是指一条直线对另一条直线或一个平面对另一个平面的倾斜程度。斜度的大小用倾斜角的正切（tan）值来表示，通常将该值转化为 1∶*n* 的形式。在图 1.10 中，线段 *AB* 对 *AC* 的斜度为：$\tan\alpha = H/L$。斜度符号及标注如表 1.4 所示。

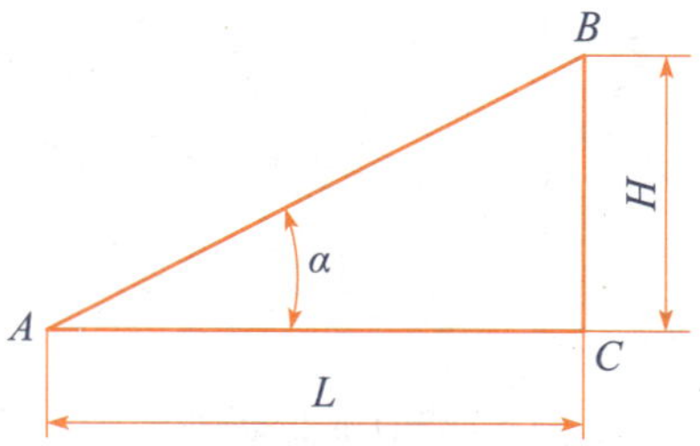

图 1.10 斜度

图 1.11 所示为斜度 1∶5 的几何作图方法：

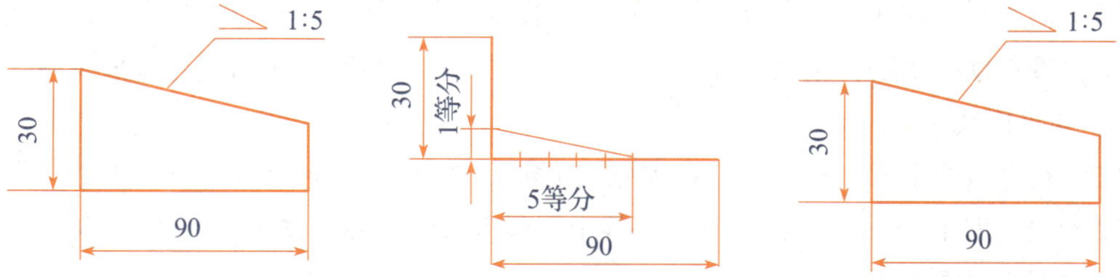

图 1.11 斜度 1∶5 的几何作图

（1）作水平线，并在该线上取 5 份等长度线段；作竖直线，并在该线上取 1 份等长度线段。连接水平和竖直线段端点，这样就得到了斜度为 1∶5 的线。

（2）在竖直线上取高度为 30（根据原图确定），过线段端点作第（1）步中所作斜度线的平行线，则该线的斜度也为 1∶5。在水平线上取长度为 90（根据原图确定），过线段端点作垂线，与斜线相交，进而完成作图。

2. 锥度

锥度是指正圆锥的底圆直径与圆锥高度之比；对于正圆锥台，锥度是上、下底圆直径的差值与锥台高度之比。在图 1.12 中，圆锥台的锥度为（$D-d$）/l。一般将锥度值转化为 1 : n 的形式。锥度符号及标注如表 1.4 所示。

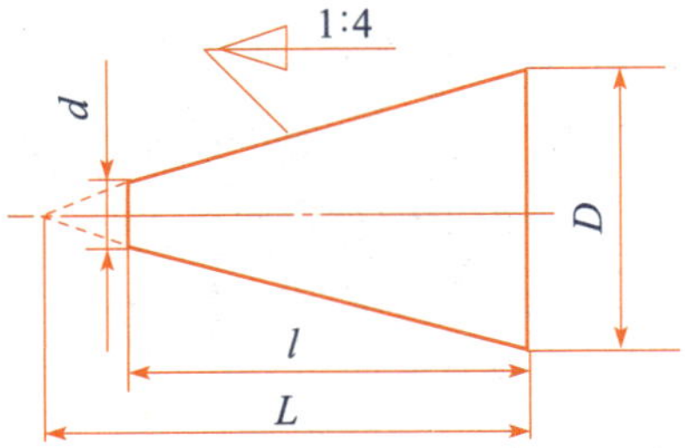

图 1.12　锥度

图 1.13 所示为锥度 1 : 4 的几何作图方法：

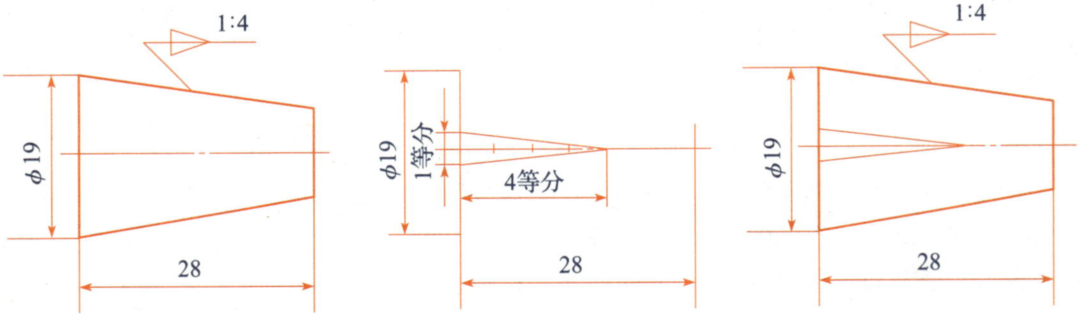

（a）带有锥度的图样　（b）作锥度1:4的辅助线　（c）完成作图并标注

图 1.13　锥度作图方法

（1）作水平线，在该线上取 4 份等长度的线段；在该线的左端作一竖直线，在竖直线上取 1 份等长度的线段，且该线段必须关于水平线对称。将竖直线两端与水平线端点连接得到 1 : 4 锥度线。

（2）在竖直线上取直径 ϕ19（根据原图确定），过竖直线端点作第（1）步中所作锥度线的平行线，即 1 : 4 的锥度线，在水平线上取长度 28（根据原图确定），然后在右端作竖直线，进而完成作图。

1.3.3　圆弧连接

圆弧连接

在机械轮廓上，一条线（直线或曲线）光滑地过渡到另一条线称为连接。利用圆弧可以实现两条线段之间光滑地过渡。

1. 圆弧连接原理

圆弧连接，就是利用圆弧将两直线、两圆弧或一直线和一圆弧光滑地连接起来。实现光滑连接的几何关系就是相切。因此，圆弧连接的本质就是用于连接线段的圆弧与被连接的线段相切，包括直线与圆弧相切或圆弧与圆弧相切。若要求连接圆弧，则只需知道该圆弧的圆心和切点。因此，圆弧连接作图问题就是求圆心和切点。圆弧连接的几何原理如表 1.5 所示。

表 1.5　圆弧连接的几何原理

圆弧与直线连接（相切）	圆弧与圆弧连接（外切）	圆弧与圆弧连接（内切）
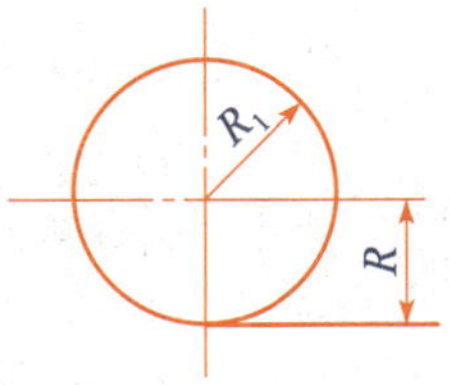	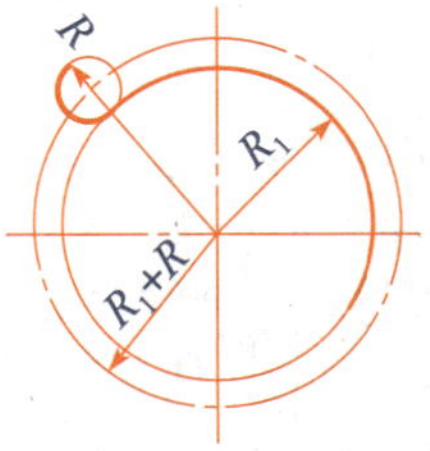	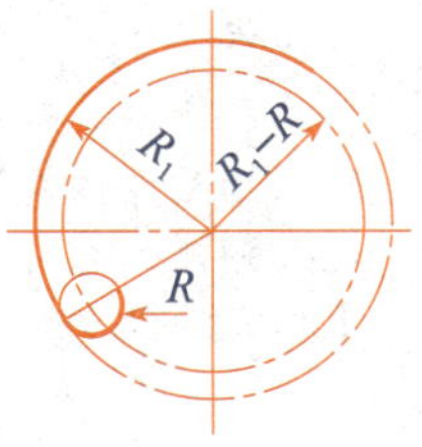
（1）连接弧圆心的轨迹为一平行于已知直线的直线，两直线间的垂直距离为连接弧的半径 R； （2）由圆心向已知直线作垂线，其垂足即为切点	（1）连接弧圆心的轨迹为一与已知圆弧同心的圆，该圆的半径为两圆弧半径之和（R_1+R）； （2）两圆心的连线与已知圆弧的交点即为切点	（1）连接弧圆心的轨迹为一与已知圆弧同心的圆，该圆的半径为两圆弧半径之差（R_1-R）； （2）两圆心的连线的延长线与已知圆弧的交点即为切点

2. 用圆弧连接两直线

用圆弧连接两直线的作图方法如表 1.6 所示。

表 1.6　用圆弧连接两直线

类别	用圆弧连接锐角或钝角的两边	用圆弧连接直角的两边
图例	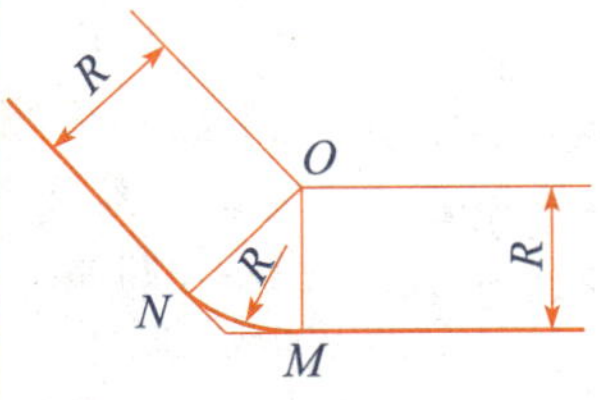 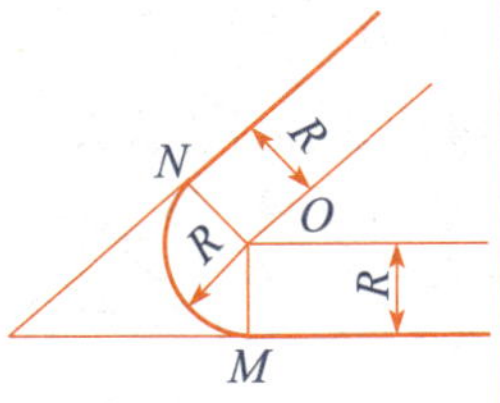	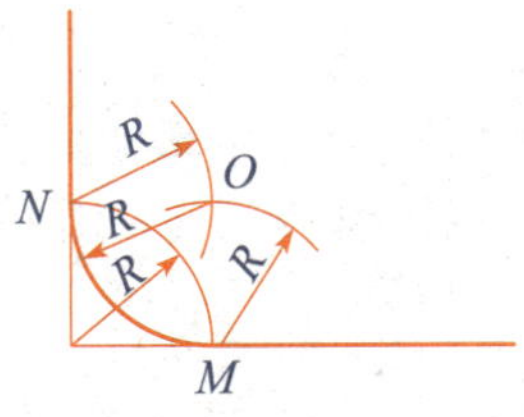
作图步骤	（1）分别作与已知角两边相距为 R 的平行线，交点 O 即为连接弧圆心； （2）自 O 点分别向已知角两边作垂线，垂足 M、N 即为切点； （3）以 O 为圆心、R 为半径在两切点 M、N 之间画弧即为所求连接弧	（1）以直角顶点为圆心、R 为半径画弧，交直角两边于 M、N； （2）分别以 M、N 为圆心，以 R 为半径画弧，相交得连接弧圆心 O； （3）以 O 为圆心、R 为半径在两切点 M、N 之间画弧即为所求连接弧

3. 用圆弧连接直线与圆弧、用圆弧连接两圆弧

用圆弧连接两直线与圆弧、用圆弧连接两圆弧的作图方法如表 1.7 所示。

表 1.7　用圆弧连接直线与圆弧、两圆弧

名称	已知条件和作图要求	作图步骤		
直线和圆弧间的圆弧连接	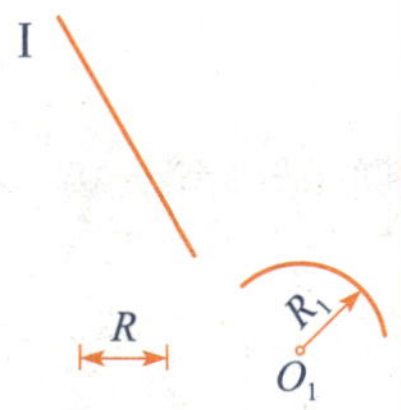 以已知的连接弧半径 R 画弧，与直线Ⅰ和圆弧 O_1 外切	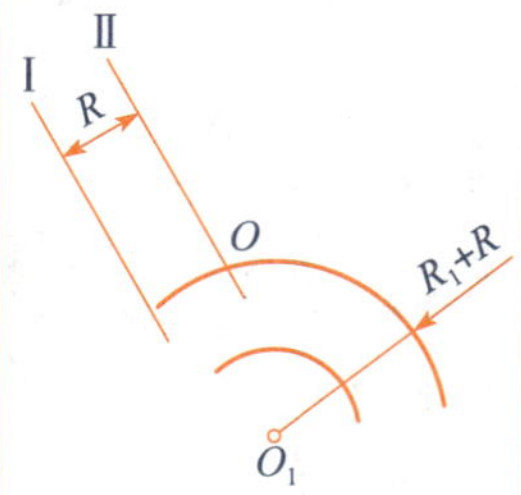 （1）作直线Ⅱ平行于直线Ⅰ（其间距为 R）；再作已知圆弧的同心圆（半径为 R_1+R），与直线Ⅱ相交于 O	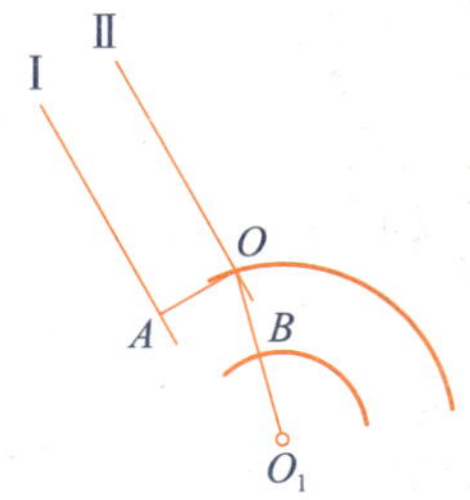 （2）作 OA 垂直于直线Ⅰ；连接 OO_1 交已知圆弧于 B，A、B 即为切点	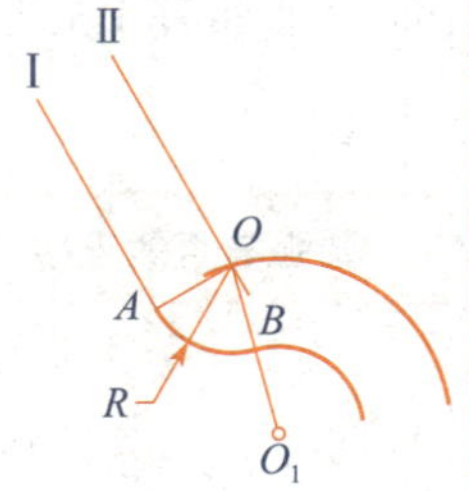 （3）以 O 为圆心、R 为半径画圆弧，连接直线Ⅰ和圆弧 O_1 于 A、B，完成作图
两圆弧间的圆弧连接：外连接	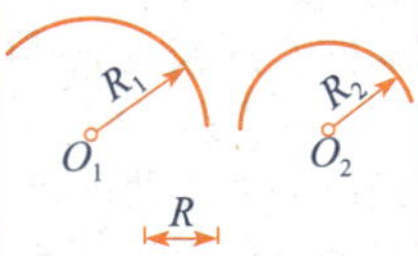 以已知的连接弧半径 R 画弧，与两圆外切	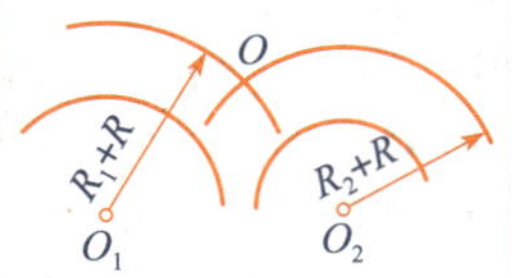 （1）分别以（R_1+R）及（R_2+R）为半径，O_1、O_2 为圆心画弧，交于 O	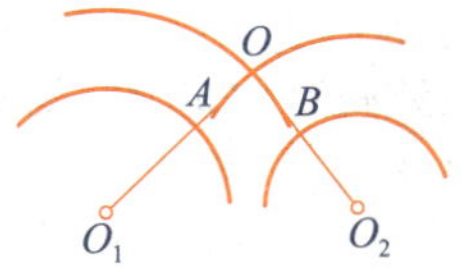 （2）连接 OO_1 交已知弧于 A，连接 OO_2 交已知弧于 B，A、B 即为切点	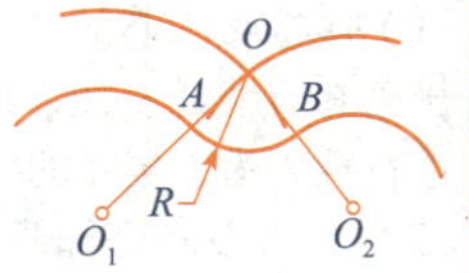 （3）以 O 为圆心、R 为半径画圆弧，连接已知圆弧于 A、B，完成作图
两圆弧间的圆弧连接：内连接	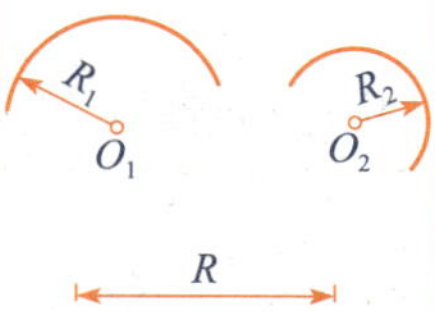 以已知的连接弧半径 R 画弧，与两圆内切	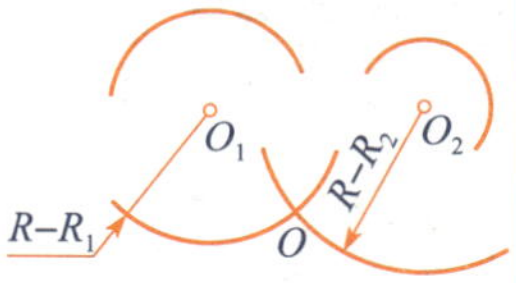 （1）分别以（$R-R_1$）及（$R-R_2$）为半径，O_1、O_2 为圆心画弧，交于 O	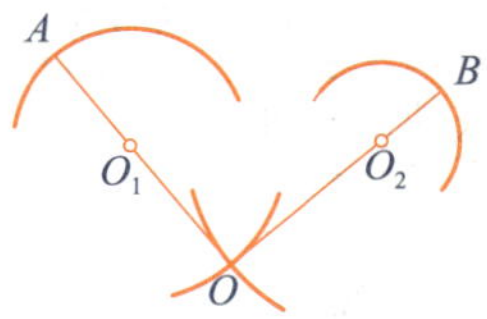 （2）连接 OO_1、OO_2 并延长，分别交已知弧于 A、B，A、B 即为切点	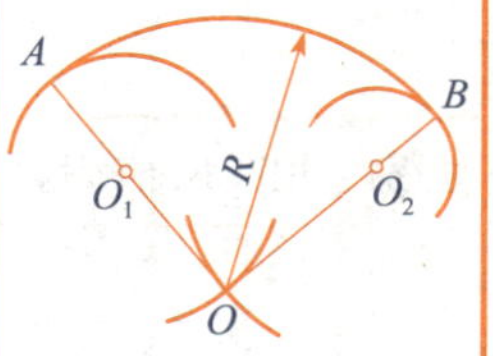 （3）以 O 为圆心、R 为半径画圆弧，连接已知圆弧于 A、B，完成作图
两圆弧间的圆弧连接：混合连接	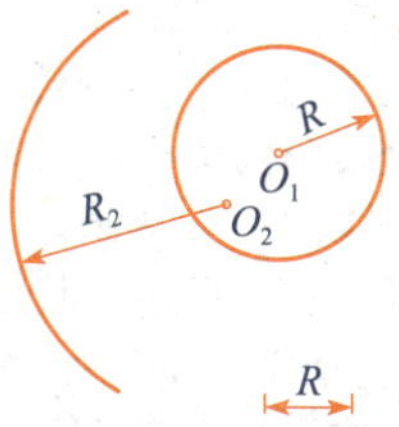 以已知的连接弧半径 R 画弧，与圆 O_1 外切，与圆弧 O_2 内切	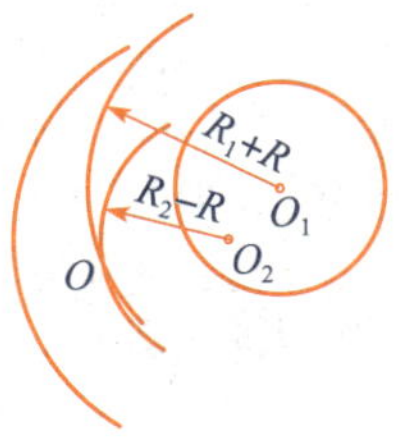 （1）分别以（R_1+R）和（R_2-R）为半径，O_1、O_2 为圆心画弧，交于 O	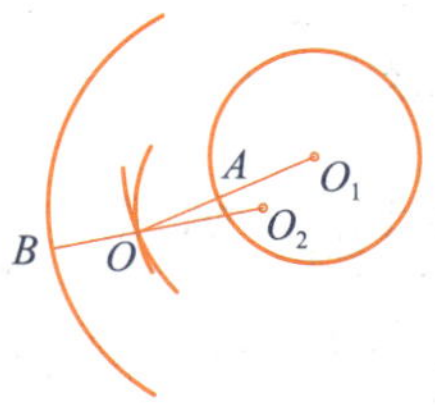 （2）连接 OO_1 交已知弧于 A，连接 OO_2 并延长交已知弧于 B，A、B 即为切点	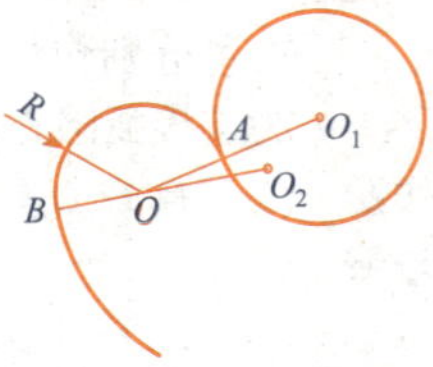 （3）以 O 为圆心、R 为半径画圆弧，连接已知圆弧于 A、B，完成作图

1.4 绘制和标注平面图形

一个平面由一个或几个封闭图形组成，有的封闭图形由几个彼此相切或相交的线段（直线、圆弧）组成。若想正确绘制平面图形并标注它的尺寸，则必须掌握平面图形的尺寸分析和线段分析方面的基础知识。

1.4.1 尺寸分析

尺寸是用来描述平面图形形状和大小的，分为定位尺寸和定形尺寸。

定位尺寸是确定平面图形中包含的封闭图形之间，以及组成封闭图形的线段之间相对位置的尺寸。作为定位尺寸起点的点和直线称为定位尺寸基准，简称尺寸基准。在图 1.14 中，轮廓线 AB 和 $\phi 12$ 圆的竖直中心线，分别是高度（上下）方向和长度（左右）方向的尺寸基准，则 22、4、40 为圆心的定位尺寸。

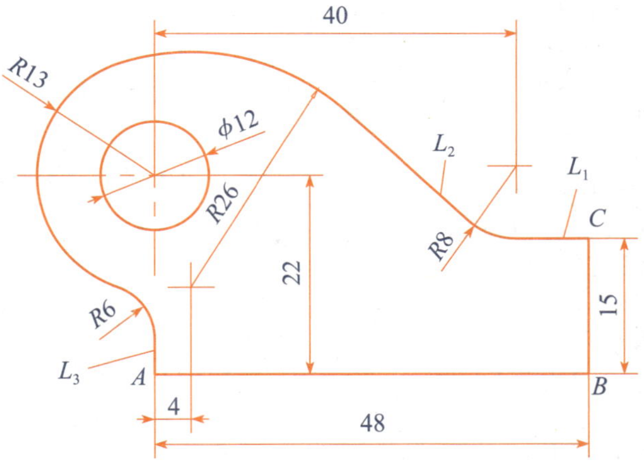

图 1.14 尺寸分析

定形尺寸是确定平面图形中各封闭图形的大小和形状的尺寸，包括圆的直径及组成封闭图形的线段的长度和圆弧半径等。在图 1.14 中，$\phi 12$、$R13$、$R26$、$R8$、$R6$、48 和 15 都是定形尺寸。

1.4.2 平面图形的线段分析和画图步骤

根据平面图形中所标注的尺寸和线段间的连接关系，图样中的线段可以分为以下三种：

（1）已知线段：根据图样中的尺寸可以直接画出的直线、圆或圆弧。对于圆和圆弧，必须给出确定圆心位置的定位尺寸和确定圆直径（半径）大小的定形尺寸；对于直线，必须由尺寸确定线上两个点的位置或者一点和直线的方向。当直线的方向与基准线方向一致时，不用标注定向尺寸。

（2）中间线段：除图形中已经标注出的尺寸外，还需根据一个与已定线段的连接关系或者通过一个已经确定的点才能画出的圆弧或直线。

（3）连接线段：需要根据两个与已定线段的连接关系或过定点才能画出的圆或直线。

图 1.14 中，圆 ϕ12、圆弧 R13、直线 L_3、AB、BC 和 L_1 是已知线段；圆弧 R26、R8 是中间线段；圆弧 R6 和直线 L_2 是连接线段。

由平面图形的线段分析可知，绘制平面图形时应首先画出基准线，然后画出各已知线段，根据已知线段和所给条件绘制出各中间线段，最后根据已画出线段绘制连接线段。

任务 2

基本几何元素和基本体

知识目标

◆ 了解正投影法及其特点、基本几何元素（点、线、面）的投影特点和作图方法。
◆ 了解三视图的特点及投影规律。
◆ 了解识读与绘制基本体三视图的方法及求基本体上点投影的方法。
◆ 掌握积聚性在绘图找点方面的运用。

能力目标

◆ 具备分析基本几何元素投影特点和作图规律的能力。
◆ 具备分析三视图特点及投影规律的能力。
◆ 具备熟练绘制与识读基本体三视图的能力。
◆ 具备求基本体表面上点的投影的能力。

素养目标

◆ 培养学生精益求精、一丝不苟的职业素养。
◆ 培养学生的大局意识。
◆ 培养学生处事的哲学思想。

工程图样主要利用正投影法绘制。无论图样多么复杂，它都是由点、线、面等基本几何元素构成的。基本体是由基本几何元素构成的立体，机械零部件正是由基本体经过某些组合方式形成的。本任务将介绍正投影法的基本原理、基本几何元素的投影特点以及基本体的投影规律。

2.1 正投影法

2.1.1 投影法及其分类

投影在现实生活中很常见，譬如太阳照射物体在地面上的投影、房间中灯光照射人体在墙面或地面上的投影等。投影的产生需要三要素——投射线、空间物体、承接投影的平面（投影面），这三要素缺一不可。试想一下阳光照射人体在地面上形成投影的情况，如果天气阴雨，或者没有人体和地面，是形不成投影的。投射线通过物体，向选定的面投射，并在该面上得到图形的方法，称为投影法。

投影法分为中心投影法和平行投影法。正投影法是投影法的一种，确切地说，正投影法是平行投影法的一种。如图 2.1 所示，投射中心 S 发出投射线，将△ ABC 投射到投影面 P 上，得到的△ abc 就是△ ABC 的投影。这种投射线从投射中心出发的投影法称为中心投影法，所得到的投影称为中心投影。设想一下，如果使中心投影法中的投射中心 S 逐渐远离投影面 P，那么投射中心 S 与△ ABC 上任意两点间连线的夹角（这里取 $\angle ASC$）就会越来越小。当 S 点与投射面距离为无穷大时，这个夹角（$\angle ASC$）就会无限趋近于 0，即投射线之间互相平行。这种投射线互相平行的投影方法，称为平行投影法，所得投影称为平行投影。按照投射线是否垂直于投影面，平行投影法又分为正投影法和斜投影法。若投射线垂直于投影面，称为正投影法，所得投影称为正投影，如图 2.2（a）所示；若投射线倾斜于投影面，则称为斜投影法，所得投影称为斜投影，如图 2.2（b）所示。

中心投影法

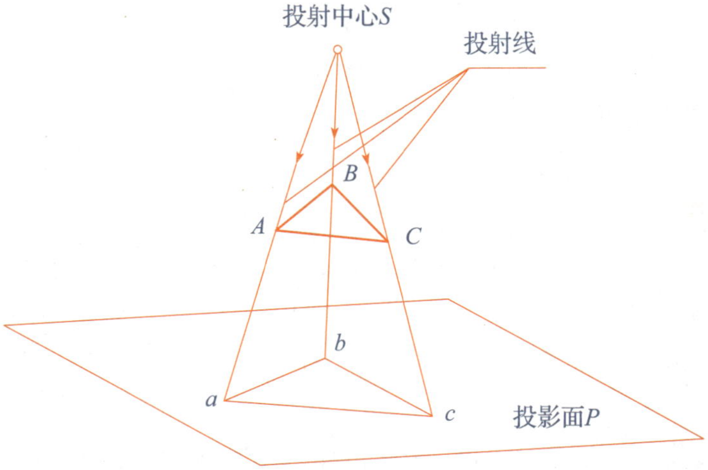

图 2.1 中心投影法

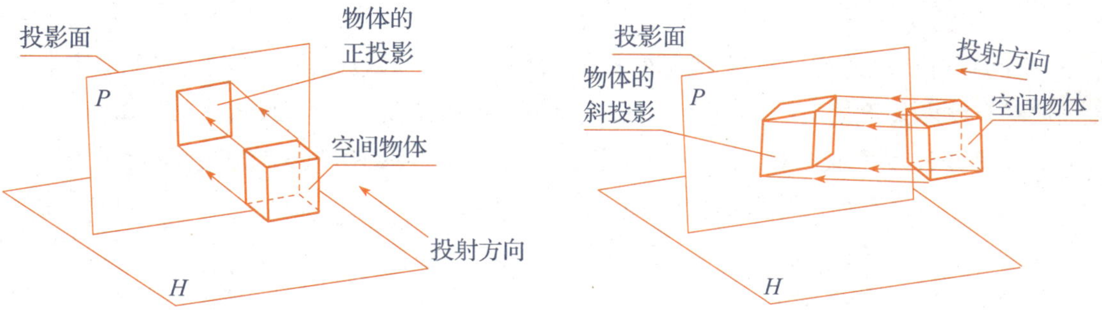

（a）正投影法　　（b）斜投影法

图 2.2　平行投影法

平行投影法

2.1.2　正投影法的投影特性

机械图样中主要应用正投影法，所以本节介绍正投影法的投影特性而略过其余投影法。正投影法具有四个基本投影特性：真实性、积聚性、类似性以及定比性。熟练掌握正投影法的基本特性对机械图样的绘制和阅读至关重要。

1. 真实性

当直线或平面平行于投影面时，直线的投影反映实长（真实的长度），平面的投影反映实形（真实的形状），如图 2.3 所示。

2. 积聚性

当直线或平面垂直于投影面时，此时直线的投影积聚成一点，平面的投影积聚成一条直线，如图 2.4 所示。

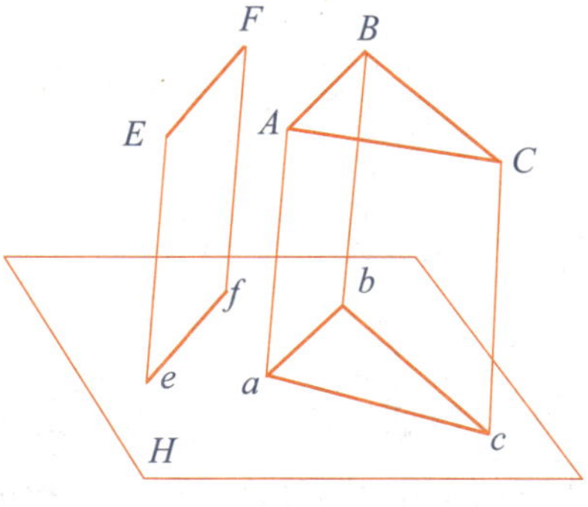

图 2.3　真实性

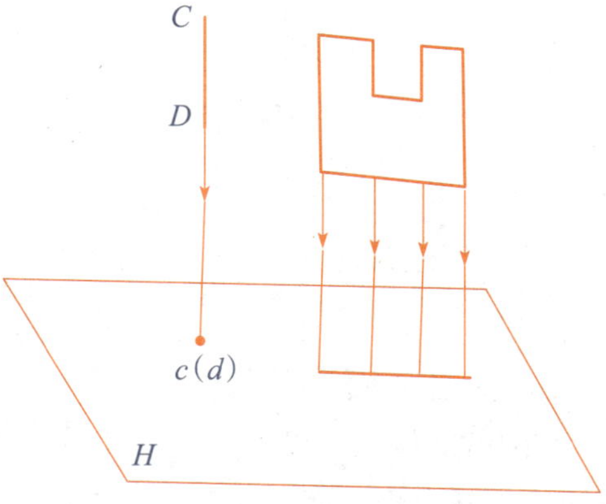

图 2.4　积聚性

3. 类似性

当直线或平面倾斜于投影面时，直线的投影仍为直线，但投影长度比直线的实长短；平面的投影保持原图形基本特征不变，即边数相等、凹凸状态相同、平行关系和曲直关系不变，如三角形投影仍为三角形、圆投影为椭圆等，但此时的投影已经不能反映实形了，而是实形的近似形，如图 2.5 所示。

4. 定比性

空间点分线段之比，在投影后该比值保持不变；若两条线段在空间上平行，其长度之比等于投影长度之比。在图 2.6 中，空间点 M 分线段 CD 为两段，$CM:MD=2:1$，那么其投影长度之比 $cm:md$ 仍然等于 2∶1。两条直线 AB 和 CD 在空间上平行，且 $AB:CD=2:3$，那么它们的投影 $ab \parallel cd$，且 $ab:cd=2:3$。

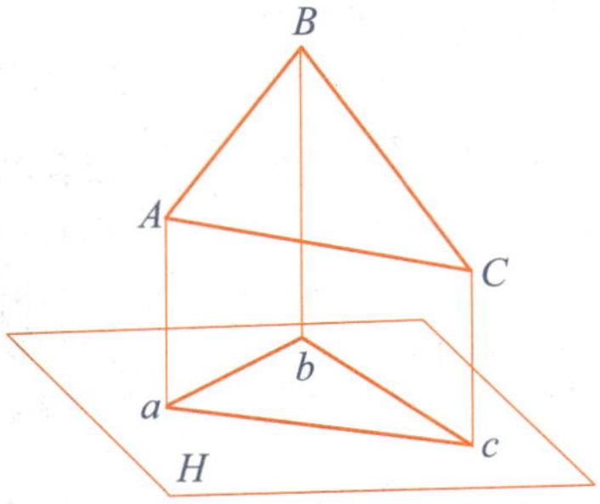

图 2.5　类似性

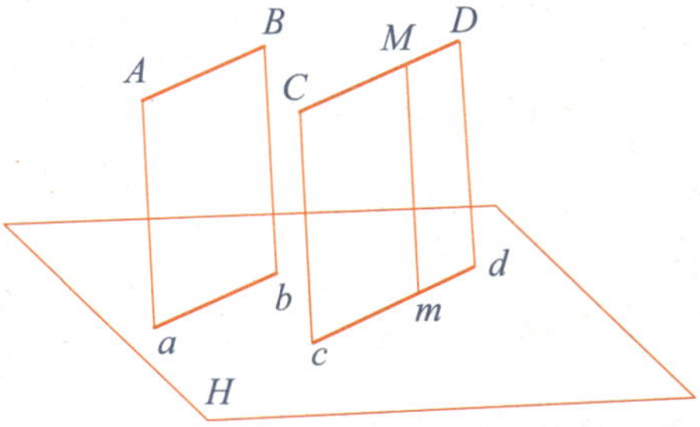

图 2.6　定比性

2.2 三视图的形成及投影规律

用正投影法得到的物体图形称为视图。由于视图是由投影得到的二维图形，因此只能反映出长、宽、高三个维度中的两维，如图 2.7 所示。所以，在机械工程中，需要用一组视图来准确地表达机件。三视图是视图表达的基础，其余视图可作为补充。

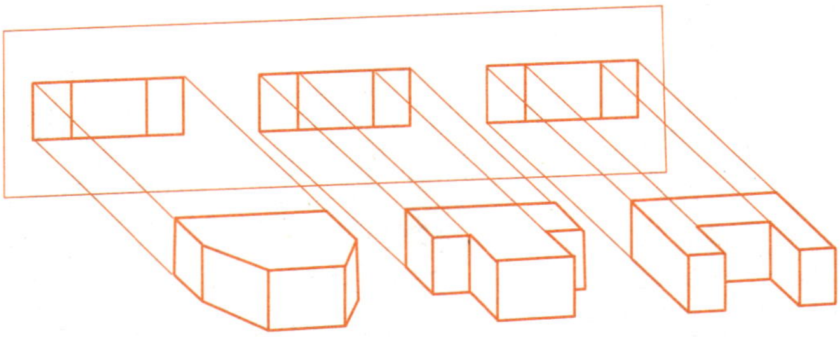

图 2.7　一个视图无法确定空间物体的形状

（1）三投影面体系的建立。

如图 2.8 所示，设立三个互相垂直的投影面，即可得到一个三投影面体系。三个投影面均为基本投影面，分别称为正立投影面（简称正面，用 V 表示）、水平投影面（简称水平面，用 H 表示）、侧立投影面（简称侧面，用 W 表示）。三个基本投影面将空间分成八部分，每部分为一个分角，顺序如图 2.8（a）所示。把机件放在第一分角进行投影（此时机件的位置在观察者和相应的投影面之间），称为第一角投影或第一角画法。国家标准中规定采用第一角或第三角画法，一般采用第一角画法。本书主要采用第一角画法，如图 2.8（b）所示。三个基本投影面垂直相交而形成的直线就是投影轴，三个投影轴分别为 OX、OY、OZ，三个投影轴交点 O 为原点。

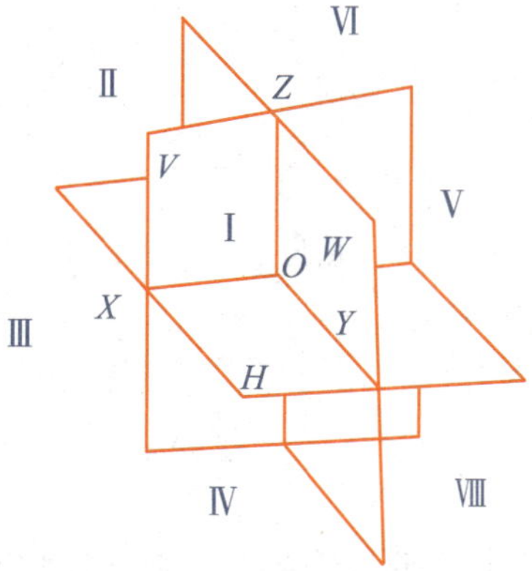

（a）

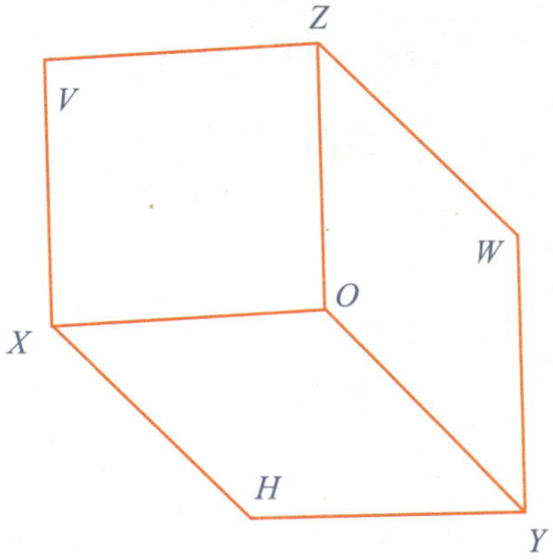

（b）

图 2.8　三投影面体系

（2）机件三视图的形成。

如图 2.9（a）所示，把物体放在三投影面体系中进行分面投影。

由前向后投影，在正面（*V* 面）上所得视图称为主视图；

由上向下投影，在水平面（*H* 面）上所得视图称为俯视图；

由左向右投影，在侧面（*W* 面）上所得视图称为左视图。

三视图投影过程

图 2.8 中表示的三视图在空间上是垂直的，然而图纸却是一个二维平面。因此，为了在平面图纸上绘制出三视图，必须让这三个视图处于同一平面上。如图 2.9（b）所示，规定正面不动，水平面绕 *OX* 轴向下旋转 90°，侧面绕 *OZ* 轴向右旋转 90°，进而使三个投影面位于同一平面上，如图 2.9（c）所示。在旋转过程中，水平面和侧面所共有的 *OY* 轴一分为二，随水平面旋转的 *Y* 轴用 Y_H 表示，随侧面旋转的 *Y* 轴用 Y_W 表示。为简化作图，在图样上通常只作出零件的视图，而投影面和投影轴都省略不画，如图 2.9（d）所示，这里表示的是三视图的标准配置，不必标注出视图的名称。

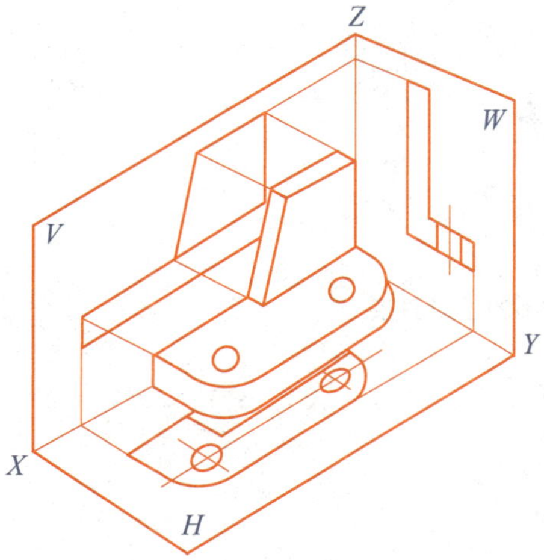

（a）三视图的形成

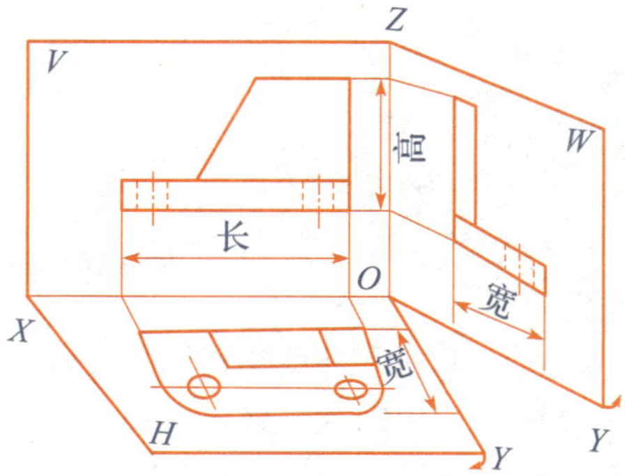

（b）投影面的展开

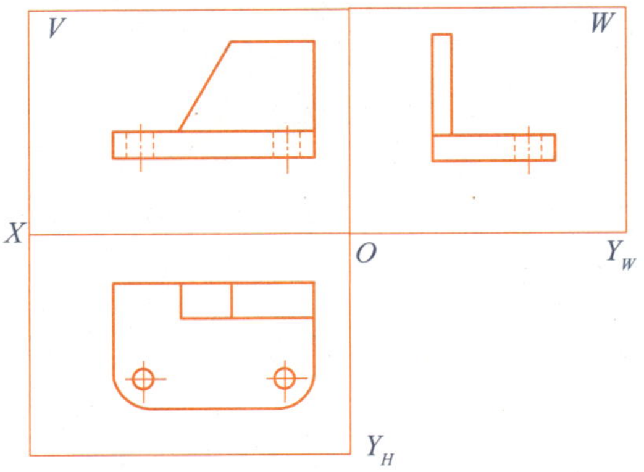

（c）三投影面展开在同一平面上

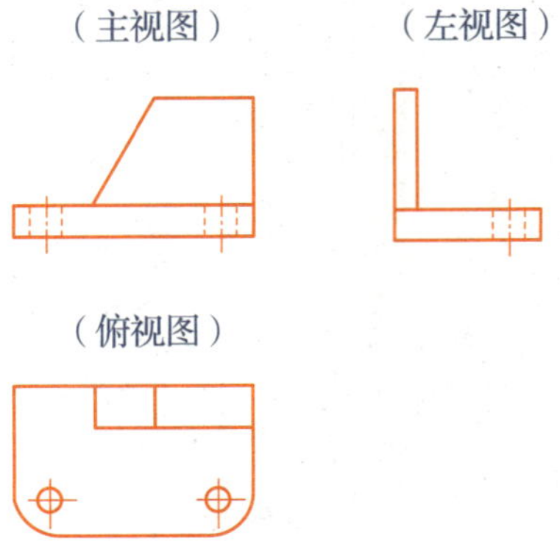

（d）简化三视图——去掉投影面边界

图 2.9　物体三视图的形成与配置

（3）三视图的投影规律。

物体有长、宽、高三个方向的大小，物体左右之间的距离为长、前后之间的距离为宽、上下之间的距离为高。如图 2.9（a）所示，主视图反映了物体的长度和高度，俯视图反映了物体的长度和宽度，左视图反映了物体的宽度和高度。由上述三个投影面的展开过程可知，俯视图在主视图的正下方，两个视图对应的长度相等，左右两端对正；同理，左视图和主视图的高度相等；左视图、俯视图的宽度相等，如图 2.10 所示。因此，三视图之间的投影关系可总结如下：

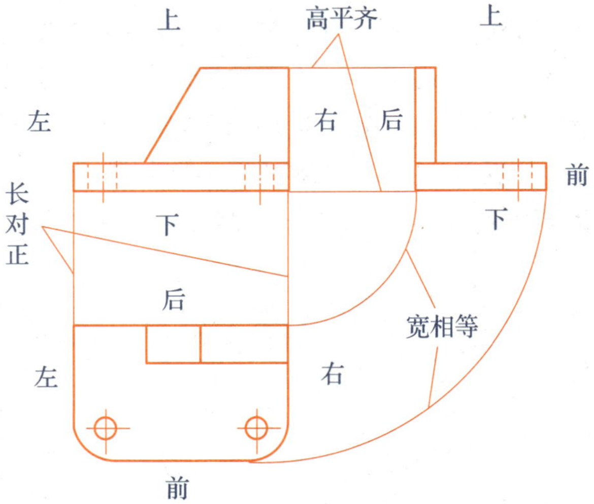

图 2.10　三视图之间的投影关系

主视图、俯视图都反映物体的长度——长对正；

主视图、左视图都反映物体的高度——高平齐；

俯视图、左视图都反映物体的宽度——宽相等。

（4）三视图与空间方位的关系。

对比图 2.9（a）和图 2.10 可知，三视图与空间方位的对应关系是：

主视图反映上、下、左、右的位置关系；

俯视图反映左、右、前、后的位置关系；

左视图反映上、下、前、后的位置关系。

2.3 基本几何元素的投影

基本几何元素包括点、线和面。任何物体，包括机件，都是由点、线、面这些基本几何元素构成的。两点连成一线，不共线的三点可以确定一个平面。此外，曲线和曲面也都是点的集合。下面分别对点、线、面的投影加以介绍。

2.3.1 点的投影

三面投影

1. 点的投影及投影规律

（1）点的投影。本书中的空间点用大写字母表示，如 A、B、C 等；点的水平投影用相应的小写字母表示，如 a、b、c 等；正面投影用相应的小写字母加一撇表示，如 a'、b'、c'；侧面投影用相应的小写字母加两撇表示，如 a''、b''、c''。如图 2.11（a）所示，空间中的点 A 分别向 H、V、W 面投射，得到该点的三面投影 a、a'、a''。三投影面展开后，点的三个投影就处于同一平面内，如图 2.11（b）所示。图样中不必画出投影面的边界，如图 2.11（c）所示。

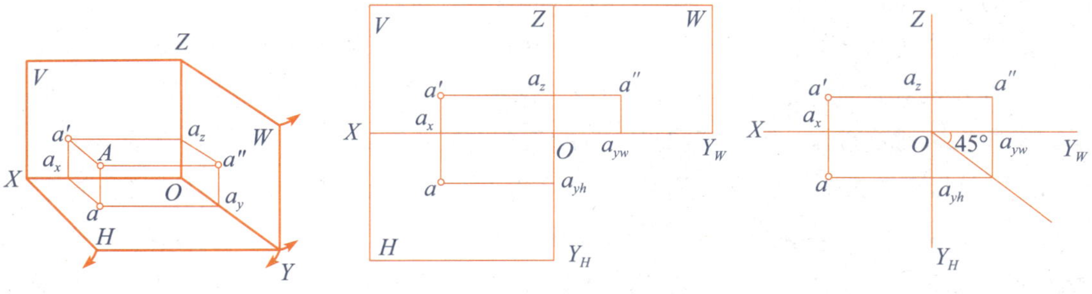

（a）　　（b）　　（c）

图 2.11　点的投影

（2）点的三面投影与直角坐标的关系。若将三个投影面当作直角坐标系的坐标面，投影轴 OX、OY、OZ 相当于坐标轴 X、Y、Z，原点 O 相当于坐标原点 O，则空间点 A 的三面投影与其坐标值之间的关系如下：

1）空间点在任一投影面上的投影，均反映了该点三个坐标值中的两个，即水平投影 $a(x_A, y_A)$、正面投影 $a'(x_A, z_A)$、侧面投影 $a''(y_A, z_A)$。

2）空间点的每一个坐标值，均反映了该点到某投影面的距离，即：

$a'a_z = Aa'' = aa_{yh} = x$ 坐标 $= A$ 到 W 面的距离；

$aa_x = Aa' = a''a_z = y$ 坐标 $= A$ 到 V 面的距离；

$a'a_x = Aa = a''a_{yw} = z$ 坐标 $= A$ 到 H 面的距离。

由以上分析可知，点 A 的任意两个投影的组合，均能反映出点的全部三个坐标值。有了点的三坐标（x_A，y_A，z_A），就可以确定该点的三面投影 a、a'、a''。

（3）点的投影规律。由于点在各个坐标轴上的坐标值是唯一的，因此点的两面投影的连线必定垂直于投影轴。试想，如果点 A 的正面投影和水平投影的连线 $a'a$ 与 OX 轴不垂直，那么 a' 和 a 两点的 x 坐标不相等，即 A 点将有两个 x 坐标，这显然是不成立的。依此类推，可得到点的投影规律如下：

$aa' \perp OX$；$a'a'' \perp OZ$；$aa_{yh} \perp OY_H$，$a''a_{yw} \perp OY_W$。

2. 两点之间的相对位置

两点间的相对位置是指空间两点上下、左右、前后的位置关系。分析两点的各个同面投影或根据坐标值，可以判断空间两点的相对位置。根据 x 坐标值的大小可以判断两点的左右位置关系，坐标值大的点在左；根据 y 坐标值的大小可以判断两点的前后位置关系，坐标值大的点在前；根据 z 坐标值的大小可以判断两点的上下位置关系，坐标值大的点在上。如图 2.12 所示，点 B 的 x 和 z 坐标均小于点 A 的 x 和 z 坐标，而点 B 的 y 坐标大于点 A 的 y 坐标，因此，点 B 在点 A 的右方、下方、前方。根据两点的三面投影，也可得出相同的结论。

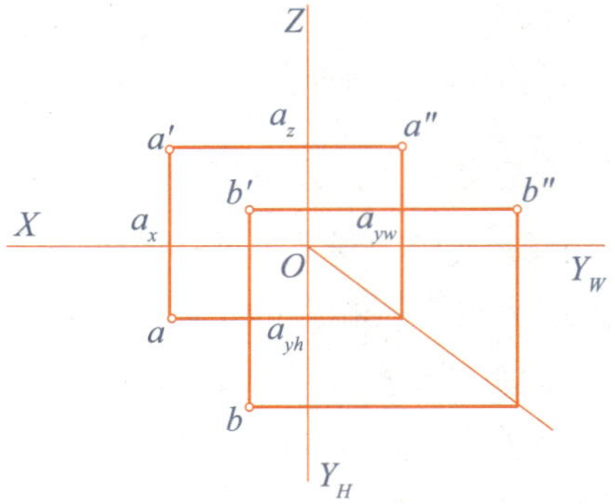

图 2.12　两点的相对位置

如果点 A 在点 B 的正上方或正下方，两点的 H 面投影重合，如图 2.13 所示。通常称点 A 和点 B 是对 H 面投影的重影点。同理，若一点在另一点的正前方或正后方，则两点是对 V 面投影的重影点；若一点在另一点的正左方或正右方，则两点是对 W 面投影的重影点。不可见点的投影需加括号表示。对于重影点需要判断可见性，有两种方法。一种是直观法：根据正面投影及特性，可见性的判断应是前遮后、上遮下、左遮右。图 2.13 中的重影点应该是点 A 在上，遮挡点 B，点 B 在 H 面上的投影不可见。另一种方法是坐标法：坐标值大的点可见，小的不可见。A、B 两点的 X、Y 轴坐标值都相等，但 Z 轴坐标值不同，点 A 的 Z 轴坐标值比点 B 的大，因此在水平面上的投影 a 可见，而 b 不可见。

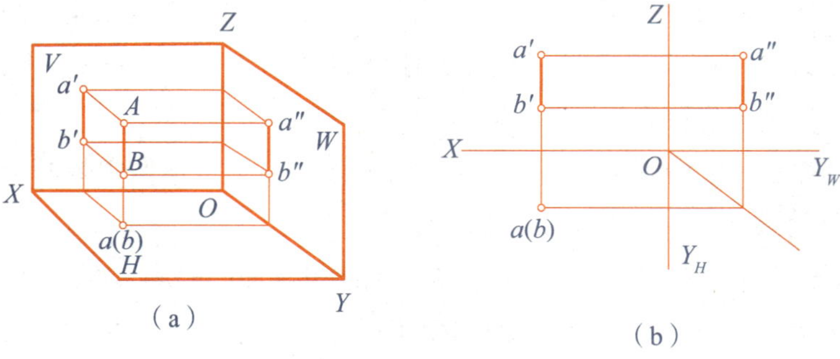

图 2.13　重影点

2.3.2 直线的投影

1. 直线投影的确定

直线的投影

两点连成一条直线，因此直线的投影可由直线上两点的投影来确定。如图 2.14 所示，分别作出直线上两点 A、B 的三面投影，将它们的同面投影相连，得到直线 AB 的三面投影。

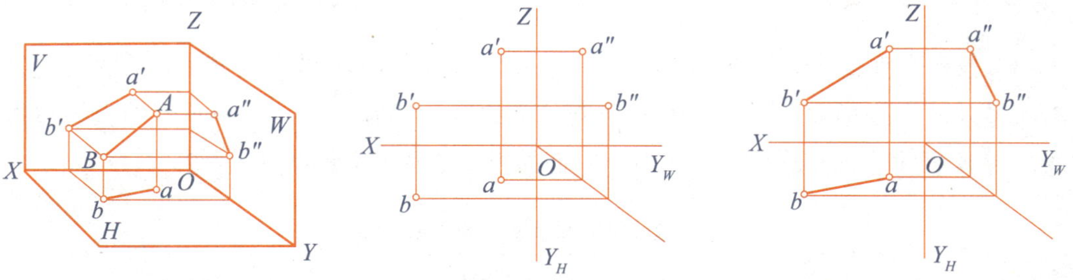

图 2.14 直线的投影

2. 直线的投影特性

在三投影面体系中，根据直线相对于投影面的位置不同，可将直线分为一般位置直线、投影面平行线、投影面垂直线。前者为一般位置直线，后两种为特殊位置直线。

（1）一般位置直线。一般位置直线与三投影面均倾斜，因此在三个投影面上的投影都不反映实长。

（2）投影面平行线。与某一投影面平行，且与另外两投影面倾斜的直线称为投影面平行线。与 H 面平行的直线称为水平线，与 V 面平行的直线称为正平线，与 W 面平行的直线称为侧平线。它们的投影及投影特性见表 2.1。书中规定直线（或平面）对 H、V、W 面的倾角分别用 α、β、γ 表示。

表 2.1 投影面平行线的投影特性

名称	水平线	正平线	侧平线
立体图	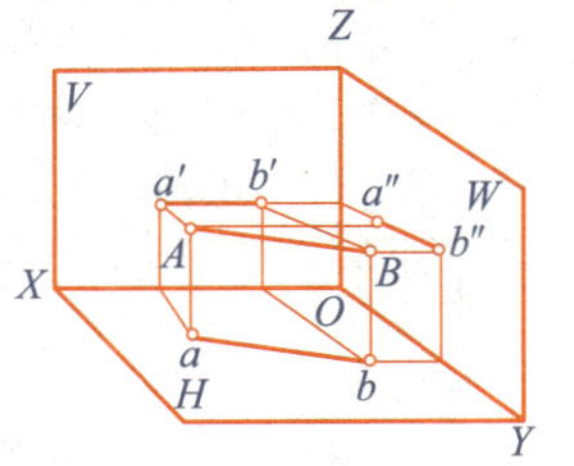	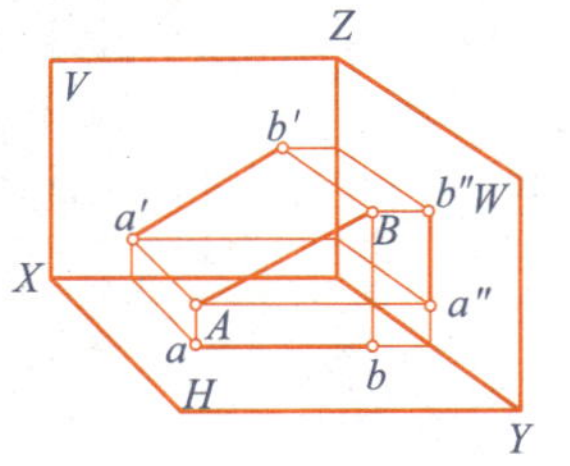	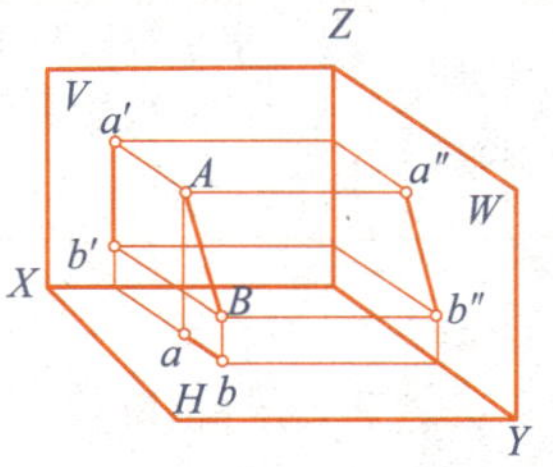
投影图	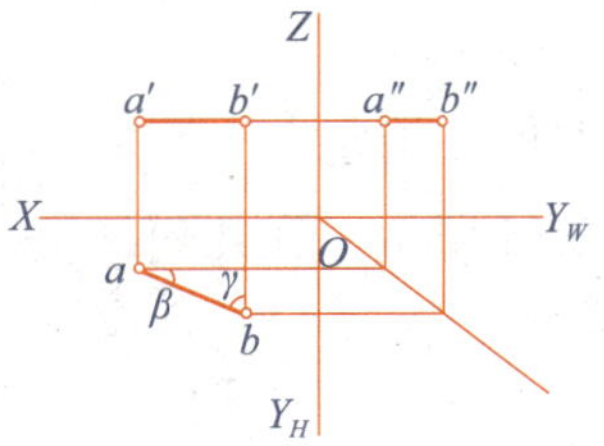	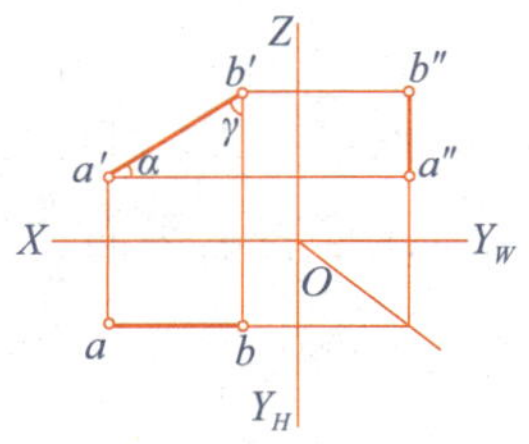	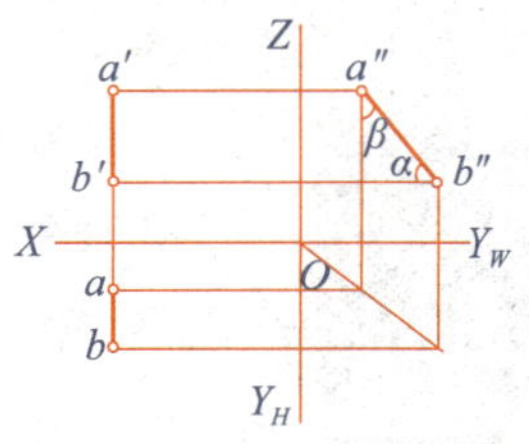

续表

名称	水平线	正平线	侧平线
投影特性	1）水平投影反映实长，其与 X 轴夹角为 β，与 Y 轴夹角为 γ； 2）正面投影平行于 X 轴； 3）侧面投影平行于 Y 轴	1）正面投影反映实长，其与 X 轴夹角为 α，与 Z 轴夹角为 γ； 2）水平投影平行于 X 轴； 3）侧面投影平行于 Z 轴	1）侧面投影反映实长，其与 Y 轴夹角为 α，与 Z 轴夹角为 β； 2）正面投影平行于 Z 轴； 3）水平投影平行于 Y 轴

（3）投影面垂直线。与投影面垂直的直线称为投影面垂直线。与某一投影面垂直，则必然与另外两个投影面平行。与 H 面垂直的直线称为铅垂线，与 V 面垂直的直线称为正垂线，与 W 面垂直的直线称为侧垂线。它们的投影图及投影特性见表 2.2。

表 2.2　投影面垂直线的投影特性

名称	铅垂线	正垂线	侧垂线
立体图	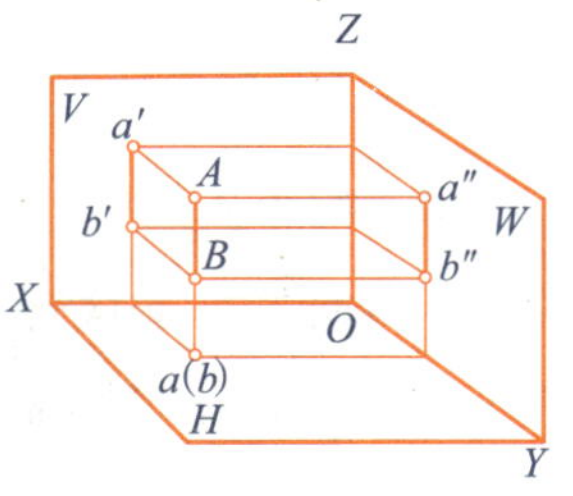	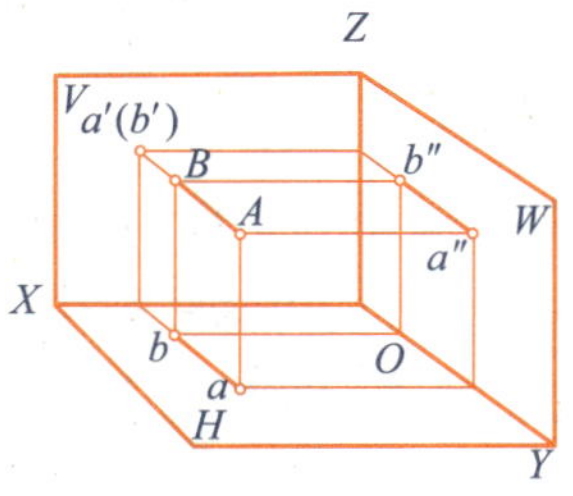	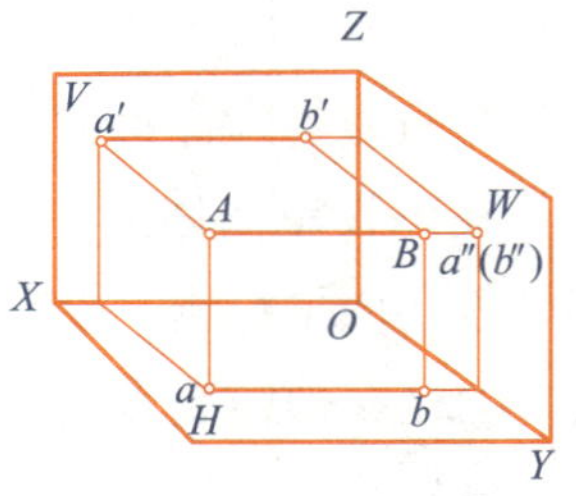
投影图	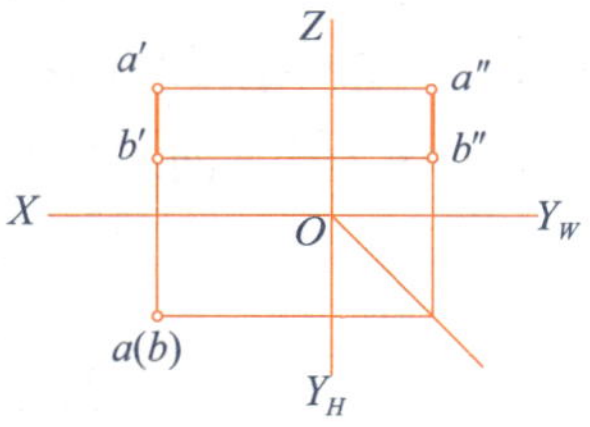	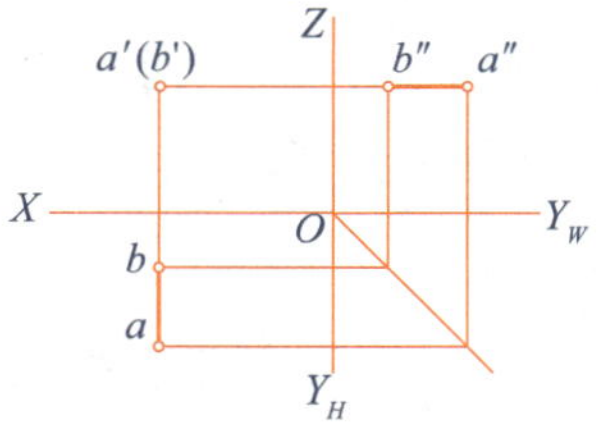	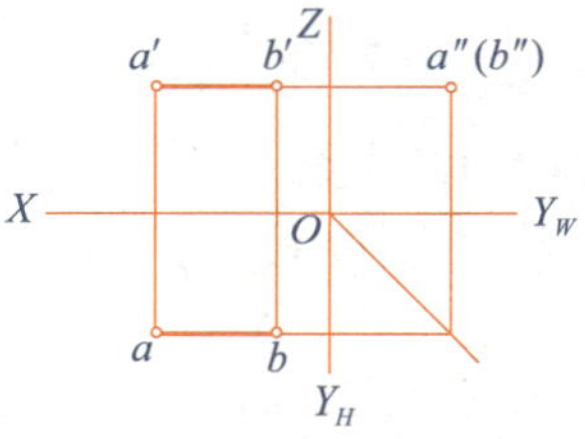
投影特性	1）水平投影积聚为一点； 2）正面投影和侧面投影都平行于 Z 轴，且反映实长	1）正面投影积聚为一点； 2）水平投影和侧面投影都平行于 Y 轴，且反映实长	1）侧面投影积聚为一点； 2）正面投影和水平投影都平行于 X 轴，且反映实长

2.3.3　平面的投影

1. 平面投影的确定

由初等几何知识可知，不共线的三点可以确定一个平面。因此，可用下列任意一组几何元素表示平面，如图 2.15 所示。在几何体上，平面都是以平面图形的形式表现。

平面的投影

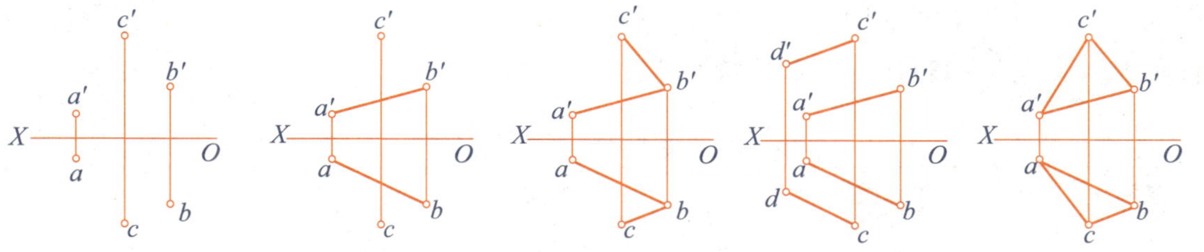

（a）不在同一条直线上的三点　（b）直线和直线外的一点　（c）相交两直线　（d）平行两直线　（e）任意平面图形

图 2.15　用几何元素表示平面

2. 平面的投影特性

在三投影面体系中，根据平面相对于投影面的位置不同，可将平面分为投影面平行面、投影面垂直面、一般位置平面。前两种为特殊位置平面，后一种为投影面一般位置平面。

（1）投影面平行面。投影面平行面是平行于某一投影面的平面。与某一投影面平行，则必与另外两投影面垂直。与 H 面平行的平面称为水平面，与 V 面平行的平面称为正平面，与 W 面平行的平面称为侧平面。它们的投影及投影特性见表 2.3。

表 2.3　投影面平行面的投影特性

名称	水平面	正平面	侧平面
立体图	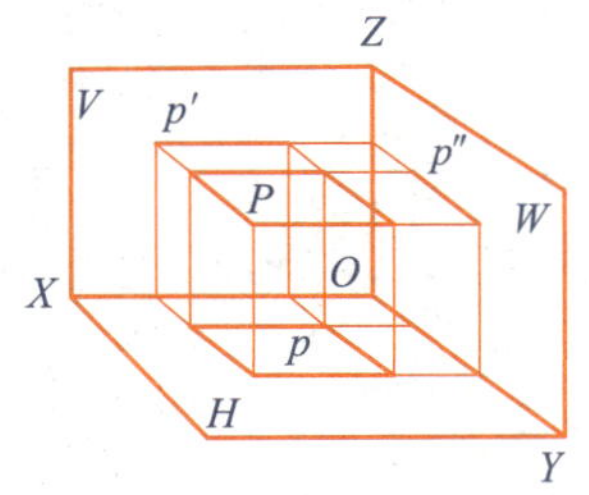	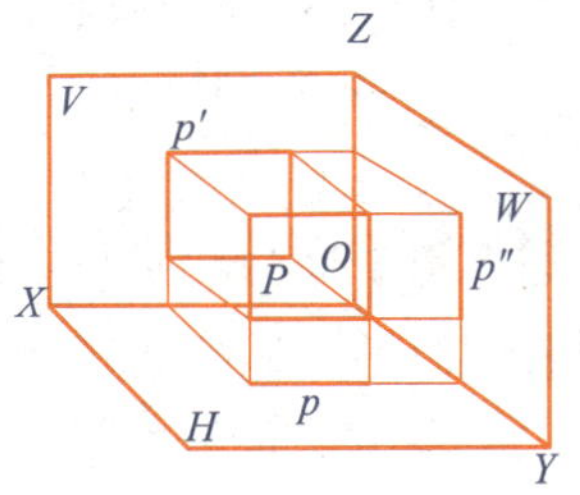	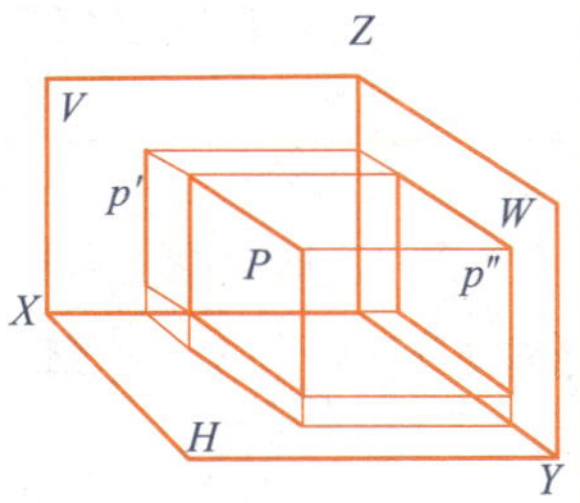
投影图	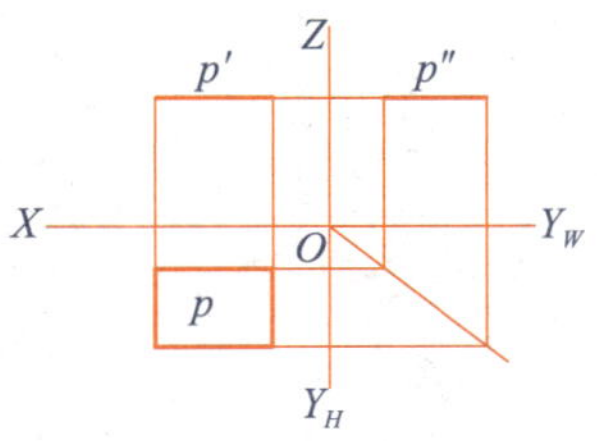	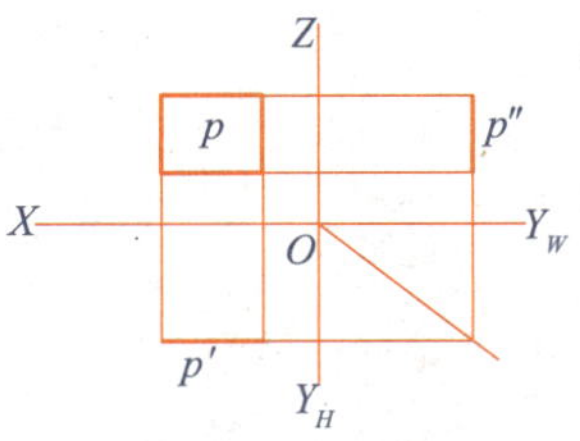	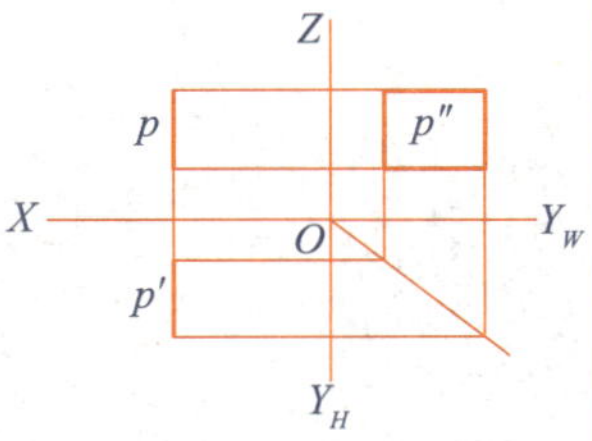
投影特性	1）水平投影反映实形； 2）正面投影积聚成平行于 X 轴的直线； 3）侧面投影积聚成平行于 Y 轴的直线	1）正面投影反映实形； 2）水平投影积聚成平行于 X 轴的直线； 3）侧面投影积聚成平行于 Z 轴的直线	1）侧面投影反映实形； 2）正面投影积聚成平行于 Z 轴的直线； 3）水平投影积聚成平行于 Y 轴的直线

（2）投影面垂直面。投影面垂直面是垂直于一个投影面，并与另外两个投影面倾斜的

平面。与 H 面垂直的平面称为铅垂面，与 V 面垂直的平面称为正垂面，与 W 面垂直的平面称为侧垂面。它们的投影及投影特性见表 2.4。

表 2.4　投影面垂直面的投影特性

名称	铅垂面	正垂面	侧垂面
立体图	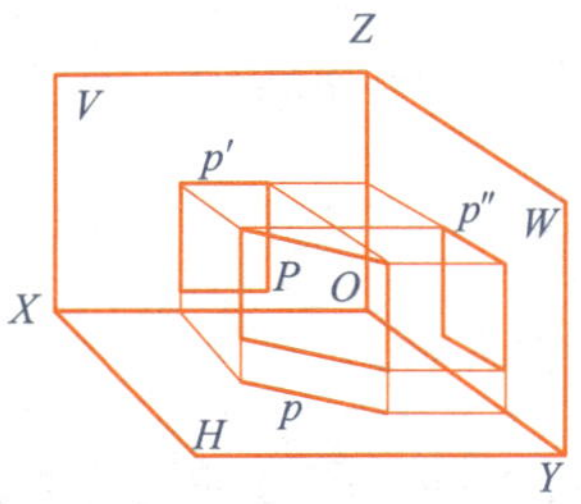	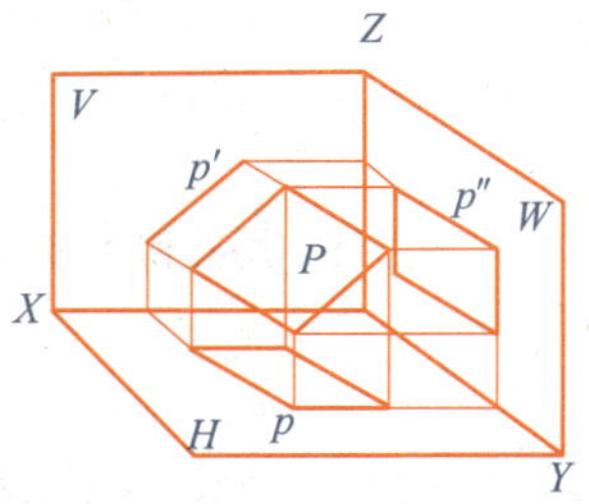	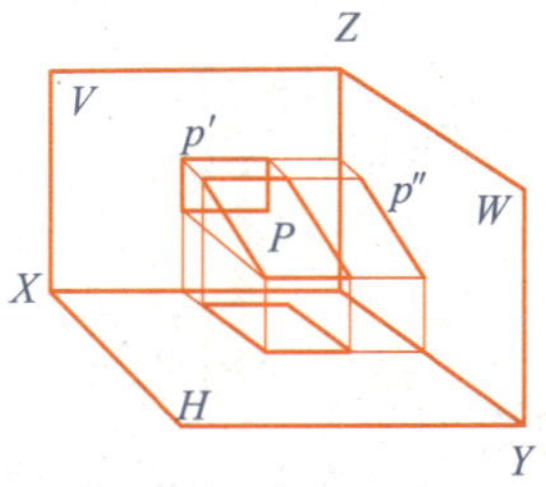
投影图	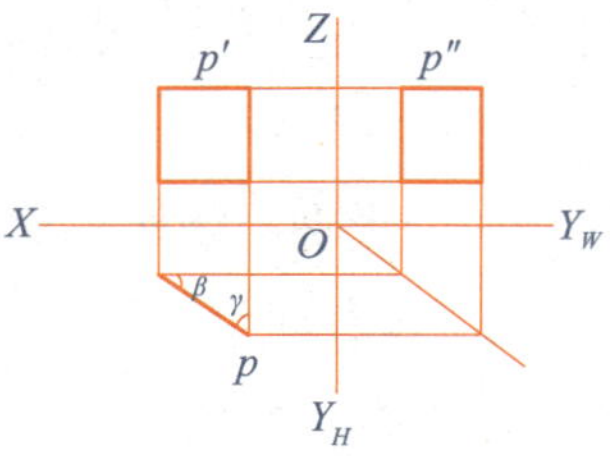	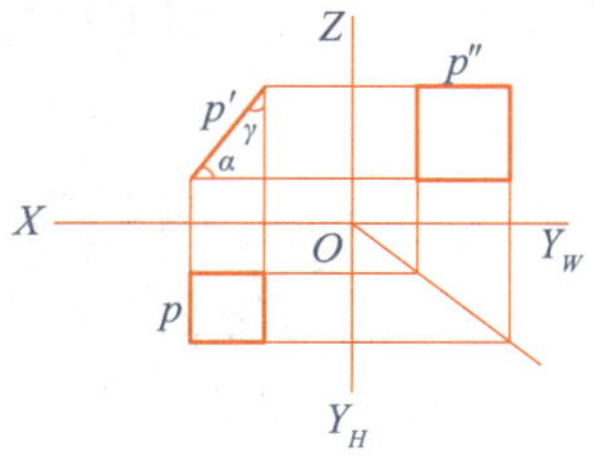	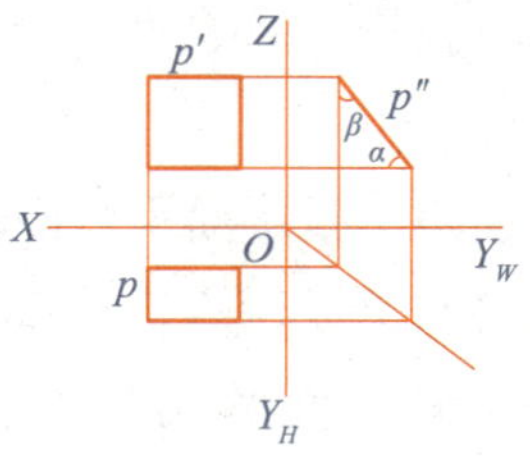
投影特性	1）水平投影积聚成直线，与 X 轴夹角为 β，与 Y 轴夹角为 γ； 2）正面投影和侧面投影具有类似性	1）正面投影积聚成直线，与 X 轴夹角为 α，与 Z 轴夹角为 γ； 2）水平投影和侧面投影具有类似性	1）侧面投影积聚成直线，与 Y 轴夹角为 α，与 Z 轴夹角为 β； 2）正面投影和水平侧面投影具有类似性

（3）一般位置平面。一般位置平面与三个投影面均倾斜，因此它在三个投影面上的投影均不反映实形，是缩小了的近似形，如图 2.16 所示。

一般位置平面投影

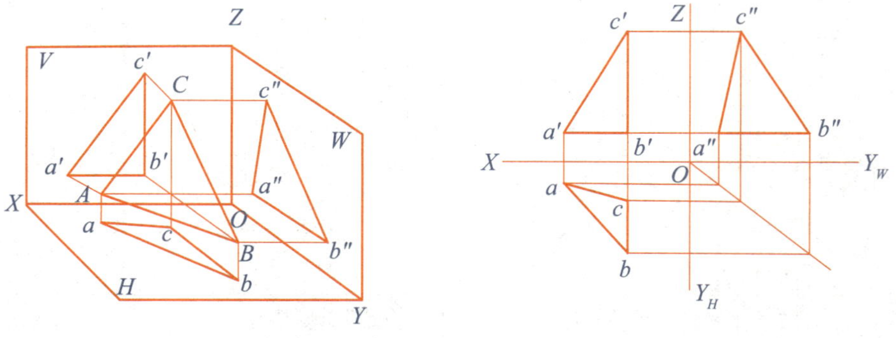

图 2.16　一般位置平面

平面上点和直线的投影

2.3.4　平面内的点与直线

点和直线在平面内的几何条件是：

（1）如果点在平面内的任一直线上，则该点在该平面内。如图 2.17（a）

所示，D 在直线 AB 上，而 AB 是平面 P 上的一条直线，则 D 点在平面 P 上。投影如图 2.17（b）所示，d 在 ab 上，d' 在 $a'b'$ 上，且 $dd' \perp X$ 轴，符合点的投影规律。同理，E 点也在平面 P 上。

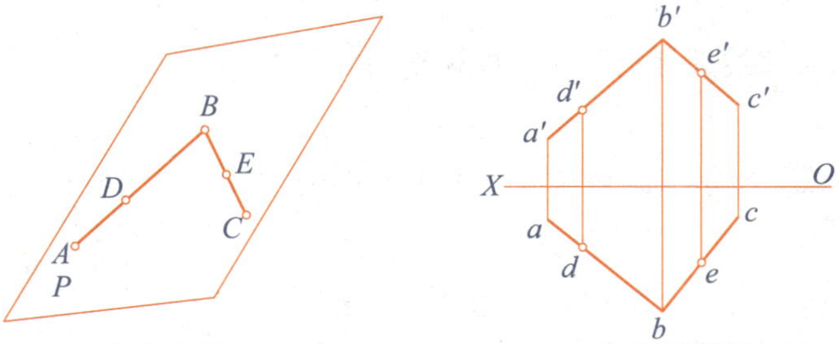

（a）空间　　（b）投影图

图 2.17　点在平面上的条件

（2）如果直线经过平面内的两个点，或经过平面内的一个点且平行于该平面内任一直线，则该直线在平面内。如图 2.18 所示，D、E 是平面 P 上的两个点，过这两点所作的直线在平面 P 上；B、C 点也为平面 P 上的点，$DG \parallel BC$，因此，DG 在平面 P 上。

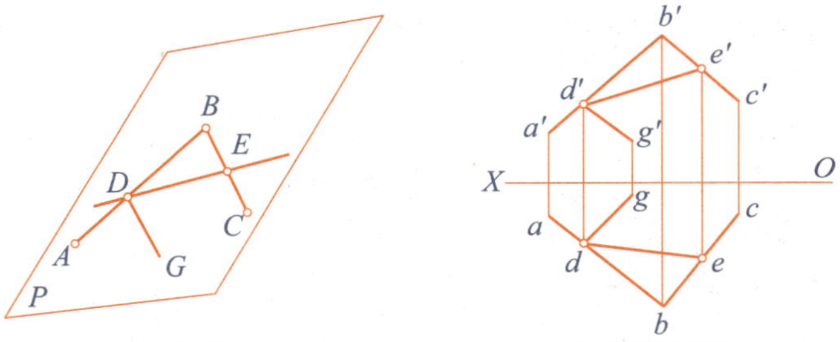

（a）空间　　（b）投影图

图 2.18　直线在平面上的条件

2.4 基本体

由基本几何元素所组成的基本立体（简称基本体），在按照一定方式组合之后，可以构成复杂机械零件。因此，基本体是机械零件的基础。

2.4.1　平面立体及其表面上的点

平面立体的各个表面都是平面，所以绘制平面立体的投影，本质上就是绘制平面立体上各个平面的投影。平面是由线围成的，线是由点连成的，因此绘制平面立体的投影，实质上就是绘制各棱线及其端点的投影，然后再判断可见性，不可见的线段在图中用虚线表示。

平面立体及其表面上的点

1. 棱柱体

各条棱线互相平行的立体称为棱柱体。

（1）棱柱体的投影。图 2.19 所示为六棱柱的投影。由正投影法投影特性中的真实性可知，使六棱柱的顶面和底面与 H 面平行，可以尽量体现出六棱柱的几何特征，且主视图和左视图都能反映出六棱柱的对称性；前后表面为正平面，其正投影能反映实形；六条棱线都是铅垂线。投影作图的具体步骤如下：

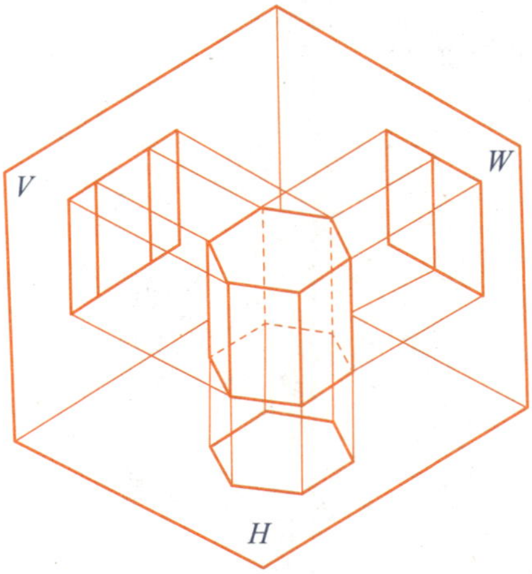

图 2.19　六棱柱的投影

1）如图 2.20（a）所示，画对称线及上下表面的积聚投影。

2）如图 2.20（b）所示，画顶面、底面的水平投影，由于顶面是水平面，其水平投影能反映实形，因此从水平投影开始画。

3）如图 2.20（c）所示，画各棱线的投影。由于各棱线都是铅垂线，它们的水平投影都积聚在六边形的各个顶点上，按“长对正、高平齐、宽相等”的投影规律及铅垂线的投影特性，即可画出各棱线的正面投影和侧面投影。

4）如图 2.20（d）所示，检查无误后加深图线，完成作图。

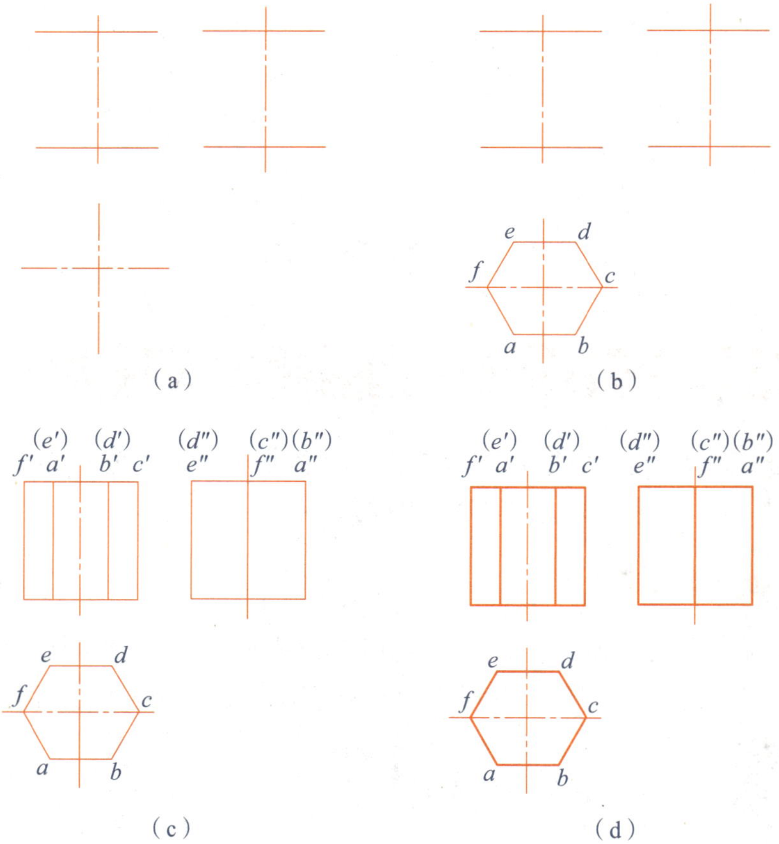

图 2.20　六棱柱体三视图的作图步骤

（2）棱柱体表面取点。由于平面立体的表面是平面，因此在棱柱体表面上取点的方法与在平面上取点的方法相同。

【例 2.1】如图 2.21（a）所示，已知正六棱柱表面上点 A、B 的正面投影 a'、b'，求其余两面投影。

分析：作图步骤如图 2.21（b）所示。

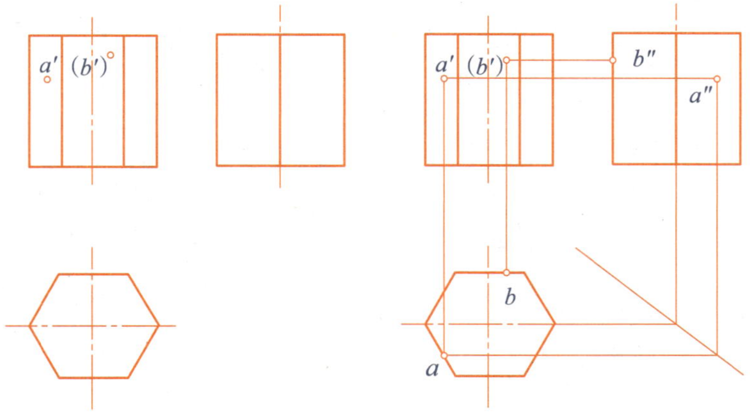

（a）　　　　（b）

图 2.21　棱柱体表面取点

（1）因为点 a' 可见，可知点 A 在六棱柱前部的面上；又由于其所在平面为铅垂面，因此过 a' 向下作垂线，与铅垂面在水平投影面上的积聚投影交于一点，该点即为点 A 的水平投影 a。

（2）根据点的投影规律，以及投影 a' 和 a，可以得到 a''。由于点 A 位于左前侧棱面上，因此 a'' 可见。

（3）由于 b' 不可见，可以判定点 b 在六棱柱的后棱面上。由于后棱面为正平面，所以 B 的水平投影 b、侧面投影 b'' 均可从有积聚性的投影上找到。

2. 棱锥体

棱线在空间交于一点的平面立体称为棱锥体。

（1）棱锥体的投影。图 2.22 所示为正三棱锥 S-ABC 投影的形成过程。为了充分表达棱锥体的几何特征及考虑画图方便，将棱锥体的底面与水平面平行放置，并使棱锥体左右对称，棱锥体的后棱面为侧垂面。投影作图的具体步骤如下：

1）如图 2.23（a）所示，正三棱锥左右对称，对称中心线为长度方向的基准，底面为高度方向的基准，以底面上的线段 BC 为宽度方向的基准，先画出各基准的投影；又因为底面在水平投影面上能反映真实形状，所以再画出底面的水平投影 abc。

2）如图 2.23（b）所示，由正三棱锥的几何特点可知，从正三棱锥的顶点作底面的垂线，垂足与底面三角形 ABC 的中心重合。可先在水平投影面上确定顶点 S 的水平投影 s，再根据正三棱锥顶点的高度 h，画出顶点 S 的正投影 s'。然后根据点的投影规律，由 s'、s

作出侧面投影 s''。

3）如图 2.23（c）所示，在三个投影图上，将顶点与底面的各个顶点连接起来，并判断可见性，即可完成三棱锥的投影。

4）检查无误后加深图线，完成投影图，如图 2.23（c）所示。

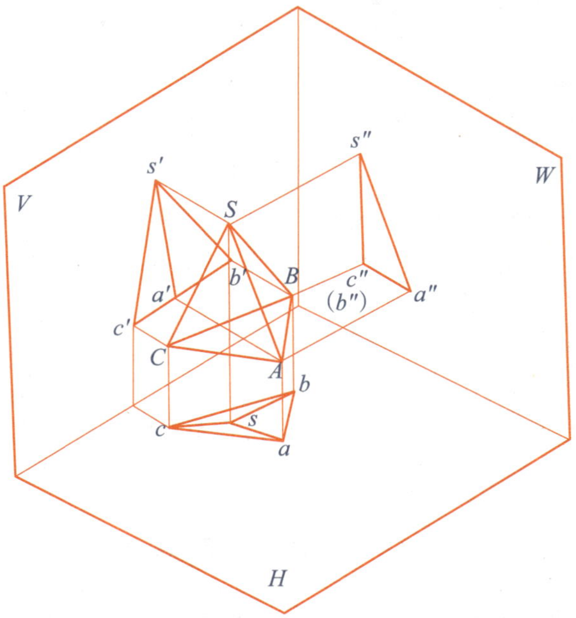

图 2.22　棱锥体三视图的形成

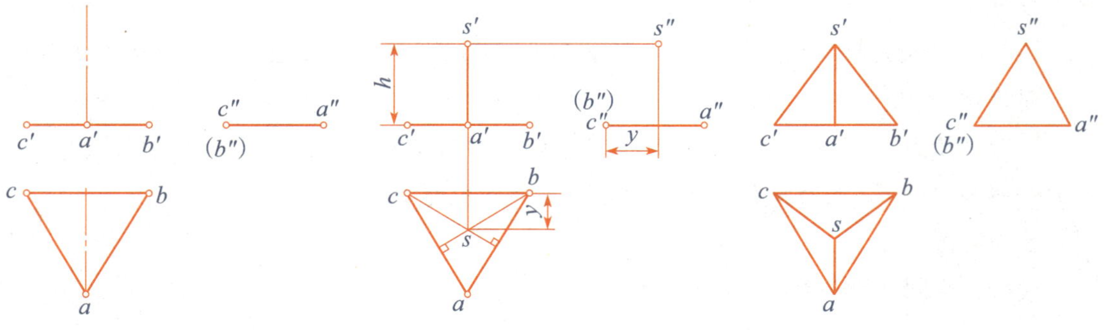

图 2.23　正三棱锥的三视图

（2）棱锥体表面取点。在具有积聚性的平面上取点，不需要作辅助线。因此，在棱锥体表面取点时，需要先判断点所在的棱面是否具有积聚性。

【例 2.2】如图 2.24（a）所示，已知三棱锥表面 *M*、*N* 点的正投影，求其他投影。

分析：作图步骤如图 2.24（b）所示。

（1）由 m' 可见、n' 不可见可知，*M* 点在三棱锥的前表面 *SAC* 上，*N* 点在后表面 *SBC* 上。*SAC* 是一般位置平面，因此求 *M* 点的投影需要作辅助线；*SBC* 是侧垂面，求 *N* 点的投影不需要作辅助线。连接 $s'm'$ 得辅助线 $s'1'$，求出 *S* Ⅰ的水平投影。

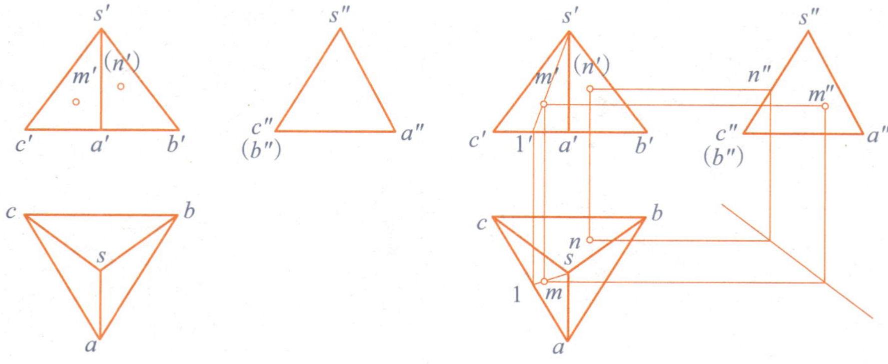

（a）　　（b）

图 2.24　三棱锥表面取点

（2）运用直线上取点的方法，求出 M 点的投影 m；利用点的投影规律，由 m、m' 求出 m''。N 点的侧面投影 n'' 可直接在 $s''b''c''$ 积聚投影上得到，再根据点的投影规律得到水平面上的投影 n。

（3）判断可见性：在水平投影图上，棱锥的各个棱面都可见，M、N 是棱面上的点，故 m、n 都可见；在侧面投影图上，由于 M 点在棱锥左侧的棱面上，因此 m'' 可见。

2.4.2　回转体及其表面上的点

机械零件中常见的曲面立体是回转体，包括圆柱、圆锥、圆球、圆环等。母线（可为直线或曲线）绕轴线作回转运动形成回转面，如图 2.25 所示。母线上每一点的运动轨迹都是圆，称为纬圆。纬圆半径等于点到轴线的距离。母线运动到曲面任一位置时的线条，称为素线。

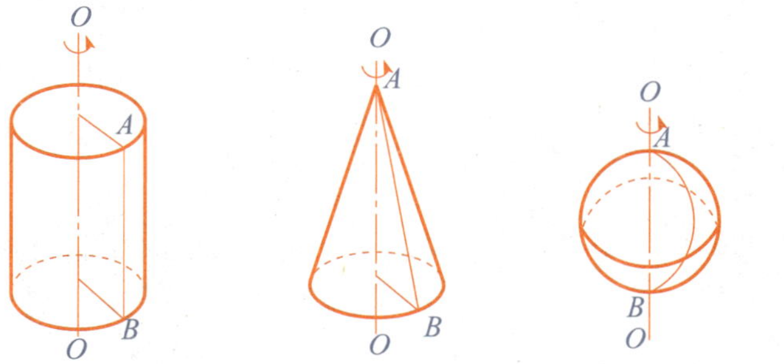

回转体及表面上的点

（a）圆柱面的形成　（b）圆锥面的形成　（c）球面的形成

图 2.25　常见回转面的形成

1. 圆柱体

（1）圆柱体的投影。圆柱面的形成如图 2.25（a）所示。圆柱体的母线为直线，且平行于轴线，纬圆半径为一固定值。如将轴线铅垂放在投影体系中，如图 2.26 所示，则圆柱面上所有素线均为铅垂线，整个圆柱面为铅垂面，它的水平投影积聚成一个圆；上下表面均为水平面，水平投影反映实形。圆柱体的正面投影和侧面投影均为矩形。

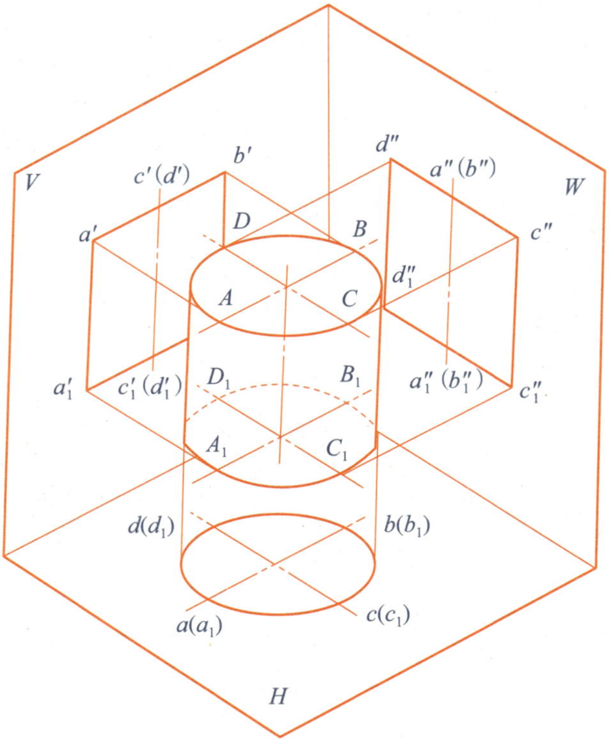

图 2.26　圆柱体三视图的形成

圆柱体的投影作图步骤：先画出轴线的各面投影，然后画出顶面和底面的三个投影，再根据投影关系画出圆柱转向轮廓线的各面投影，完成圆柱体的正面投影和侧面投影，如图 2.27 所示。需要注意的是，正面投影的矩形由圆柱面的最左、最右素线和圆柱体顶面、

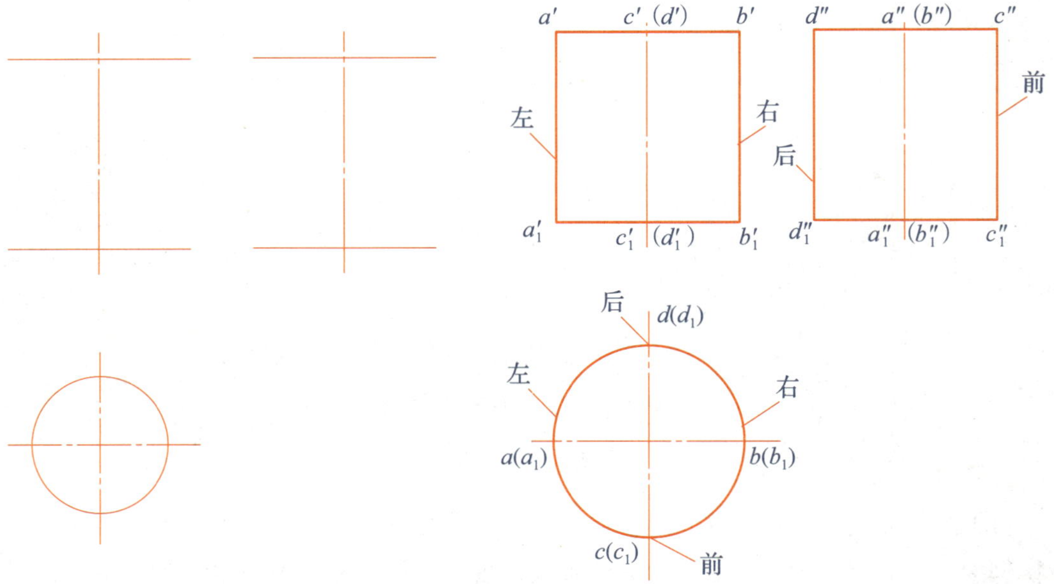

（a）　　　　　　　　　　　　（b）

图 2.27　圆柱体的三视图及与空间方位的对应

底面的投影构成；侧面投影的矩形由圆柱体的最前、最后素线和圆柱体顶面和底面的投影构成。在空间中，最左、最右素线是圆柱体的前后转向轮廓线，最前、最后素线是圆柱体左右方向的转向轮廓线。区分这四条特殊素线的投影至关重要。

（2）圆柱体表面取点。在圆柱表面取点可利用圆柱面的投影具有积聚性这一特点。

【例 2.3】 如图 2.28（a）所示，已知圆柱表面上的点 M、N 的正面投影 m'、n'，求作其他两面投影。

分析： 如图 2.28（b）所示，由于点 m' 可见、n' 不可见，因此点 M 必定在圆柱体的前表面，点 N 在圆柱体的后表面。根据正面投影的形成过程，在水平投影中，图形下方代表空间上的前方，因此 m 必定在水平投影的下半圆周上，n 必定在上半圆周上。由长对正的投影规律可求出它们的水平投影 m、n；再根据点的投影规律，可求出侧面投影 m''、n''。由于点 M 在圆柱体的左半部分，因此 m'' 可见；由正面投影 n' 可知点 N 在圆柱体的右半部分，因此 n'' 不可见。

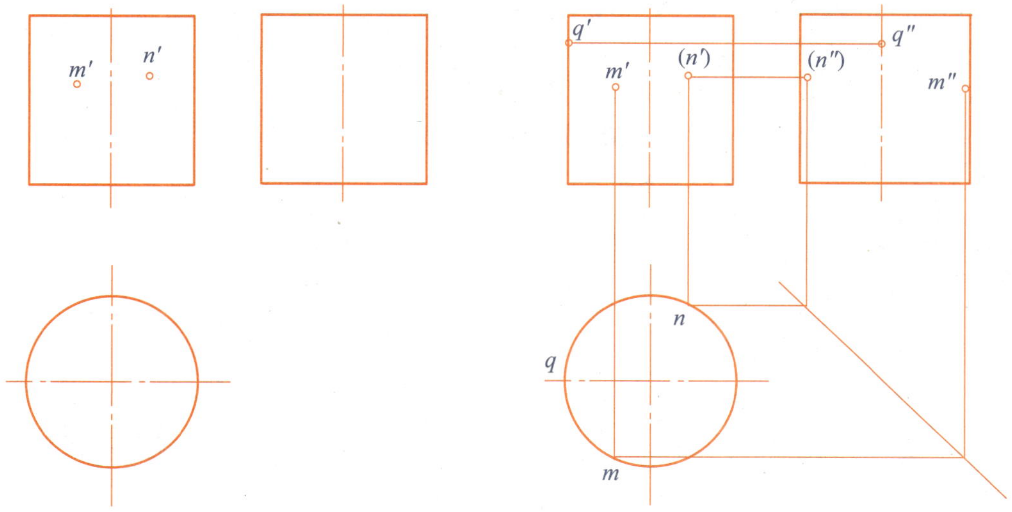

（a）　　　　　　　　　　（b）

图 2.28　圆柱体表面取点

2. 圆锥体

（1）圆锥体的投影。圆锥面的形成如图 2.25（b）所示。圆锥体的特点是：母线与轴线相交，各处纬圆的半径不等。圆锥体的三个投影都没有积聚性，如图 2.29 所示。作图步骤如下：

1）画出轴线和底面的投影。轴线的水平投影积聚为点；底面的水平投影反映实形，正面投影和侧面投影积聚为一条直线。

2）作出顶点的投影 s、s'、s''；在主视图上画出最左、最右素线的投影 $s'a'$、$s'b'$；在左视图上画出最前、最后素线的投影 $s''c''$、$s''d''$，如图 2.30 所示。

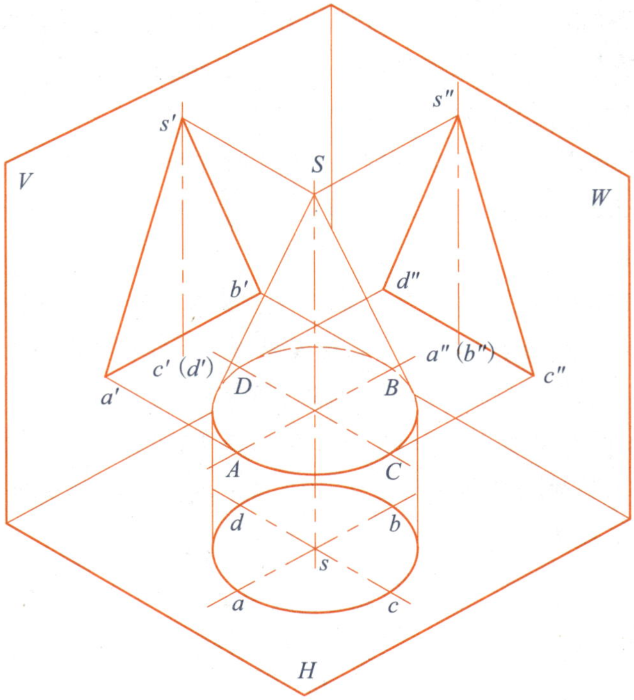

图 2.29　圆锥体的投影

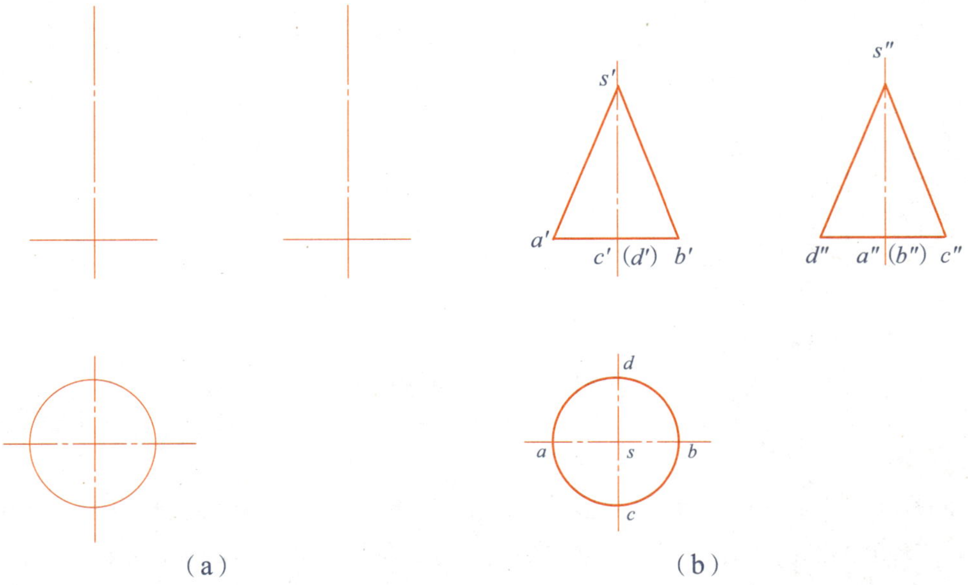

图 2.30　画圆锥体的三视图

3）加深可见轮廓线。

需要注意的是，圆锥体的主视图和左视图都为三角形，但两者在左右两侧投影直线的含义不同。在主视图中，三角形两侧的直线分别是圆锥最左、最右素线的投影；在左视图中，三角形两侧的直线分别是圆锥最后、最前素线的投影。分清这四条特殊位置素线的投影尤为重要。最前、最后素线是圆锥体左右方向的转向轮廓线；最左、最右素线则是圆锥体的前后转向轮廓线。

（2）圆锥体表面取点。

由于圆锥面的投影不具有积聚性，因此求其表面点的投影必须在圆锥表面作辅助线。按照辅助线的不同，圆锥体表面取点的方法有两种，分别是素线法和纬圆法。

【例 2.4】 如图 2.31（a）所示，已知圆锥表面上的点 M 和 N 的正面投影 m' 和 n'，求它们的其余两面投影。

分析： 作图方法和步骤如下。

（1）素线法：连接 s' 和 m' 并延长，使之与底面相交，该直线为圆锥面上的一条素线，求出该素线的水平投影。根据直线上取点的方法，作出点 M 的水平投影 m。根据点 M 的两个投影及点的投影规律，即可求出 m''。

（2）纬圆法：过 n' 在圆锥表面作一辅助纬圆，该纬圆的水平投影反映实形（实形为圆）。N 点在纬圆上，故 N 点的水平投影在纬圆的实形上，根据长对正的投影规律，即可求出点 N 的水平投影 n。n'' 的求法与 m'' 相同。

最终结果如图 2.31（b）所示。

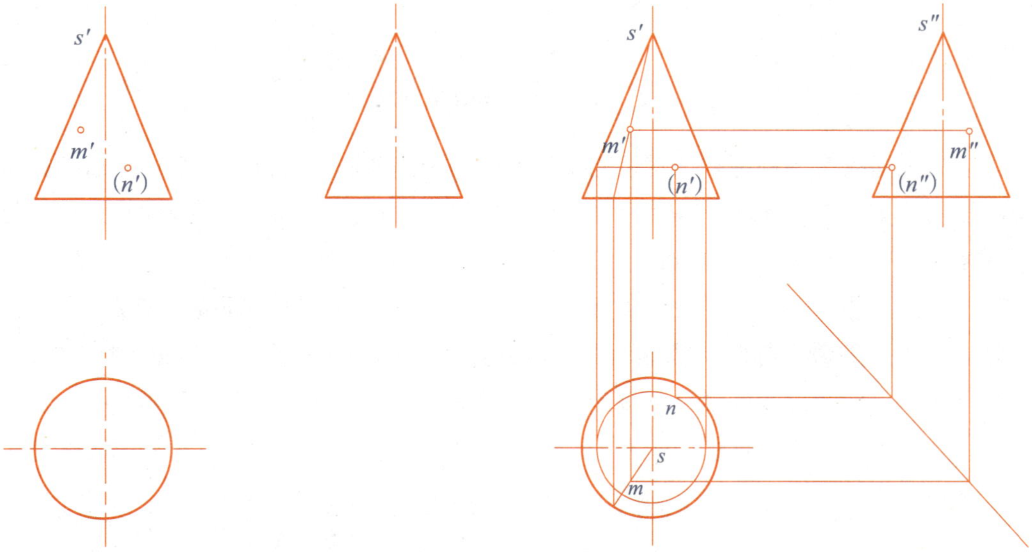

（a）　　　　　　　　（b）

图 2.31　圆锥体表面取点

3. 球体

球面的形成如图 2.25（c）所示。球体的特点是：母线为半圆；半球体上各处纬圆的半径不相等。

（1）球体的投影。球体在投影体系中无论如何摆放，其投影都一样，如图 2.32 所示。球体投影的作图步骤如下：

1）作出球体三条对称中心线的三面投影。

2）再以球心为圆心画出三个与圆球直径相等的圆。

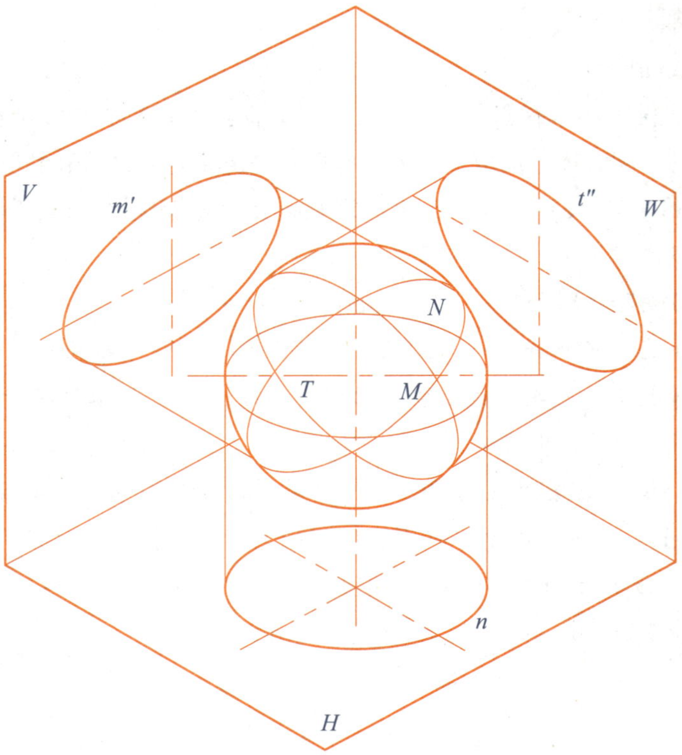

图 2.32 球体三视图的形成

球体的三面投影图都是与球直径相等的圆，分别是球面上平行于三个投影面的转向轮廓圆的投影。如图 2.33 所示，*M* 为平行于正立投影面的最大纬圆，是球面的前后分界线。*m*′ 反映实形，*m*、*m*″ 积聚为一条直线，都垂直于 *Y* 轴；*N* 为平行于水平投影面的最大纬圆，是球面的上下分界线。*n* 反映实形，*n*′、*n*″ 积聚为一条直线，都垂直于 *Z* 轴；*T* 为平行于侧立投影面的最大纬圆，是球面的左右分界线。*t*″ 反映实形，*t*′、*t* 积聚为一条直线，都垂直于 *X* 轴。对于球面来说，分清楚这三个特殊位置素线的投影至关重要。

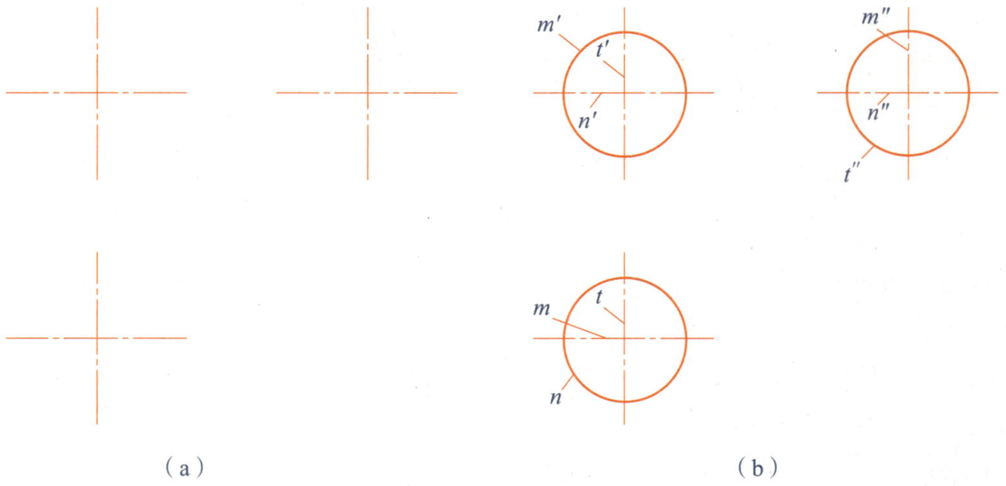

图 2.33 画球体三视图

（2）球体表面取点。

【例 2.5】 如图 2.34 所示，已知球面上点 M、N 的正面投影 m'、n'，求它们的其余两面投影。

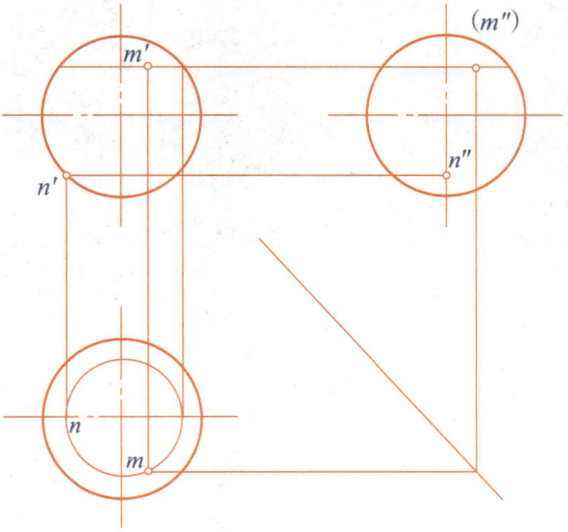

图 2.34　球体表面取点

分析： 过点 M 作一水平纬圆，该纬圆的水平投影反映实形，正面投影和侧面投影积聚为一条直线。根据长对正的投影规律，$mm' \perp X$ 轴，从点 m' 向下作垂线，与辅助纬圆的水平投影有两个交点。由于点 m' 可见，可以断定点 M 在前半球面，因此点 m 应在纬圆水平投影的下部。

思考： 求点 N 的其余两面投影是否也要作辅助纬圆呢？

从正面投影看，点 n' 在正平面的最大纬圆上，而正平面最大纬圆是球面的前后分界线，它的其余两个投影都积聚在垂直于 Y 轴的对称中心线上，因此点 n、n'' 可以运用“长对正、高平齐”的投影规律，直接在相应对称中心线上找到。

任 务 3

组合体

知识目标

◆ 了解截交线、相贯线投影的作图方法。
◆ 了解形体分析法、线面分析法等组合体形体分析方法。
◆ 掌握识读和绘制组合体的方法。

能力目标

◆ 具备常见的基本体截切、相贯投影作图的能力。
◆ 具备二维和三维图形转换能力，即看图样想物体和看物体绘制图样的能力。
◆ 具备分析组合体类型、构成的能力。
◆ 具备识读和绘制组合体的能力。

素养目标

◆ 培养学生团队协作意识。
◆ 培养学生严谨负责任、敢于担当的职业素养。
◆ 培养学生换位思考的意识。

在工程中，任何复杂的形体都可以看作是由上一任务介绍过的基本体组合而成的。组合的方式可以是基本体之间的叠加，也可以是对基本体进行一系列截切，还可以是叠加和截切的组合。基本体经组合后形成的形体称为组合体。从几何形体的角度看，机械零件也是由基本体组合而成的，但机械零件除了具有组合体的几何性质，由于其应用在具体工程实际中，因此还具备工艺性和功能性。组合体投影的绘制和分析是绘制机械零件图与装配图的关键环节，也是本任务的主要内容。

3.1 组合体的组合形式和表面连接形式

3.1.1 组合形式

由组合体的概念可知，组合体的形成主要有三种方式，即叠加式、挖切式和综合式，如图 3.1 所示。工程实践中的机械零件和组合体通常同时包含叠加和挖切两种组合方式，称为综合式，图 3.1（c）中的轴承座零件就属于综合式，它由三个基本体叠加而成，其中底板上有挖孔和挖槽。

组合形式

（a）叠加式　（b）挖切式　（c）综合式

图 3.1 组合体的组合形式

3.1.2 表面连接关系

1. 平面与平面的连接关系

当两个基本体的表面发生连接后，如果双方互相连接的表面共面（变成一个平面），则两表面之间没有分界线，如图 3.2 所示；如果不共面，则有分界线，如图 3.3 所示。

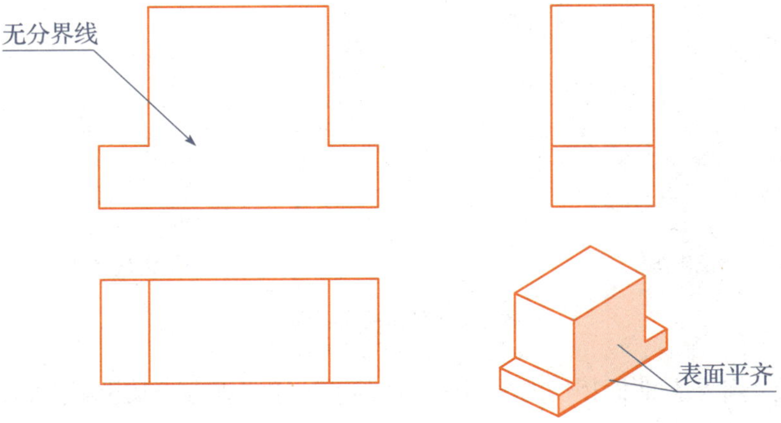

图 3.2 两表面共面

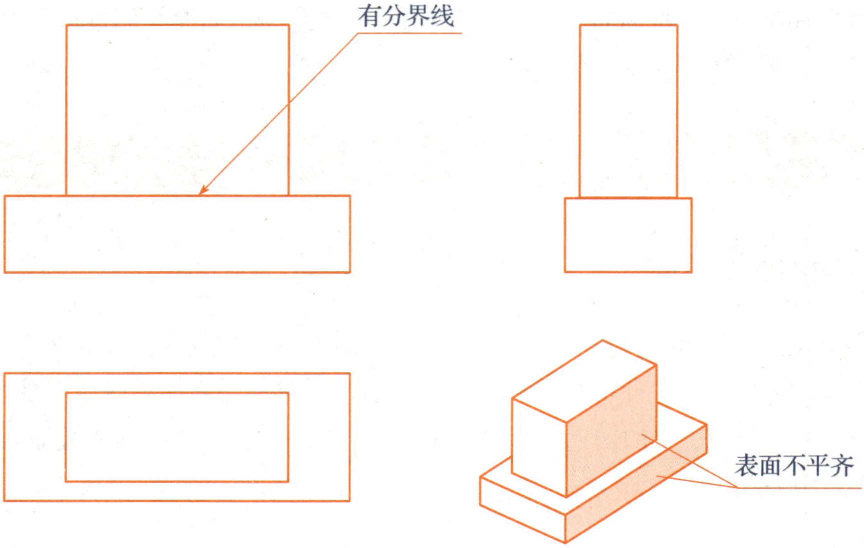

图 3.3　两表面不共面

2. 平面与曲面以及曲面与曲面的连接关系

当两个基本体发生连接后，双方互相连接的平面与曲面或曲面与曲面相切时，由圆弧连接相关知识可知，两表面接触处是光滑连接，没有分界线。因此，在视图中不应画出切线，如图 3.4（a）所示。图 3.4（b）为常见错误画法，要予以避免。如果平面截切回转面，说明该平面与回转面相交，因此必有截交线，如图 3.5（a）所示。图 3.5（b）为常见错误画法，应予以避免。

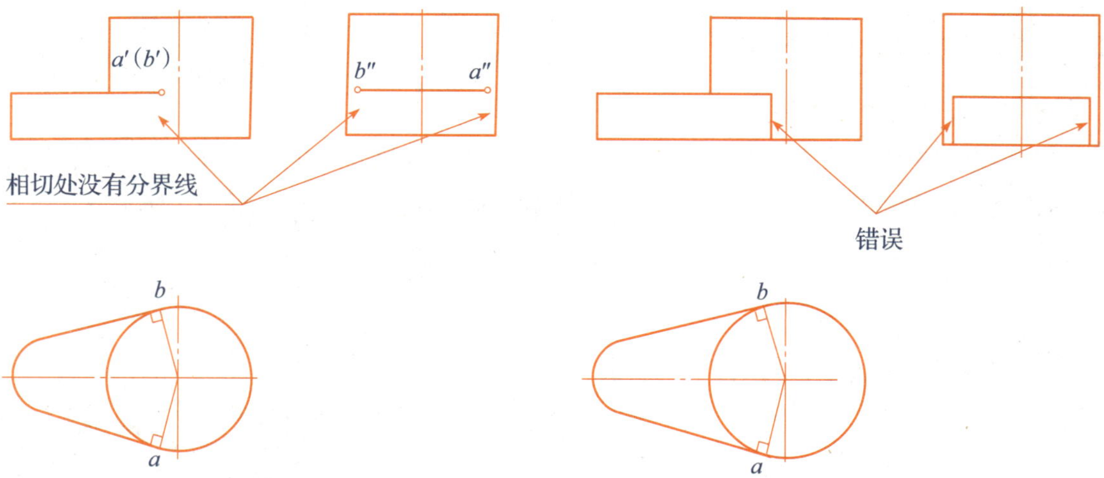

（a）正确画法　　　　（b）错误画法

图 3.4　表面相切的画法

特殊情况：如果与曲面相切的平面或两曲面的公切面垂直于某投影面时，则在该投影面上应画出切线的投影，如图 3.6（a）所示的两个曲面的公切面垂直于水平面，因此在水平面上的投影应有线。图 3.6（b）为常见错误画法。如果两曲面的公切面不垂直于任何投影面，则不应该画出切线的投影，如图 3.7（a）所示。图 3.6 与图 3.7 这两种情形非常容易混淆，应注意甄别公切面是否垂直于投影面。

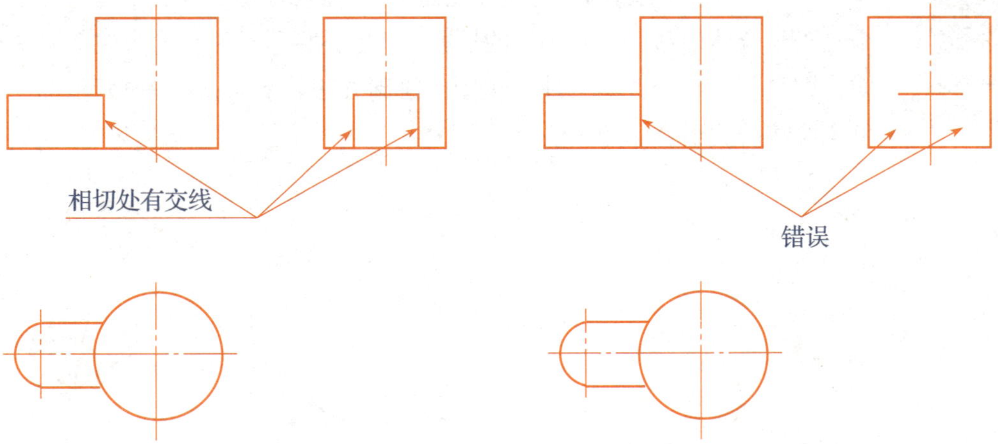

（a）正确画法　　（b）错误画法

图 3.5　表面相交的画法

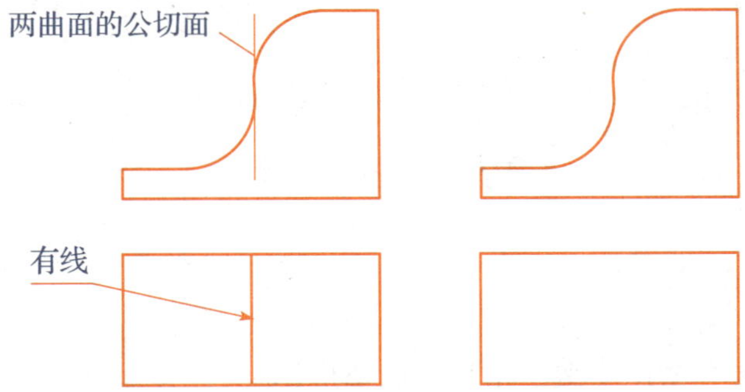

（a）正确画法　　（b）错误画法

图 3.6　两面相切的特殊画法——相切有线

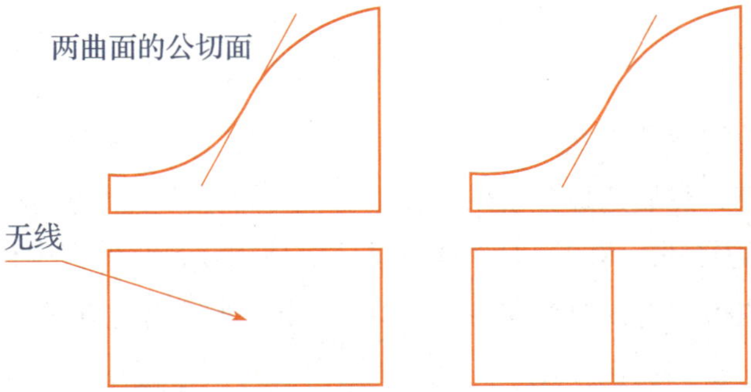

（a）正确画法　　（b）错误画法

图 3.7　两面相切的一般画法——无线

3.2 组合体视图的画法

组合体的三视图画法

绘制挖切体三视图时，首先画挖切前基本体完整的三视图，然后依次画出每一个切口（或孔）的投影；绘制叠加体三视图的方法是先大后小，逐个画出组合体中每一个基本体的投影。将上述两种单一组合方式的画法相结合，即可得到综合式组合体三视图的绘制方法。下面以图 3.8 所示的支架为例说明综合式组合体的画法。

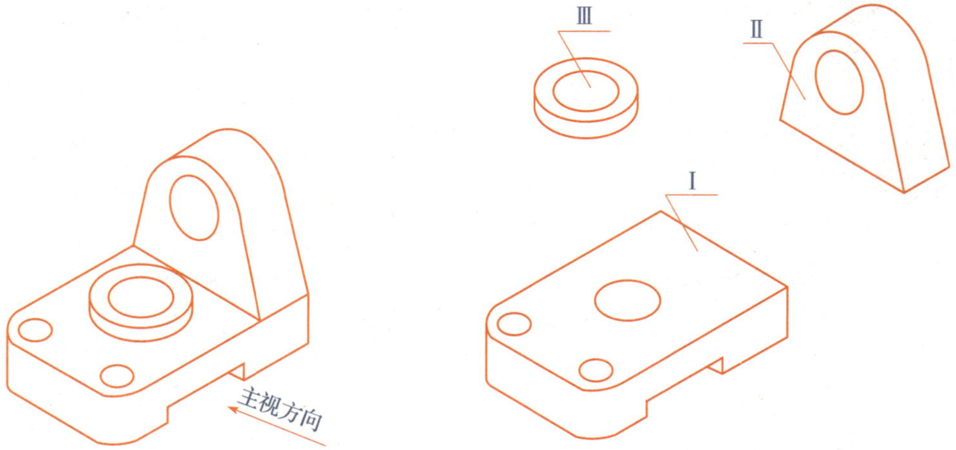

（a）支架　　（b）利用形体分析法拆分支架

图 3.8　支架的形体分析

3.2.1　形体分析

形体分析就是要分析出支架是由哪些简单形体组成的，以及各简单形体之间的相对位置。从图 3.8 中可以看出，支架前后对称，由底板Ⅰ、支承板Ⅱ和凸台Ⅲ叠加而成。支承板在底板上面，它们的右端面平齐。凸台则叠加在底板上面的中间部位，底板中部开有凹槽。

3.2.2　选择主视图

首先把组合体放置成稳定状态，即工作状态，并使它的对称面、主要平面和重要轴线与投影面平行或垂直，然后选择主视图的投射方向（简称“主视方向”）。主视方向的选择原则是：应以最能表示组合体的主要形体特征，又使虚线最少的视图作为主视图。按照这一原则选定的支架主视图的投射方向为图 3.8（a）中箭头所指的方向。

3.2.3　布置视图

布置视图就是为每个视图在水平方向和竖直方向上各画一条基准线，对称的视图必须以对称中心线作为基准线，此外还可选用视图中的主要轮廓线、重要轴线和圆弧的对称中心线作为基准线，用以确定各视图的位置，并且作为下一步画底稿时的作图基线，如图3.9（a）所示。为了使视图布置合理，应该考虑各视图的大小，并使两视图之间及视图与图框之间保持合适的距离。

3.2.4 画底稿

画底稿的一般方法和顺序如下：

（1）根据形体分析结果，先画主要形体，后画次要形体，三个视图同时画；先画各形体的基本轮廓，最后完成细节。画支架视图底稿的顺序如图3.9（b）至图3.9（e）所示。

（2）画各简单形体（包括孔和切口）时，一般是先画反映该形体底面实形的投影。

3.2.5 检查并清理底稿后加深图线

完成的支架三视图如图3.9（f）所示。

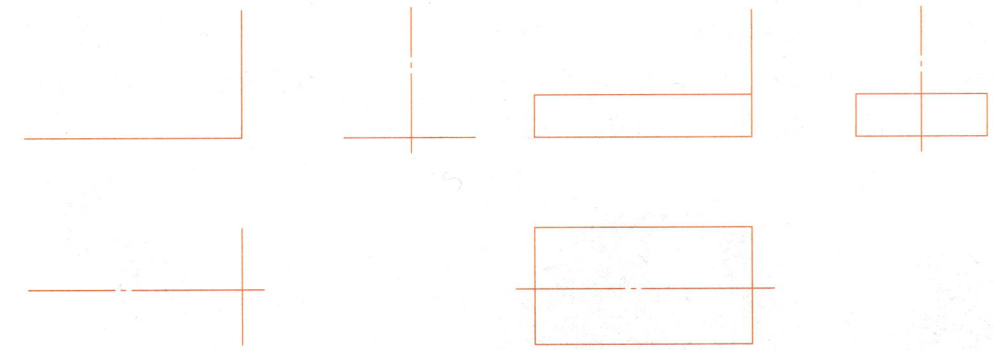

（a）布置视图，画作图基线　　（b）画底板轮廓

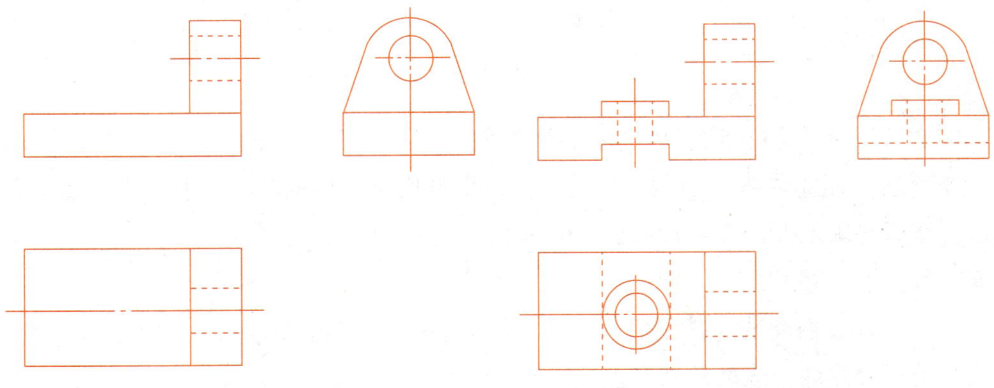

（c）画支承板　　（d）画凸台、凹槽和中部通孔

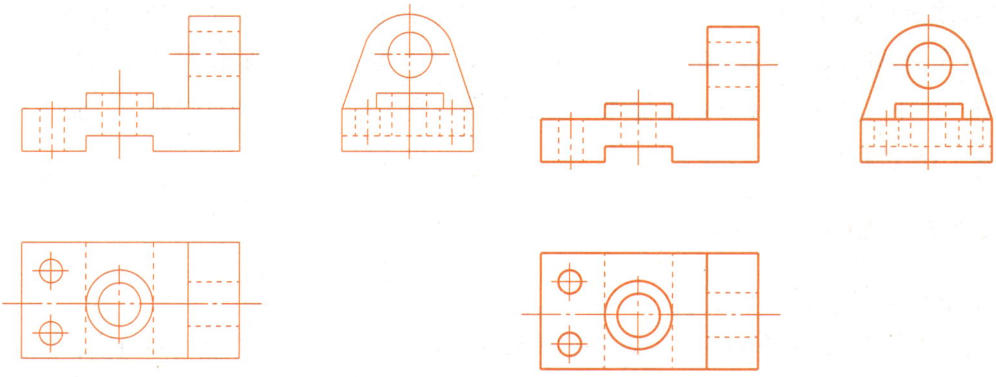

（e）补充细节　　（f）加粗完成绘图

图 3.9　支架的作图步骤

3.3 平面截切立体

机械零件中存在大量的截切现象。为了满足一定的功能要求、加工工艺要求等，在设计零件时，经常会采用截切基本体的方式获得想要的结构。图 3.10（a）所示的联轴器是由平面截切圆柱体得到的；图 3.10（b）所示的螺母是由平面截切圆锥体得到的。因此，表达被平面截切的基本体是表达机械零件的基础。

平面截切立体

（a）联轴器　　（b）螺母

图 3.10　截交线实例

如图 3.11 所示，将截切立体的平面称为截平面；把截平面与立体表面相交产生的交线称为截交线；而立体被截切后产生的平面，即截交线所围成的平面称为截断面。因此，绘制截交线就是求截断面在各投影面上的投影。

截交线具有下述性质：

（1）共有性。截交线是截平面与立体（包括平面立体和曲面立体）表面的共有线，即截交线上的点都是两个表面的共有点。

（2）封闭性。根据（1）中的共有性，截交线属于立体表面，且由于立体表面是封闭的，所以截平面与立体的交线是封闭的平面图形。

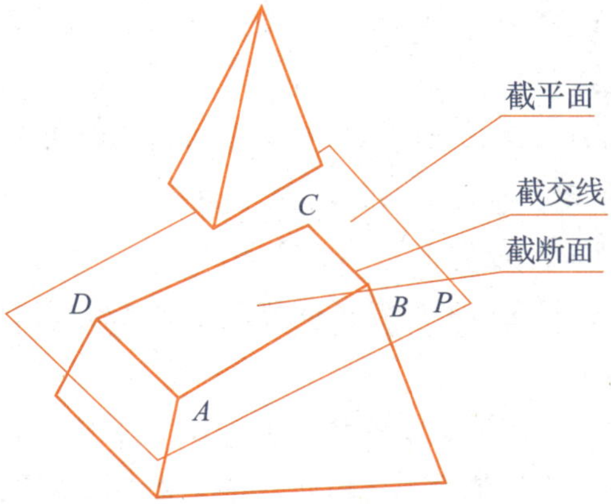

图 3.11　平面截切立体

截交线的形状取决于立体的形状以及截平面与立体的相对位置，它可能是直线，也可能是曲线。截交线的作图方法依据立体表面的投影特征，如对于平面立体，可利用平面上取点、取线的方法；对于回转体，则可采用素线法或纬圆法求得点的投影，再连点成线。

3.3.1　平面截切平面立体

截平面截切平面立体产生的截交线，实质为截平面与平面立体各表面的交线，各截交线围成的图形即为截断面。截断面的各个顶点实质为截平面与平面立体上某些棱线、边线的交点，所以求平面立体截交线的实质就是求截平面与平面立体表面的交线，也即求截平面与平面立体上某些棱线、边线的交点。

【例 3.1】如图 3.12 所示，求正垂面截切四棱锥的投影。

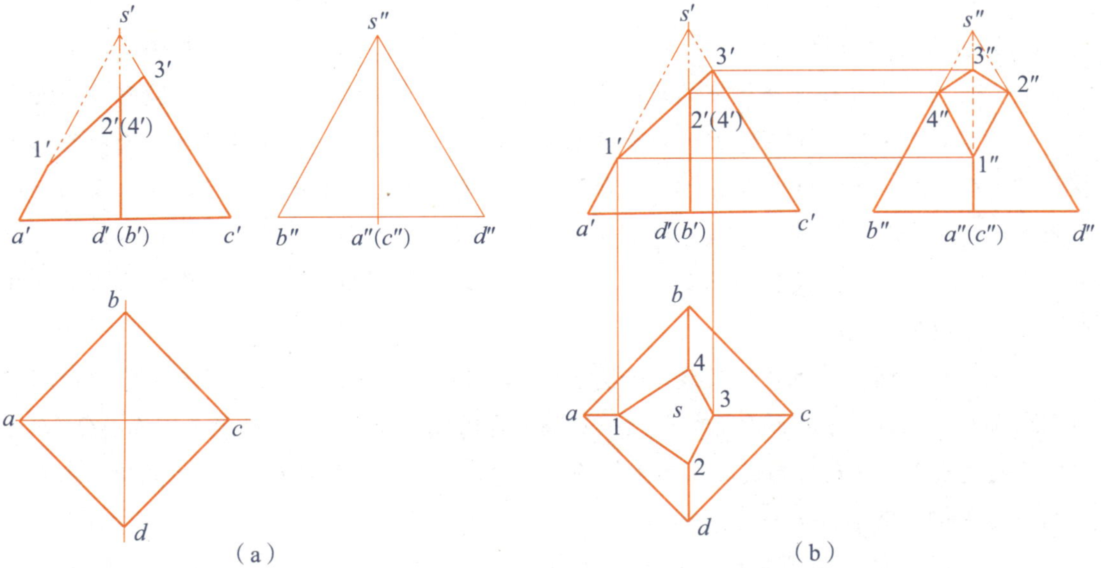

图 3.12　平面截切四棱锥

分析：截平面为正垂面，其正面投影具有积聚性；截交线是截平面上的线，所以截交线（截断面）的正面投影与截平面的积聚性投影重合；该截断面的顶点应为四棱锥的棱线与截平面的交点，所以求出棱线与截平面的交点并连接这些交点，即可得到截断面的投影。

具体作图步骤如下：

（1）如图 3.12（a）所示，画出未被截切的完整四棱锥的侧面投影。

（2）如图 3.12（b）所示，求各条棱线与截平面的交点。交点的正投影 1′、2′、3′、4′ 可直接得到，运用“长对正、高平齐”可直接得到它们的水平投影 1、3 和侧面投影 1″、2″、3″、4″。Ⅱ和Ⅳ点的水平投影不能直接得到，可先求出其侧面投影，知道其 *Y* 轴坐标值后，再求出其水平投影。

（3）判别可见性，连接交线。由于棱锥上小下大，因此所有棱面、棱线的水平投影都可见，根据共有性，交点一定在棱面上。因此，这些交点的水平投影也都可见；由于截平面左低右高，整个截断面的侧面投影都可见。

（4）查看原完整四棱锥被切掉哪些部分，并判断四棱锥棱线的可见性。*SA*、*SB*、*SC*、*SD* 棱线分别自Ⅰ、Ⅱ、Ⅲ、Ⅳ点起，上方的棱线被截切掉了，不再存在；在侧面投影上，*SC* 的侧投影 *s″c″* 不可见，应画成虚线。由于 *s″c″* 与 *s″a″* 重合，因此 3″*c″* 在 1″ 点之下的部分被实线遮挡住无法显示，但在 1″ 点之上，该虚线可以显示出来。

【例 3.2】如图 3.13（a）所示，已知五棱柱被平面截切后的正面投影和水平投影，求其侧面投影。

分析：截平面为一侧平面和一正垂面。五棱柱左侧有三条棱线被正垂面截切，右侧的两条棱线未被截切；侧平面截切了右侧两个棱面以及顶面，未涉及左侧的棱面；两个截平面有相交。作图时可分别求出每个截平面与棱柱的交线，再考虑两截平面之间的交线。

具体作图步骤如下：

（1）由于截切是对基本体进行的，因此应先画出完整基本体的投影，如图 3.13（b）所示。

（2）求正垂面与棱柱的交线，如图 3.13（c）所示。正垂面与左侧三条棱线的交点分别为 *A*、*B*、*E*。由于这三条棱线均垂直于水平面，因此直接根据“长对正”找到棱线在水平面上的积聚点即可。*A*、*B*、*E* 的侧面投影可以根据“高平齐”在三条棱线侧面投影上直接找到。*C*、*D* 点为右侧棱面上的点，两个右侧棱面均垂直于水平面，因此在水平面上的投影积聚成一条直线，因此直接根据“长对正”求得。这里要注意的是，*C* 点在 *D* 点的前方。当 *C*、*D* 点的水平投影和正面投影求出后，根据“高平齐、宽相等”即可求得两点在侧平面上的投影。

（3）求侧平面与棱柱体的交线，如图 3.13（d）所示。侧平面与右方前后两个棱面的交线分别为 *CF*、*DG*，与顶面的交线为 *FG*。*CDGF* 即为侧平面截切棱柱体的截断面。*G*、*F* 点在顶面的边线上，可利用直线取点的方式得到。先求出 *g*、*f*，再根据点的投影规律求出它们的侧面投影 *g″*、*f″*。*C*、*D* 点既在侧平面上，又在正垂面上，它们的各个投影前已求出。

（4）画两个截平面的交线。两个截平面相交，其交线为 *CD*，是正垂线。连接 *cd* 和 *c″d″*，即可画出截平面交线的各个投影。

（5）判别可见性。两截平面是从左上侧对立体进行截切的，因此在左视图、俯视图上，截交线和截断面都可见。最后加深图线，完成图样，如图 3.13（e）所示。

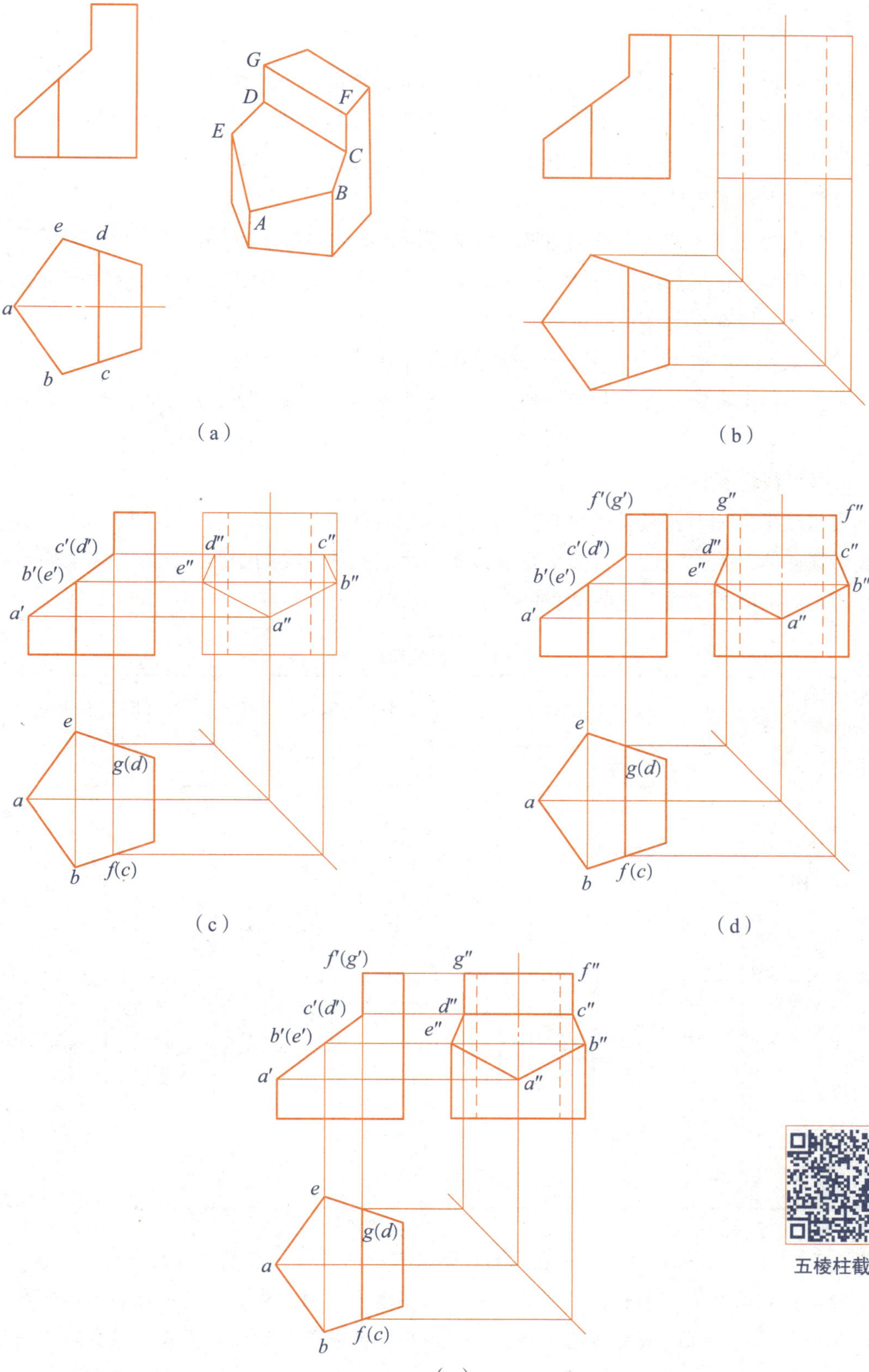

图 3.13　平面截切五棱柱体

五棱柱截切

3.3.2 平面截切回转体

由于回转体既包含曲面，也有可能包含平面。因此，平面截切回转体时，平面可能只与回转面相交，也可能既与回转面相交，又与平面相交。截交线可能是平面曲线、直线，特殊情况下也可能是直线围成的平面图形。

求平面截切回转体截交线的步骤一般为：

（1）求特殊点。特殊点可确定截交线的范围，必须全部求出，否则截交线形状就是不完整的。特殊点包括最高、最低、最左、最右、最前、最后点以及截平面与转向轮廓线的交点。通常，特殊点会在转向轮廓线上，但也有特殊情况。

（2）求若干一般点。作出若干一般位置点，以方便光滑连线。

（3）将以上各特殊点和若干一般点依次光滑连接成曲线，随后判断可见性，不可见应画虚线。

1. 平面截切圆柱体

按照截平面相对圆柱体的位置，平面截切圆柱体有三种基本情况，如表 3.1 所示。平面截切圆柱体，无论截切方式多么复杂，无非是这三种情况的变形。此外，复杂的截切方式会产生截平面的交线，这些交线也必须全部求出。

表 3.1 平面截切圆柱体

截平面相对圆柱体的位置	垂直于轴线	平行于轴线	倾斜于轴线
截交线形状	圆	矩形	椭圆
立体图	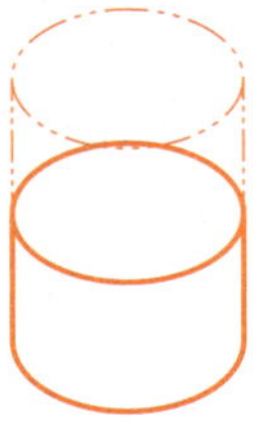	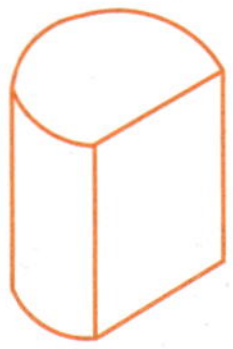	
投影图	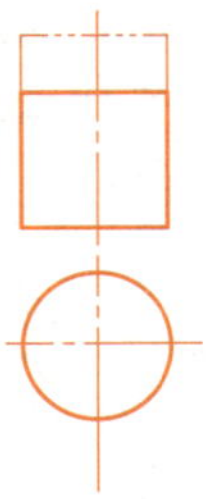	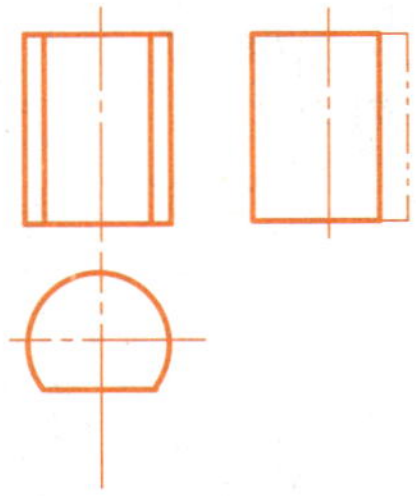	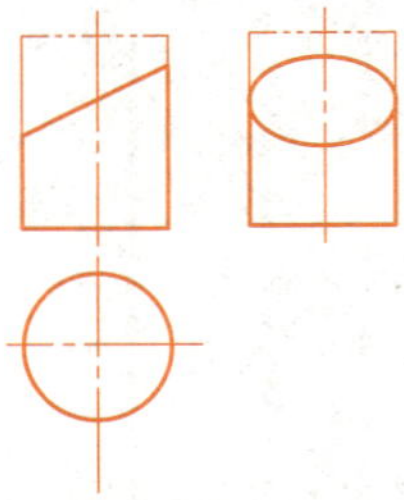

【例 3.3】 如图 3.14 所示，一直立圆柱体被正垂面截切，求截切后的圆柱体投影。

分析： 该截平面与圆柱体轴线既不平行又不垂直，因此截交线为一椭圆。由于截交线是截平面上的线，因此截交线的正面投影与截平面的正面积聚投影重合。截交线也是圆柱表面的线，因此其水平投影与圆柱面的水平投影重合，圆柱面垂直于水平面，在水平面上的投影积聚成一个圆。其侧面投影可根据点的投影规律和圆柱表面上取点的方法求出。

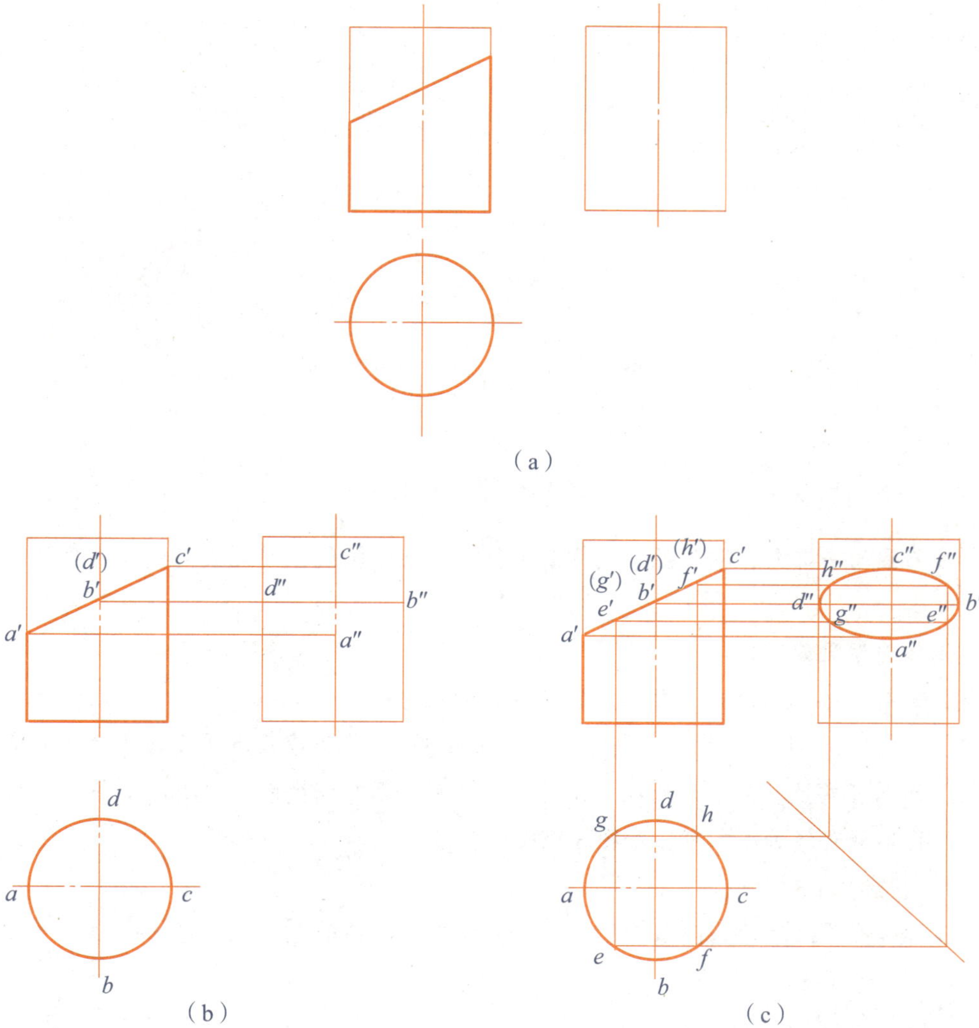

（b）　　　　（c）

图 3.14　例 3.3 图

具体作图步骤如下：

（1）如图 3.14（a）所示，画出完整的圆柱体的侧面投影。

（2）如图 3.14（b）所示，求截交线上特殊点 *A*、*B*、*C*、*D* 的投影。它们分别是截交线上最左、最前、最右和最后位置点，分别在四条转向轮廓线上，可直接求出。

（3）如图 3.14（c）所示，求截交线上中间点 *E*、*F*、*G*、*H* 的投影。在正面投影图上取点 *e*′、*f*′、*g*′、*h*′，用圆柱体表面取点的方法求出它们的水平投影 *e*、*f*、*g*、*h* 和侧面投影 *e*″、*f*″、*g*″、*h*″。

（4）判别可见性，然后光滑地连接。

【例 3.4】如图 3.15 所示，求圆柱体被截切后的投影。

分析：四个平面左右对称地对圆柱体进行截切，左视图上截交线会重合在一起。因此，只需要考虑左侧截交线的投影即可。左侧有两个截平面，一个为水平面，另一个为侧平面。水平面垂直于圆柱体轴线，因此截交线应为圆，但该水平面并未完整截切圆柱，因

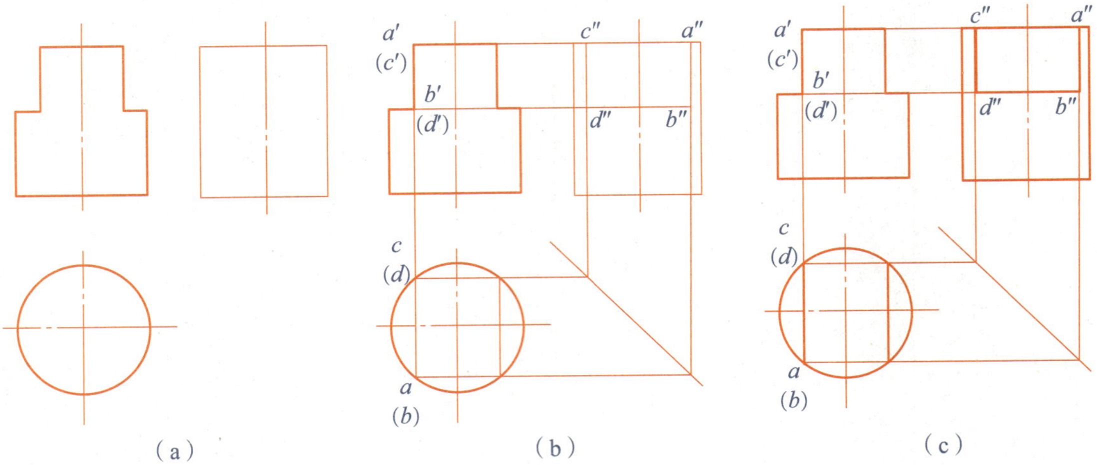

图 3.15　例 3.4 图

此截交线为圆的一部分，即圆弧；侧平面平行于圆柱体轴线，因此截交线应为两平行于轴线的直线。

具体作图步骤如下：

（1）如图 3.15（a）所示，作出完整圆柱体的投影。

（2）如图 3.15（b）所示，作出侧平面与圆柱体的交线，以及水平面与圆柱体的交线。

（3）判别可见性。截平面处在立体的左、上侧，因此俯视图、左视图上截交线的投影均可见，将各截交线加深即可，如图 3.15（c）所示。

2. 平面截切圆锥体

根据截平面相对于圆锥体的位置，平面截切圆锥体的截交线有五种情况，如表 3.2 所示。

表 3.2　平面截切圆锥体的截交线

截平面的位置	与轴线垂直	与素线相交	过锥顶	与轴线平行	与素线平行
截交线的形状	圆	椭圆	三角形	双曲线	抛物线
立体图	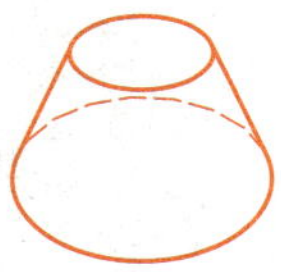	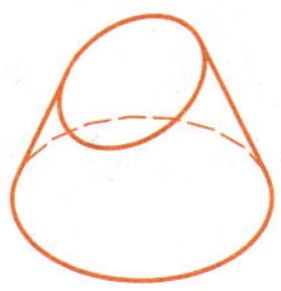	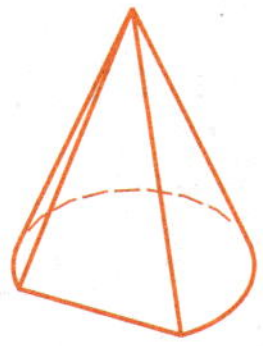		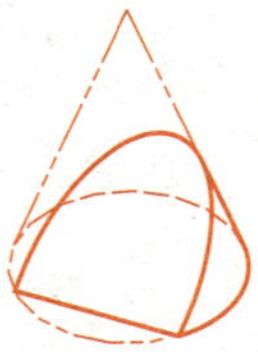
投影图	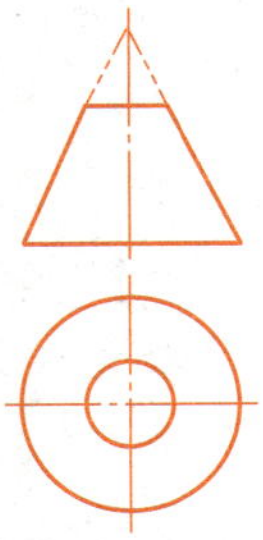	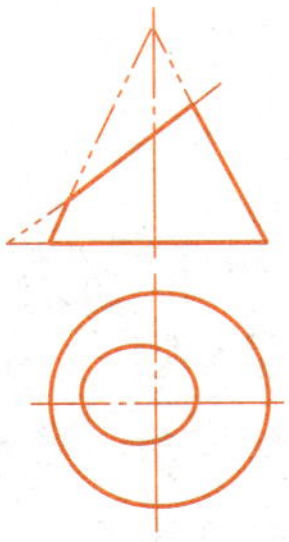	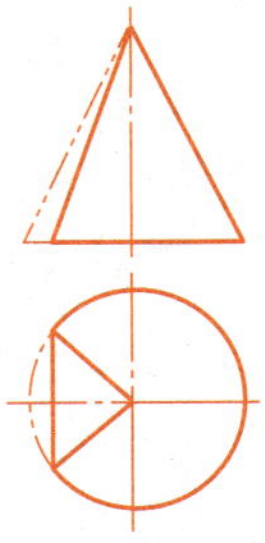	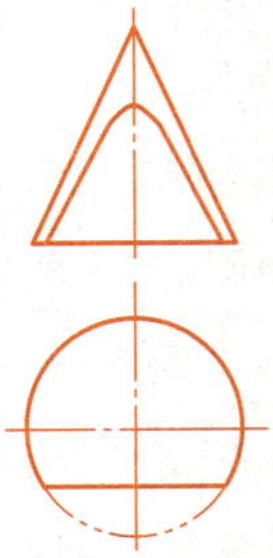	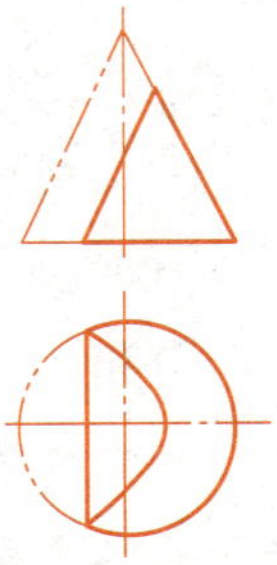

【例 3.5】如图 3.16（a）所示，求圆锥体被截切后的投影。

分析：该截平面与圆锥体轴线平行，因此截交线为双曲线。圆锥表面取点的方法有纬圆法、素线法，选择其中一种方法即可求出截交线的投影。

具体作图步骤如下：

（1）如图 3.16（b）所示，求截交线上的特殊点 A、B、C 的三个投影，此三点分别为截交线上最左、最右、最高点。C 点在圆锥的最前素线上，即左右转向轮廓线上，在左视图上，截平面与圆锥最前素线的交点即为 C 点的侧面投影 c''。根据“高平齐”的投影特性即可作出其正面投影 c'。再根据点的投影规律求出水平投影 c。A、B 点在圆锥的底面上，俯视图上截平面与圆锥底面的交点即为 A、B 的水平投影 a、b。从 a、b 向上作垂线（长对正），在主视图上与底圆的交点即为 a'、b'。

（2）如图 3.16（c）所示，作中间点的投影。这里选取 D、E 两点，经 d''、e'' 作纬圆，画出该纬圆的正面投影和水平投影，水平投影上纬圆与截平面的交点即为 d、e。由 d、e 向上作垂线，与纬圆的正面投影的交点即为 d'、e'。

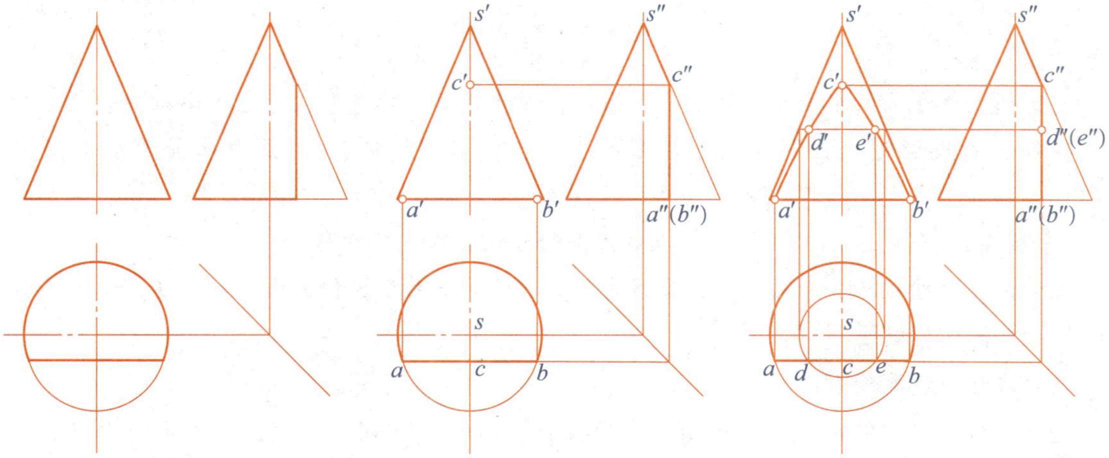

（a）　　　　（b）　　　　（c）

图 3.16　例 3.5 图

（3）判别可见性。截平面处在圆锥体的前部，因此截交线的正面投影可见，以粗实线光滑连接这些点即可。

3. 平面截切球体

在空间上，平面截切球体，无论平面方位如何，截交线均为圆。但根据截平面在投影体系中位置的不同，这些圆在投影面上的投影可能是直线段、圆或椭圆。当截平面平行于投影面时，截交线圆在该投影面反映实形——圆，其他两面投影积聚为一条直线，类似平行面的投影特性；当截平面垂直于投影面时，截交线圆在该投影面的投影积聚成直线段，其长度等于截交线圆的直径，其他两面投影为椭圆，类似垂直面的投影特性；当截平面与三个投影面都倾斜时，截交线圆在任何投影面上的投影均为椭圆，类似一般位置平面的投影特性。

【例 3.6】 如图 3.17 所示，求水平面截切球体的投影。

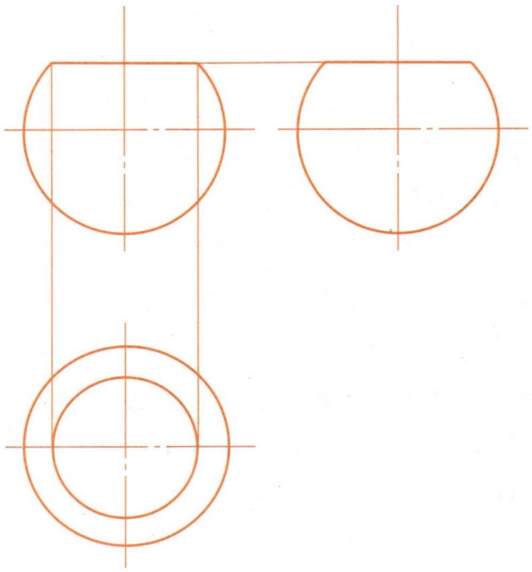

图 3.17 例 3.6 图

分析： 水平面的水平投影反映真实形状，因此截交线的水平投影也反映真实形状。

从正面投影可知截断面，即纬圆的半径，根据"长对正"，画出纬圆的水平投影即可。

【例 3.7】 如图 3.18（a）所示，求被正垂面截切后球体的投影。

分析： 球面被正垂面截切，截交线是圆。该圆的正面投影积聚为一条直线，水平投影和侧面投影均为椭圆。

具体作图步骤如下：

（1）求各转向轮廓线与截平面交点的投影。如图 3.18（b）所示，先在正面投影上标出转向轮廓线与截平面的交点：平行于 *V* 面的转向轮廓线上的交点，其正面投影为 1′、5′；平行于 *H* 面的转向轮廓线上的交点，其正面投影为 4′、6′；平行于 *W* 面的转向轮廓线上的交点，其正面投影为 2′、8′。找到这些点的正面投影后，可在转向轮廓线的各投影上直接找出它们的水平投影和侧面投影。

（2）如图 3.18（c）所示，求椭圆长、短轴端点的投影。在正面投影上取 1′5′ 的中点 3′（7′），过 3′（7′）点作一侧平纬圆，该纬圆的侧面投影为圆，在此圆上可得到 3″、7″。根据侧面投影 3″、7″ 和正面投影 3′、7′，可求出水平投影 3、7。37 和 3″7″ 分别为椭圆长轴的水平投影和侧面投影，15 和 1″5″ 分别为椭圆短轴的水平投影和侧面投影。

（3）判别可见性。由于截平面位于球体的左上部，因此截交线的水平投影和侧面投影均可见。以粗实线光滑地连接各点，即可作出截交线的投影。

（4）判断原球体的轮廓线还存在的范围，被截掉的不再画出。完成作图，如图 3.18（d）所示。

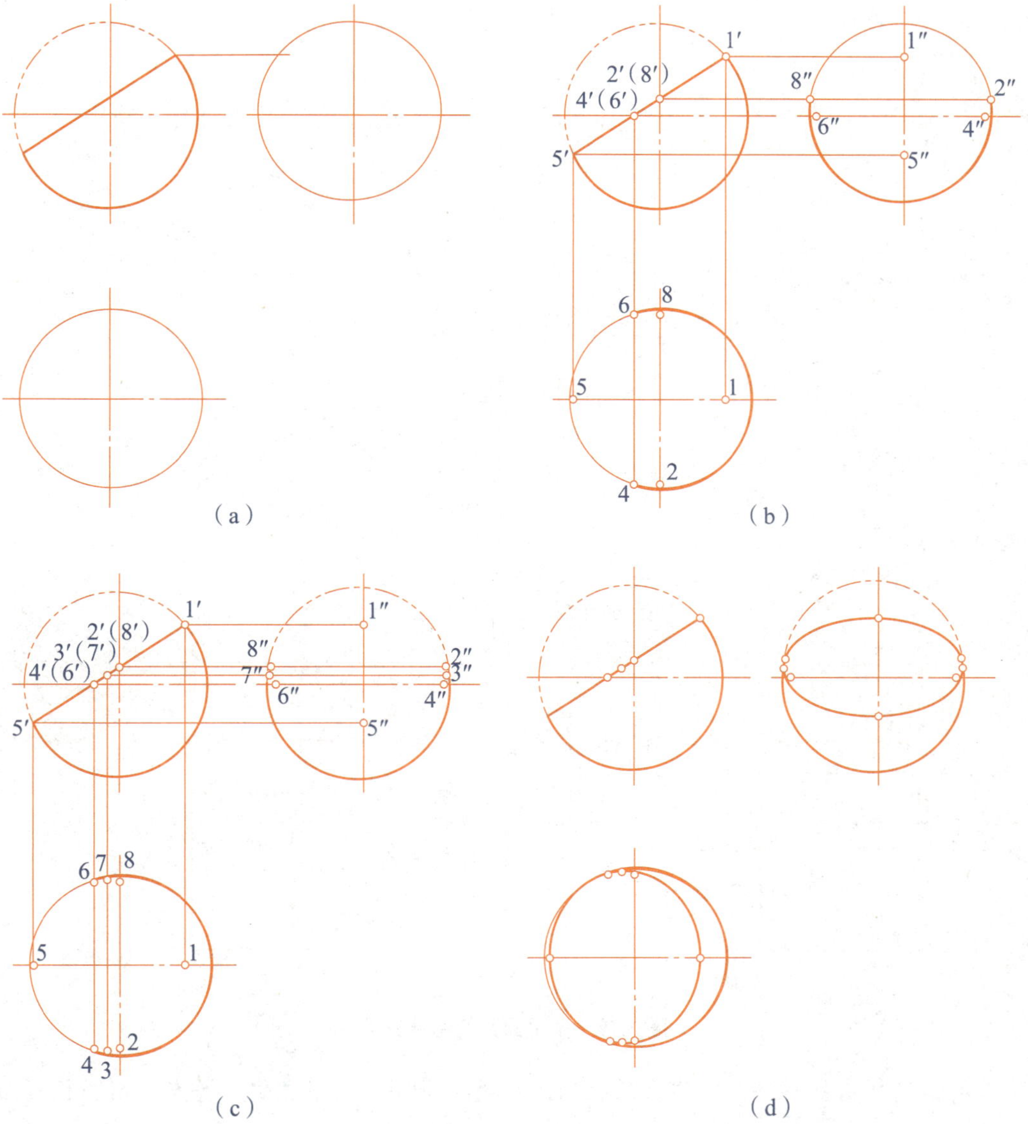

图 3.18　正垂面截切球体

4. 平面截切复合曲面

【例 3.8】 如图 3.19 所示，已知机床顶尖头的主视图和左视图，求其俯视图。

分析： 顶尖头形体为共轴线的圆柱和圆锥组合后，被一水平面和一正垂面截切而成。由于水平截平面平行于轴线，因此它截切圆锥产生的截交线是双曲线，截切圆柱面产生的截交线是两平行直线。正垂截平面仅截切了圆柱体，由于它与圆柱轴线倾斜，因此如果完整截切圆柱，截交线应该是一椭圆，本例中并未完全截切圆柱，故截交线为一段椭圆弧。左视图上该椭圆弧与圆柱表面的积聚投影重合。

具体作图步骤如下：

（1）作截交线上特殊点的投影，如图 3.19（b）所示。

水平截平面截切圆锥所得的特殊点：最前点Ⅰ、最后点Ⅴ，最左点Ⅲ。用圆锥表面取点法求出它们的水平投影 1、5、3 和侧面投影 1″、5″、3″。

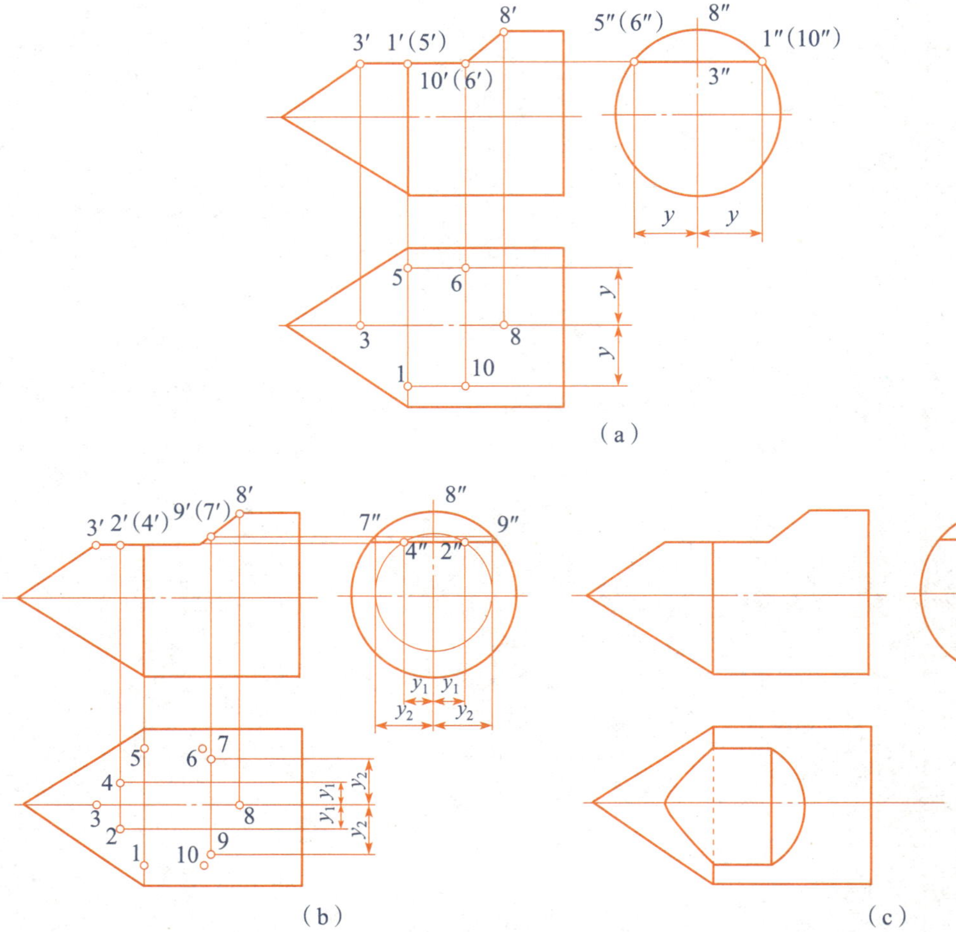

图 3.19　多平面截切组合立体

正垂面截切圆柱所得截交线上的特殊点：最上点Ⅷ，最下点Ⅵ、Ⅹ点。用圆柱表面取点的方法求得它们的水平投影 8、6、10 和侧面投影 8″、6″、10″。

（2）作截交线上一般点的投影。

水平面截切圆锥体：Ⅱ点和Ⅳ点为截交线上的一般点，由于水平面的侧面投影积聚为一条直线，因此截交线的侧面投影与水平面的侧面投影重合。可用素线法或纬圆法先求得Ⅱ点和Ⅳ点的侧面投影 2″、4″，再根据正面投影和侧面投影求出它们的水平投影 2、4。本例采用纬圆法。

水平面截切圆柱面：由于水平面截切圆柱的截交线为两直线，因此只需求出直线的两个端点。

正垂面截切圆柱面：一般点为Ⅶ、Ⅸ，它们的各面投影求法与点Ⅵ、Ⅹ相同。

（3）判断可见性。由于水平面和正垂面在机床顶尖头的左上部，因此截交线的水平投影和侧面投影都可见。在俯视图上以粗实线光滑地连接 1、2、3、4、5，并以粗实线连接 5、6 和 1、10，以及光滑连接 6、7、8、9、10。

（4）作两截平面的交线。连接6、10两点，即为两截平面的交线。

（5）判断原始轮廓线存在的范围。圆锥与圆柱之间存在交线，该交线的水平投影为一条直线。形体被水平面截切后，该交线上半段有部分被截掉，交线的水平投影不再完整；该交线下半段未被截切，轮廓线完整。

最后完成作图，如图3.19（c）所示。

求多平面截切组合立体截交线的注意事项如下：

（1）如果两截平面相交，不要遗忘两者之间交线的投影。

（2）对称轮廓线原来的投影重合，不可见轮廓线的虚线被粗实线盖住，图样上未能显示，但当可见轮廓线被截切后，不可见轮廓的虚线不可遗漏，如图3.20（a）所示。图3.20（b）所示为常见错误画法。

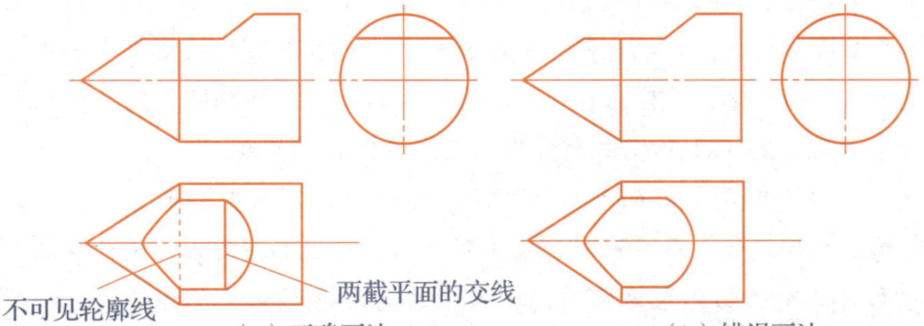

（a）正确画法　　（b）错误画法

图3.20　多平面截切组合立体

3.4 相贯体

通常把相交的两个立体称为相贯体，两立体表面的交线称为相贯线。根据立体表面的性质，相贯体的类型有两平面立体相贯、平面立体与曲面立体相贯、两曲面立体相贯，如图3.21所示。平面立体相贯实质上是平面与平面相交的问题，平面立体与曲面立体相贯实质上是平面与曲面相交的问题，这两点已经在平面截切立体中讲述了，因此这里重点介绍两曲面立体正交的相贯线的作图方法。

回转体相贯线的投影

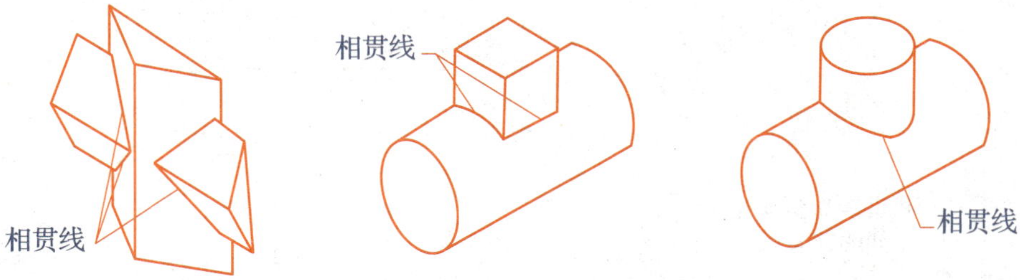

（a）平面立体相贯　　（b）平面立体与曲面立体相贯　　（c）曲面立体相贯

图3.21　立体之间的相贯

相贯线的基本性质如下：

（1）共有性：相贯线上所有点都是两立体表面的共有点，相贯线是相交两曲面的共有线，也是两立体表面的分界线。

（2）封闭性：相贯线一般是封闭的空间曲线，特殊情形下，也可能是平面曲线或直线。

圆柱正交

3.4.1　相贯线的作图方法

相贯线的形状，取决于相交两曲面立体的形状、大小和相对位置。相贯线的作图方法主要有积聚性法和辅助平面法，下面分别进行介绍。

1. 积聚性法

以正交两圆柱为例，当圆柱的轴线垂直于某投影面时，圆柱面在这个投影面上的投影就积聚为一个圆周。若该圆柱面与其他曲面相贯，则相贯线在该投影面上的投影一定与该圆柱面的投影重合在一起，这样求相贯线的问题就转化成了圆柱体表面取点的问题。

【例 3.9】如图 3.22（a）所示，求作两正交圆柱体的相贯线。

分析：相贯线是两圆柱面的共有线，而小圆柱的轴线垂直于水平面，小圆柱水平投影积聚为圆周，相贯线的水平投影积聚在小圆柱的水平投影圆周上；大圆柱的轴线为侧垂线，其圆柱面的侧面投影积聚为圆周，相贯线的侧面投影积聚在大圆柱的侧面投影圆周上，且仅在小圆柱存在的那段圆弧上。这样相贯线的两个投影都已明确，只需要求其正面投影，如图 3.22（b）所示。

具体作图步骤如下：

（1）求特殊点：如图 3.22（c）所示，从水平投影上确定相贯线上的四个极限位置点 A、B、C、D 的水平投影 a、b、c、d，用圆柱表面取点的方法求出它们的正面投影和侧面投影。

（2）求一般点：如图 3.22（d）所示，在相贯线的水平投影上任取两点 1、2，为作图方便，取左右对称点；根据点的投影规律先求出其侧面投影 1″、2″，再根据“长对正、高平齐”求出它们的正面投影 1′、2′。

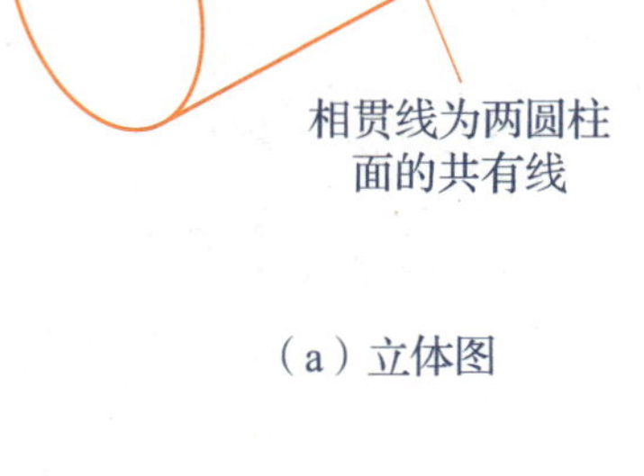

（a）立体图

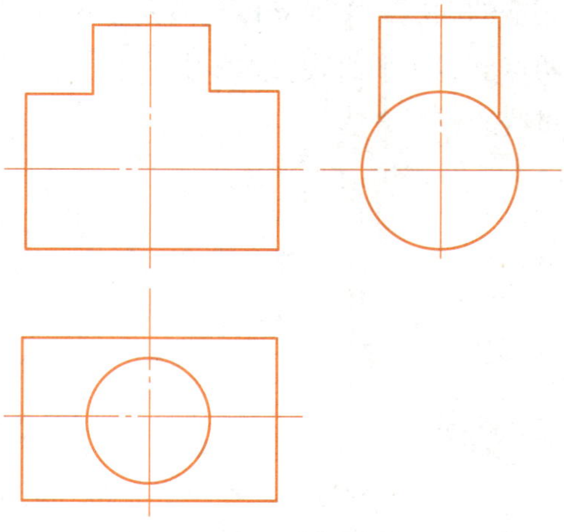

（b）相贯线投影分析

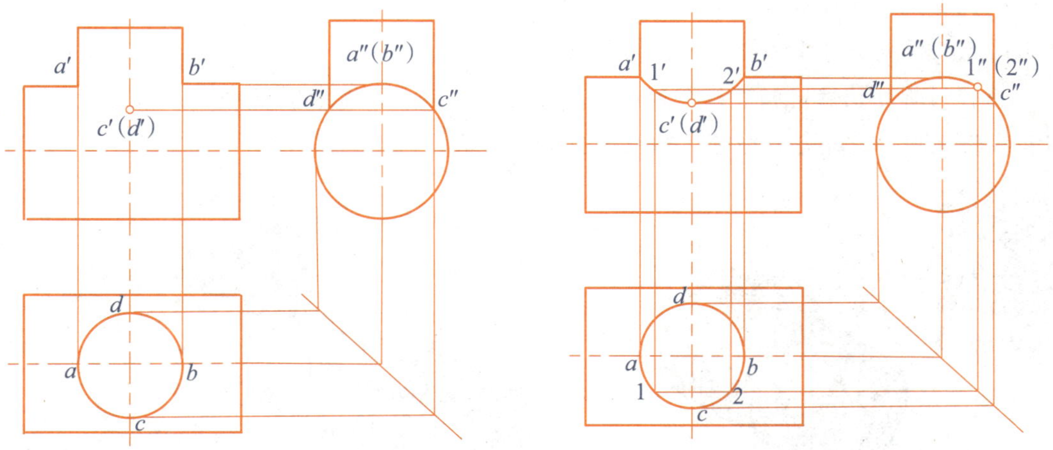

（c）作特殊点　　（d）作一般点

图 3.22　两相交圆柱体的相贯线

（3）判别可见性：相贯线前后具有对称性，在主视图上，相贯线前半部分可见，后半部分与前半部分的投影重合，不可见。以粗实线光滑地连接 a′1′c′2′b′，该线段即为相贯线的正面投影。

2. 辅助平面法

当两回转面的投影都不具备积聚性或者不便于用积聚性方法时，可用辅助平面法求相贯线的投影。以图 3.23（a）所示的求圆柱与圆锥台相贯线投影为例，介绍采用辅助平面法求相贯线的原理，如图 3.23（b）所示。作一辅助平面 *P*，使其与两回转体相交。平面 *P* 与圆锥台的交线为一纬圆，与圆柱的交线为两平行直线。截交线的交点同时属于两回转面，符合共有性，因此它也是相贯线上的点。如果作一系列这样的辅助平面，则可求出一系列相贯线上的点。

为了使作图简便，应选择合适的辅助平面。辅助平面应平行于投影面，这样辅助平面的投影具有积聚性；此外辅助平面与两回转体的交线应为直线或圆，这样便于在视图中作出交线的投影。

【例 3.10】如图 3.23（c）所示，求作圆柱与圆锥台的相贯线投影。

分析：该形体前后具有对称性，因此前后部分相贯线在主视图上的投影重合，只要求出相贯线前半部分即可；相贯线的侧面投影与圆柱的侧面投影重合，不需要求出。

具体作图步骤如下：

（1）作特殊点：如图 3.23（d）所示，Ⅰ、Ⅴ是相贯线上的最左、最右点（也是最高点），由点 1′、5′ 可求出水平投影 1、5。Ⅲ、Ⅶ是相贯线上的最前、最后点（也是最低点），在左视图上为圆锥台最前、最后素线与圆柱投影圆的切点，由点 3″、7″ 可求出正面投影 3′、（7′）和水平投影 3、7。

（2）作一般点：如图 3.23（e）所示，在适当位置作一水平辅助面，该面与圆锥面的交线为一水平纬圆，其水平投影为圆 *q*；该面与圆柱的交线为两平行直线，这两条直线为侧垂线，水平投影平行于轴线。它们与纬圆 q 交于 2、4、6、8 点，这四个交点即为相贯线上的点。根据水平投影即可求出侧面投影。

（3）判断可见性：相贯线全部在圆柱体的上半侧，因此相贯线的水平投影处处可见，以粗实线光滑地连接各点即可，如图 3.23（f）所示。

圆柱锥台正交

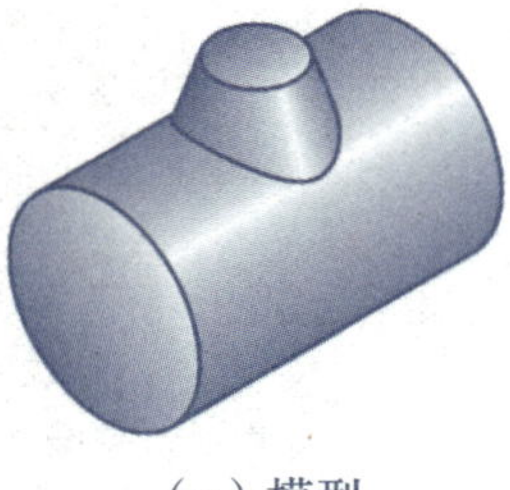

（a）模型

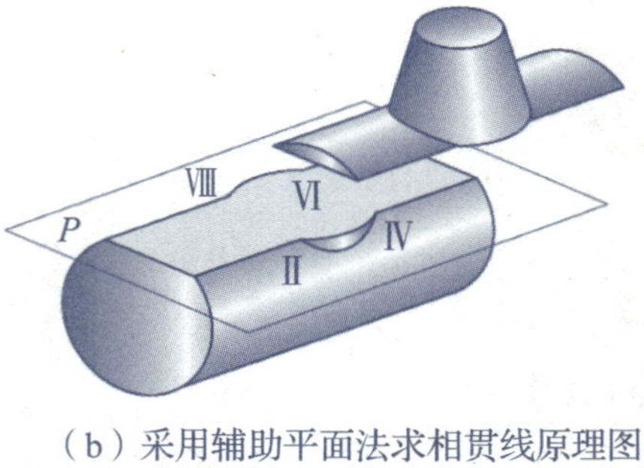

（b）采用辅助平面法求相贯线原理图

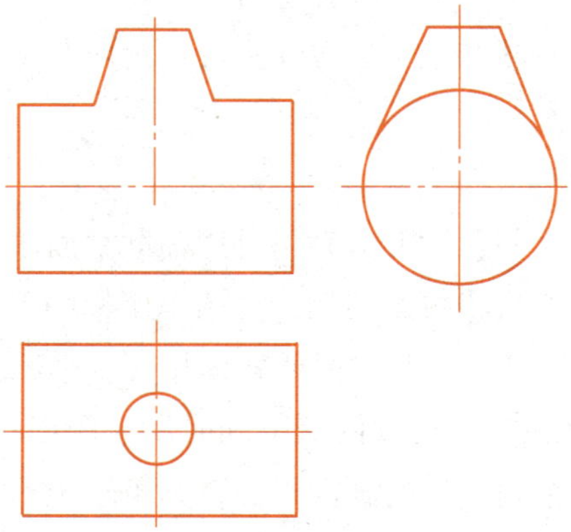

（c）

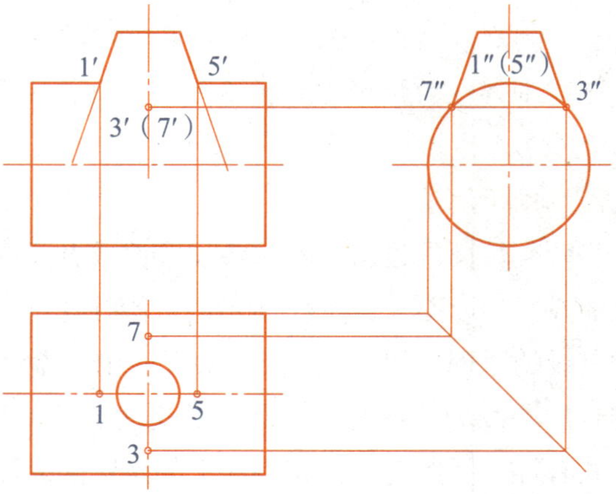

（d）

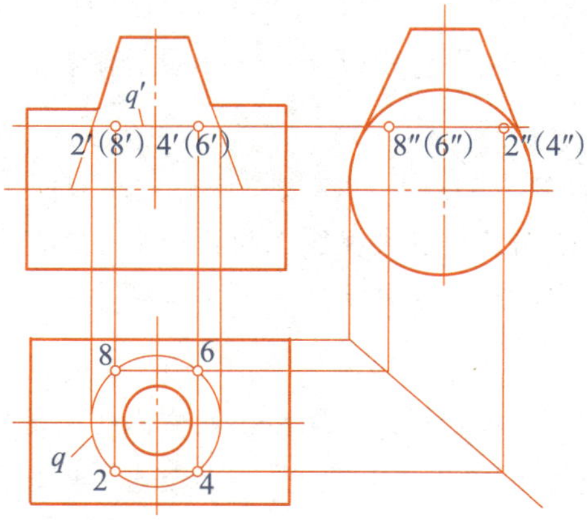

（e）

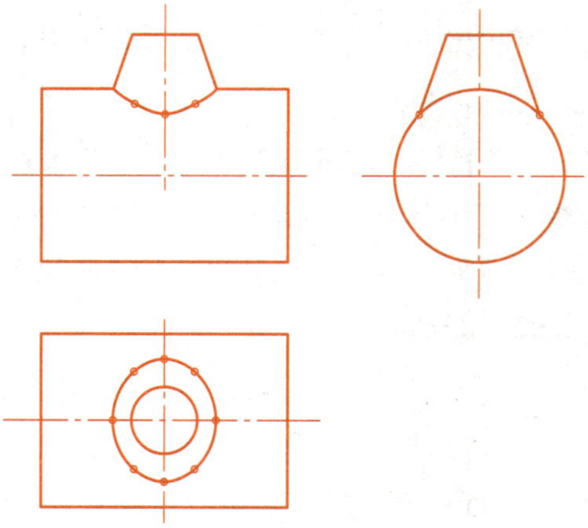

（f）

图 3.23　圆柱与圆锥台相贯线

3.4.2 相贯线的特殊情况

一般情况下两回转体相交，其相贯线为空间曲线。但是，在特殊情况下，也可能是平面曲线甚至是直线。

（1）同轴回转体的相贯线。如两回转面共轴线，则它们的相贯线为垂直于轴线的圆；若该轴线平行于投影面，则该圆在该投影面上的投影为垂直于轴线的直线，如图 3.24 所示。

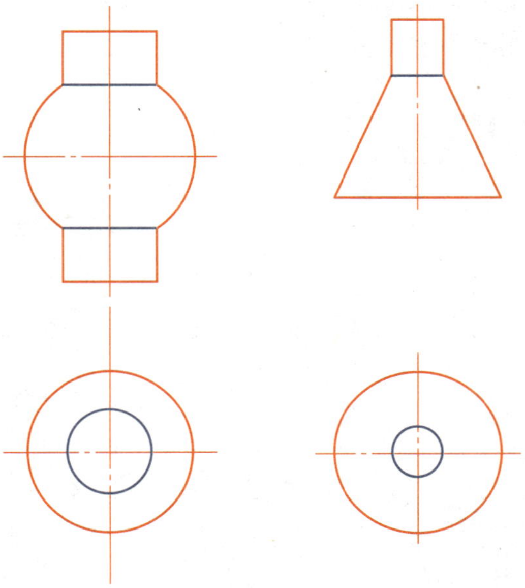

图 3.24 两同轴回转体的相贯线

（2）具有公共内切球的两回转体相贯线。当具有公共内切球的两回转体相贯时，相贯线为椭圆。如两圆柱面相交，或圆柱面与圆锥面相交，且公切于一个球时，椭圆的正面投影积聚为直线段，如图 3.25 所示。

等径圆柱正交

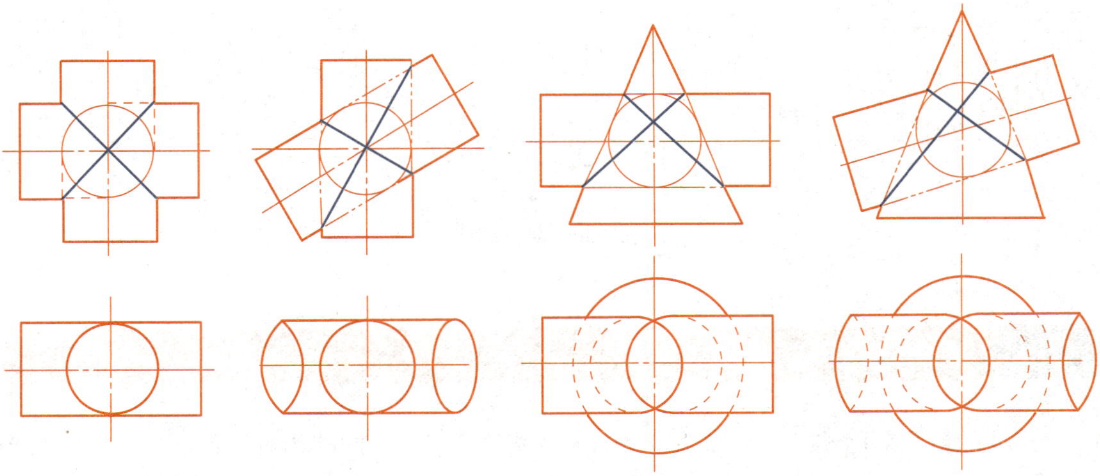

图 3.25 具有公共内切球的两回转体相贯线

3.4.3 基本体复合相贯

两个或两个以上的立体相交，其完整的表面交线称为复合相贯线。虽然复合相贯线看起来形状复杂，但可把复合相贯线分解为数段，每一段都是两立体表面的交线，这样，复杂的问题即可转变为简单的问题。

【例 3.11】 如图 3.26（a）所示，已知立体的水平投影和侧面投影，求其正面投影。

分析： 图中相贯线可分解为四段，其中第一段为两圆柱面的交线；第二段为四棱柱面（假想）与圆柱面的交线；第三段为棱柱面与大圆柱面的交线；第四段为两圆柱面的交线。作图时分段求出，然后连接即可。具体作图步骤如图 3.26（b）、图 3.26（c）、图 3.26（d）所示。

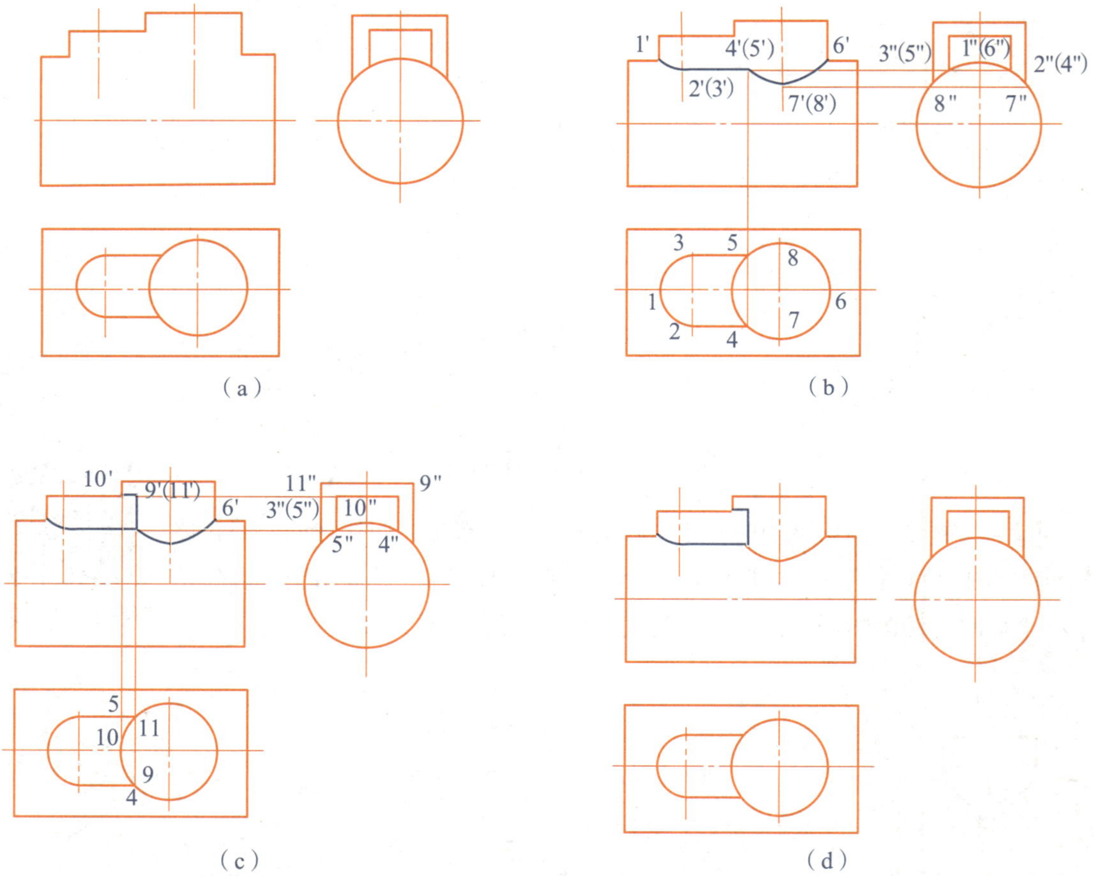

图 3.26　复合相贯

3.5 组合体的尺寸标注

尺寸的概念前已述及，它描述物体的大小和各几何元素间的相对位置，是一个机械产品能被生产制造出来的必要条件。组合体由基本体组合而成，因此其尺寸标注与基本体尺寸标注有一定区别，下面进行详细介绍。

3.5.1 组合体尺寸的类型及标注注意事项

组合体的尺寸标注

要完整地表达组合体，必须要有完整的尺寸。完整的尺寸意味着根据所注写的尺寸，能完全确定一个组合体的形体、大小和各个结构的相对位置，不会出现无法确定的情况。

组合体一般要标注的尺寸有三类：定形尺寸、定位尺寸和总体尺寸。

定形尺寸的标注只需要遵照国家关于尺寸标注的规定，这些基本规定在任务 1 中已经述及，这里不再赘述。本节介绍组合体定位尺寸的标注。

标注组合体定位尺寸时，应首先确定长、宽、高三个方向的尺寸基准。一般以组合体的对称面、较大的平面及回转体的轴线等几何元素作为基准。如图 3.27 所示，该组合体以左右对称面为长度方向的基准，标注两个 ϕ13 孔在长度方向上的定位尺寸 32；以后表面为宽度方向的尺寸基准，标注两个 ϕ13 孔在宽度方向上的定位尺寸 20；以底面为高度方向的尺寸基准，标注 ϕ16 孔在高度方向的定位尺寸 24。

当组合体的主要形体为回转体时，一般会选择轴线作为径向基准，此时基准只有两个方位，即径向和轴向。如图 3.28 所示，ϕ46 为四个 ϕ9 圆孔的径向定位尺寸。

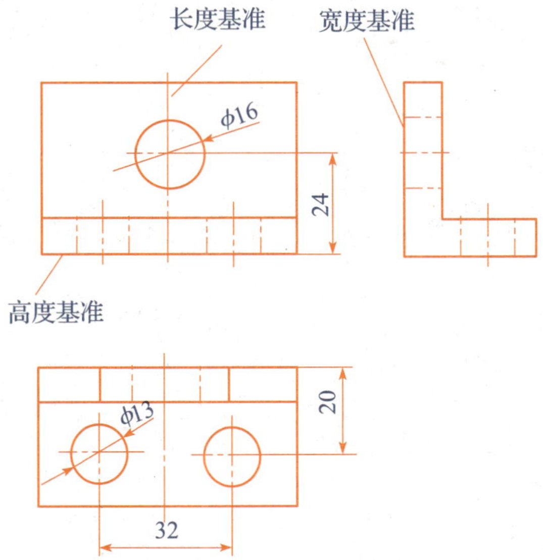

图 3.27 需确定三个方向尺寸基准的组合体

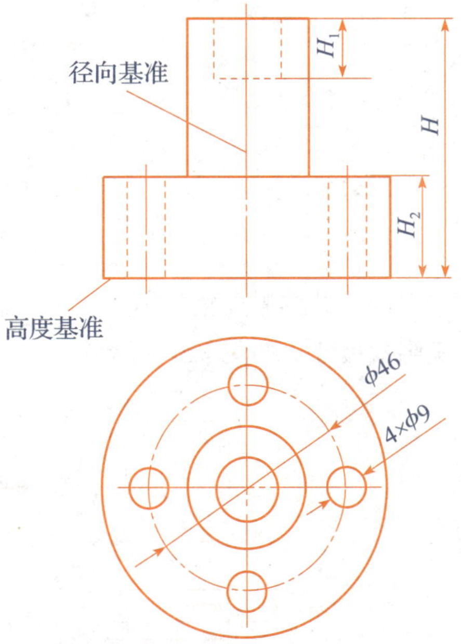

图 3.28 需确定两个方向尺寸基准的组合体

某一方向的尺寸基准不一定是唯一的，如图 3.28 所示，高度方向的尺寸基准是形体底面，可以底面为基准通过尺寸 H 确定顶面的高度。但上方圆孔的深度若以底面为基准，则不便于测量，而以顶面为基准，测量尺寸 H_1 较为方便。因此可以顶面为高度方向上的辅助基准。辅助基准与主要基准之间必须有尺寸的直接关联，如图中的尺寸 H。

确定组合体外形总长、总宽、总高的尺寸称为总体尺寸。如图 3.28 中的 H 即为该形体的总高，该尺寸既是顶面的定位尺寸，也是形体的总体尺寸。

标注组合体尺寸时需要注意的事项如下：

1. 正确

标注要符合国家制图标准的规定。如何正确地标注尺寸，在平面图形尺寸标注中已经讲过，这里不再赘述。

2. 完整

所标注尺寸必须齐全，没有遗漏。为了完整地标注尺寸，标注时应根据组合体结构分析，以各个结构为单位，逐一标注它们的定形尺寸、定位尺寸，做到不遗漏结构，也不遗漏每个结构的位置尺寸。每个结构的尺寸考虑完后，考虑组合体的总体尺寸，依照这样的步骤，遗漏尺寸的可能性就会大大降低。

3. 布局合理，整齐清晰

尺寸标注要布局合理、整齐清晰。要做到这一点，需要注意以下几方面内容：

（1）突出特征：尺寸应尽量标注在表示形体特征最为明显的视图上，以便于看图，如图 3.29 所示。

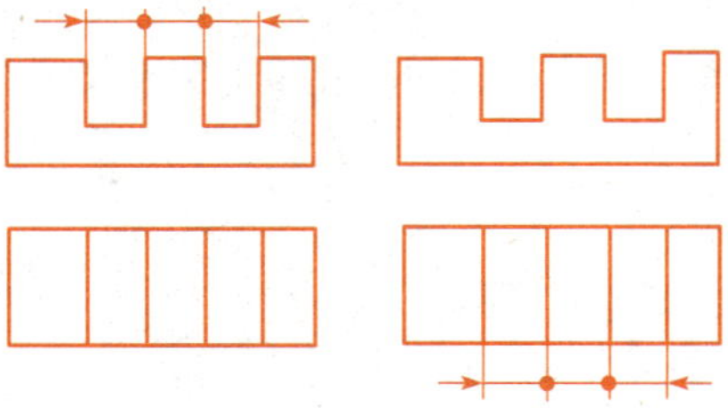

（a）好　　（b）不好

图 3.29　突出特征

（2）同一结构需要集中标注：同一个结构的尺寸应尽量标注在同一个视图上，避免看图者满图找尺寸，如图 3.30 所示。

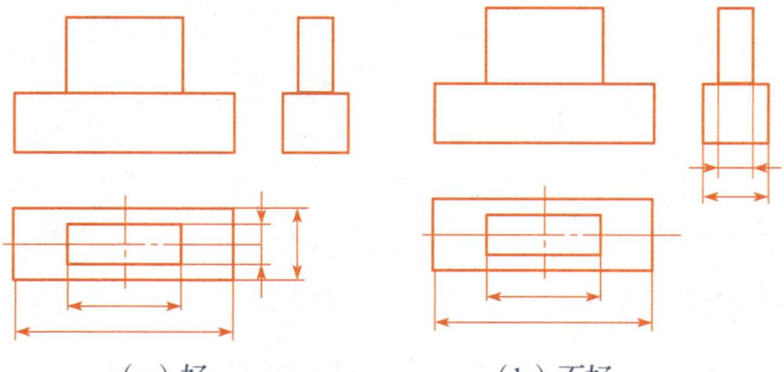

（a）好　　（b）不好

图 3.30　同一结构集中标注

（3）同轴回转体的直径尺寸应尽量标注在非圆视图上，如图 3.31（a）所示。如图 3.31（b）所示注法，当圆比较多时，会影响清晰度。

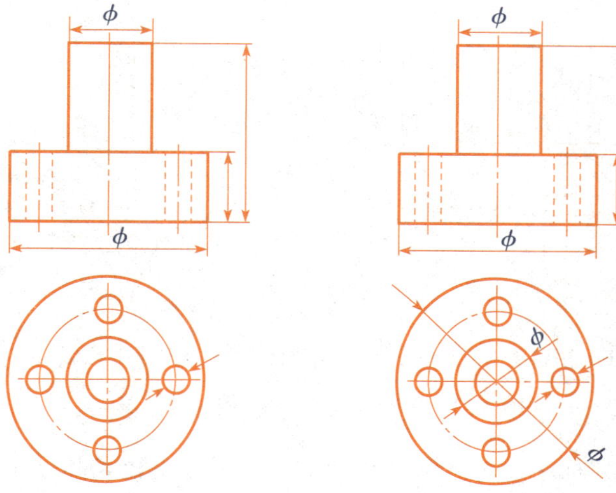

（a）好　　（b）不好

图 3.31　圆柱回转体直径尺寸的标注

（4）若同一方向上有连续尺寸，则应保证尺寸线布置在同一条线上，避免凌乱，如图 3.32（a）所示。图 3.32（b）中尺寸排列不整齐，不好。

（5）里小外大：同一方向上的数个尺寸，应遵循“里小外大”的原则排列，避免尺寸线与尺寸界线相交。如图 3.32（c）所示标注，图面清晰度不如图 3.32（a）。

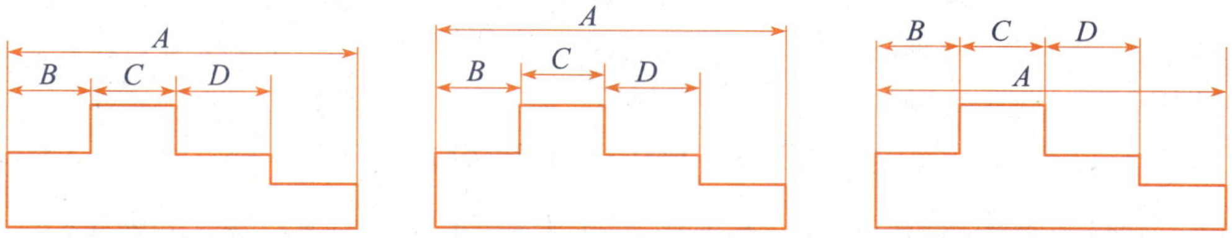

（a）好　　（b）不好　　（c）不好

图 3.32　合理布局

在标注尺寸时，有时会出现不能兼顾以上各方面的情况，此时应在保证尺寸完整、清晰的前提下，根据具体情况，统筹安排，合理布置。

3.5.2　组合体尺寸标注

1. 标注基本体尺寸

由于组合体是由基本体经过叠加或挖切、按一定位置关系组合而来，因此应首先分析基本体及切割体等形体的尺寸标注。

（1）棱柱、棱锥（台）的尺寸标注。棱柱、棱锥（台）一般需要标注能确定其上表面、下表面形状的尺寸以及高度尺寸，如图 3.33（a）、图 3.33（b）所示。对于正等多边形棱柱或棱锥，可以通过标注正等多边形外接圆的直径来表示上下表面的大小，如图 3.33（c）、图 3.33（d）所示；或标注其他可以确定图形大小的尺寸，如图 3.33（e）所示，正等六棱柱上下表面为正六边形，标注对称两边的距离就可以确定该六边形的大小。

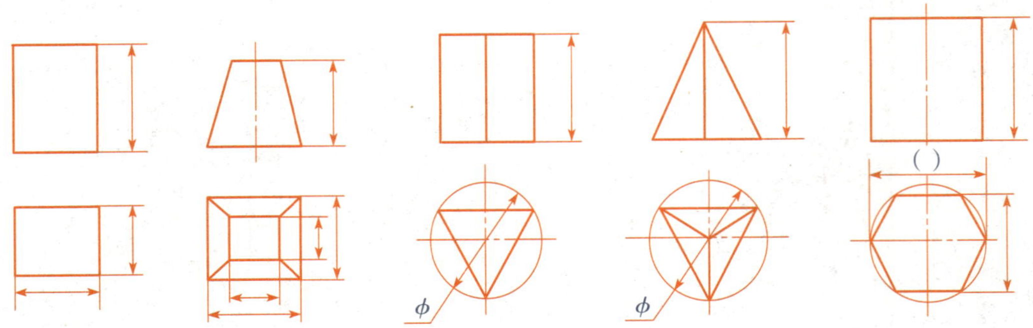

（a）棱柱　（b）棱台　（c）正等三棱柱　（d）正等三棱锥　（e）正等六棱柱

图 3.33　棱柱、棱锥（台）的尺寸标注

（2）回转体的尺寸标注。对于圆柱和圆锥，应标出直径和高度尺寸，如图 3.34（a）、图 3.34（b）所示；对于圆锥台，应标注顶圆、底圆直径及高度尺寸，如图 3.34（c）所示；在标注球直径时应在直径或半径符号前加注“*S*”，如图 3.34（d）所示；对于圆环，应标注母线圆和截面圆直径尺寸。

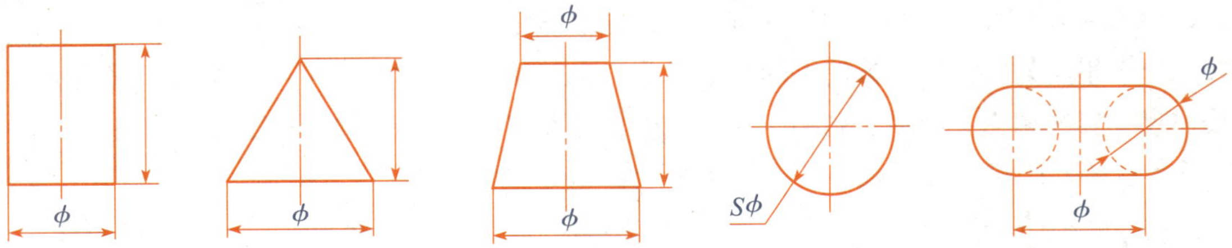

（a）圆柱　（b）圆锥　（c）圆锥台　（d）球　（e）圆环

图 3.34　曲面立体的尺寸标注

（3）常见切割体的尺寸标注。基本体被切割后的形体，除了要标注基本体的定形尺寸，还应标注能确定截平面位置的尺寸，但一般不标注截交线尺寸，如图 3.35 所示。图中带 × 的尺寸为错误标注。

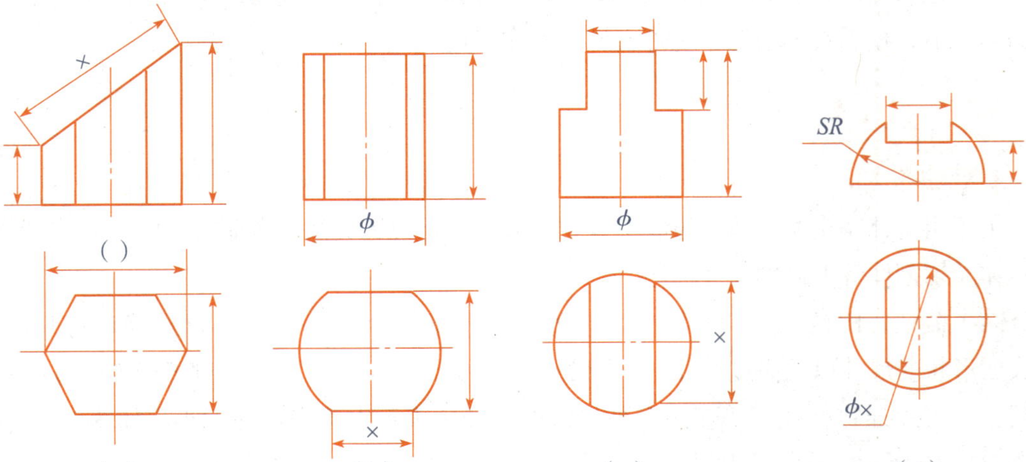

（a）　（b）　（c）　（d）

图 3.35　切割体的尺寸标注

（4）常见底板的尺寸标注。常见底板的尺寸标注示例如图 3.36 所示。除了有一定的厚度外，底板可看作平面图形，尺寸标注与平面图形类似。但需要说明的是，在标注总体尺寸时，如果最外侧的几何元素不是平面，而是回转面或截交线，由于不便测量，因此习惯上一般不作标记，如图 3.36（c）、图 3.36（d）所示。

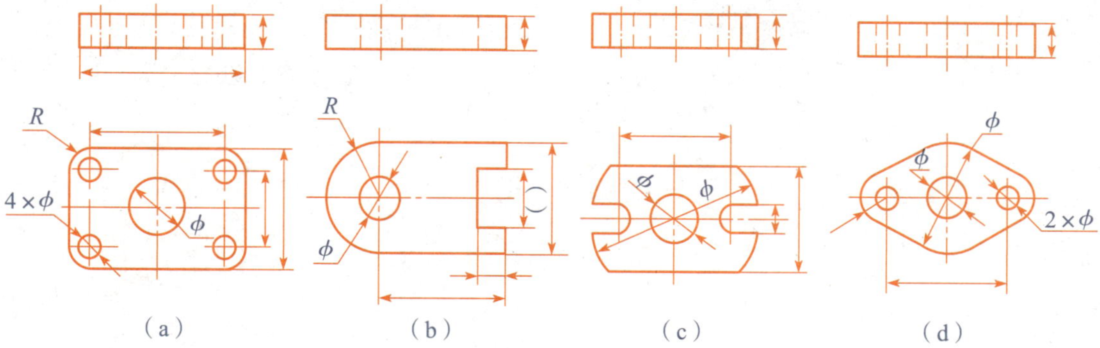

图 3.36　常见底板的尺寸标注

2. 标注组合体尺寸

下面以图 3.37（a）所示组合体为例，说明组合体尺寸标注的方法和步骤。

（1）分析组成结构。如图 3.37（b）所示，根据形体分析法分析可得，组合体的组成结构有 4 个：主体圆柱体、带圆孔底板、前方凸台、右侧耳板。

（2）初步考虑各结构的定形尺寸。各个结构的定形尺寸如图 3.37（c）所示。

（3）确定尺寸基准。直立圆柱体为支座的主要结构，因此可以将该圆柱体的轴线作为长度方向的尺寸基准。在宽度方向上，支座基本上具有对称性，因此以对称面作为宽度方向的尺寸基准。高度方向以底面作为基准，考虑到凸台离顶面较近，以顶面作为基准，测量比较方便，因此可以考虑以顶面作为高度方向上的辅助基准。注意辅助基准与主要基准之间要有直接尺寸联系。确定基准后，分析各结构的定位尺寸如图 3.37（d）所示。

（4）逐一标注各个结构的定形尺寸、定位尺寸，如图 3.38 所示。基准要素的各个投影如图 3.38（a）所示。确定基准后，对 4 个组成结构逐一标注它们的定形尺寸和定位尺寸。由于设计中往往会以主要结构的表面作为基准或辅助基准，以确定其他结构的位置，因此标注尺寸时，应按主要结构、次主要结构、不重要的结构这样的顺序进行标注。

1）标注主体圆柱体和前方凸台的定形尺寸和定位尺寸，如图 3.38（b）所示。

由于 3 个方向的尺寸基准都是主体圆柱体上的几何元素，因此只标注主体圆柱体的定形尺寸，即内孔直径 ϕ20mm、外径 ϕ36mm、高度 40mm。

前方凸台的定形尺寸为 ϕ12mm、ϕ23mm。在长度方向上，凸台轴线的位置与长度基准位置相同，长度方向不需要标注定位尺寸；宽度方向定位尺寸是 25mm；高度方向的定位尺寸是 15mm，轴线与高度辅助基准之间的距离为 15mm。

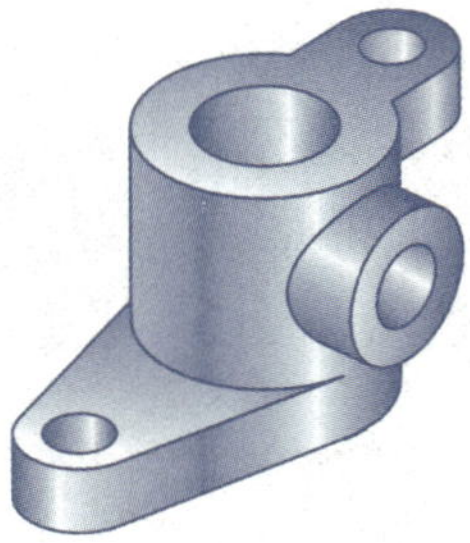

（a）组合体模型

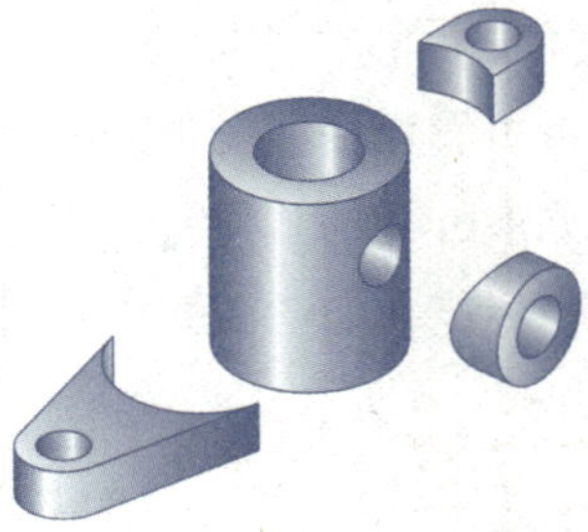

（b）形体分析

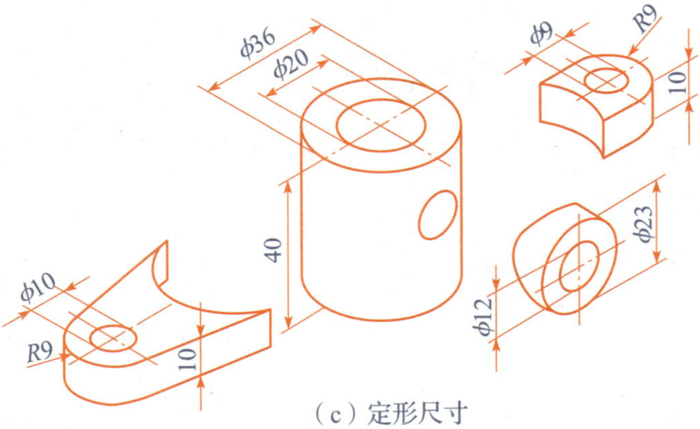

（c）定形尺寸

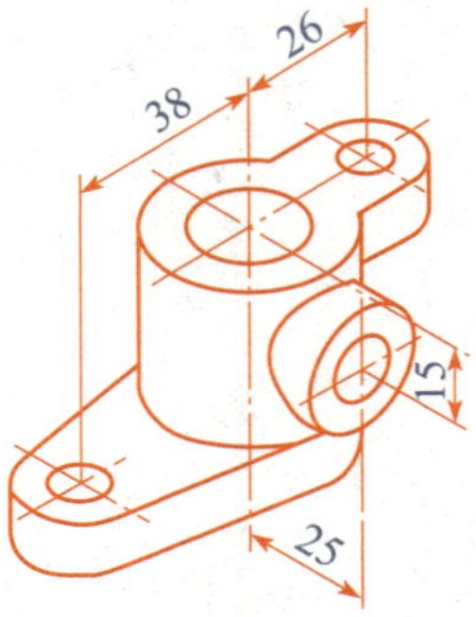

（d）定位尺寸

图 3.37　组合体的尺寸分析

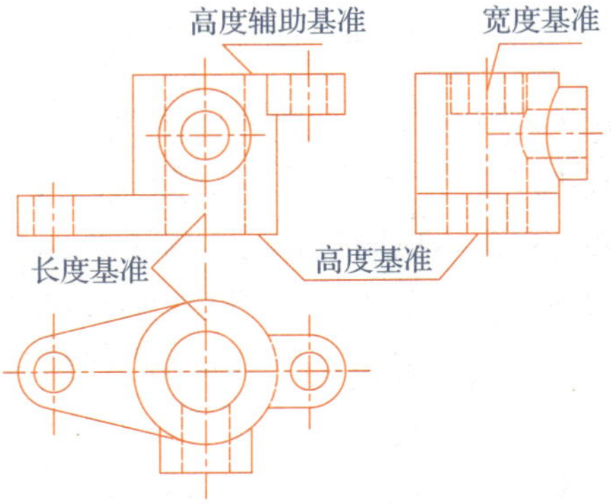

（a）确定各个方向基准

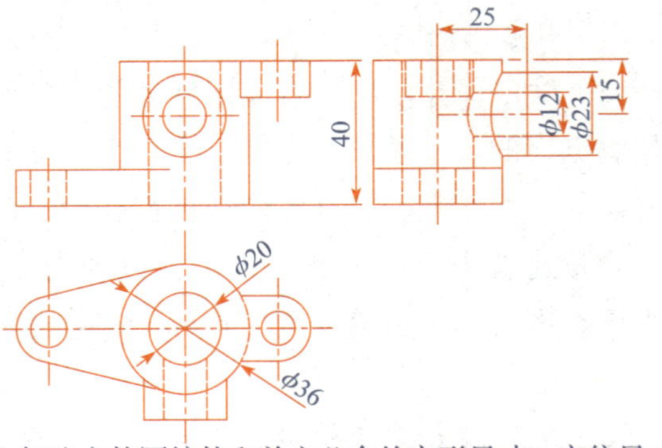

（b）标注主体圆柱体和前方凸台的定形尺寸、定位尺寸

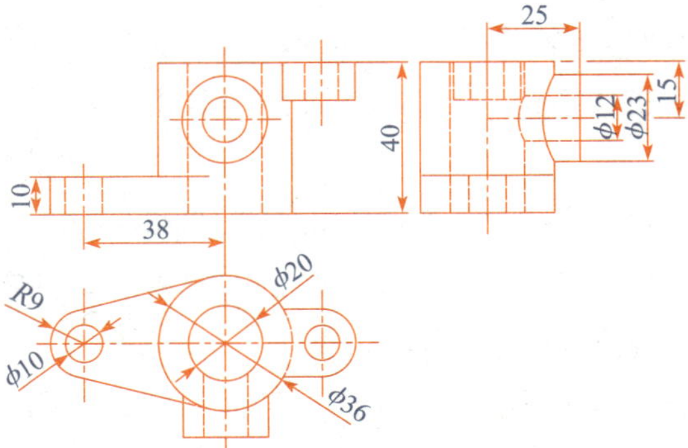

（c）标注带圆孔底板定形尺寸和定位尺寸

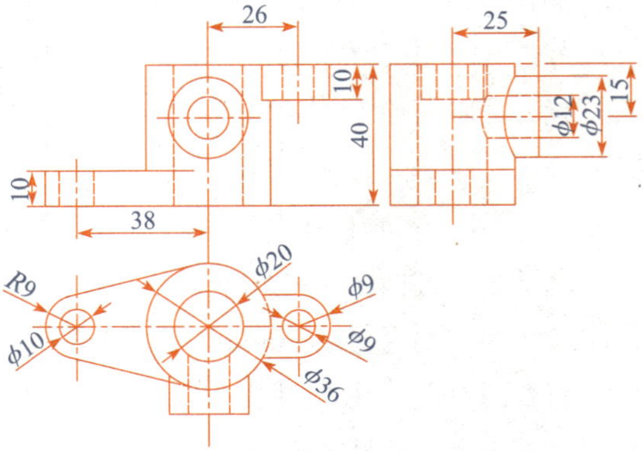

（d）标注右侧耳板定形尺寸和定位尺寸

图 3.38　组合体的尺寸标注

2）标注带圆孔底板的定形尺寸和定位尺寸，如图 3.38（c）所示。

底板的定形尺寸为：厚度 10mm，圆弧半径 R9mm，小孔直径 ϕ10mm。底板长度方向定位尺寸为 38mm；底板的下表面即为高度基准，高度方向不需要标注定位尺寸；在宽度方向上，底板的前后对称面与宽度方向基准重合，故也不需要标注定位尺寸。

3）标注右侧耳板的定形尺寸和定位尺寸，如图 3.38（d）所示。

耳板的定形尺寸为：圆弧半径 R9mm、小孔直径 ϕ9mm，耳板厚度为 10mm。耳板在长度方向上的定位尺寸为 26mm；在高度方向上，耳板上表面与主体圆柱体上表面平齐，不需要重复标注定位尺寸；在宽度方向上，耳板的对称面与组合体的对称面重合，也不需要标注。

4）标注总体尺寸。在长度方向上，由于组合体左右两端位置的几何元素不为平面，因此不标注总长。在宽度方向上，端部为回转面，不标注总宽；高度方向的总体尺寸就是主体圆柱体的高度 40mm，已经标注清楚。

5）检查、整理，合理布局。对各个结构按定形尺寸、定位尺寸逐一检查，看有无遗漏；然后对拟标注的各个尺寸，进行位置调整，务必做到看图方便、图样清晰、布局合理，最终完成尺寸标注。

3.6 读组合体视图

该组合体的视图，是绘制组合体视图的逆过程，需要运用投影规律对已画出的组合体视图进行分析，对物体形状进行想象。读图方法有形体分析法和线面分析法。对于叠加式组合体，适合用形体分析法；对于挖切得到的组合体，适合用线面分析法。这两种方法不绝对对立，读图时应根据具体情况灵活运用。

组合体读图方法

3.6.1 读图要点

（1）几个视图联系起来看。由于每个视图仅反映组合体某个方向的投影形状，因此读图时不能只看一个视图，必须将几个视图联系起来看。如图 3.39 所示的六组视图，它们的主视图都相同，但俯视图不同，所表示的形体也不同。图 3.40 中，俯视图相同，但主视图不同，所表示的形体也不相同。

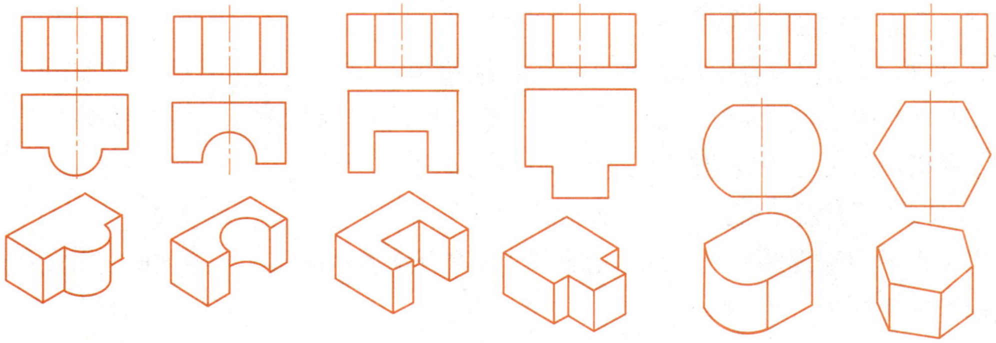

图 3.39 主视图相同而实体不同

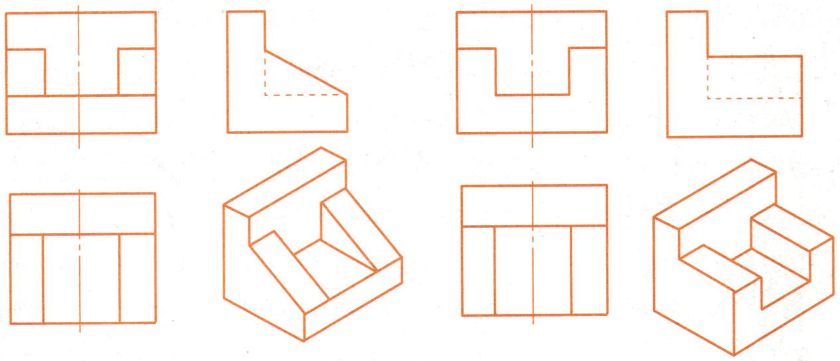

图 3.40　俯视图相同而实体不同

（2）抓形体的特征投影。读组合体视图分析形体时，应注意抓各形体的主要特征投影。组合体通常由多个形体组成，但并非所有结构的形状特征都能集中在一个视图上反映。如图 3.41 所示，形体 1 的几何特征在主视图上能得到反映，而形体 2 的几何特征却在左视图上得到反映。

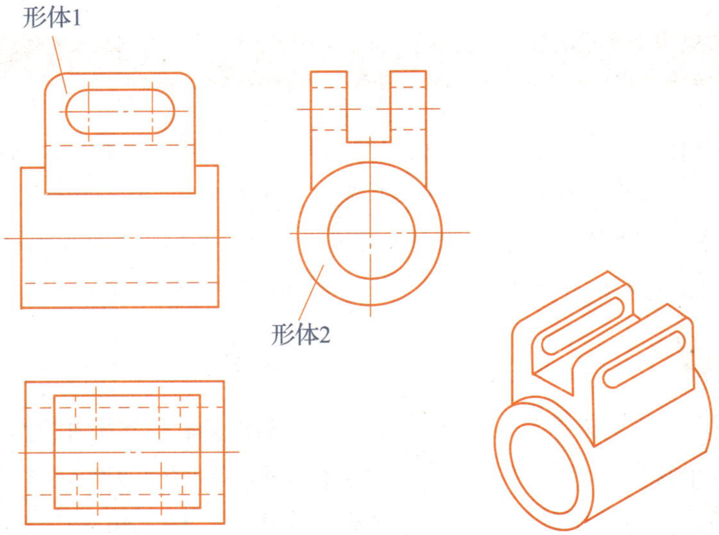

图 3.41　结构的形体特征

（3）注意分析视图上的图框、图线，明确它们的含义。

1）图框。图框是指视图中由图线组成的封闭图形。图框可能表示以下两种情况：

①平面。图 3.42 中的图框 a'、b'、c'，它们分别代表空间六棱柱的一个棱面。

②曲面。图 3.42 中的图框 d'，表示圆柱面的正投影。

2）图线。图线可能表示以下三种情况：

①平面的积聚投影。图 3.43 中的直线 1′、4′ 分别表示空间圆柱体顶面、六棱柱体上表面的积聚性投影。

②直线的投影。空间中的一条直线有两种情况：一种是面与面的交线，如图 3.43 中

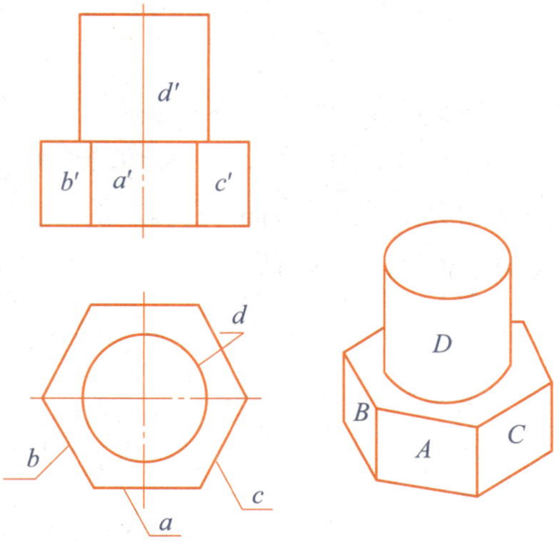

图 3.42 视图中的图框

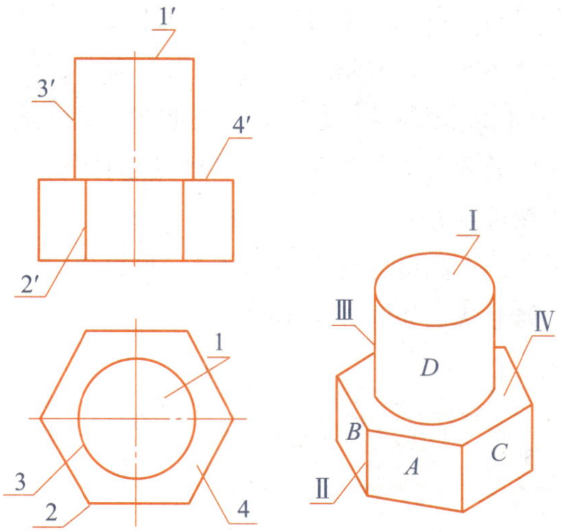

图 3.43 视图中的图线

直线 2′ 为六棱柱体棱线的投影，棱线可视为两棱面的交线；另一种是回转体的转向轮廓线，如图 3.43 中直线 3′ 为圆柱体最左素线的投影，最左素线也是圆柱面的前后转向轮廓线。

③曲线的投影。如图 3.43 中直线 1′ 可视为圆周的正面投影。

3.6.2 读组合体视图的方法

1. 形体分析法

形体分析法是读组合体视图的基本方法之一，主要用于识读叠加式组合体的视图。其要点是：以体为单位，在组合体三视图的众多图线中分离出基本体或简单立体的投影，确定它们的形状，同时根据投影关系，分析出各简单立体之间的相对位置关系，综合后想象整体形状。

下面以组合体的三视图为例，说明形体分析法的看图方法和步骤。

从三视图中可以看出，这是一个以叠加方式形成的组合体，所以适合使用形体分析法读图。具体步骤如下：

（1）分图框、对投影、想形体。一般主视图反映形体特征最多，因此通常从主视图着手，对照其他视图，按照“长对正、高平齐、宽相等”的投影规律，在各个视图上找出相关的、具有基本体或简单立体投影特征的图框，想象这些基本体或简单立体的形状。如图 3.44（a）所示，我们可先将主视图分成 1′、2′、3′ 三个封闭圆框，假想每个圆框代表一个形体。形体 3′ 为对称结构，左右各有一个。按投影规律找出这些形体在左视图和俯视图上的对应投影。如图 3.44（b）所示，形体 1 在主、俯两视图中对应的投影是矩形，左视图是倒 L 形，可以想象该形体是一个矩形，后下方切去一直角块，左右两侧各钻一个通孔。如图 3.44（c）所示，形体 2 的主视图是一个带有半圆孔的矩形，俯视图是一个中间带有两条直线的矩形，其左视图是一个矩形，矩形的中间有一条虚线，可以想象出该形体是在一个长方体中间挖了一个半圆槽。如图 3.44（d）所示，形体 3 的主视图是三角形，在俯视图、左视图中对应的投影都是矩形，容易想象出它们是两块三角形板，对称地分布在组合体的左右两侧。

（2）定位置、想整体。在想象出以上各组成形体的基础上，根据整体的三视图，想象它们的相互位置关系，最终得到整体的几何形状。从图 3.44 中可以看到，该组合体各形体在长度方向上呈对称分布；在宽度方向上，形体 2 和形体 3 的后表面与形体 1 的后表面平齐；在高度方向上，形体 2、形体 3 搭在形体 1 的上表面，由此可以想象出该组合体的几何形状，如图 3.44（e）所示。

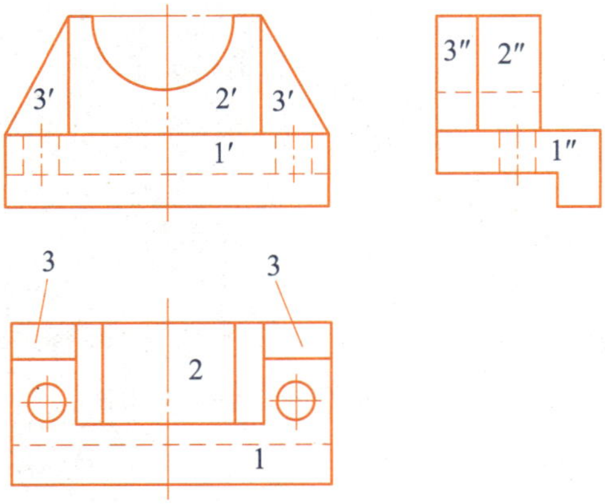

（a）分图框、对投影

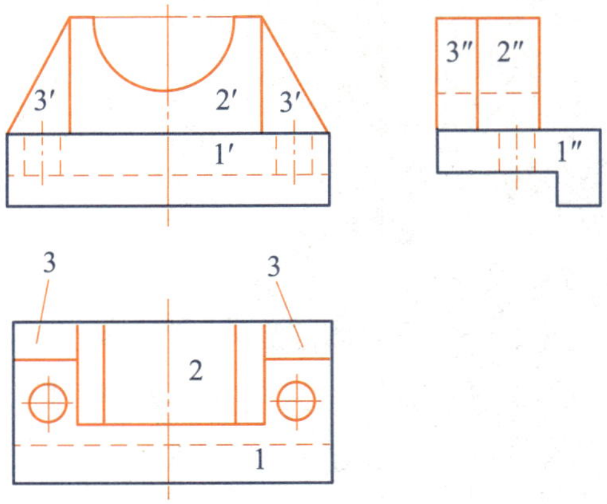

（b）形体1

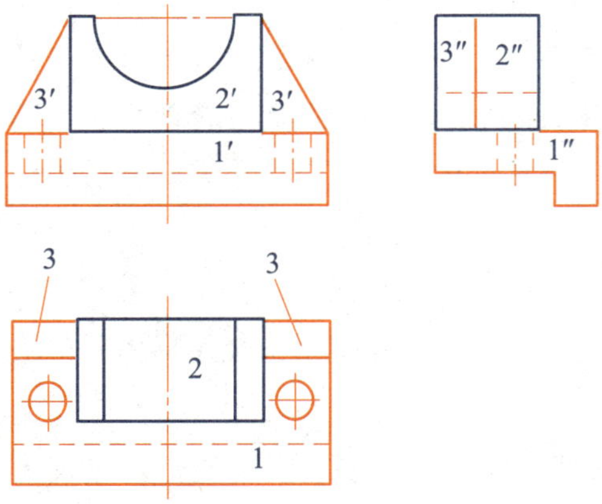

（c）形体2

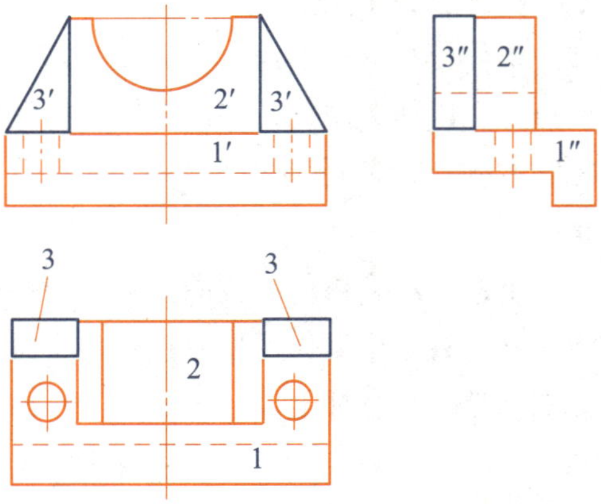

（d）形体3

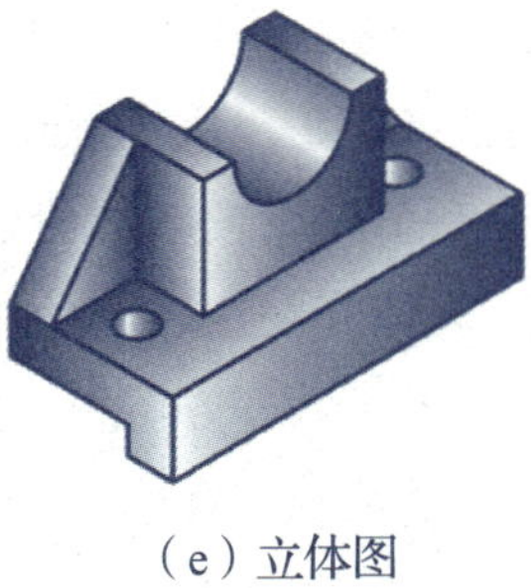

（e）立体图

图 3.44　用形体分析法读图

2. 线面分析法

对于视图上形体特征明显的组合体，用形体分析法读图比较有效，但对于视图上形体特征不明显的组合体，则不便于用形体分析法来完成读图，如图 3.45 所示的压块即为这种情况。对于这种切割式组合体视图的识读，需要仔细分析图中图线、图框的含义。读图时，以图框、图线为基础，分图框、对投影、想截面。空间平面的投影有三种情况：平行于投影面时，其投影反映原形，另两面投影积聚成线；垂直于投影面时，其投影积聚为一条直线，另两面投影为类似形；倾斜于投影面时，其投影为实形的类似形。分析切割式组合体时，将视图上的图框看作物体上的一个面（平面或曲面）的投影，再运用投影规律，在其他视图中找到对应的图形，继而分析这个面的投影特征（真实性、积聚性、类似性），然后想象这个面的形状，以及这个面相对原始立体的位置，最终借助立体的概念来想象物体的形状。这种识读组合体的方法称为线面分析法。

（1）确定组合体的原始形状。一般切割式组合体由基本体或简单立体被平面截切而成。如图 3.45 所示的组合体的原始形状可以认为是四棱柱体。

（2）确定组成切口的截切面的位置以及截断面的形状。如图 3.45（a）所示，组合体共有五个缺口，主视图左上角一个；俯视图的左侧，前后对称各有一个；左视图下方，左右对称各有一个。

先从组合体左边看起，如图 3.45（b）所示，主视图左侧图框 *A′*，在左视图上能找到它的类似形 *A″*，在俯视图上未找到它的类似形，说明该平面的水平投影积聚为一条直线；在俯视图上找到投影线段 *A*，因此可以断定 *A* 面为一铅垂面。组合体后侧还有一个平面与该面对称。

如图 3.45（c）所示，俯视图左侧有一梯形图框 *B*，在左视图上可以找到它的类似形 *B″*，且两者符合投影规律；在主视图未看到它的类似形，但线段 *B′* 与 *B*、*B″* 符合投影规律，说明该平面的正面投影积聚为一条直线，因此可以断定该梯形线框为一正垂面。

依此类推，如图 3.45（d）所示，我们可以确定 *C* 为一水平面；如图 3.45（e）所示，*D* 为一正平面。平面 *C* 和 *D* 的组合可以想象为在组合体的前下部切去了一个细长的直角形立体，该切口前后对称。

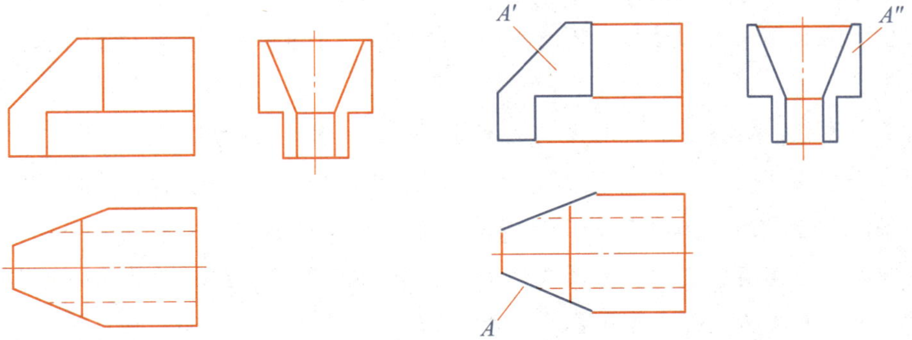

（a）　　　　（b）

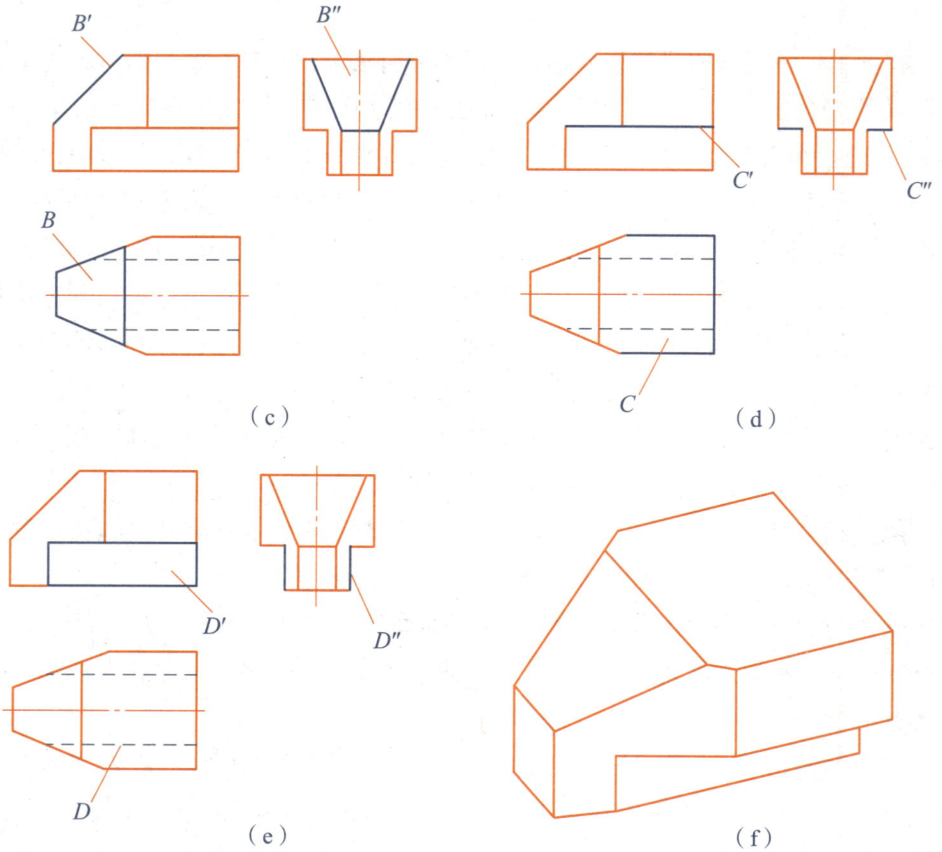

图 3.45 用线面分析法读压块组合体图

对组合体上其他表面的分析相对简单，它们均为棱柱体原始平面，读者可以自行分析。

（3）综合起来想整体。弄清楚各个图框、图线的含义之后，可以将它们综合起来，想象出组合体的整体形状，如图 3.45（f）所示。

3.6.3 读组合体视图示例

【例 3.12】采用形体分析法读图。图 3.46（a）所示为一支座的主、俯视图，请想象出支座整体形状，并补画左视图。

分析：从视图来看，该组合体为叠加式组合体，可按形体分析法识图。具体识图与画图步骤如下：

（1）分图框、对投影、想形体。主视图中有三个图框，分别为 *A′*、*B′*、*C′*。把每个图框假设为一个立体，如图 3.46（b）所示，想象图框 *C′* 的形体为长方体底板，下方带有长方体凹槽，前后贯通。如图 3.46（c）所示，想象图框 *A′* 的形体为长方体立板，后面带有长方体凹槽，中间有一圆孔。如图 3.46（d）所示，想象图框 *B′* 的形体为一上圆下方的耳形凸台，上方有圆孔，圆孔也贯通了长方体立板。

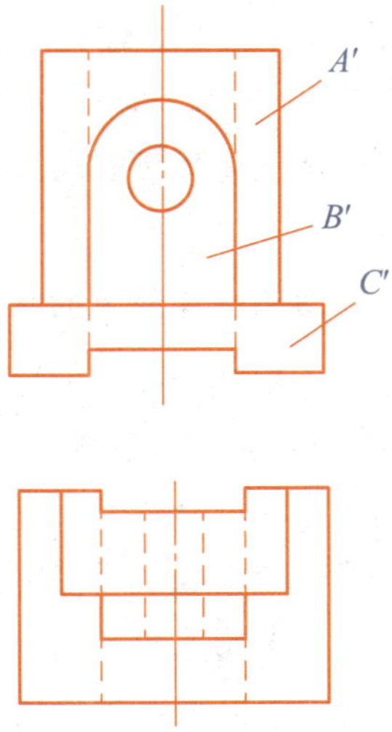

（a）支座的主、俯视图

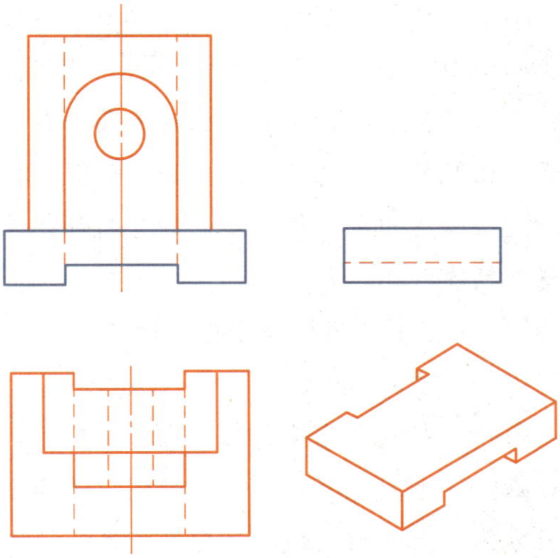

（b）识别并画出底板

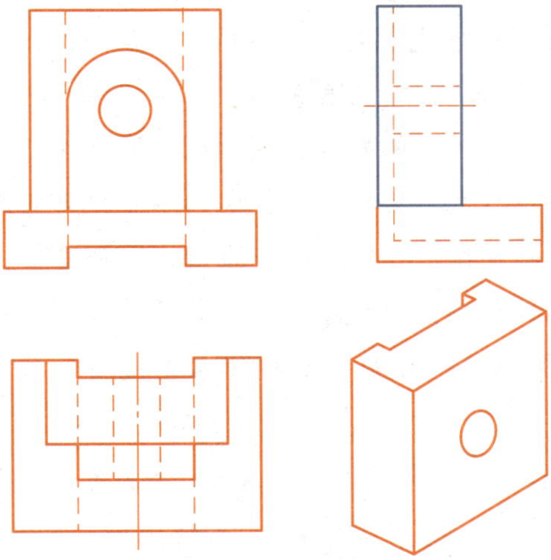

（c）识别并画出立板

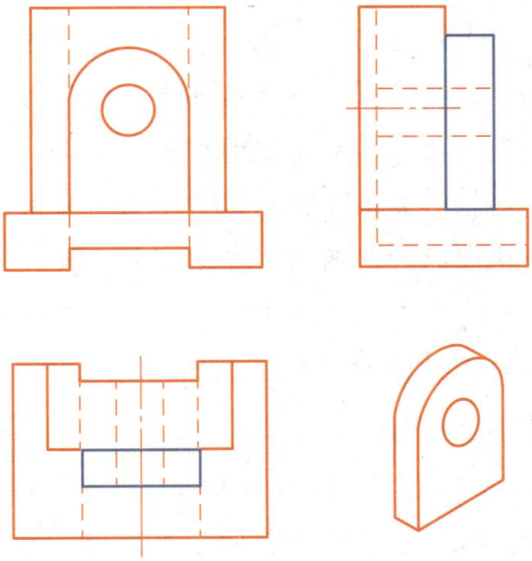

（d）识别并画出凸台

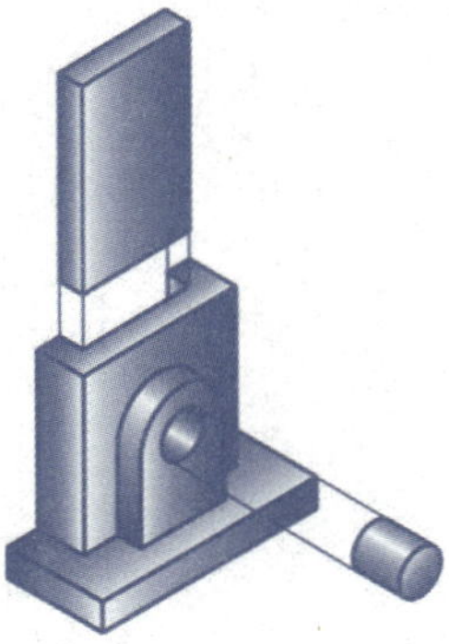

（e）支座模型

图 3.46　根据支座的主、俯视图绘制左视图

（2）定位置、想整体。组合体在长度方向上具有对称性，A'、B'、C' 三个形体关于对称中心线对称分布；在宽度方向上，从俯视图和左视图中可以看出，底板、立板后表面平齐，凸台的后表面贴在立板的前表面；在高度方向上，立板和凸台的下表面贴在底板的上表面。由此想象出支座整体形状，如图 3.46（e）所示。

（3）画左视图。根据前面的分析和想象，逐步画出各个结构在侧面上的投影，即可得到支座的左视图。

【例 3.13】采用综合分析法读图。图 3.47（a）所示为组合体的主、俯视图，画出其左视图。

分析：从视图来看，该组合体既有叠加又有挖切，读图时应综合运用形体分析法和线面分析法。可以先将组合体主视图中的两个图框看作上下两个结构。下面结构的原始形体为长方体，上面结构的原始形体为半圆柱体。在这两个结构上分别有一些挖切。

具体分析和作图过程如下：

（1）如图 3.47（b）所示，组合体下部为长方体，左右两侧有自上而下的半圆槽，按投影规律画其侧面投影。

如图 3.47（c）所示，在主视图上，长方体中央有一虚线半圆，该结构可能是向内凹陷的半圆槽，或在形体后部有半圆柱形实体。根据“长对正”的投影关系，在俯视图上找该半圆的投影。从俯视图中可以看出，组合体后方并没有外凸的实体，因此该半圆只能是凹陷的槽。又由于凹槽不是实体，其内部不可能再有不可见轮廓线，所以它的水平投影只能是中间的红色图框。根据“高平齐、宽相等”的投影规律，可作出该半圆槽的侧面投影。

（2）形体 2 向上凸起，假想它为半圆柱体，在俯视图上能找到与它对应且符合半圆柱体投影特征的图框，如图 3.47（d）所示，因此假想成立。根据投影规律在左视图上画出其侧面投影。

（3）如图 3.47（e）所示，由主视图可知，在长方体和半圆柱体结合的部位有一个小圆。根据“长对正”的投影规律，在俯视图上找到与其对应的图线。想象该圆为一圆孔，一半在长方体的上表面，为半圆槽；另一半在凸起的形体 2 中，为圆孔。可根据“高平齐、宽相等”的投影规律来完成圆孔的侧面投影。

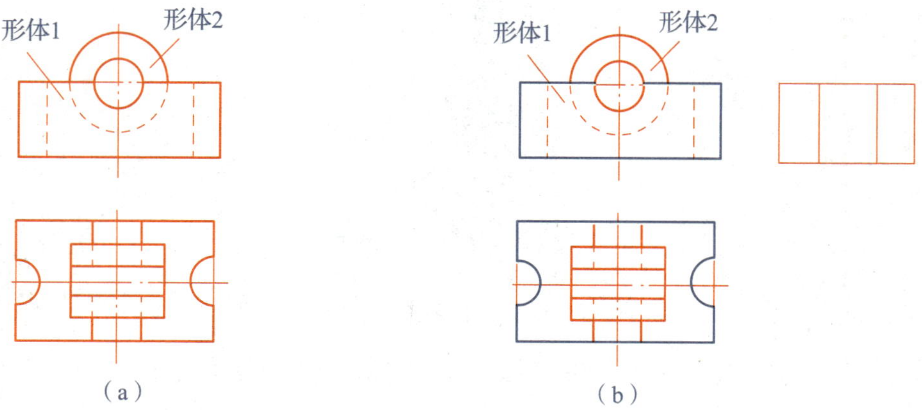

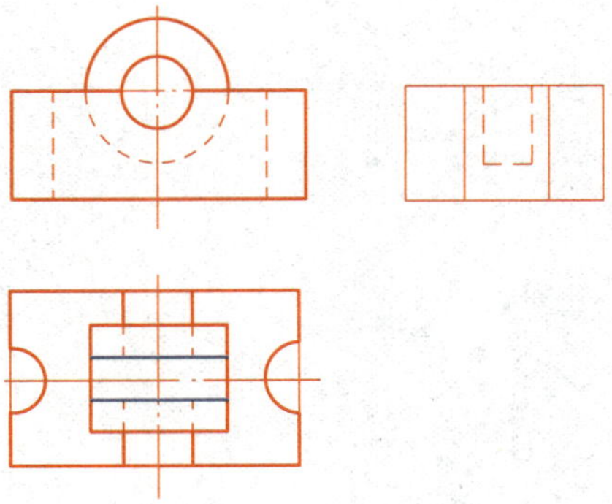

（c）

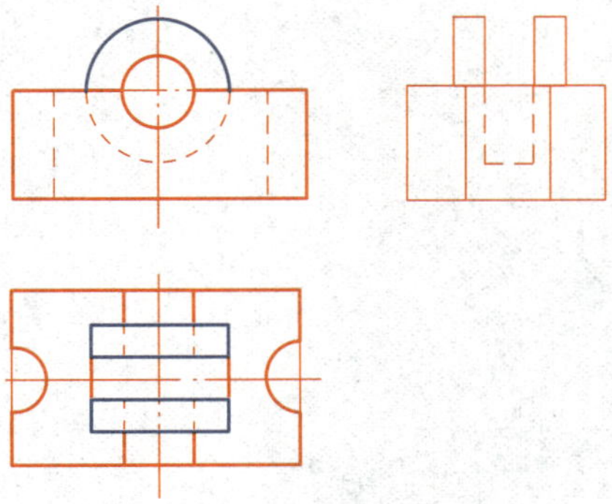

（d）

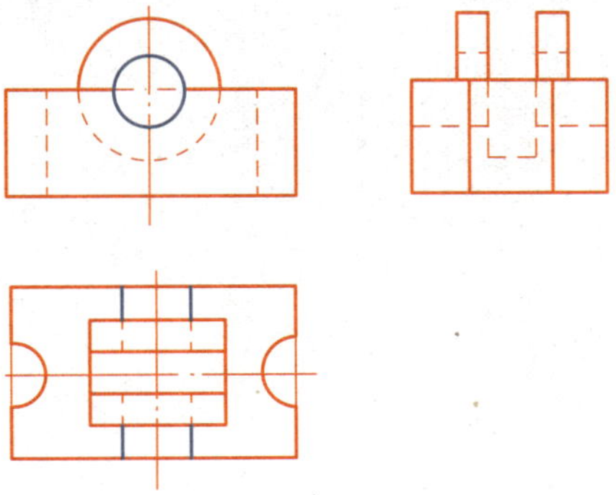

（e）

图 3.47　例 3.13 图

任务 4

轴测图

知识目标

- 了解轴测图的定义和应用。
- 掌握轴测图的投影方法。
- 掌握正等轴测图的画法。
- 熟悉斜二测图的特点、应用及画法。

能力目标

- 具备直观表达机件形体的能力。
- 能用轴测图来辅助理解视图。

素养目标

- 培养学生严谨、规范的职业素养。
- 培养学生耐心细致、有原则的工作作风。
- 强化学生的社会责任感和社会奉献意识。

图 4.1（a）所示为一物体的三视图，它能完整、真实地表达物体的形状和尺寸大小，所以在工程上得到广泛应用。但这种图缺乏立体感，根据物体的三个视图想象出物体的立体形状，必须具备一定的识图、制图的能力。图 4.1（b）所示的轴测图则容易看出物体的立体形状。轴测投影虽然直观性好，但度量性差，且作图复杂，所以常用作辅助图样。

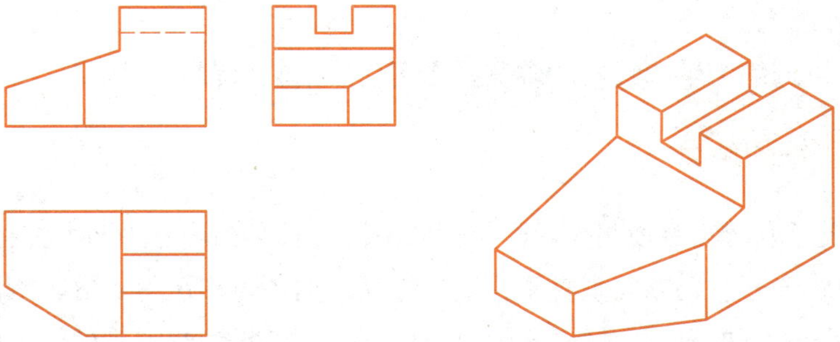

（a）三视图　　（b）轴测图

图 4.1　示例零件

4.1 轴测投影的基本知识

4.1.1　轴测投影图的形成

如图 4.2 所示，将物体连同其直角坐标系，沿不平行于任一坐标平面的方向，用平行投影法将其投射到单一投影面 P 上，所得的图形称为轴测投影（轴测图），投影面 P 称为轴测投影面；直角坐标轴 OX、OY、OZ 的投影 O_1X_1、O_1Y_1、O_1Z_1 称为轴测投影轴，简称轴测轴。

轴测图具有立体感，其空间坐标轴的投影都无积聚性。

轴测图

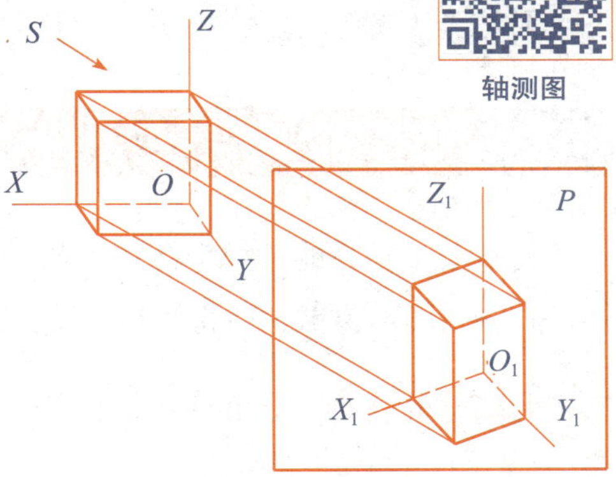

图 4.2　轴测图的形成

4.1.2　轴间角和轴向伸缩系数

（1）轴间角。相邻两轴测轴之间的夹角$\angle X_1O_1Y_1$、$\angle X_1O_1Z_1$、$\angle Y_1O_1Z_1$ 称为轴间角。

（2）轴向伸缩系数。轴测轴上的单位长度与相应的投影轴上的单位长度的比值。OX、OY、OZ 轴上的简化伸缩系数分别用 p、q、r 表示。

有了轴间角和轴向伸缩系数，在绘制轴测图时，图样上所有点都可用空间坐标值乘以相应的轴向伸缩系数，得到其轴测图中对应轴测轴上的坐标值，就可以画出物体的相应轴测图。

4.1.3　轴测图的基本性质

由于轴测投影具有平行投影的性质，结合轴测图的特点，其基本特性为：

（1）物体上平行于某一坐标轴的线段（轴向线段），其轴测投影必与相应的轴测轴平行；物体上相互平行的线段，其轴测投影也相互平行。

（2）物体上平行于某一坐标轴的线段（轴向线段），它的轴测投影长度等于其实长乘以相应的轴向伸缩系数。

性质（2）可理解为轴向线段的轴测投影可以“沿轴测轴方向测量”。

4.1.4　轴测图的种类

（1）根据投影方向相对轴测投影面位置的不同，轴测图可分为两大类：

1）正轴测图——投射方向垂直于轴测投影面，用正投影法得到的轴测图。

2）斜轴测图——投射方向倾斜于轴测投影面，用斜投影法得到的轴测图。

（2）当空间坐标轴与轴测投影面成不同角度、投射方向与轴测投影面角度不同时，轴向伸缩系数也不同。根据轴向伸缩系数的不同，轴测图可分为下列三种：

1）正（斜）等轴测图：当三个轴向伸缩系数均相等时，称为正（或斜）等轴测图，简称正（或斜）等测图。

2）正（斜）二等轴测图：当其中的两个轴向伸缩系数相等时，称为正（或斜）二等轴测图，简称正（或斜）二测图。

3）正（斜）三等轴测图：当三个轴向伸缩系数都不相等时，称为正（或斜）三轴测图，简称正（或斜）三测图。

4.2　正等轴测图

使直角坐标系的三根坐标轴对轴测投影面的倾角都相等（35°16′），并用正投影法将物体向轴测投影面投射，所得图形就是正等轴测图。

4.2.1　正等轴测图的轴间角和轴向伸缩系数

正等轴测图的各轴间角均为 120°，各轴向伸缩系数相等，均为 0.82，如图 4.3 所示。绘制正等轴测图时，为便于计算，简化伸缩系数为 1。整个物体的投影沿各轴向都放大 1/0.82 ≈ 1.22 倍，但形状并不改变。绘制时，轴测轴 Z 轴一般在竖直位置。

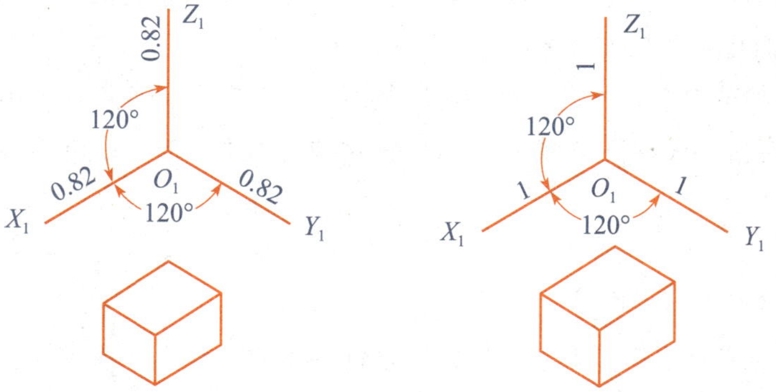

伸缩系数为0.82　　简化伸缩系数为1

图 4.3　正等轴测图的轴间角和轴向伸缩系数

4.2.2 轴测图的基本画法——坐标法

绘制轴测图的基本方法是坐标法。坐标法是根据点的坐标值，画出点的轴测投影。其步骤一般为：先根据物体形状的特点，选定适当的坐标轴；再根据物体的尺寸坐标关系，画出物体上某些点的轴测投影；最后通过连接点的轴测投影，作出物体上某些线和面的轴测投影，从而逐步完成物体的轴测投影。

【例 4.1】画出如图 4.4（a）所示六棱柱的正等轴测图。

分析：为符合人眼看物体的情况，轴测图上不必画看不见的轮廓线；为减少不必要的作图线，可考虑从看得见的面开始画图。因此，对于此六棱柱来说，应该先画上表面。

（1）在物体上建立空间直角坐标系。如图 4.4（a）所示，如果物体视图具有对称线，则为作图方便，应取其为坐标轴。本题以六棱柱顶面的中心为坐标原点建立坐标轴。

（2）画轴测轴 X_1、Y_1，作出顶面的轴测投影，如图 4.4（b）所示。顶面上 a、b 两点在 X 轴上，可直接以 O_1 为对称点定出 a_1、b_1 两点。根据顶点 c 的坐标值定出其轴测投影 c_1，并作出其对称点 f_1。同理作出 d_1、e_1。

（3）过六边形顶点 a_1、c_1、d_1、e_1，向下面画出高为 H 的可见棱线，得下底面各点，并连接起来，完成作图，如图 4.4（c）所示。

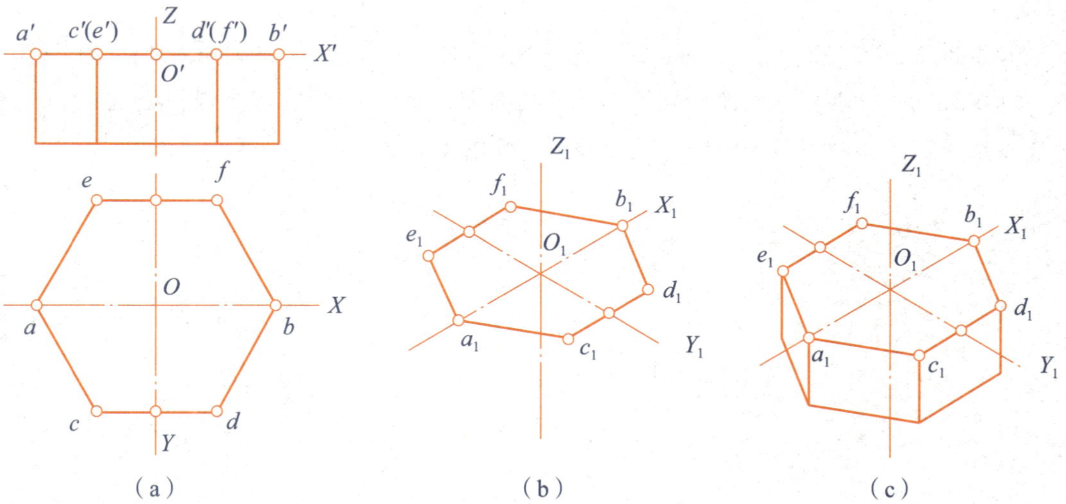

图 4.4　六棱柱的正等轴测图

4.2.3 平行于坐标面的圆的正等轴测图

与各坐标面平行的圆的正等轴测投影均为椭圆，如图 4.5 所示。椭圆的短轴与垂直于圆所在坐标面的坐标轴的方向一致。椭圆的长轴长度仍等于圆的直径 D，短轴长度为 $0.58D$。如用简化伸缩系数画椭圆，长、短轴的长度都应增大 1.22 倍，即椭圆的长轴长度等于 $1.22D$，短轴长度为 $0.7D$。

了解了椭圆的长、短轴方向与大小，就可以画椭圆了。为简化作图，一般采用四心法近似画椭圆。

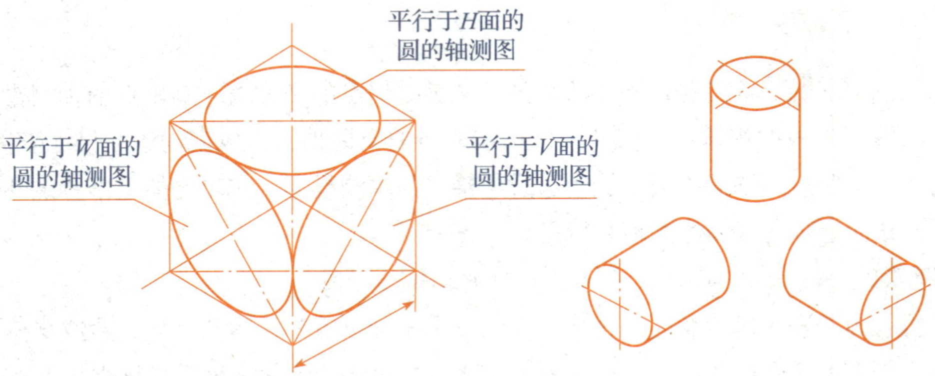

图 4.5　三个坐标面上的圆的轴测投影

【例 4.2】 完成如图 4.6（a）所示水平圆的正等轴测图。

作图步骤如下：

（1）在圆的投影视图上，过轴与圆的交点画正方形，如图 4.6（a）所示。

（2）按正等轴测轴夹角成 120° 的规定，画出圆的中心线，在轴上取 *A*、*B*、*C*、*D* 点，使它们与 *O* 点的距离为圆的半径（轴向尺寸不变），过 *A*、*B*、*C*、*D* 点分别作平行于 *OX*、*OY* 的直线（平行关系不变），得到菱形，即过轴与圆的交点画出正方形的轴测图，如图 4.6（b）所示。

（3）连接 *ED*、*FA*，相交于 O_1 点；连接 *EB*、*FC*，相交于 O_2 点，如图 4.6（c）所示。

（4）以 *ED* 为半径，分别以 *E*、*F* 为圆心画大圆弧；以 O_1D 为半径，分别以 O_1、O_2 为圆心画小圆弧；四圆弧连接即得近似椭圆，如图 4.6（d）所示。

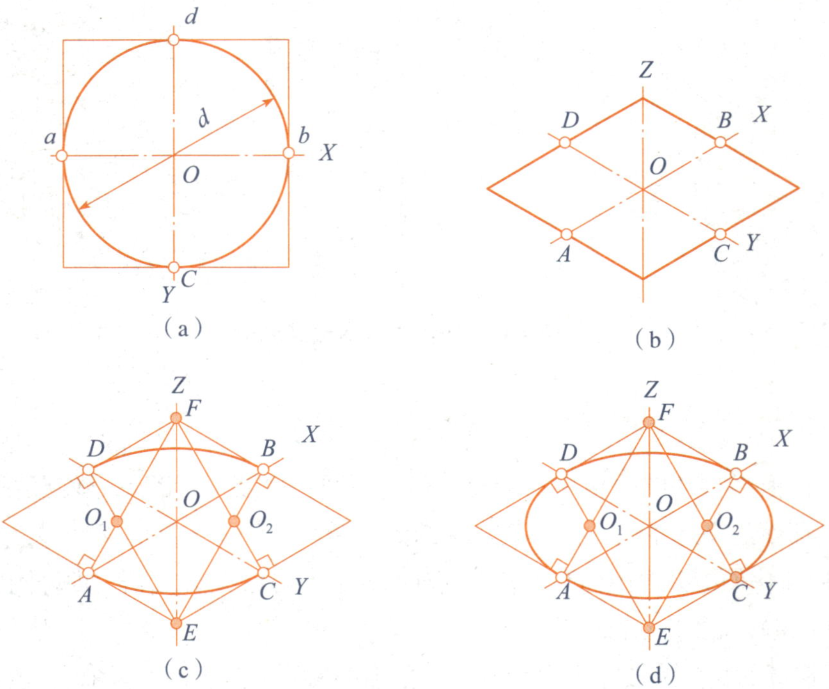

图 4.6　平行于 *XOY* 坐标面的圆的正等轴测图的近似画法

空间平行于其他投影面的圆，它们的轴测投影也可用此近似画法，只是轴测投影中的轴测轴不同，画出的椭圆长短轴方向不同。

【例 4.3】 完成如图 4.7（a）所示圆柱体的轴测投影。

分析： 圆柱体上、下表面都为水平面，且上表面可见，所以先画上表面圆的轴测投影。

作图步骤如下：

（1）用四心法近似画圆柱顶面的轴测图，如图 4.7（b）所示。

（2）从 O_2、O_3、O_4 向下作垂线，由圆柱高度 h 得 O_6、O_7、O_8，分别以 O_6、O_7、O_8 为圆心画圆柱底面椭圆，如图 4.7（c）所示。这种方法称为移心法。

（3）作两椭圆的公切线（上、下小圆弧的公切线），擦去多余的作图线，加深图线，完成全图，如图 4.7（d）所示。

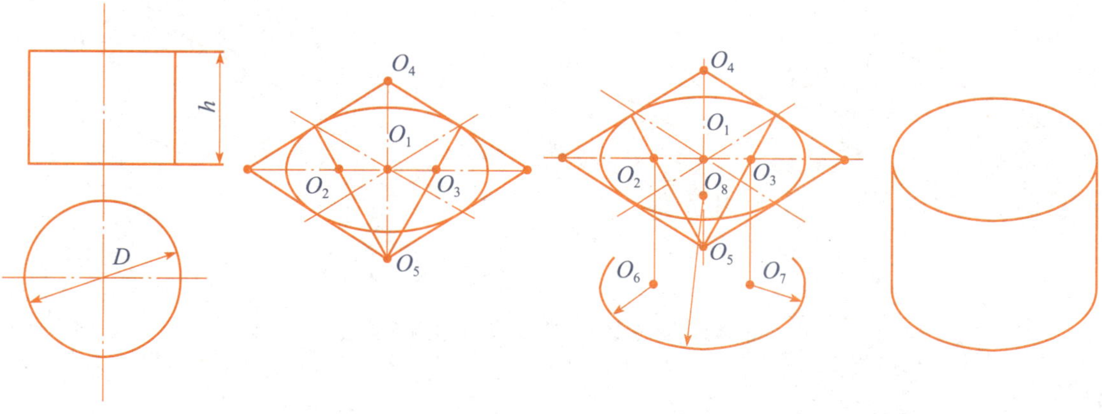

（a）　　（b）　　（c）　　（d）

图 4.7　直立圆柱体的正等轴测图画法

4.2.4　正等轴测图中圆角的画法

机件上的圆角轮廓（四分之一圆柱），其轴测投影是四分之一的椭圆弧，可采用简化画法作图。

【例 4.4】 完成如图 4.8（a）所示底板的轴测投影。

分析： 若无圆角，该底板为一长方体，上表面可见，作图时可先画上表面，再作圆角。

作图步骤如下：

（1）根据形体顶面画平行四边形，从前部的两个角沿两边量取距离 R，得点 M、N、P、Q 四点，分别过这四点作各边的垂线，过点 M、N 的垂线交于 O_1，过点 P、Q 的垂线交于 O_2，如图 4.8（b）所示。

（2）以 O_1 为圆心，$O_1M=r_1$ 为半径画大圆弧；以 O_2 为圆心，$O_2P=r_2$ 为半径画小圆弧，如图 4.8（c）所示。

（3）用移心法得圆心 O_3、O_4，如图 4.8（d）所示。

（4）以 O_3 为圆心，r_1 为半径画大圆弧；以 O_4 为圆心，r_2 为半径画小圆弧，如图

4.8（e）所示。

（5）作圆弧的公切线，画其他图线；而后擦去多余的作图线，加深图线，完成全图，如图 4.8（f）所示。

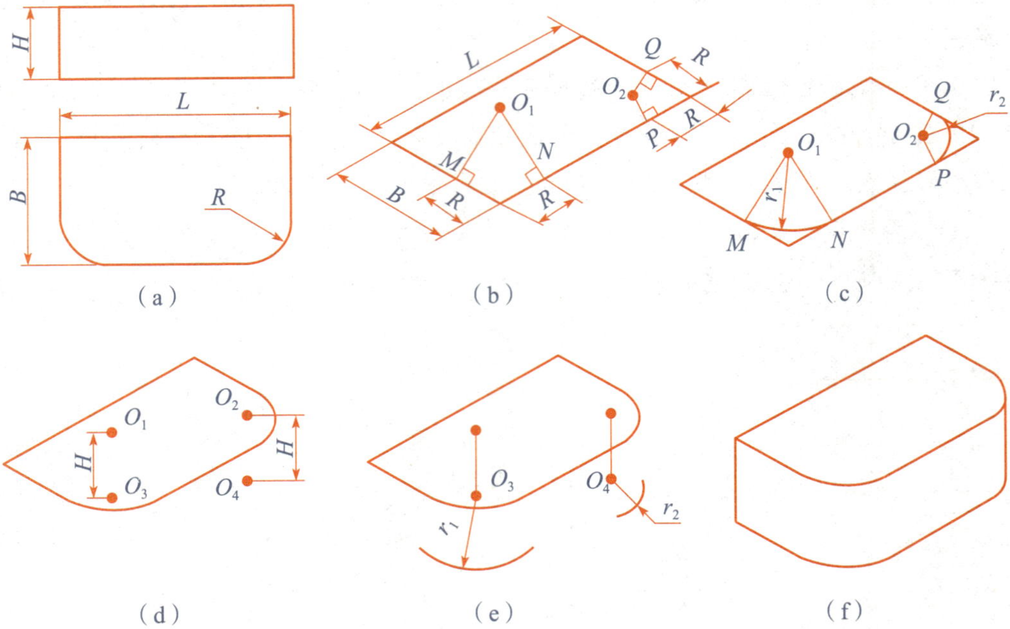

图 4.8　带圆弧的底板的正等轴测图画法

4.2.5　物体的正等轴测图画法

画物体的正等轴测图时，应先进行形体分析，弄清形体的结构特点。组合体的轴测图和切割体的轴测图画法不同。

1. 切割体的正等轴测图画法

对于切割体，可先按完整的形体画出其轴测图，再用切割的方法切去多余的部分，从而完成形体的轴测图，这种画法称为切割法（或方箱法）。

【例 4.5】完成如图 4.9（a）所示切割体的轴测图。

分析：未切割前，该物体为长方体，故可先画出长方体的轴测投影，再用相对坐标法画各个截平面与长方体的截交线。

作图步骤如下：

（1）在视图上定坐标轴和原点及坐标轴的方向，如图 4.9（a）所示。

（2）作轴测轴及完整的长方体，根据尺寸 18 和 8 确定截平面（正垂面）的位置，完成切去长方体左上角后的轴测投影，如图 4.9（b）所示。

（3）根据尺寸 10 和 16 确定前侧矩形凹槽各个截平面的位置，完成截交线的轴测投影，如图 4.9（c）所示。

（4）擦去多余图线，完成全图，如图 4.9（d）所示。

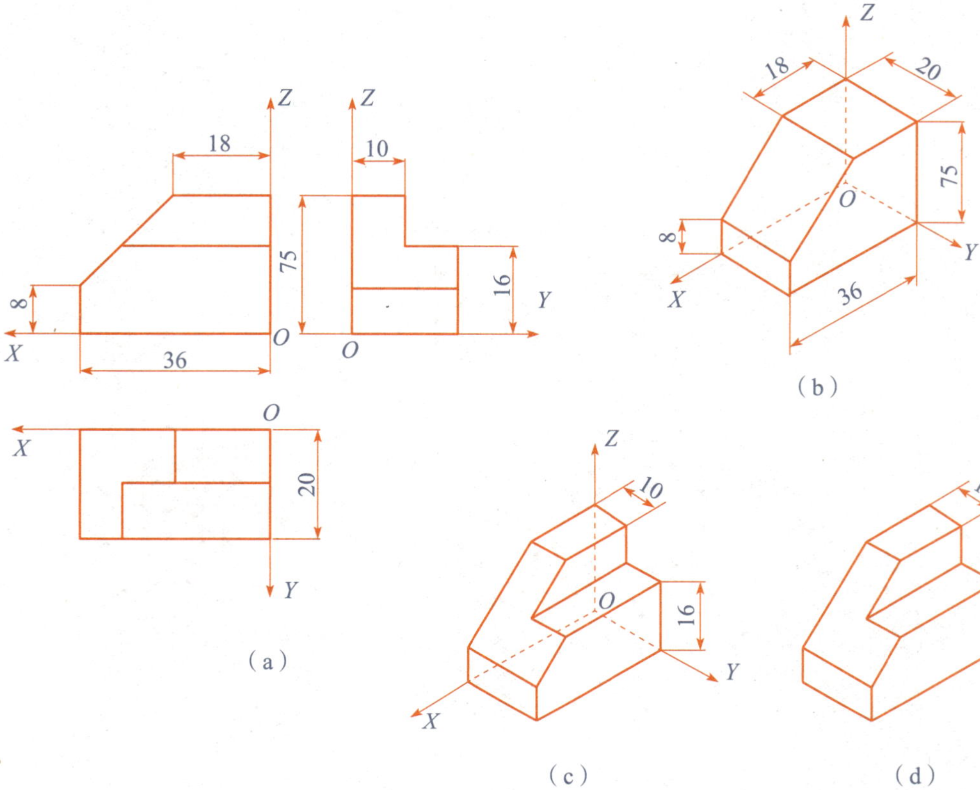

图 4.9 画切割体正等轴测图的步骤

2. 组合体的正等轴测图画法

绘制组合体的轴测图时，应先分析组合体的组成结构，以及各个结构之间的位置，然后从基础结构开始，依次画各个结构。

【例 4.6】画出如图 4.10（a）所示组合体的轴测图。

分析：该组合体可以看作由底板、支承板、肋板三部分组成。底板为带圆弧的长方体，左右两侧各有一个上下贯通的圆柱孔；支承板上有一个前后贯通的圆柱孔。可把支承板和肋板看作是叠加在底板上的，因此先从底板画起。

具体作图步骤如下：

（1）画底板顶面，以底板顶面为基准，确定圆筒的轴线及前端面和后端面，如图 4.10（b）所示。

（2）根据圆筒尺寸，画圆筒，如图 4.10（c）所示。

（3）画支承板，注意支承板前端面与圆筒交线的画法，如图 4.10（d）所示。

（4）画肋板，如图 4.10（e）所示（注意：此图中肋板与圆筒柱面的交线被遮挡，不必绘制）。

（5）按照画圆角的方法画底板圆角，再用四心法画圆孔，如图 4.10（f）所示。

（6）擦去多余图线，完成全图，如图 4.10（g）所示。

图 4.10　组合体的正等轴测图

4.2.6　轴测图的常见错误画法

图 4.11（a）展示了初学者画轴测图时常见的三种错误。

错误 1：支承板右上侧画了前后表面圆弧的轴测投影，但没有将两者连接起来。正确画法如图 4.11（b）所示，以两圆弧的公切线将前后表面的投影连起来。

错误 2：支承板侧表面与圆柱面相切，画了切线。其实由于相切处光滑过渡，并没有轮廓线，因此轴测图上也不该画此切线。正确画法是平面与圆柱面连接光滑，由于支承板厚度较小，因此我们能通过圆孔看到背面的部分轮廓，如图 4.11（b）所示。

错误 3：图 4.11（a）中未画内孔后圆轮廓线，正确画法如图 4.11（b）所示。

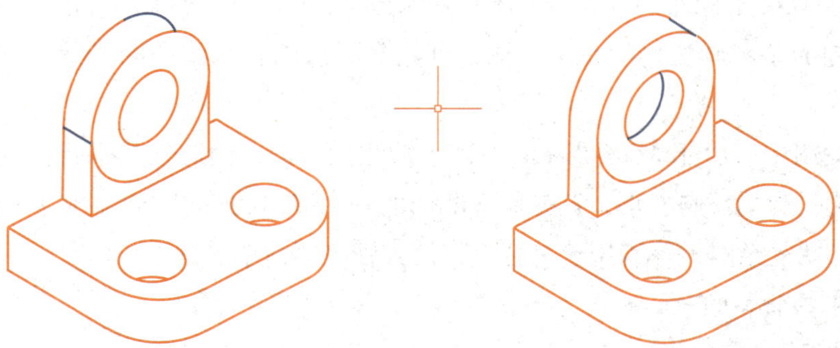

（a）常见错误画法　　（b）正确画法

图 4.11　轴测图常见错误画法及对应的正确画法

4.3 斜二等轴测图

斜二等轴测图（即斜二测图）：轴测投影面平行于一个坐标面，且平行于坐标面的那两个轴的轴向伸缩系数相等的斜轴测图。如轴向伸缩系数 $p = r \neq q$ 的斜轴测图就是一种斜二等轴测图。

根据斜二测图的定义，实际绘制斜二测图时，通常使直角坐标系的 OX、OZ 两坐标轴平行于轴测投影面，轴测轴 O_1X_1、O_1Z_1 的轴向伸缩系数相等，即 $p = r = 1$，轴间角 $\angle X_1O_1Z_1 = 90°$。在此位置下，轴测轴 O_1Y_1 的方向和轴向伸缩系数可以随投射方向的改变而变化，为方便实际作图且使图形明显，通常取 O_1Y_1 轴的轴向伸缩系数 $q = 0.5$，轴间角 $\angle X_1O_1Y_1 = \angle Y_1O_1Z_1 = 135°$，如图 4.12（a）所示。

根据平行投影法的投影特性，如果空间平面平行于投影面，则该面在投影面上的投影反映真实形状，因此正面斜二测图中，物体的正面能反映真实形状。图 4.12（b）为一正方体的正面斜二测图。正方体的前表面为正平面，其正面轴测投影仍为正方形。

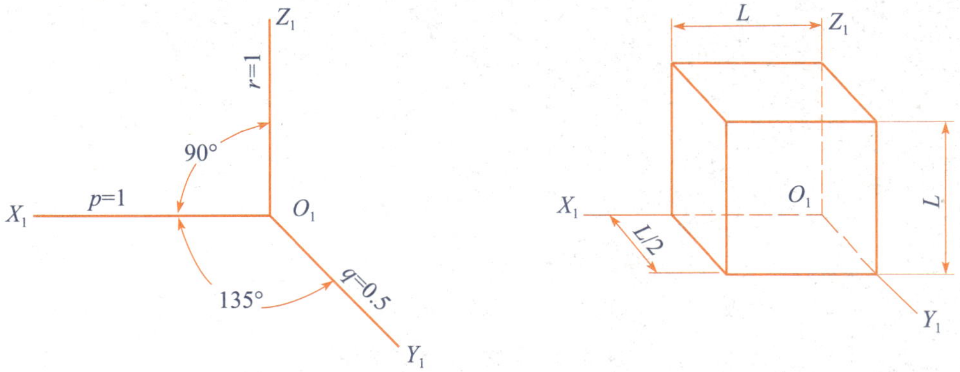

（a）斜二测图坐标系　　（b）正方体的正面斜二测图

图 4.12　斜二测图

由于平行于 XOY、YOZ 坐标面的圆的斜二测图——椭圆的画法比较烦琐，因此，当物体上除了与 XOZ 坐标面平行的圆，还有其他圆时，应避免选用斜二测图。

斜二测图的基本画法仍然是坐标法，利用坐标法画斜二测图的步骤与画正等轴测图相似。

在斜二测图中，由于 XOZ 坐标面平行于轴测投影面，因此凡是平行于这个坐标面的图形，其轴测投影均反映实形，这是斜二测图的一个突出的特点。当物体只有一个方向有圆或单方向形状复杂时，可利用这一特点，使其轴测图简单易画。

【例 4.7】 画物体的斜二测图，如图 4.13（a）所示。

具体作图步骤如下：

（1）以物体前端面为 XOZ 平面，画前端面，如图 4.13（b）所示。

（2）沿 Y_1 轴方向，由 $B/2$ 确定后端面的圆弧圆心 O_1 的位置，画后端面的圆弧，如图 4.13（c）所示。

（3）从前端面的各顶点画 Y_1 轴的平行线，连接前后端面，如图 4.13（d）所示。

（4）连接各顶点，作圆弧的切线。被遮挡的轮廓线不画，擦去多余图线，加深图线，完成全图，如图 4.13（e）所示。

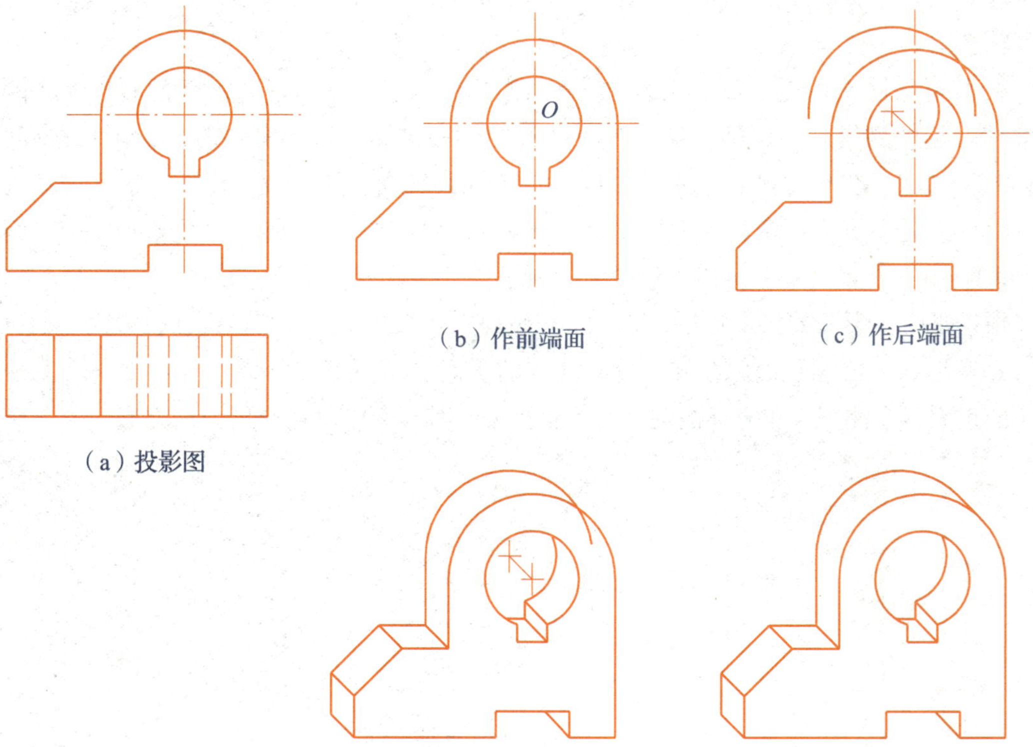

（a）投影图　（b）作前端面　（c）作后端面

（d）连接前后端面　（e）斜二测图

图 4.13　画物体的斜二测图

任务 5

机件的各种表达方法

知识目标

◆ 学习国家标准中关于各种视图的画法及标注的有关规定。
◆ 理解视图的种类及应用。
◆ 理解各种视图的表现重点。
◆ 熟练掌握国家标准规定的机件常用表达方法。

能力目标

◆ 能够恰当地选择视图，正确、完整、清晰地表达机件。

素养目标

◆ 培养学生严谨、规范的职业素养，以及耐心细致、有原则的工作作风。
◆ 培养学生的大局观，加强团队合作意识，提高组织能力。

机件的结构形状是多种多样的，为了完整、清晰而又简便地将它们表达出来，国家标准《技术制图》《机械制图》中规定了一系列的表达方法，包括视图、剖视图、断面图、局部视图、简化画法等。

表达机件外部结构

5.1 视图

视图主要用来表达机件的外部结构形状。国家标准《技术制图　图样画法　视图》

（GB/T 17451—1998）和《机械制图　图样画法　视图》（GB/T 4458.1—2002）规定了视图表示法。视图包括基本视图、向视图、局部视图、斜视图等。视图主要用于表达机件的可见部分，必要时才画出其不可见部分。

5.1.1　基本视图

1. 基本视图的形成及配置

用正六面体的六个面作为基本投影面。将机件放置在六面体中，向六个基本投影面作投影，得到的六个视图称为基本视图，如图 5.1（a）所示。六个基本视图的名称及定义分别是：

主视图——从前向后投射所得的视图；后视图——从后向前投射所得的视图；

左视图——从左向右投射所得的视图；右视图——从右向左投射所得的视图；

俯视图——从上向下投射所得的视图；仰视图——从下向上投射所得的视图。

基本视图的展开过程如图 5.1（b）所示。展开后六个基本视图的标准配置如图 5.2 所示。按图示位置配置基本视图时，不需要标注各个视图的名称，图中视图上方的图名都可不注。

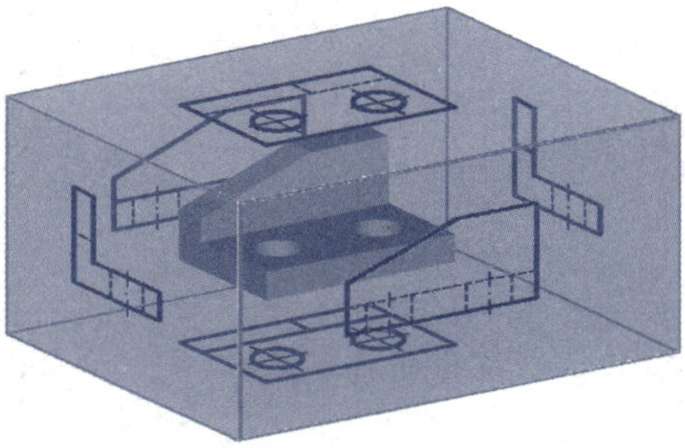

（a）基本视图的形成

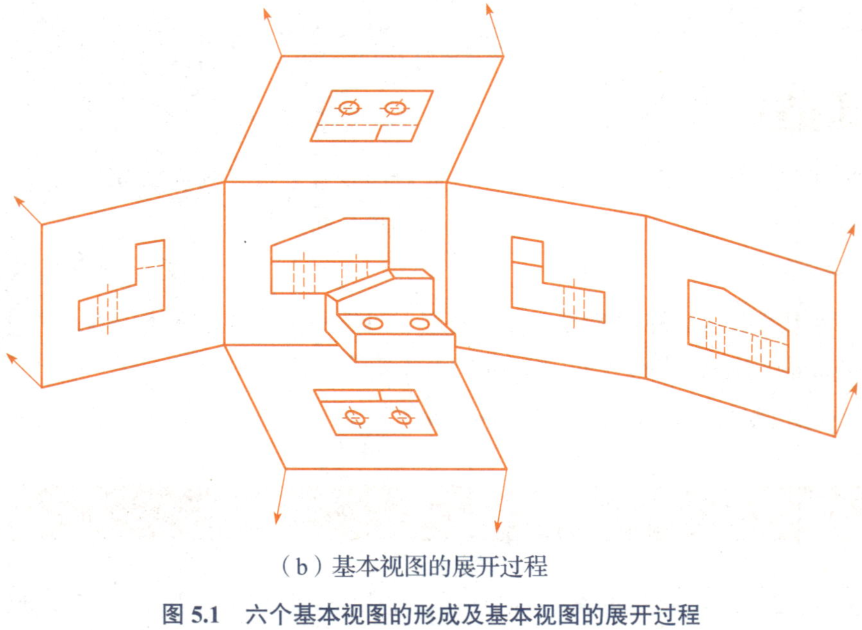

（b）基本视图的展开过程

图 5.1　六个基本视图的形成及基本视图的展开过程

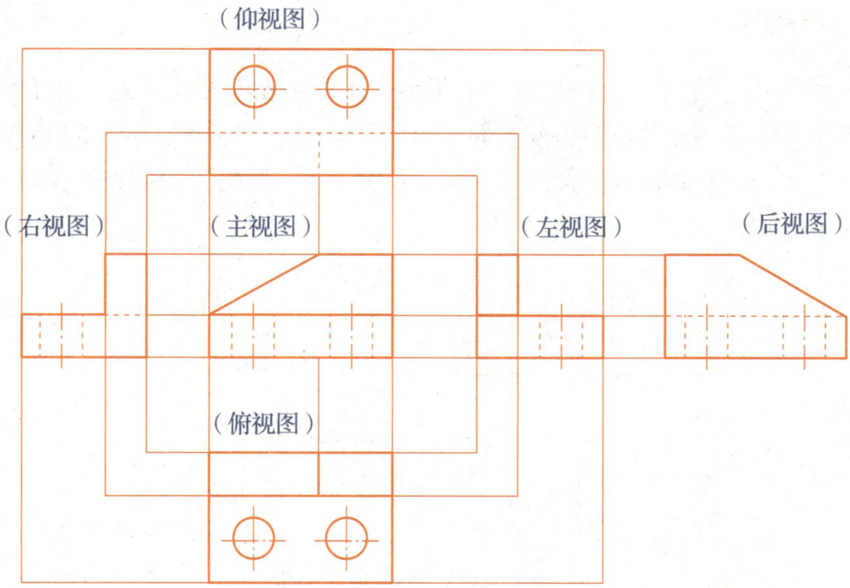

图 5.2　六个基本视图的标准配置

2. 基本视图的投影规律

六个基本视图与物体空间方位的对应关系如图 5.3 所示。

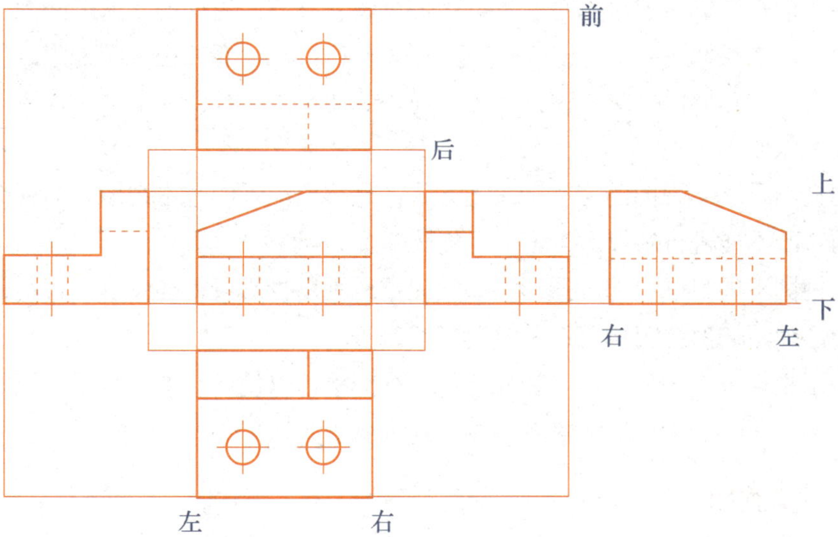

图 5.3　六个基本视图与物体空间方位的对应关系

与三视图一样，六个基本视图之间仍然符合“长对正、高平齐、宽相等”的投影规律，即主视图、俯视图、仰视图之间符合“长对正”；主视图、后视图、左视图、右视图之间符合“高平齐”；俯视图、仰视图、左视图、右视图之间符合“宽相等”。

在实际运用中，应根据机件的结构特征选择合适的基本视图，以结构表达清楚、看图方便、画图简便为原则，多数情况都不需要把六个基本视图全部画出。一般优先选用主视图、俯视图、左视图三个基本视图。

5.1.2 向视图

在实际绘图中，有时不能同时将六个基本视图都画在同一张纸上。为了解决这一问题，国家标准规定了一种可以自由配置的视图——向视图，即图样上视图和剖视图自由配置的表示法。每个视图和剖视图通常用注在主视图上表示投影方向的箭头旁的大写字母识别，如图 5.4 所示。

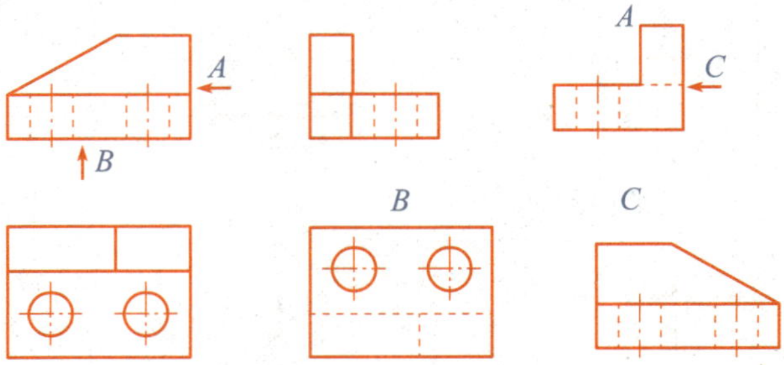

图 5.4　向视图的画法和标注

由于向视图运用灵活、方便，因此在实际工作中被广泛应用。不过如果每个基本视图均按向视图配置，会增加读图的难度。因此一般主视图、俯视图、左视图按标准配置。

在实际应用时，要注意以下几点：

（1）由于向视图的位置可随意配置，为使读图者不致产生误解，所以必须予以正确标注。在向视图的上方标注“ × ”（“ × ”为大写拉丁字母），在相应视图的附近用箭头指明投影方向，并标注相同的字母。无论是注在箭头旁还是注在视图的上方，均应与正常的读图方向一致，以便于识别。

（2）向视图是基本视图的另一种表达方式，是移位配置的基本视图。向视图是通过正投影获得的，既不能进行斜投影，也不可旋转配置。

（3）向视图不能只画出部分图形，必须完整地画出投影所得的图形。否则，投影所得的局部图形，就是局部视图，而不是向视图了。

（4）表示投影方向的箭头尽可能配置在主视图上，以使所获视图与基本视图一致。表示后视图投影方向的箭头，应配置在左视图或右视图上。

5.1.3 局部视图

实际工作中，常常碰到这样的情况：只要两到三个视图就能清楚地表达机件的主要结构，仅有部分局部结构尚未表达清楚。针对这种情况，可以绘制局部视图。将机件的某一部分结构向基本投影面投影，所得的视图称为局部视图。局部视图实际上是某一基本视图的一部分，通常被用来局部地表达机件的外形。

如图 5.5 所示，通过主视图，机件的主要结构已经表达清楚，但右侧凸台、左侧凸台和连接板、底板的形状尚未表达清楚。如用左视图、右视图和俯视图来表达它们，势必会重复绘制主体结构的投影。图 5.5 中采用了局部视图 *A* 表达左侧凸台和连接板；局部视图 *B* 表达右侧凸台板。整个表达方案简单明了，读图容易。

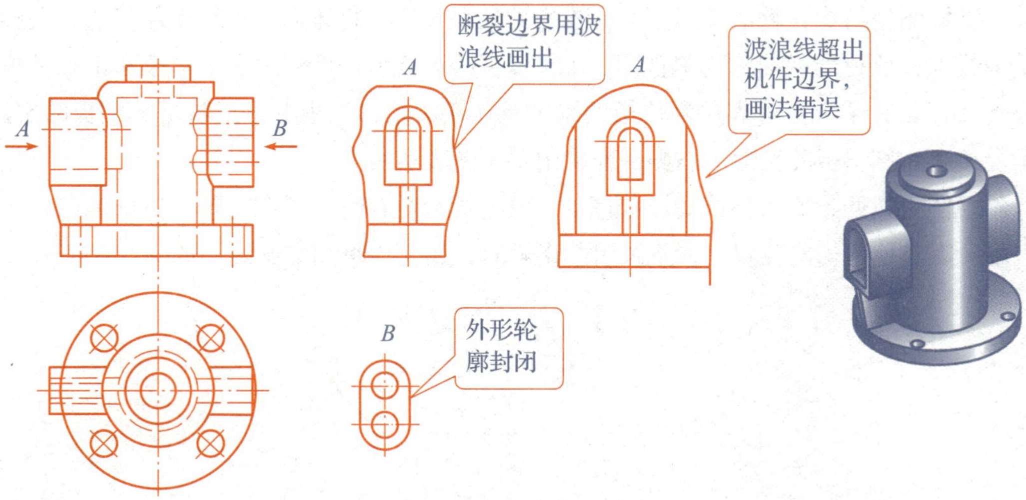

图 5.5　局部视图的画法、配置和标注

绘制局部视图时应注意局部视图的断裂边界用波浪线画出。注意波浪线要画在机件的实体范围内，如图 5.5 中的局部视图 *A*。当所表达的局部结构是完整的，且外形轮廓封闭时，波浪线可省略不画，如图 5.5 中的局部视图 *B*。

根据国家标准《机械制图　图样画法　视图》，局部视图的配置可选用三种方式：

一是按基本视图的配置形式配置。即局部视图配置在箭头所指的方向，并与原有视图保持投影关系。此时，如果局部视图与相应的原视图之间没有其他图形隔开，不必标注。

二是按向视图的配置形式配置和标注。局部视图配置在其他适当位置，此时要标注，即在局部视图的上方用大写字母标出其名称“ × ”，在相应的原视图附近用箭头指明投影方向，并注上同样的字母。

三是按第三角画法配置在视图上所需表示的局部结构的附近，并用细点画线将两者相连。此时，无须另行标注，如图 5.6 所示。

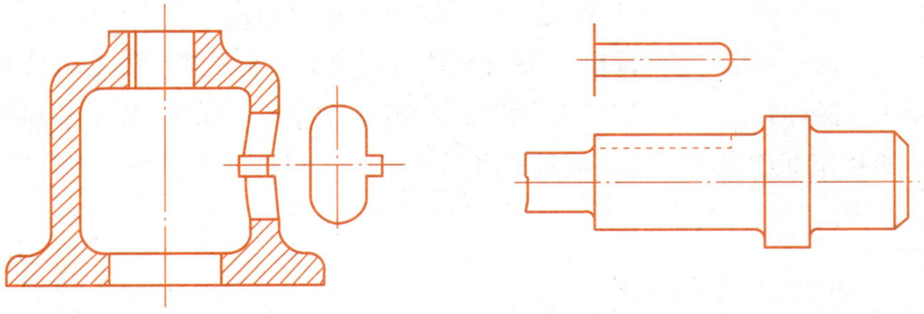

（a）　　　　（b）

图 5.6　局部视图按第三角画法配置

5.1.4　斜视图

由于机件上的倾斜结构在基本视图上不反映实形，且绘图较为麻烦。对这样的结构，可设一辅助投影面（辅助投影面一般垂直于某一基本投影面），且使其平行于倾斜结构的表面，这样倾斜结构在辅助投影面上的投影可反映实形。物体向不平行于任何基本投影面的平面投射，所得的视图称为斜视图。如图 5.7（a）所示，机件由水平平板和正垂平板两部分连接而成，主视图可表达两块板的厚度及连接关系；俯视图可反映水平平板的实形，但不能反映右侧斜板的实形。右侧平板采用斜视图表达实形。

斜视图可按照投影关系配置，如图 5.7（b）所示。有时为了在图纸上更好地布局，也可以配置在其他适当的位置。在不致引起误解时，还允许将图形旋转，如图 5.7（c）所示。

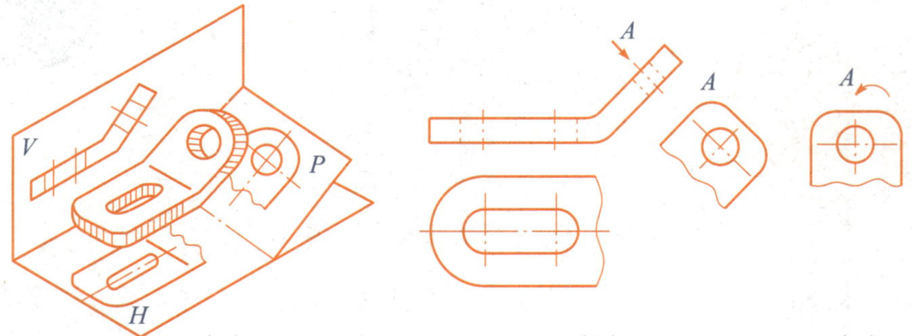

（a）　　（b）　　（c）

图 5.7　斜视图的形成、画法及配置与标注

斜视图必须标注。应在相关视图附近用箭头指明投射方向，注上大写拉丁字母，并在斜视图上方标以相同字母，如图 5.7（b）所示。旋转放置的斜视图应加旋转符号，其箭头与旋转方向一致，字母应水平书写在旋转符号的箭头端，如图 5.7（c）所示。

与局部视图一样，假想的实体断裂边界以波浪线表示。

5.2 剖视图

当机件的内部结构比较复杂时，视图中的细虚线较多，这些细虚线以及它们与实线之间往往重叠交错，影响了图形的清晰度，既不便于画图、读图，也不便于标注尺寸。为了解决这些问题，国家标准《技术制图　图样画法　剖视图和断面图》（GB/T 17452—1998）和《机械制图　图样画法　剖视图和断面图》（GB/T 4458.6—2002）规定了剖视图和断面图表示法。假想用面将机件剖开，把观察者和剖切面之间的物体移去，使内部结构可见，然后再投影绘图。

5.2.1　剖视图的概念和画法

剖视图的概念和画法

1. 剖视图的形成

假想用面将机件剖开，把观察者和剖切面之间的物体移去，而将其余部分向投影面进行投射，所得的图形称为剖视图，简称剖视。

从图 5.8 可以看出，将物体剖开后，内部孔可见。主视图采用了剖视图，孔的轮廓线由原来的虚线变为粗实线，在剖面区域内画出规定的剖面符号，整个图形更加清晰明了。

剖视图的形成

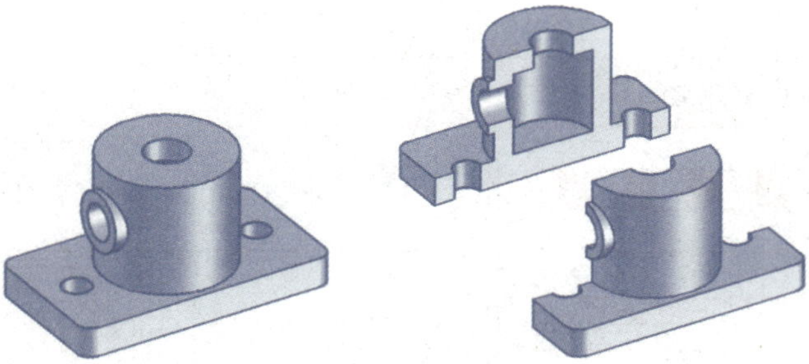

（a）立体图

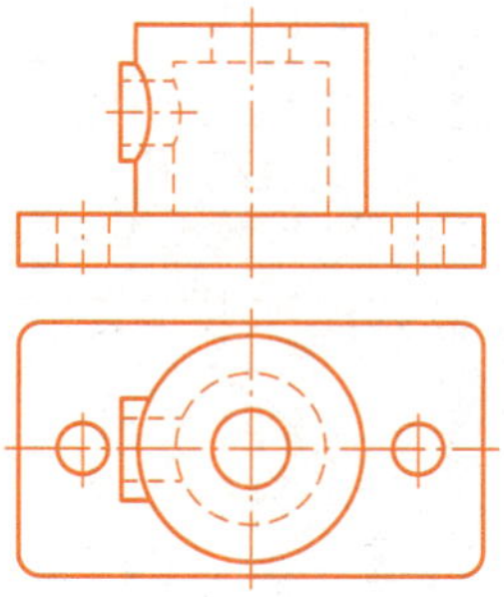

（b）视图

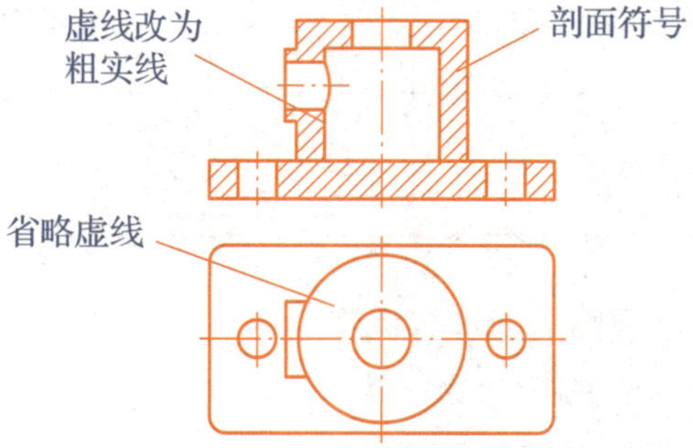

（c）剖视图

图 5.8 剖视的基本概念

剖切面一般是平面或圆柱面，平面用得最多。为了表达物体内部的真实形状，剖切面一般通过孔、槽的轴线或对称中心面，且应使剖切面平行或垂直于某一投影面。

2. 剖面符号

为了区分剖面区域与机件表面，剖面区域内要绘制剖面符号。常用材料的剖面符号如表 5.1 所示。如机件为金属材料或者未指明材料，可用通用剖面符号表示，即以适当角度、间隔相等且与主要轮廓或剖面区域的对称线成 45° 的细实线绘制。如果机件的主要轮廓线与水平线成 45°，绘制的剖面线应与水平线呈 30° 或 60°。

表 5.1 常用材料的剖面符号

材料	剖面符号	材料	剖面符号
金属材料（已有规定剖面符号者除外）		木材（横断面）	
		转子、电枢、变压器和电抗器等的叠钢片	
非金属材料（已有规定剖面符号者除外）	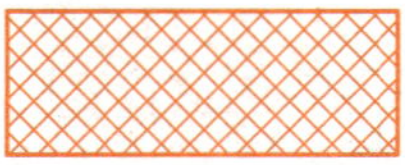	线圈绕组元件	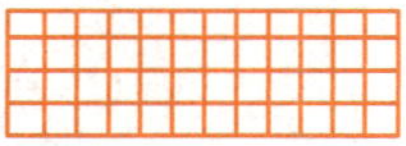
木材（纵断面）		砂型、填砂、粉末冶金陶瓷刀片、硬质合金刀片等	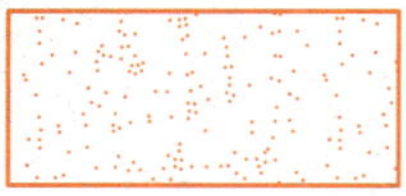

续表

材料	剖面符号	材料	剖面符号
格网（筛网、过滤网等）		基础周围的泥土	
木质胶合板（不分层数）	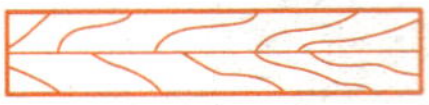	钢筋混凝土	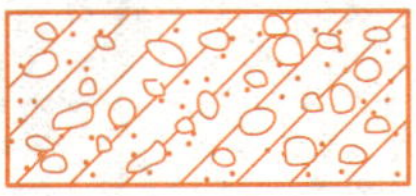
玻璃及供观察用的其他透明材料		混凝土	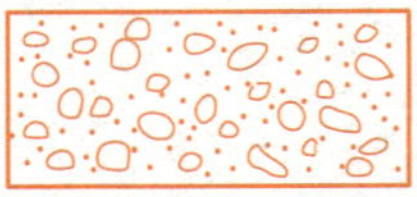
液体		砖	

3. 剖视图的画法与标注

（1）剖视图的画法。

剖视图的画图方法和步骤如图 5.9 所示，先用粗实线画出断面的实形，并在断面上画上剖面符号，然后用粗实线画出剖切面后方的可见轮廓线。处于剖切面后方的不可见轮廓线一般省略不画，只有当这部分结构在其他视图上没有表达清楚时才用虚线画出。

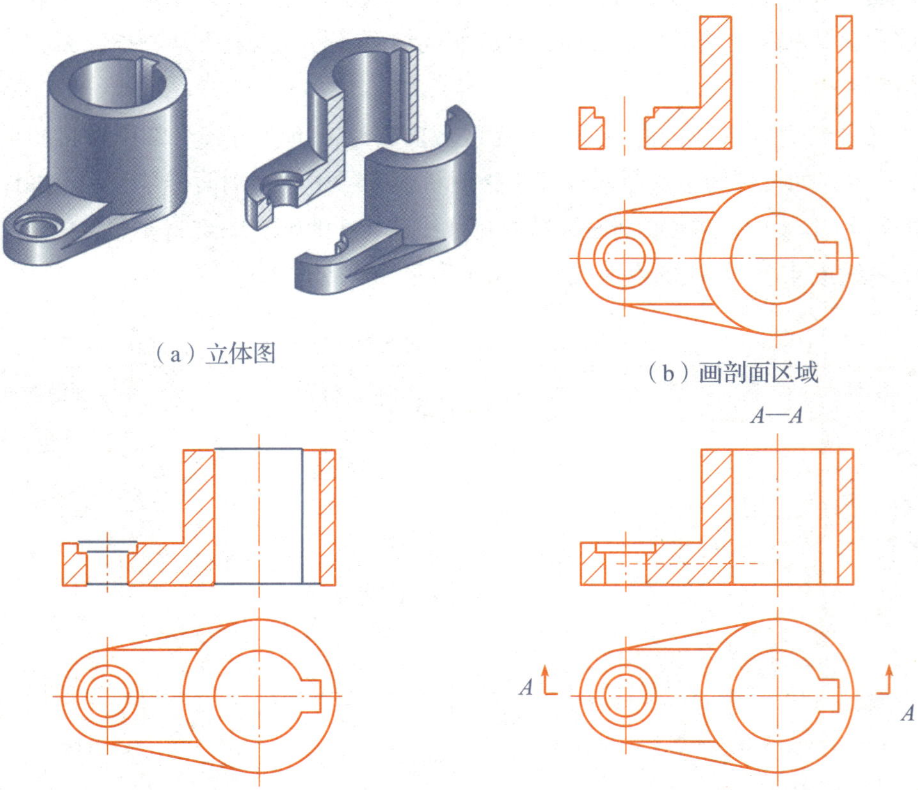

（a）立体图　（b）画剖面区域

（c）画剖切面后方的可见轮廓线　（d）剖视图中的不可见轮廓线

图 5.9　剖视图画图方法和步骤

画剖视图应注意的问题如下：

1）剖视图只是假想地剖开机件，用以表达机件内部形状，实际机件是完整的，因此除剖视图外的其他图形，都以完整的形状画出。

2）剖视图上一般不画虚线，只有在不影响剖视图的清晰度又能减少视图时，才可画少量的虚线。

3）画剖视图时，一定要把剖切面后方的可见轮廓线画全。

4）一般在剖视图上方用大写拉丁字母以“ ×—× ”的形式标出剖视图的名称。在相应的视图上用剖切符号表示剖切位置和投影方向，并标注相同的字母，即明确剖视图名称、剖切位置、投射方向。

（2）剖视图的标注。

1）剖视图标注的三要素。

剖视图的名称：在剖视图上方用大写拉丁字母标注剖视图的名称。为便于读图时查找，应在剖切符号附近注写相同的字母。

剖切位置：指示剖切面起、迄和转折位置（用粗实线表示，长 5 ～ 10mm）及投射方向（用箭头表示）的符号。剖切符号不要与图形轮廓线相交。

投射方向：在剖切位置线的两端外侧，用箭头指明剖切后的投射方向。

2）剖视图标注步骤。

①在与剖视图相应的视图（或剖视图）上，画上表示剖切面起、迄位置和转折位置的短粗实线，但不要与图形轮廓线相交。

②在表示剖切面起、迄位置的短粗实线外侧画出与其垂直的箭头，表示剖切后的投射方向。

③在表示剖切面起、迄位置和转折位置的短粗实线外侧注写上同一大写字母，并在剖视图上方中间位置用相同字母以“ ×—× ”形式标注出该剖视图的名称。字母一律水平书写，字头向上。

在下列情况下，剖视图的标注可以简化或省略：

1）剖视图按投影关系配置，中间又没有其他图形隔开时，可以省略箭头。

2）单一剖切面与机件的对称平面完全重合，且剖视图按投影关系配置，中间又没有其他图形隔开时，可以不必标注。

5.2.2 剖视图的种类

根据剖切范围的不同，剖视图分为全剖视图、半剖视图、局部剖视图三种。

剖视图分类
——剖切范围

1. 全剖视图

用剖切面完全剖开机件所得的视图，称为全剖视图。

全剖视图主要用于表达外形简单、内形复杂且不对称的机件。为了便于标注尺寸，对有些具有对称平面的机件，也常采用全剖视图，如图 5.10 所示。

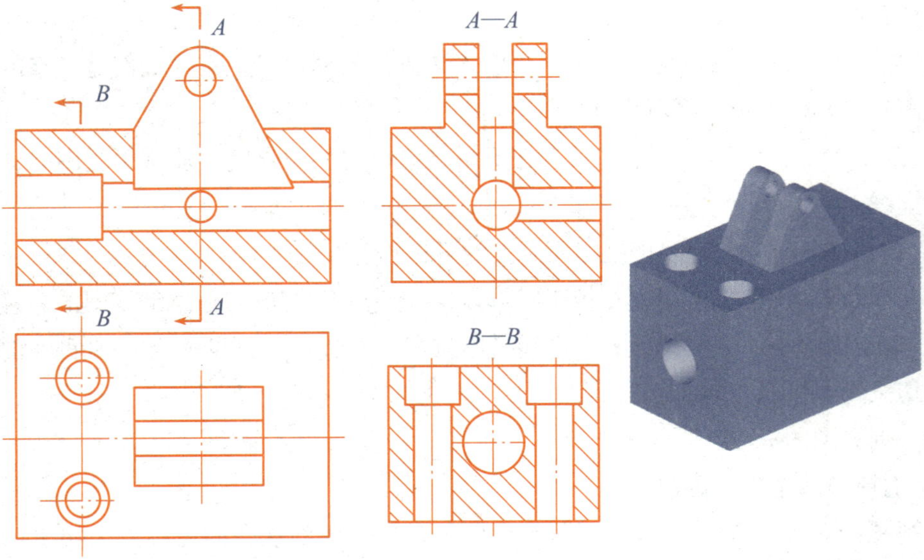

图 5.10　全剖视图示例

2. 半剖视图

当机件具有对称性时，在垂直于对称平面的视图上，以对称线为界，一半画成剖视图，一半画成视图，这种组合图形称为半剖视图。半剖视图主要用于机件结构对称且内、外结构均需要表达的情况，如图 5.11 所示。

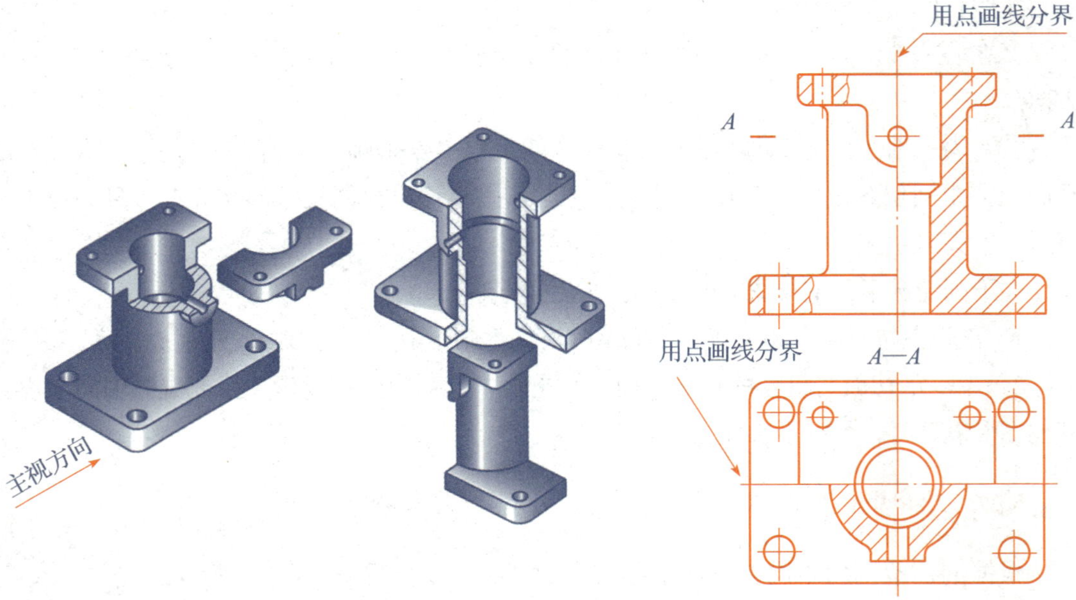

图 5.11　半剖视图示例

半剖视图主要用于内、外形状都需要表达的对称机件。当机件的形状接近于对称，且其不对称部分已另有视图表达清楚时，也可画成半剖视图，如图 5.12 所示。

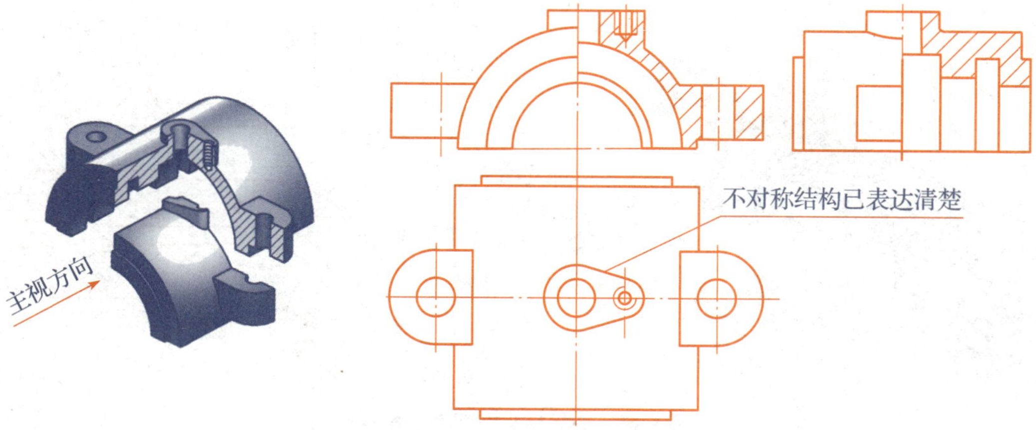

图 5.12　机件接近对称的半剖视图

画半剖视图需要注意以下事项：

（1）由于半剖视图的图形对称，因此表示外形的视图中的虚线不必画出，但孔、槽应画出中心线位置，如图 5.12 所示。

（2）半个视图与半个剖视图必须以点画线为界。

（3）如果机件的内外形轮廓线与图形的对称中心线重合，则避免使用半剖视图，而宜采用后面介绍的局部剖视图，如图 5.13 所示。

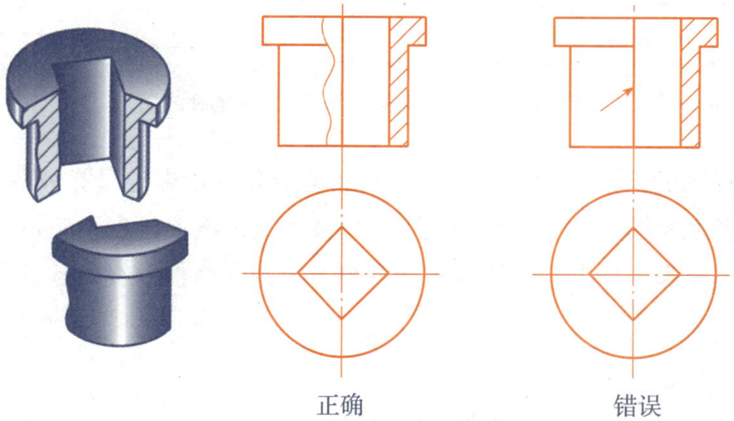

图 5.13　机件内外形轮廓线与对称线重合时的表达方式

（4）半剖视图的标注与全剖视图相同。

3. 局部剖视图

用剖切面局部地剖开机件所得的图形，称为局部剖视图。

局部剖视图既能把物体局部的内部形状表达清楚，又能保留物体的某些外形，这是一种方便灵活的表达方法。它主要用于下列情况：

（1）不对称的机件内外形状都较复杂，既要表达外形，又要表达内形，如图 5.14 所示。局部剖视图中用波浪线表示假想的实体断裂边界，并作为视图与剖视图的分界线。

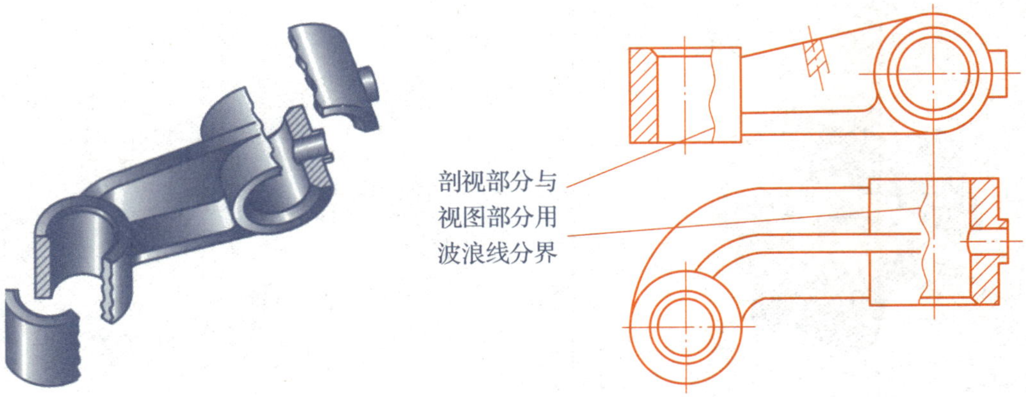

图 5.14　不对称机件的局部剖视图

（2）当对称机件的内外形轮廓线和对称中心线重合，且不宜采用半剖视图时，可采取局部剖视图，如图 5.13 所示。

（3）当实心件上有孔、凹槽和键槽等局部结构时不必或不宜采用全剖视，可用局部剖视图表达，如图 5.15 所示。

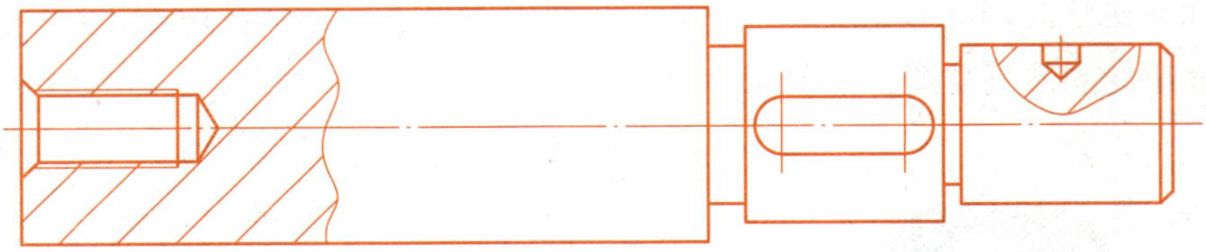

图 5.15　局部剖视表达实心零件上的孔或槽

画局部剖视图的注意事项：波浪线表示断裂边界的投影，只能画在机件的实体上。剖切面与观察者之间的通孔、槽结构处不应画波浪线，波浪线也不应超过机件的外形轮廓线。波浪线不要和图样上其他图线重合，也不应画在其他图线的延长线上，如图 5.16 所示。

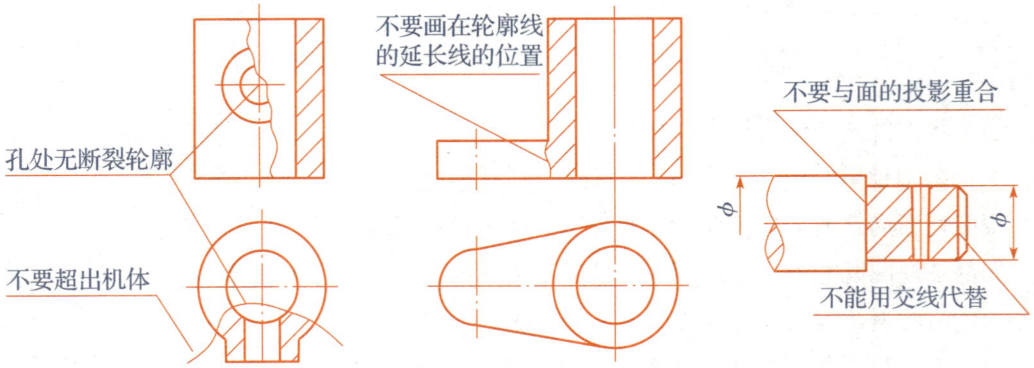

（a）错误画法

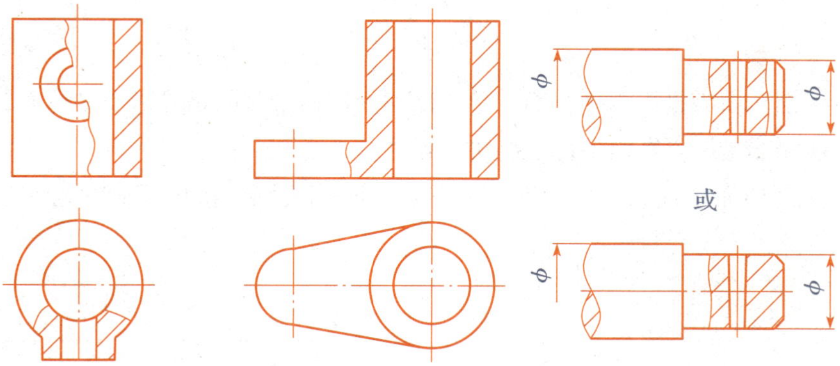

（b）正确画法

图 5.16　波浪线的画法

有些机件经过剖切后，仍有内部结构未表达清楚，允许在剖视图中再作一次局部剖，即剖中剖，如图 5.17 所示。采用这种表达方法时，两个剖面的剖面线应同方向、同间隔，但要相互错开。

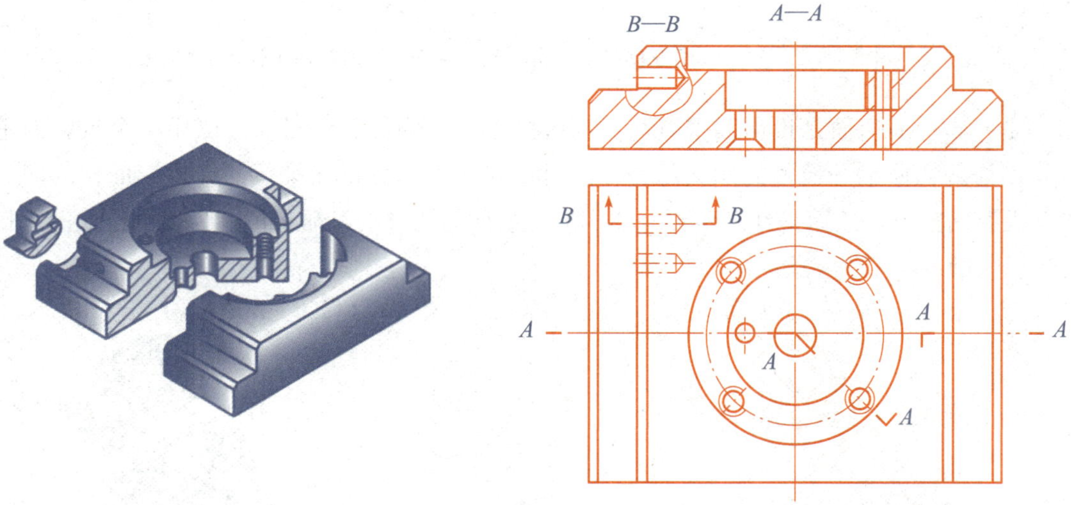

图 5.17　在剖视图上作局部剖

5.2.3　剖切面的种类

由于机件内部结构形状的多样化，有时用一个剖切面剖开机件不足以把机件的内部结构表达清楚，因此，可采用更多的表达方法，如可采用几个平行或相交的平面或曲面作为剖切面，以组合的形式对机件进行假想剖切而得到剖视图。

剖视图分类
——剖切面不同

剖切面可分为单一剖切面、几个平行的剖切面、几个相交的剖切面、组合剖切面等。无论采用哪种剖切面，都可以获得全剖视图、半剖视图和局部剖视图。

1. 单一剖切面

（1）单一剖切面为投影面平行面。单一剖切面用得最多的是投影面平行面，前面所举图例中的剖视图都是用投影面平行面剖切得到的。

（2）单一剖切面是柱面。单一剖切面是柱面时剖视图应按展开画法绘制，如图 5.18 所示。

单一剖切面

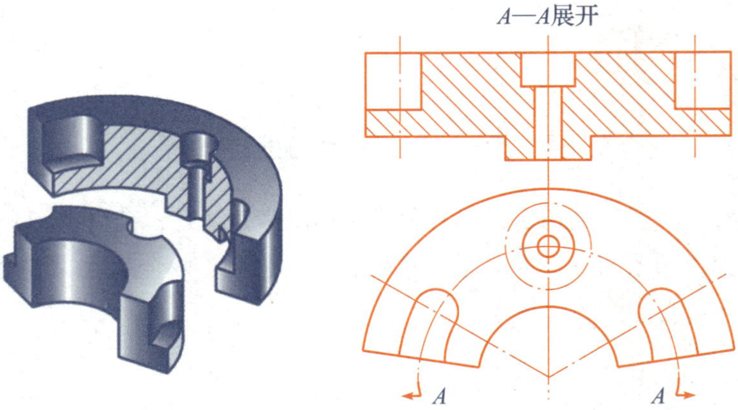

图 5.18　单一剖切面是柱面（柱面剖切机件示例）

（3）单一剖切面是投影面垂直面。当机件上具有倾斜部分时，可以用一个投影面垂直面作为剖切面剖开机件的倾斜部分，同时设置一个与剖切面平行的新投影面，剖切后向新投影面投射，从而得到倾斜部分的实形。这种剖切方法习惯上被称为斜剖，如图 5.19 所示。

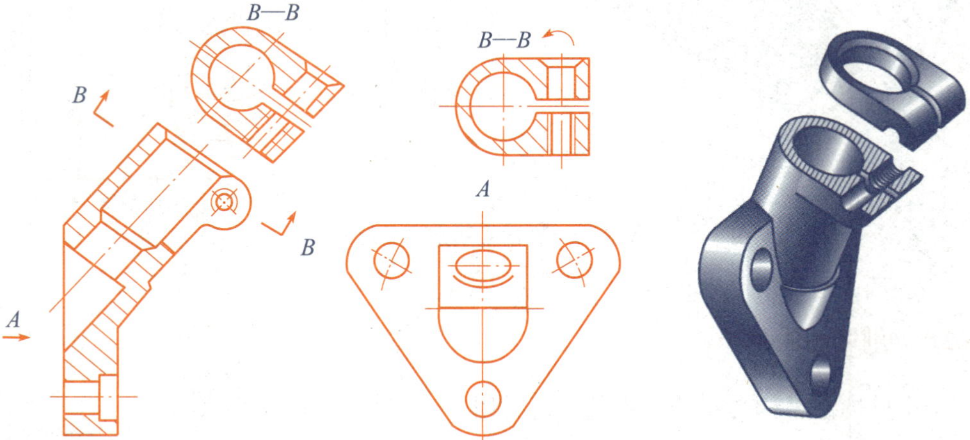

图 5.19　斜剖得到的局部剖视图

斜剖注意事项：

（1）向平行于剖切面的新投影面投射得到投影后，要将新投影面沿投射方向翻转到与基本投影面重合后画出投影图。

（2）采用该方法画出的剖视图，必须标注，字母必须水平书写。

（3）为了读图方便，剖视图应尽量放在箭头所指的方向，并与相应视图之间保持直接的投影关系。在不会引起误解的情况下，允许将图形平行移动或将图形旋转，此时必须标注“×—×”和旋转符号，如图 5.19 中的“B—B↶”。

2. 几个平行的剖切面

如果零件内部的结构较多，且孔轴线、槽分布在相互平行的平面上，可假想用几个相互平行的剖切面剖切机件。图 5.20 所示的轴承挂架，下面有轴承孔，上面安装板上有两个安装孔。轴承孔和安装孔的轴线不在一个平面内。为了能在一个视图上同时表达到这两个孔，用两个侧平面剖切，得到全剖的主视图。这种剖视图由于剖切面彼此平行，形似台阶，所以俗称“阶梯剖”。

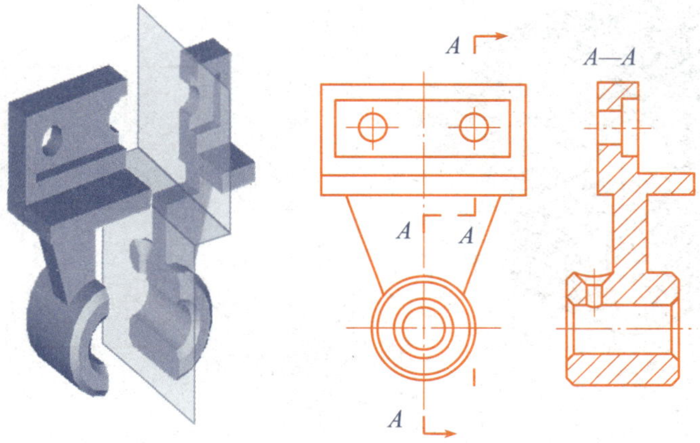

图 5.20　两个平行剖切面剖切

阶梯剖时应注意以下几点：

（1）应把几个剖切面作为一个剖切面考虑，被剖切到的内部结构也被认为处于同一平面上。因此，画剖视图时，各剖切面剖切后所得的剖视图是一个图形，不应在剖视图中画出各剖切面的界线，如图 5.21 所示。

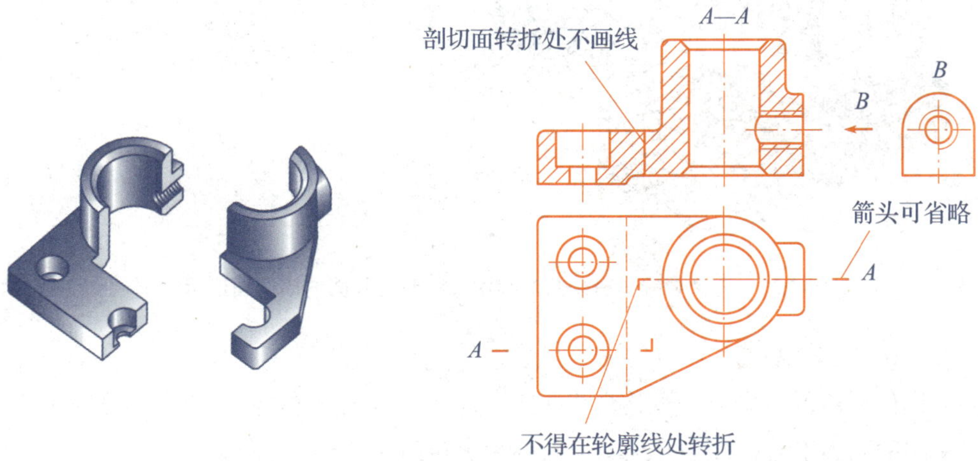

图 5.21　几个平行剖切面剖切

（2）用几个平行的剖切面剖开机件所得剖视图必须标注。当剖视图按投影关系配置，中间又没其他图形隔开时，可以省略箭头。为避免把剖视图的轮廓线误认为是剖切面的界线，剖切符号不能与视图中的粗实线相交或重合。当转折处位置有限又不致引起误解时，允许省略字母。

（3）在剖视图内也不允许出现孔或槽等结构的不完整投影，如图 5.22 所示。只有当两个要素在图形上具有公共对称中心线或轴线时，可以各剖一半，此时应以对称中心线或轴线为界，剖切符号不能与视图中的轮廓线相交或重合，如图 5.23 所示。

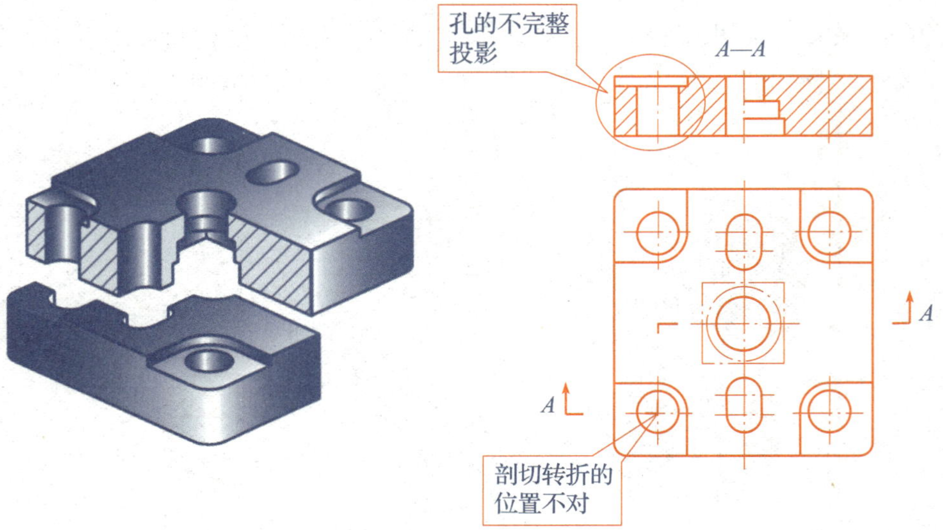

图 5.22　在剖视图内不允许出现孔或槽等结构的不完整投影

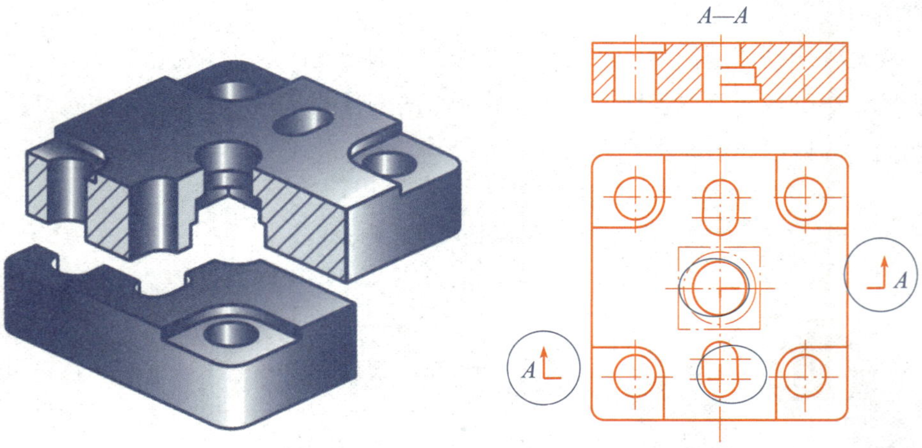

图 5.23　两个要素具有公共对称中心线时剖视图的错误画法示例

3. 几个相交的剖切面

如果机件的内部结构分布在几个相交的平面上，可用几个相交的剖切面剖开机件。用几个相交的剖切面剖开机件的方法习惯上称为旋转剖。

旋转剖通常用于表达具有明显回转轴线，分布在几个相交平面上的机件内形，如盘、轮、盖等机件上的孔、槽、轮辐等结构。首先把倾斜剖切面剖开的结构连同有关部分绕两剖切面的交线（公共回转轴线）旋转到与选定的基本投影面平行，再向基本投影面投影，即“先旋转，后投射”，如图 5.24 所示。

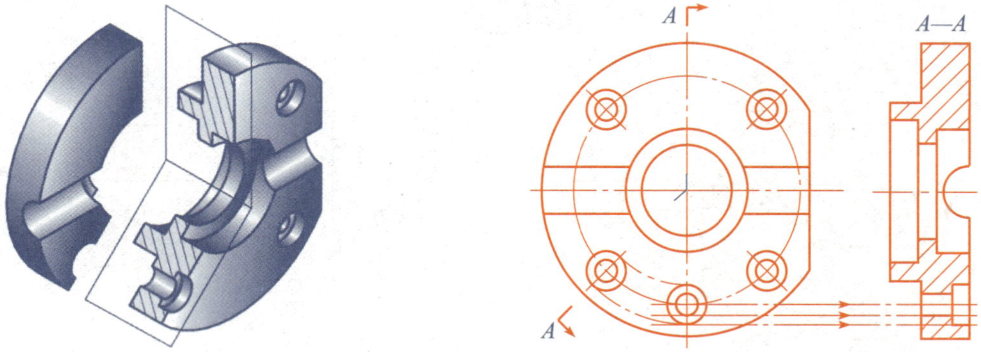

图 5.24　几个相交平面剖切

几个相交的剖切面剖切的注意事项：

（1）用几个相交的剖切面剖切机件得到的剖视图必须标注，并且在任何情况下不可省略。

（2）几个相交的剖切面剖开机件所获得的剖视图应旋转到一个投影平面上。把剖开的倾斜结构及其有关部分旋转到与选定的基本投影面平行后再进行投影，这既可使剖视图反映实形又便于画图。在剖切面后的其他结构一般应按原来位置画它的投影，如图 5.25 中的小油孔。

旋转剖

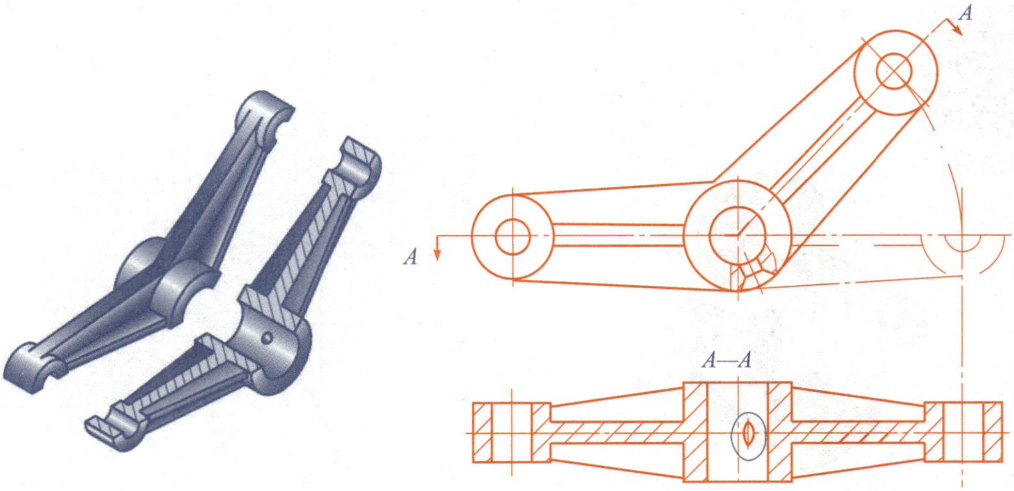

图 5.25　剖切面后可见结构的投影

（3）当剖切后产生不完整要素时，应将该部分按不剖绘制，如图 5.26 所示。

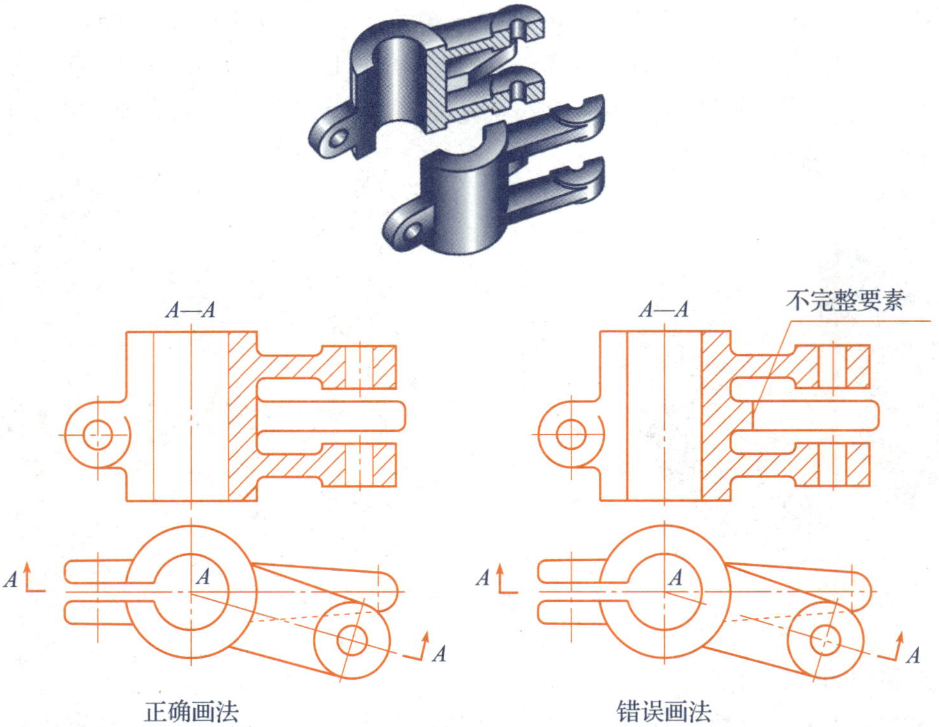

图 5.26　旋转剖产生不完整要素的处理

4. 组合剖切面

当用以上各种剖切方法都不能集中表达机件内部结构时，可考虑用组合剖切面剖切。组合剖切面可由基本投影面的平行平面、垂直平面和柱面组成。如图 5.27、图 5.28 所示的主视图为由组合剖切面剖切而得的剖视图。

组合剖

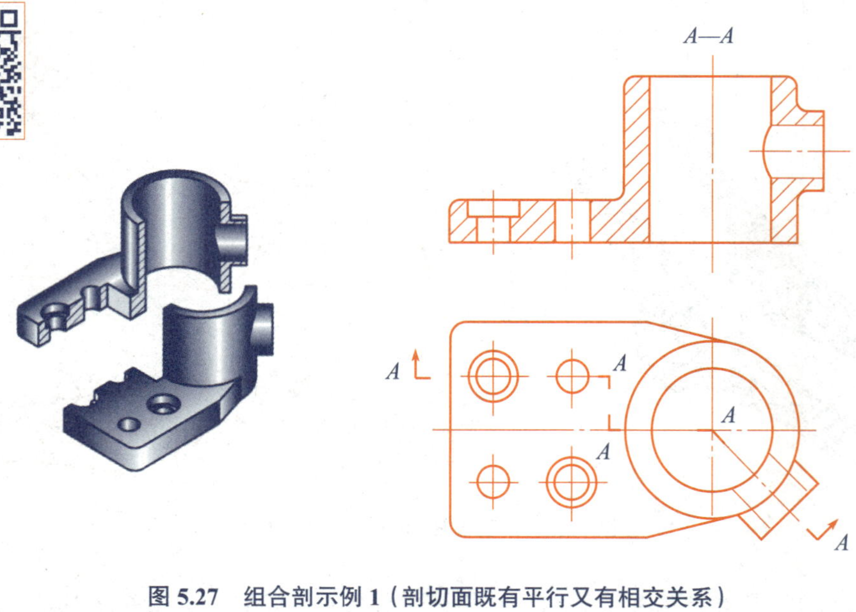

图 5.27　组合剖示例 1（剖切面既有平行又有相交关系）

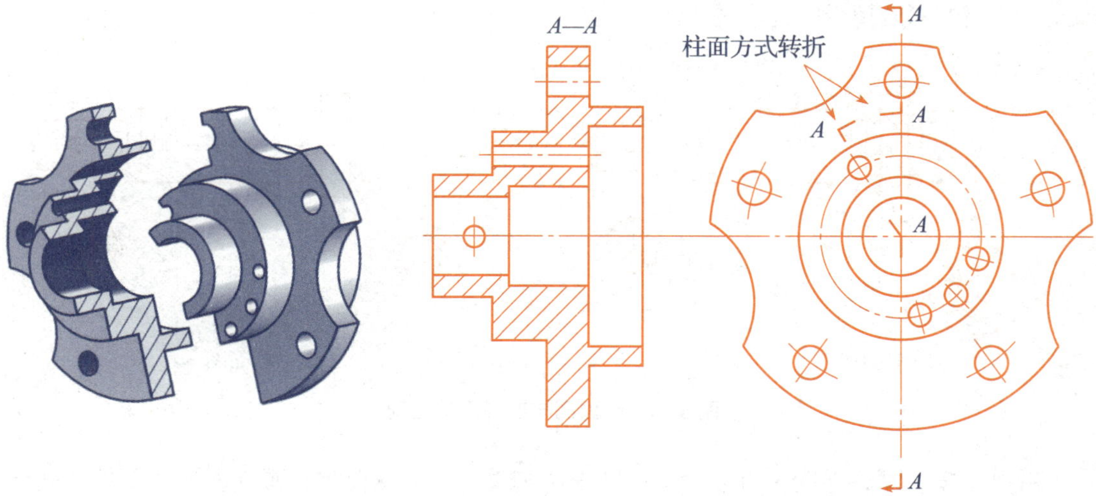

图 5.28　组合剖示例 2（几个相交剖切面）

必要时，组合剖可采用展开画法，如图 5.29 所示。采用展开画法时，必须在剖视图上方标注“ ×—× 展开”。

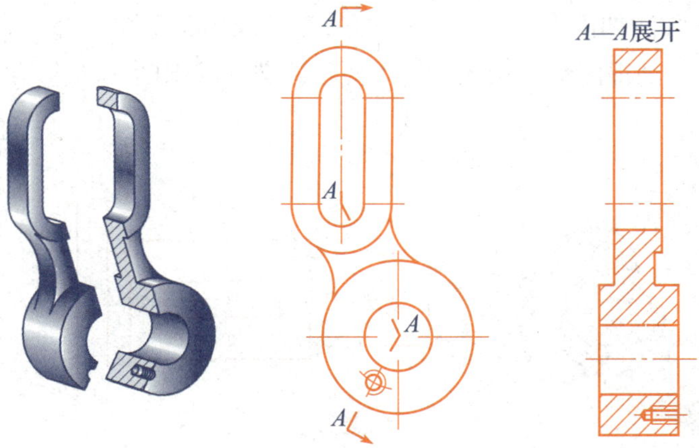

图 5.29　几个剖切面组合剖切的剖视图展开画法

5.3 断面图

断面图主要用来表达机件截断面处的形状。

断面图和局部放大图

5.3.1　断面图的基本概念

假想用剖切面将机件某处切断，仅画出该剖切面与机件接触部分的图形，该图形称为断面图，简称断面。

断面图常用于表达机件上的肋板、轮辐、键槽、孔及连接板的横断面和各种型材的断面形状。如图 5.30 所示的轴，用主视图来表达主体结构后，轴上结构只有小孔和键槽的深度还没表达清楚，虽然可用剖视图来表达，但没有断面图表达简便。

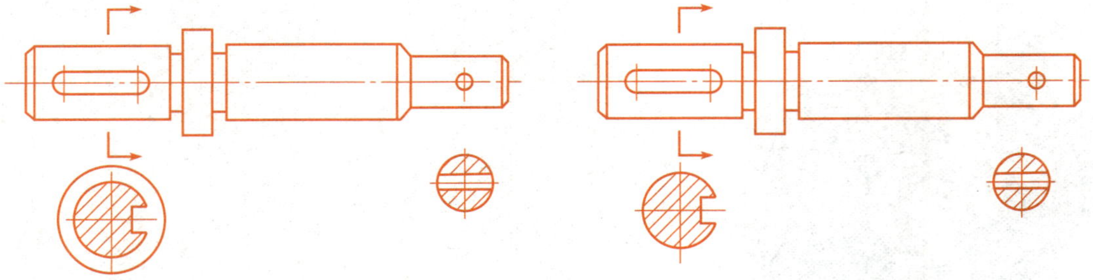

（a）剖视图　　（b）断面图

图 5.30　断面图与剖视图的区别

断面图按其配置不同，可分为移出断面图和重合断面图两种。画在视图轮廓外的断面图称为移出断面图，画在视图轮廓内的断面图称为重合断面图。

5.3.2　移出断面图

1. 移出断面图的画法

移出断面图的画法如图 5.31 所示，断面的轮廓线用粗实线绘制，在剖面区域内画剖面符号，剖面符号与剖视图中的相同。为了便于读图，移出断面图应尽量配置在剖切线的延长线上。

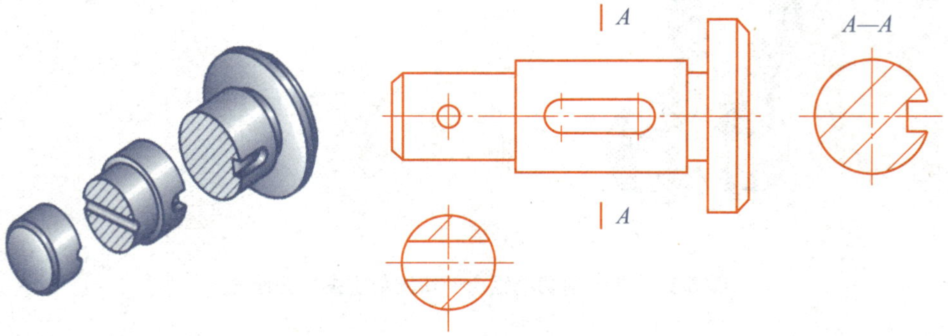

图 5.31　移出断面图的画法

如果断面图形对称，且原视图图形简单，则断面图可画在视图的中断处，如图 5.32 所示。

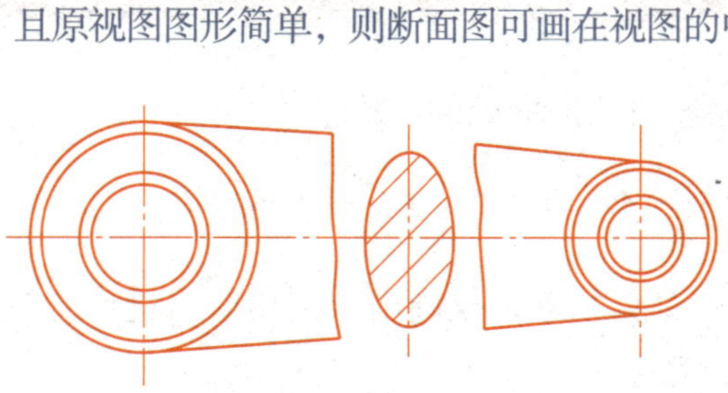

图 5.32　断面图画在视图的中断处

为了能表示出断面的真实形状，剖切面一般应垂直于机件的主要轮廓（直的）或通过圆弧轮廓的中心。若是由两个或多个相交剖切面剖切得到的移出断面图，中间应用波浪线断开为两个图形，但一般不应把图形错开，如图 5.33 所示。

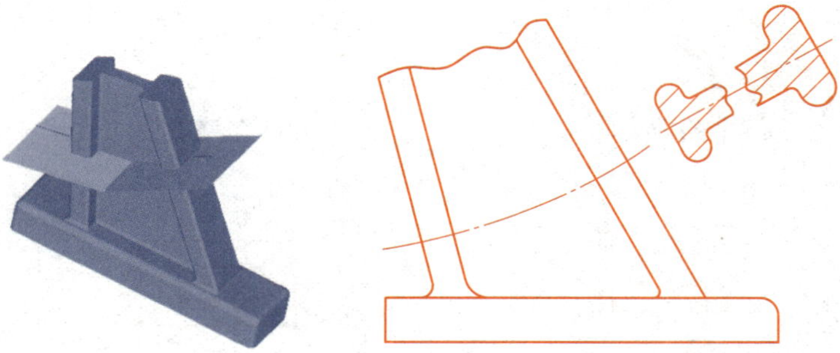

图 5.33　两个相交的剖切面剖切得到的移出断面图

当剖切面通过回转面形成的孔或凹槽的轴线时，这些结构按剖视画出，如图 5.34 所示。

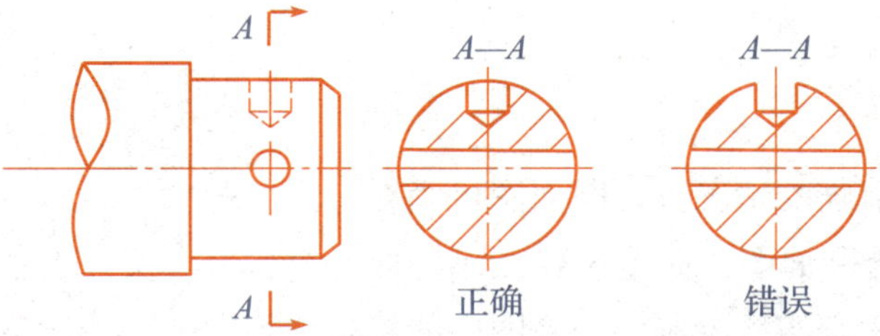

图 5.34　剖切面通过孔或凹槽断面图示例

当剖切面通过非圆孔导致出现完全分离的两个断面时，此结构也按剖视绘制，如图 5.35 所示。图中右侧断面图为常见错误画法。

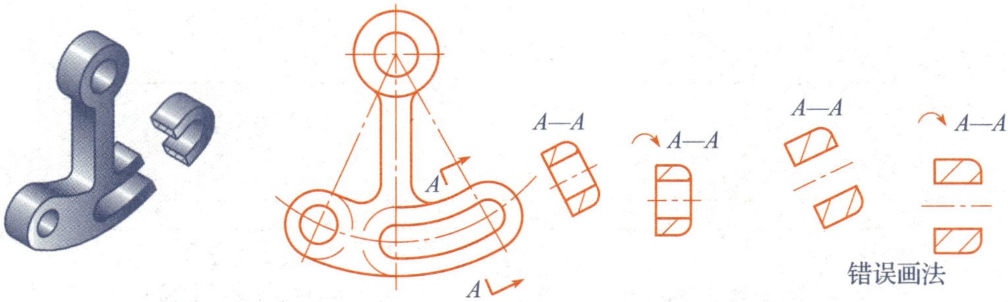

图 5.35　剖切面通过非圆孔得到的断面图示例

2. 移出断面图的标注

按投影关系配置的移出断面图可省略箭头，不按投影关系配置的对称移出断面图也可省略箭头，如图 5.36（a）、图 5.36（b）所示。在剖切符号延长线上不对称的移出断面图可省略字母，如图 5.36（c）所示。不按投影关系配置的不对称的移出断面图必须标注剖切符号、箭头和字母，如图 5.36（d）所示。

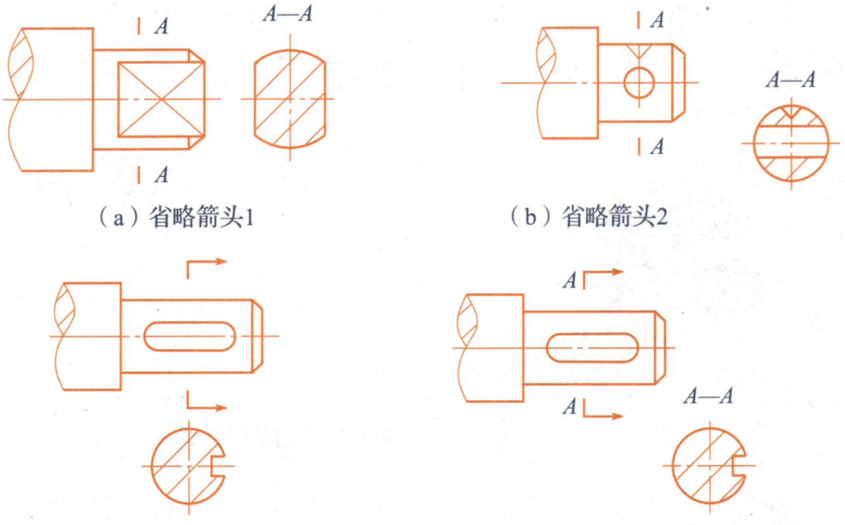

（a）省略箭头1　　（b）省略箭头2

（c）省略字母　　（d）必须标注剖切符号、箭头和字母

图 5.36　移出断面图的标注

5.3.3　重合断面图

在不影响图形清晰的情况下，断面图可画在原视图中，称为重合断面图，如图 5.37 所示。此时断面图的轮廓线用细实线绘制。当视图中的轮廓线与重合断面图中的轮廓线重叠时，视图中的轮廓线仍应连续画出，不可断开。对称的重合断面图一般不标注，不对称的重合断面图可省略字母和视图名称，如图 5.38 所示。

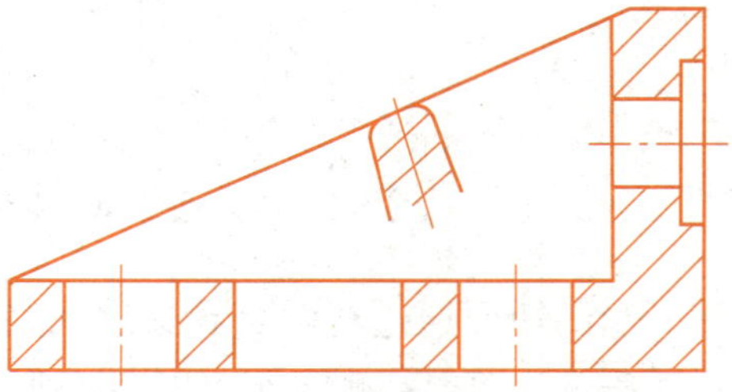

图 5.37　重合断面图示例 1

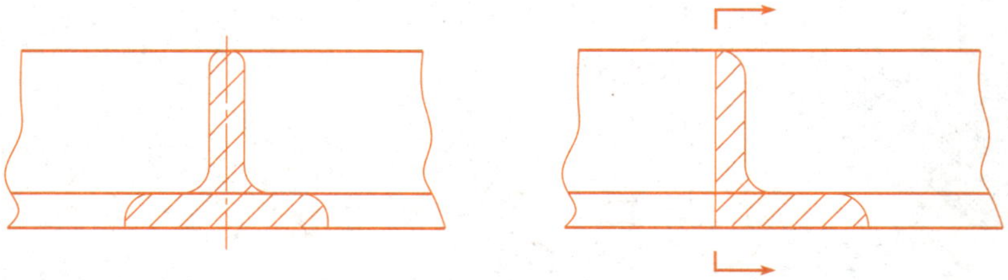

（a）对称的重合断面图　　（b）不对称的重合断面图

图 5.38　重合断面图示例 2

5.4　局部放大图、简化画法

5.4.1　局部放大图

当机件上的细小结构在视图中未表达清楚时，可作局部放大图。用大于原图形的比例

绘出机件上细小结构的图样，称为局部放大图。局部放大图的比例为图中图形与实物相应要素的线性尺寸之比，并非与原图形之比。局部放大图可以根据需要画成视图、剖视图、断面图，它与原视图的表达方式无关。

局部放大图画法如下：

（1）绘制局部放大图时，应在原图形用细实线圈出被放大的部位。局部放大图应尽量配置在被放大部位的附近。

（2）当同一机件上有几处被放大的部位时，各处的放大比例可以不同，但必须用罗马数字依次编号，标明被放大的部位，并在局部放大图的上方标注出相应的罗马数字和所采用的比例，如图 5.39 所示。

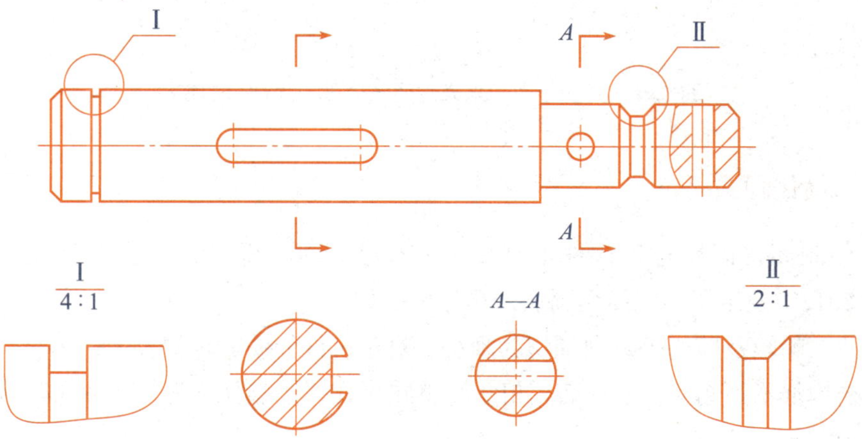

图 5.39　局部放大图的画法和标注

（3）当机件上被放大的部分仅有一个时，在局部放大图上方只需注明比例。

（4）同一机件上不同部位需要放大时，若局部放大图图形相同或对称，只需画出一个，如图 5.40 所示。

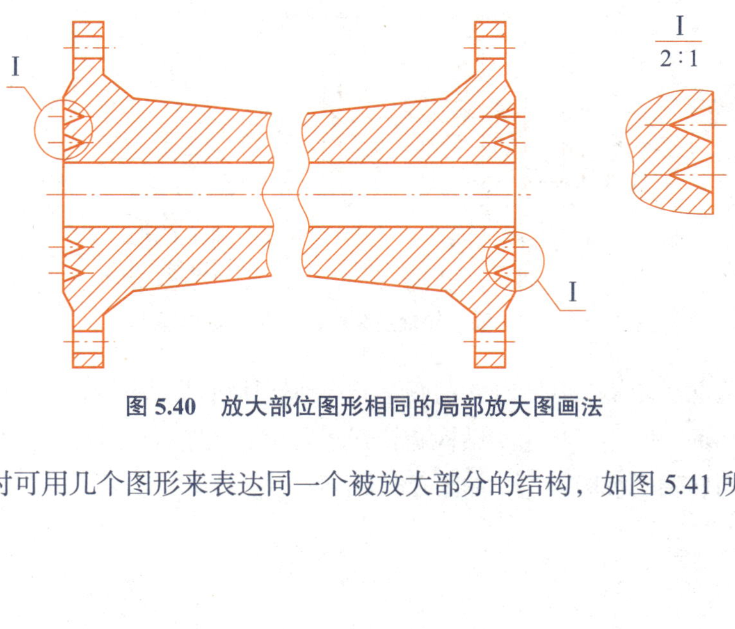

图 5.40　放大部位图形相同的局部放大图画法

（5）必要时可用几个图形来表达同一个被放大部分的结构，如图 5.41 所示。

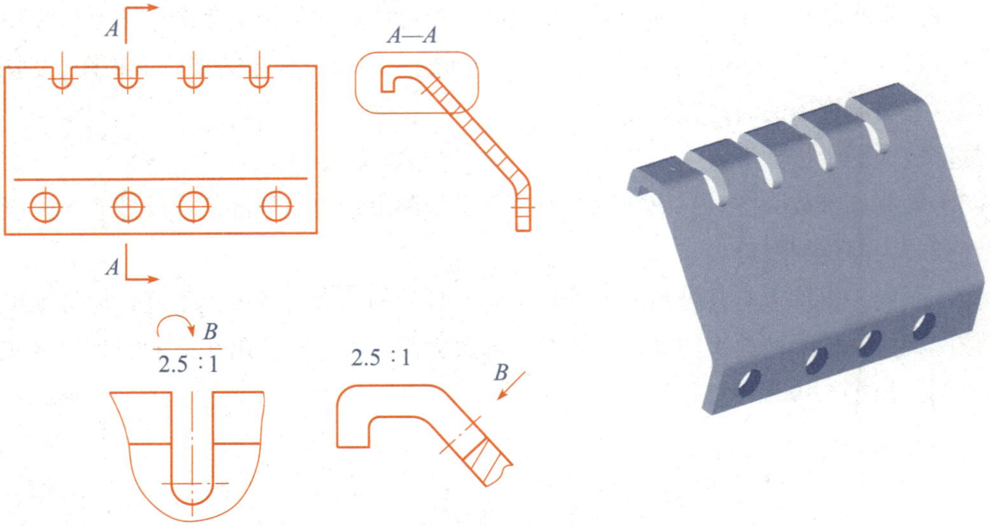

图 5.41　用几个图形来表达同一个被放大部分的结构

5.4.2　简化画法

为简化制图，国家标准《技术制图　简化表示法　第 1 部分：图样画法》（GB/T 16675.1—2012）规定了一些简化画法，具体情况如下：

（1）肋、轮辐及薄壁等纵向剖切的画法。对于机件的肋、轮辐及薄壁等，如按纵向剖切，这些结构都不画剖面符号，而用粗实线将它与其邻接部分分开，如图 5.42 所示。

简化画法

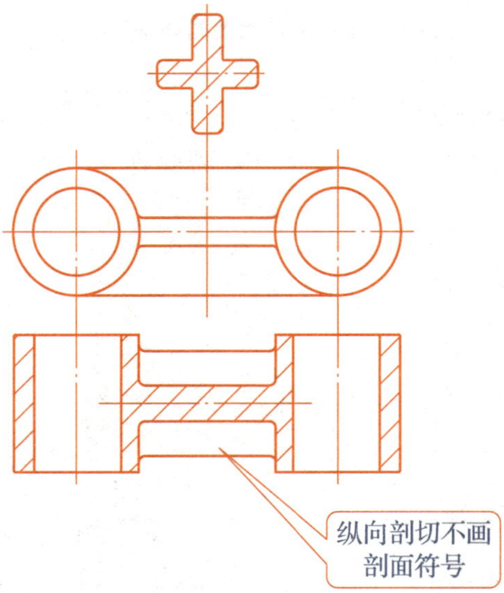

图 5.42　肋、轮辐及薄壁等纵向剖切的画法

（2）均布的肋、轮辐、孔等结构的画法。当回转体机件上均匀分布的肋、轮辐、孔等结构不处于剖切面上时，可将这些结构旋转到剖切面上，然后以对称形式画出，而其分布情况由垂直于回转轴的视图表达，如图 5.43 所示。

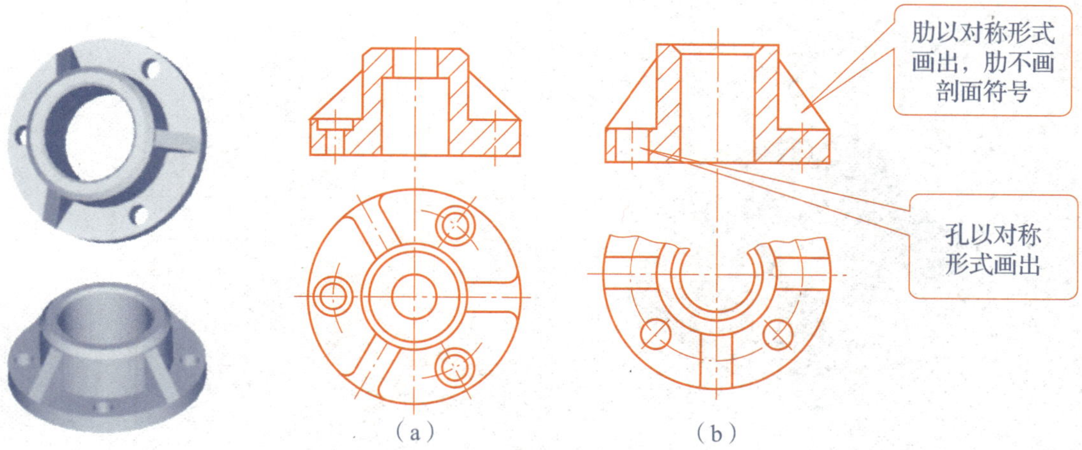

图 5.43　均布的肋、轮辐、孔等结构的画法

（3）对称机件的画法。在不致引起误解时，对于对称机件的视图可只画一半或四分之一，并在对称中心线的两端画出两条与其垂直的平行细实线，如图 5.44 所示。

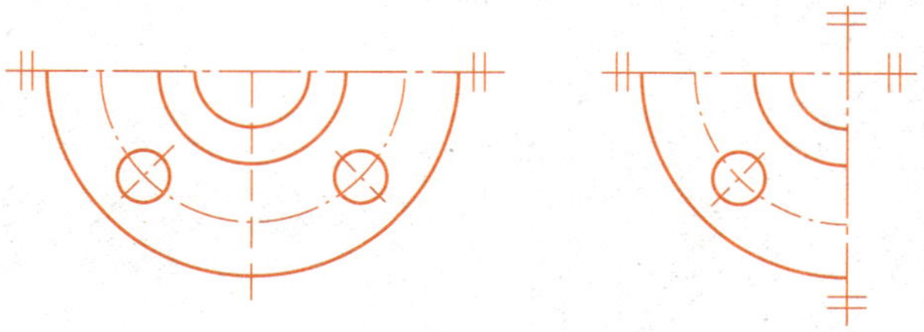

图 5.44　对称机件的画法

（4）零件图中有两个或两个以上相同视图的表示。一个零件上有两个或两个以上图形相同的视图，可以只画一个视图，并用箭头、字母和数字表示其投射方向和位置，如图 5.45 所示。

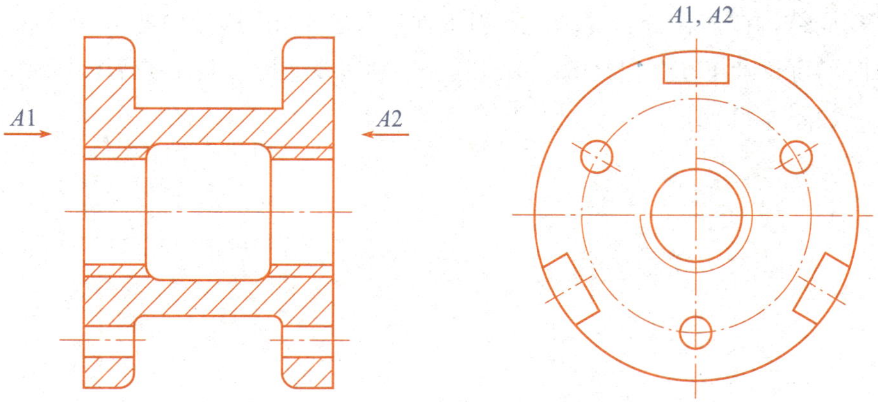

图 5.45　零件图中两个相同视图的表示

（5）倾斜角度不大的结构的画法。与投影面倾斜角度小于或等于 30° 的圆或圆弧，其投影可用圆或圆弧代替，如图 5.46 所示。

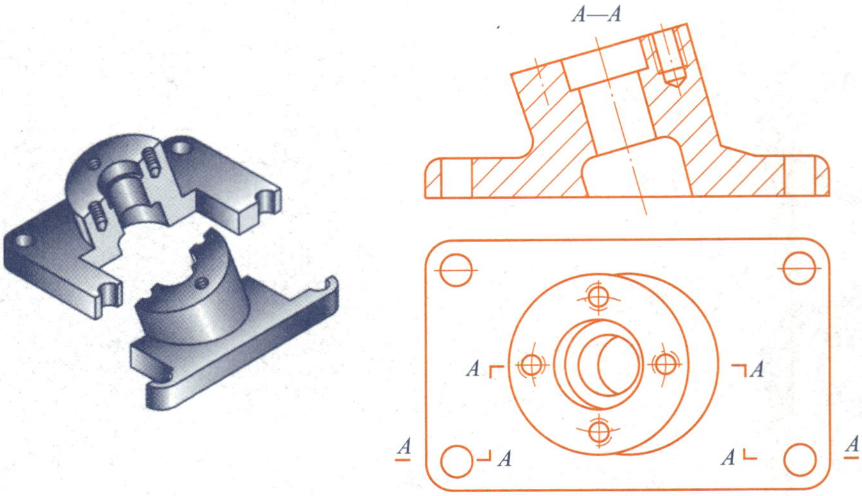

图 5.46　倾斜角度不大的结构的画法

（6）若干直径相同且成规律分布的孔的画法。圆孔、螺纹孔、沉孔等，可以仅画出一个或几个，其余用点画线表示其中心位置，同时在零件图中注明孔的总数，如图 5.47 所示。

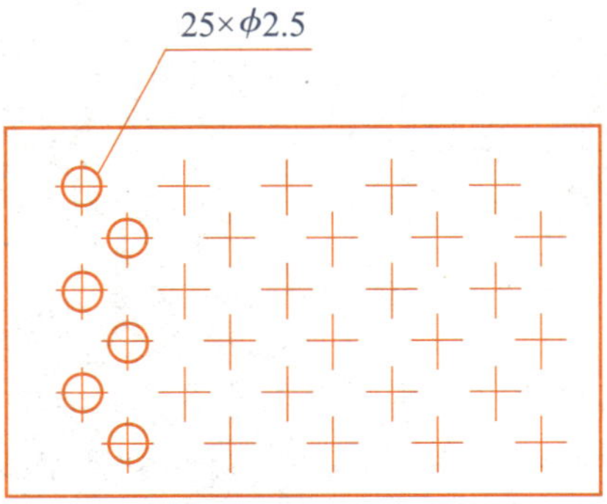

图 5.47　若干直径相同且成规律分布的孔的画法

（7）相同结构按规律分布的画法。当机件具有若干相同结构（齿、槽等），并按一定规律分布时，可只画出几个完整的结构，其余用细实线连接，但在零件图中必须注明该结构的总数，如图 5.48 所示。

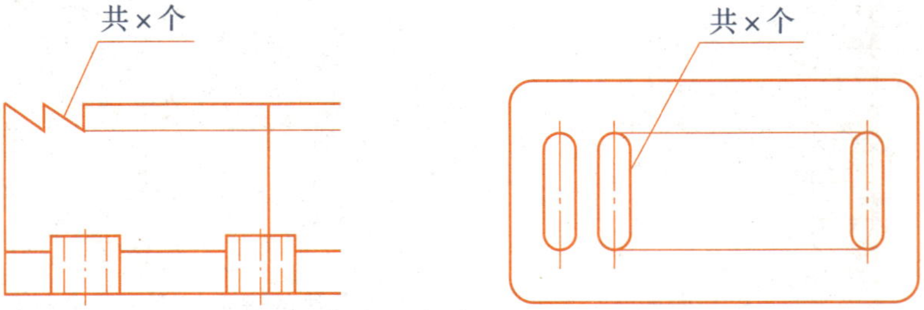

（a）若干相同齿的简化画法　　（b）若干相同槽的简化画法

图 5.48　相同结构按规律分布的画法

（8）相邻辅助零件的画法。相邻辅助零件用细双点画线绘制。相邻辅助零件不应覆盖主要零件，但可以被主要零件遮挡。相邻辅助零件的剖面区域不画剖面线，如图 5.49 所示。

（a）示例1　　（b）示例2

图 5.49　相邻辅助零件的画法

（9）较长的机件的断开画法。较长的机件（轴、杆、型材、连杆等）沿长度方向的形状一致或按一定规律变化时，可断开后缩短绘制，如图 5.50 所示。

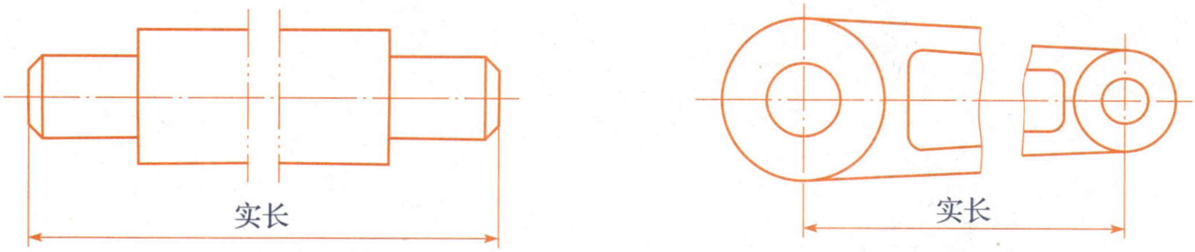

（a）用细双点画线表示断裂边界　　（b）用波浪线表示断裂边界

图 5.50　较长的机件的断开画法

（10）较小斜度和锥度结构的画法。机件上斜度和锥度等较小的结构，如在一个图形中已表达清楚，其他图形可按小端画，如图 5.51 所示。

（a）较小斜度的画法　　（b）较小锥度的画法

图 5.51　较小斜度和锥度结构的画法

（11）网状物、编织物或机件上的滚花的画法。网状物、编织物或机件上的滚花部分，可在轮廓线附近用细实线画出，并在零件图上或技术要求中注明这些结构的要求，如图 5.52 所示。

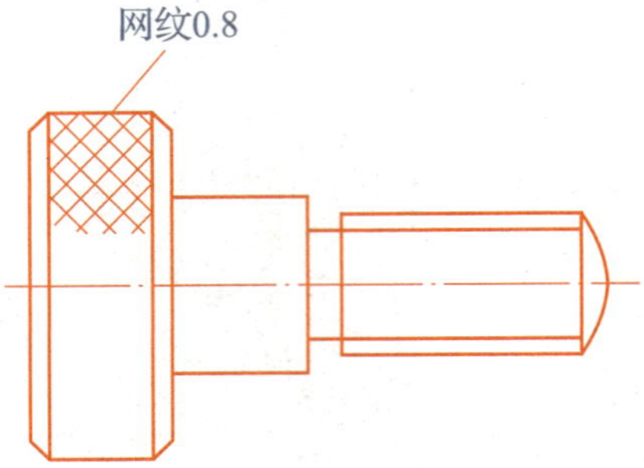

图 5.52　网状物、编织物或机件上的滚花的画法

（12）省略剖面符号的画法。对于移出断面图，在不致引起误解时，允许省略剖面符号，但须标注剖切位置和断面图原有的标注，如图 5.53 所示。

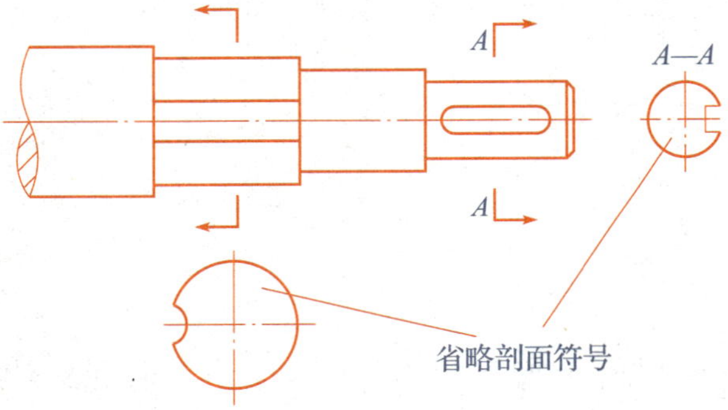

图 5.53　省略剖面符号的画法

（13）回转体零件上的平面的画法。当回转体零件上的平面在图形中不能充分表达时，可用两条相交的细实线表示这些平面，如图 5.54 所示。

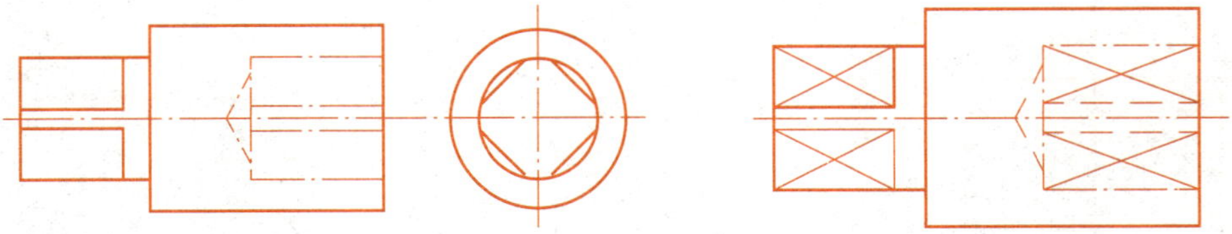

（a）简化前　　（b）简化后

图 5.54　回转体零件上平面的画法

（14）较小结构的简化或省略画法。当机件上较小的结构及斜度等已在一个图形中表达清楚时，其他图形应当简化或省略，如图 5.55 所示。

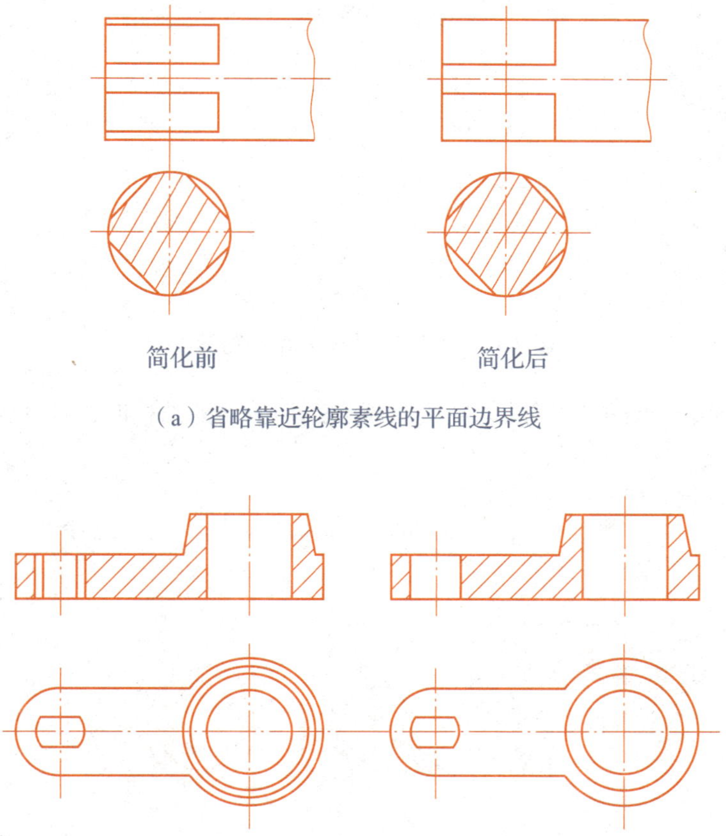

（a）省略靠近轮廓素线的平面边界线

（b）省略平面边界线和表示小斜度的圆

图 5.55　简化或省略画法

（15）圆柱形法兰和类似零件上均匀分布孔的画法。圆柱形法兰和类似零件上均匀分布的孔可用在点画线弧上画圆的方法表示，如图 5.56 所示。

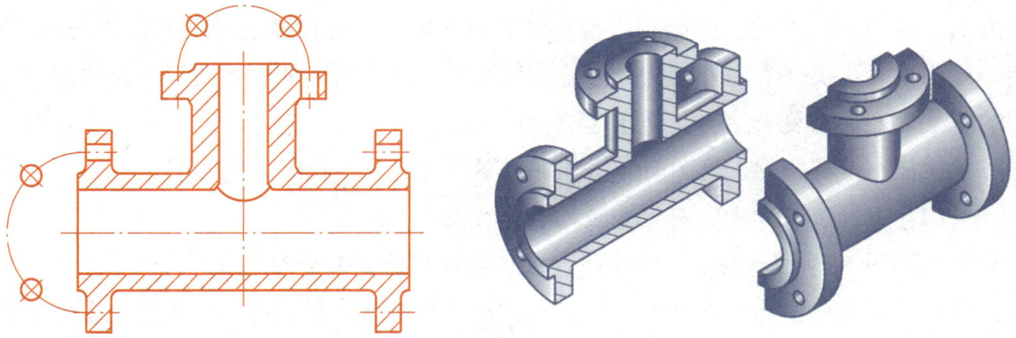

图 5.56　圆柱形法兰和类似零件上均匀分布孔的画法

（16）过渡线、相贯线的简化画法。在不引起误解时，过渡线、相贯线允许简化，可用圆弧或直线代替非圆曲线，如图 5.57 所示。

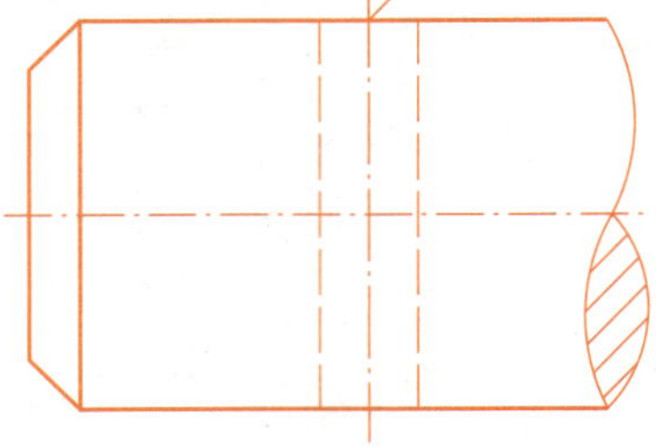

图 5.57　过渡线、相贯线的简化画法

（17）剖切面前面结构的画法。在表示位于剖切面前的结构时，这些结构按假想投影的轮廓线绘制，如图 5.58 所示。

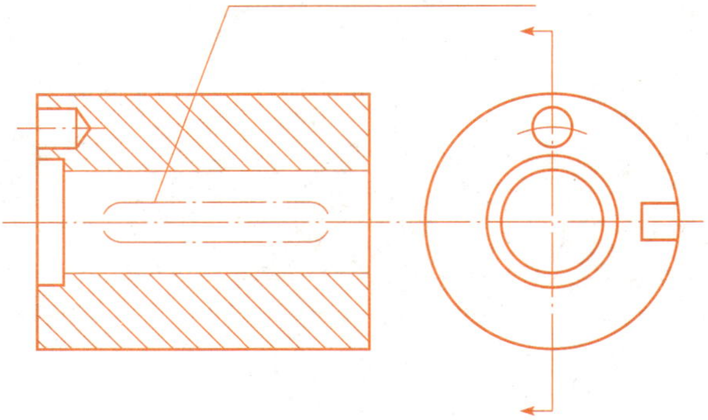

图 5.58　剖切面前面结构的画法

5.5　综合应用示例

前面介绍了各种视图、剖视图、断面图等的表达方法，在实际应用中，机件选择哪种表达方法，应根据机件的具体结构进行具体分析。原则上应使所选择的表达方案能完整、清晰、简明地表示机件的内外结构。注意应使每个图都有明确的表达对象，还要注意它们之间的联系，避免重复表达。此外还应结合尺寸标注等问题一起考虑。同一个零件的正确表达方案往往不是唯一的，绘图前应将几种方案进行比较，找出最优方案。

【例 5.1】分析支架视图，确定合适的表达方案。

分析：如图 5.59 所示的支架由圆筒、底板和连接板三部分组成。

主视图的全剖视图是用正平面通过支架前后对称面剖切得到的，它清楚地表达了支架内部的主要结构。左端凸缘上螺纹孔的中心不在剖切面内，图上按将一个螺纹孔旋转剖切的画法画出，孔的位置和数目在左视图上表示。主视方向的外形比较简单，从俯视图、左视图上可以看清楚，无须特别表达。

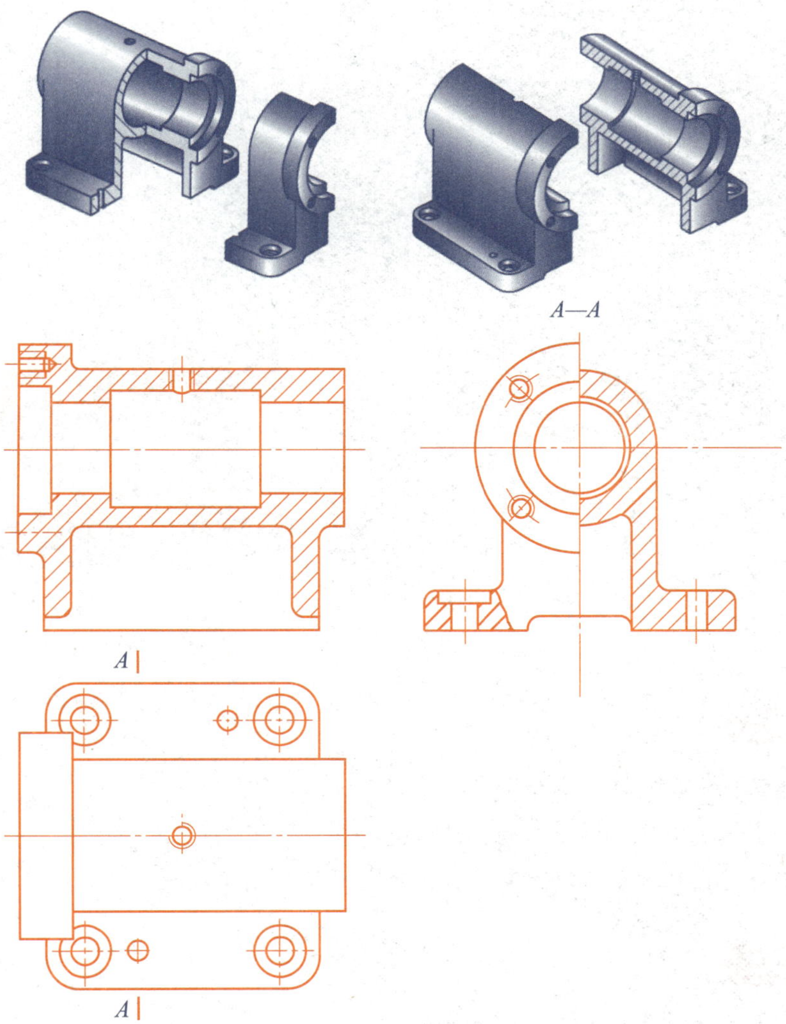

图 5.59　支架

俯视图是外形图，主要反映底座的形状和安装孔、销孔的位置。

利用支架前后对称的特点，左视图采用半剖视的画法绘制。从“A—A”的位置剖切，既反映了圆筒、连接板和底板之间的连接情况，又表现了底板上销孔的穿通情况。左边的外形主要表达圆筒端面上螺纹孔的数量和分布位置。局部剖视图表达底板上的安装孔。

如图 5.59 所示的三个视图，表达方法搭配适当，每个视图都有表达的重点，目的明确，各视图相互配合和补充，视图数量也比较少。

任务 6

标准件和常用件的画法

知识目标

◆ 了解连接件、传动件的类型和用途。
◆ 掌握国家标准中连接件、传动件的规定画法。
◆ 熟练掌握国家标准中螺纹及螺纹紧固件、齿轮、轴承、键、销、弹簧的规定画法。

能力目标

◆ 能正确表达常用连接类、传动类零件。
◆ 能快速识读连接类、传动类零件的图样。

素养目标

◆ 通过标准化概念学习，学生从产品质量与成本的角度理解标准化意图，能够严格按照国家标准规定画图，具有标准化意识和守法意识。
◆ 培养学生严谨规范的制图素养。
◆ 培养学生耐心细致、有原则的工作作风。

6.1 螺纹

6.1.1 螺纹的基本知识

1. 螺纹的形成

螺纹

螺纹有外螺纹与内螺纹两种形式。在圆柱或圆锥外表面上形成的螺纹叫外螺纹，如各种螺栓、丝杠等；在圆柱孔或圆锥孔的表面上形成的螺纹叫内螺纹。内、外螺纹通常成对使用。

使用车床加工螺纹时，工件绕轴线作等速回转运动，同时刀具沿轴线等速移动并切入工件一定深度。车刀刀尖形状不同，车削出来的螺纹形状也不同。

在车床上加工螺纹，如图 6.1 所示。

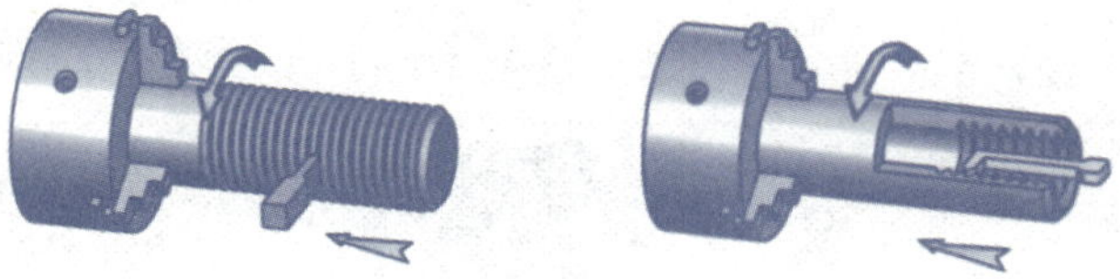

（a）加工外螺纹　（b）加工内螺纹

图 6.1　在车床上加工螺纹

有些内螺纹的加工采用先钻后攻的方法。先用钻头在机件上钻出光孔，再用丝锥攻出螺纹，如图 6.2 所示。螺纹不通孔底部一般为有钻孔时留下的 120° 锥面。

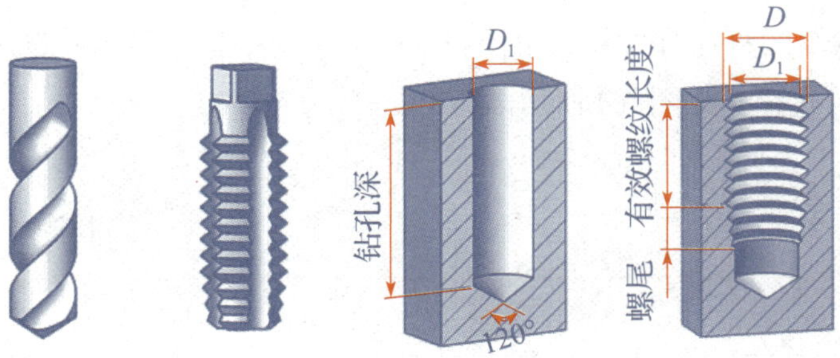

钻头　丝锥　钻孔　螺纹孔

图 6.2　内螺纹加工

2. 螺纹的基本要素

螺纹的基本要素包括牙型、直径、线数、螺距和导程、旋向。只有这五个要素都相同，内、外螺纹才能旋合。国家标准规定了一些标准的牙型、大径和螺距，凡是这些要素符合国家标准的螺纹称为标准螺纹；只有牙型符合国家标准的螺纹称为特殊螺纹；牙型不符合国家标准的螺纹称为非标准螺纹。

（1）牙型。在通过螺纹轴线的剖面上，螺纹的轮廓形状称为螺纹的牙型，如图 6.3 所示。牙型决定了螺纹的用途。螺纹种类与牙型、牙型符号及用途如表 6.1 所示。起连接作用的螺纹称为连接螺纹，起传动作用的螺纹称为传动螺纹。

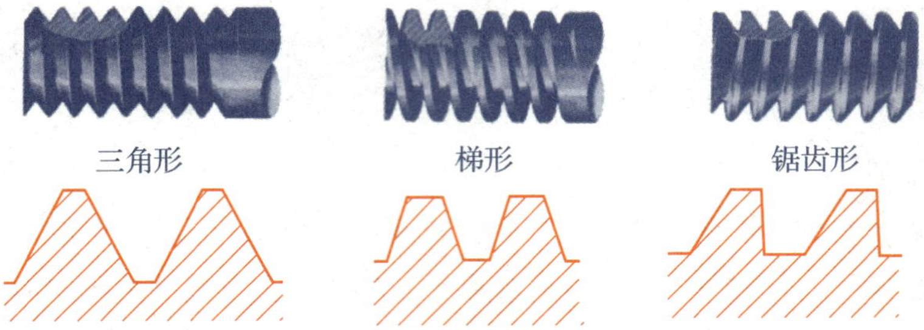

图 6.3　螺纹的牙型

表 6.1　螺纹种类与牙型、牙型符号及用途

螺纹种类			特征代号	外形图	用途
连接螺纹	普通螺纹	粗牙	M		最常用的连接螺纹，用于细小的精密或薄壁零件
		细牙			
	管螺纹		G		用于水管、油管、气管等薄壁管子，用于管路的连接
传动螺纹	梯形螺纹		Tr		用于各种机床的丝杠，作传动用
	锯齿形螺纹		B		只能传递单方向的动力

（2）直径。螺纹的直径有大径、小径和中径。小写字母 d 表示外螺纹的直径，大写字母 D 表示内螺纹的直径，如图 6.4 所示。

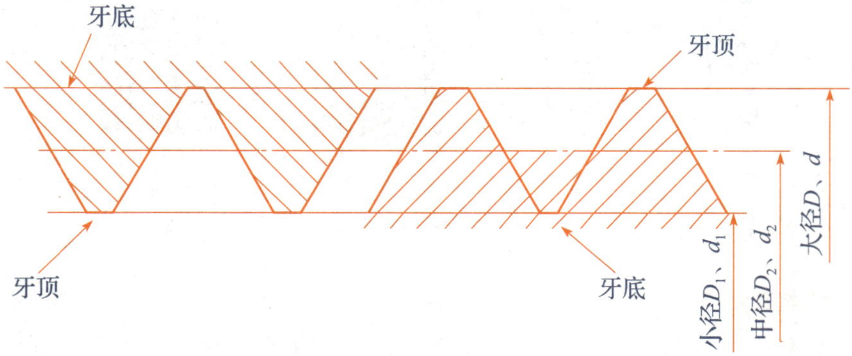

图 6.4　螺纹的直径

大径（d、D）——也称公称直径，即与外螺纹牙顶（螺纹凸起部分的顶端）或内螺纹牙底（螺纹沟槽部分的底部）相重合的假想圆柱面的直径。

小径（d_1、D_1）——与外螺纹牙底或内螺纹牙顶相重合的假想圆柱面的直径。

中径（d_2、D_2）——假想有一圆柱，其母线通过牙型上沟槽和凸起宽度相等的地方，该假想圆柱的直径称为中径。中径是反映螺纹精度的主要参数之一。

（3）线数。螺纹有单线和多线之分。沿一条螺旋线形成的螺纹称为单线螺纹；沿两条以上轴向等距螺旋线形成的螺纹称为多线螺纹。线数以 n 表示。

（4）螺距和导程。螺纹相邻两牙在中径线上对应两点间的轴向距离称为螺距，用 P 表示。沿同一条螺旋线转一周，轴向移动的距离称为导程，用 P_h 表示，如图 6.5 所示。单线螺纹的螺距等于导程，多线螺纹的螺距乘以线数等于导程。

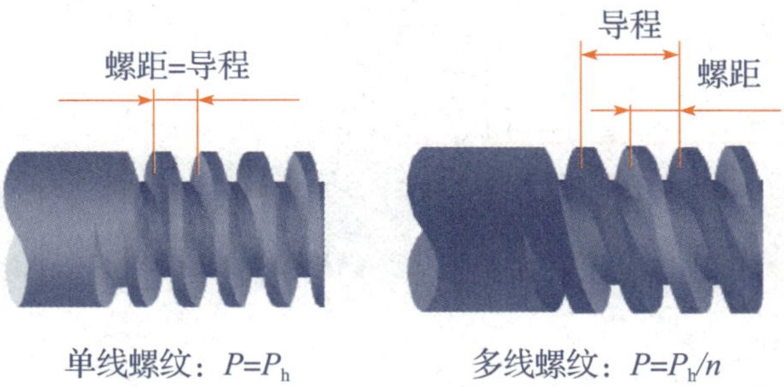

图 6.5　螺纹的线数、螺距和导程

（5）旋向。螺纹有左旋和右旋之分。顺时针旋入的螺纹为右旋，反之为左旋。常用的是右旋螺纹。判断螺纹旋向时，可将轴线竖起，螺纹可见部分由左向右上升的为右旋，反之为左旋，如图 6.6 所示。内、外螺纹是配对使用的。只有牙型、大径、小径、导程、线数、旋向六个要素完全相同的内、外螺纹才能相互旋合。

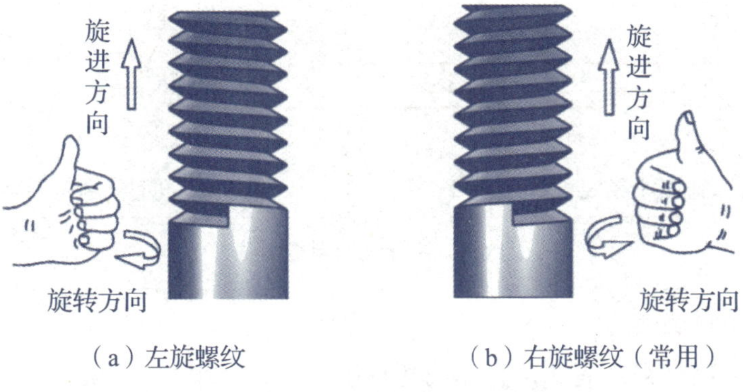

图 6.6　螺纹的旋向

6.1.2　螺纹的规定画法

由于螺纹的表面是螺旋线的凸起或凹槽，形状比较复杂，所以螺纹一般不按真实投影作图，而是采用国家标准《机械制图　螺纹及螺纹紧固件表示法》（GB/T 4459.1—1995）中规定的螺纹画法。

1. 外螺纹的画法

外螺纹的大径用粗实线表示，小径用细实线表示。螺纹小径按大径的 0.85 倍绘制。在不反映圆的视图中，小径的细实线应画入倒角内，螺纹终止线用粗实线表示。当需要表示螺纹收尾时，螺纹尾部的小径用与轴线成 30° 的细实线绘制。在反映圆的视图中，表示小径的细实线圆只画大约 3/4 圈，螺杆端面上的倒角圆省略不画，如图 6.7 所示。

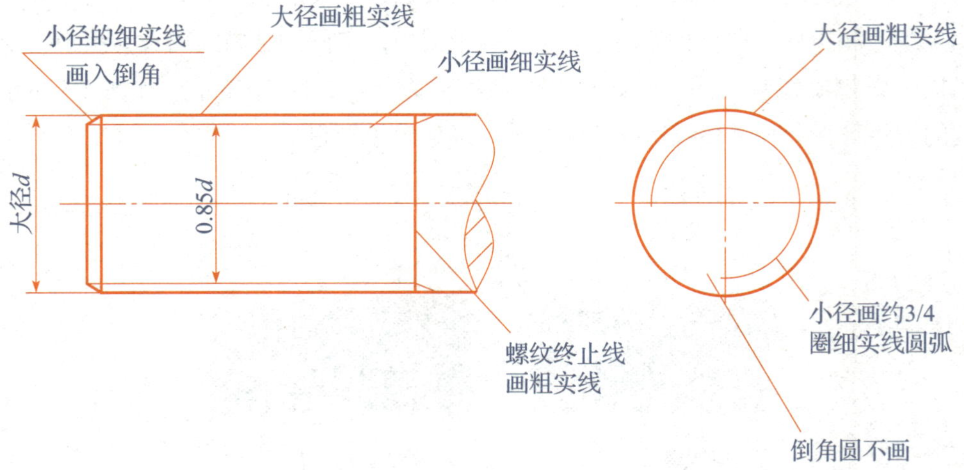

图 6.7　外螺纹的画法

剖视图中的螺纹终止线和剖面线画法如图 6.8 所示。

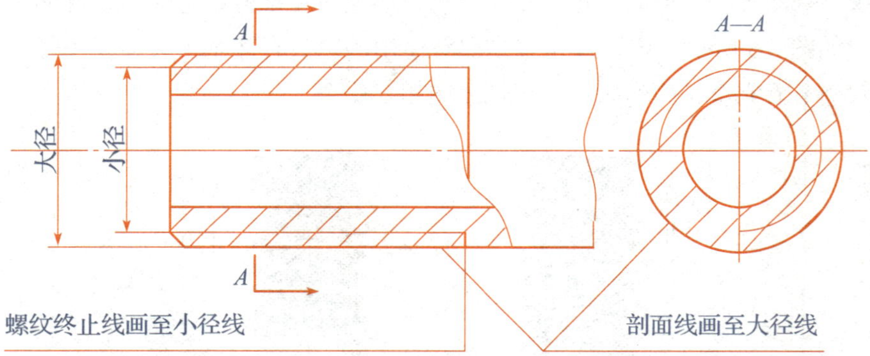

图 6.8　外螺纹的剖切画法

2. 内螺纹的规定画法

内螺纹通常采用剖视图表达。在非圆的视图中，大径用细实线表示，小径和螺纹终止线用粗实线表示，小径取大径的 0.85 倍，需要注意剖面线应画粗实线；若是盲孔，终止线到孔末端的距离可按 0.5 倍大径绘制。在反映圆的视图中，大径用约 3/4 圈的细实线圆弧绘制，孔口倒角圆不画，如图 6.9（a）和图 6.9（b）所示。当螺纹孔相交时，其相贯线的画法如图 6.9（c）所示。当螺纹的投影不可见时，所有图线均画成细虚线，如图 6.9（d）所示。

3. 内、外螺纹连接画法

螺纹连接通常采用剖视图表达。内、外螺纹旋合部分按外螺纹画法绘制，未旋合部分按原有的规定画法绘制。在端面视图中，若剖切面通过旋合部分，按外螺纹绘制，如图 6.10 所示。

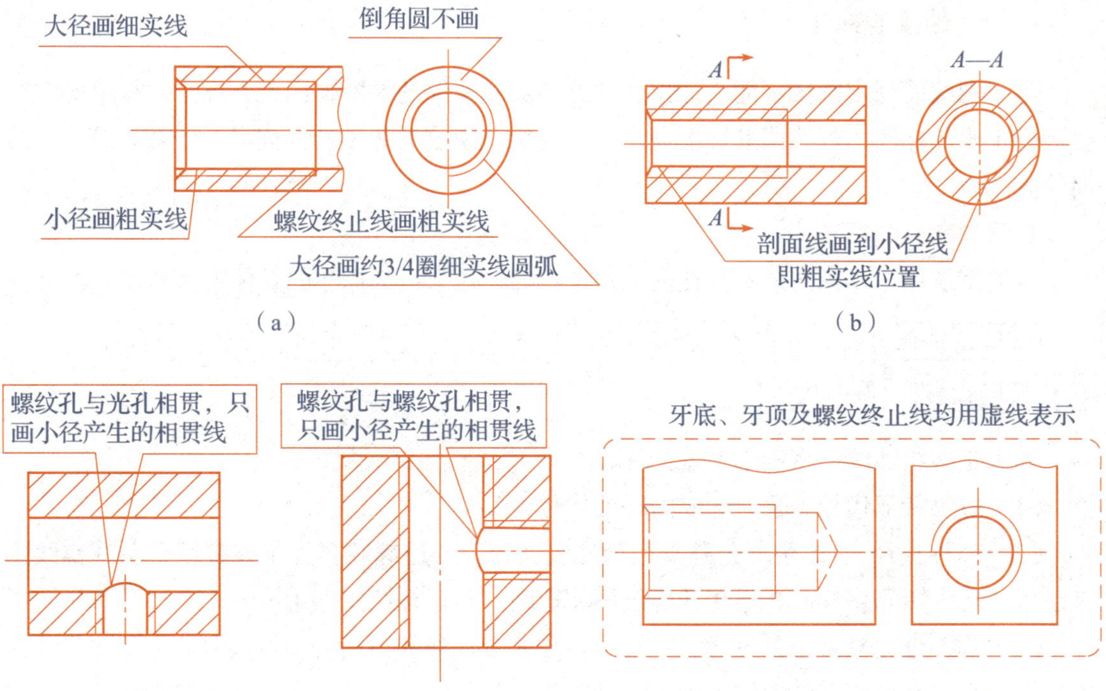

（a） （b） （c） （d）

图 6.9　内螺纹的画法

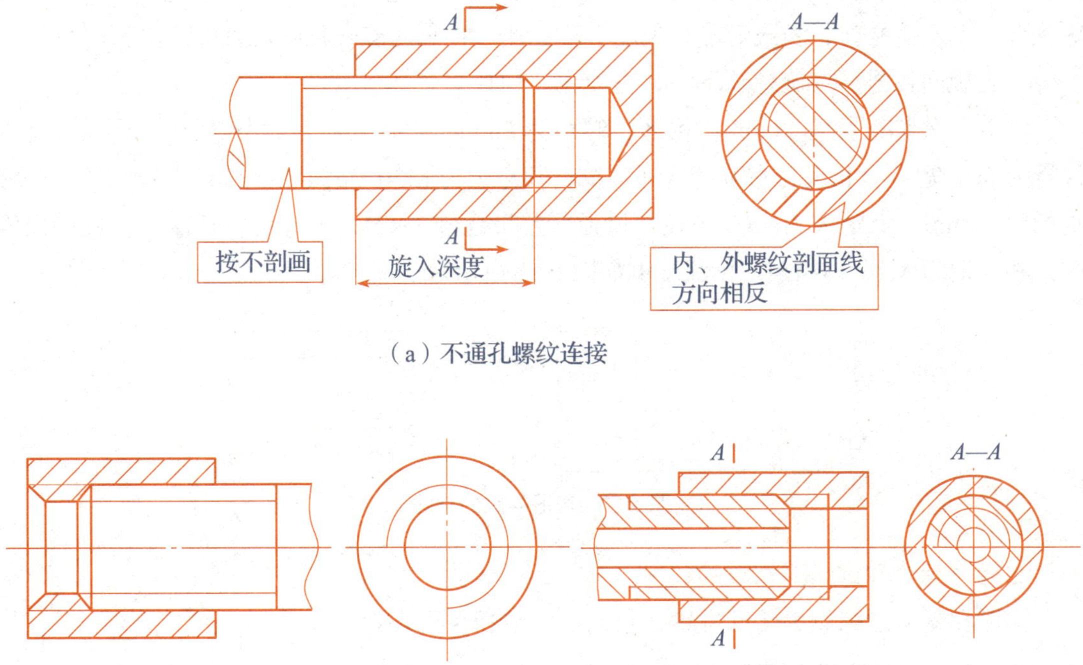

（a）不通孔螺纹连接

（b）通孔螺纹连接　（c）管螺纹连接剖视

图 6.10　内外螺纹连接画法

6.1.3 螺纹的标注

由于螺纹的规定画法不能表达出螺纹的种类和螺纹的要素，因此在图中对标准螺纹需要进行正确的标注，可按国家标准规定的格式标注螺纹的牙型特征代号、线数、螺距、旋向等。

1. 普通螺纹的标注

普通螺纹用尺寸标注形式注在内、外螺纹的大径上，其标注的具体项目和格式如下：

[螺纹特征代号] [公称直径] × [螺距] – [中径公差带代号] [顶径公差带代号] – [旋合长度代号] – [旋向代号]

如果是多线螺纹，将螺距 P 改为导程 P_h。

（1）螺纹特征代号。普通螺纹的特征代号为 M。

（2）公称直径 × 螺距。公称直径为螺纹大径。普通螺纹多为单线螺纹，单线螺纹不必注写“P_h”“P”字样。普通粗牙螺纹不注螺距，细牙螺纹注螺距。

（3）公差带代号。公差带代号包括中径公差带代号和顶径公差带代号。大写字母代表内螺纹，小写字母代表外螺纹。当两组公差带代号相同时，可只注一个公差带代号。最常用的中等公差精度螺纹（公称直径≤ 1.4mm 的 5H、6h 和公称直径≥ 1.6mm 的 6H 和 6g）不标注公差带代号。

（4）旋合长度代号。旋合长度分为短、中、长三种，代号分别为“S”“N”“L”。中等旋合长度不必标注，长或短旋合长度必须标注。特殊的旋合长度可直接注出长度数值。

（5）旋向代号。右旋螺纹不注，左旋注“LH”。

例如，公称直径为 20mm，粗牙，螺距为 2mm，中径公差带代号为 5g，顶径公差带代号为 6g，短旋合长度，右旋的普通螺纹，其标记为 M20–5g6g–S；细牙普通螺纹，公称直径为 16mm，螺距为 1mm，中径、顶径公差带代号为 6H，中等旋合长度，左旋的内螺纹，其标记为 M16 × 1–LH。标注示例如图 6.11 所示。

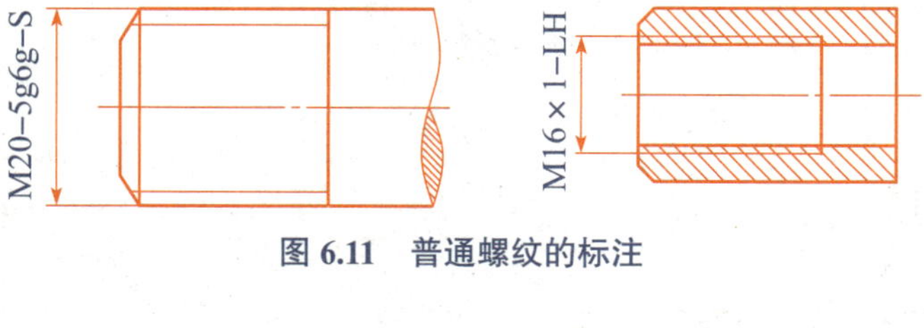

图 6.11 普通螺纹的标注

2. 梯形螺纹和锯齿形螺纹的标注

梯形和锯齿形螺纹为传动螺纹，它们的完整标注格式为：

[螺纹特征代号] [公称直径] × [导程 P_h（螺距 P）] [旋向代号] – [中径公差带代号] – [旋合长度代号]

梯形螺纹的特征代号为 Tr，锯齿形螺纹的特征代号为 B。

右旋螺纹不注，左旋螺纹注“LH”。

梯形、锯齿形螺纹只注中径公差带代号。

旋合长度只有中（N）、长（L）两组，规定中等旋合长度不标注。其他与普通螺纹一样。标记示例如图 6.12 所示。

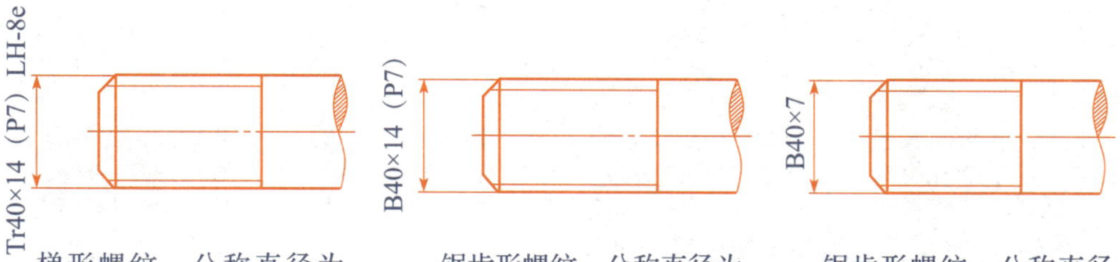

梯形螺纹，公称直径为40mm，导程为14mm，螺距为7mm，双线，左旋，中径公差带代号为8e

锯齿形螺纹，公称直径为40mm，导程为14mm，螺距为7mm，双线，右旋

锯齿形螺纹，公称直径为40mm，螺距为7mm，单线，右旋

图 6.12　梯形螺纹和锯齿形螺纹的标注

3. 管螺纹的标注

（1）螺纹密封的管螺纹标记内容和格式为：

[螺纹特征代号] [尺寸代号] [旋向代号]

用螺纹密封的管螺纹仅有一种公差等级，公差等级代号不注。右旋螺纹不注，左旋螺纹注“LH”。

用螺纹密封的管螺纹（55º 密封管螺纹）有两种配合形式：圆柱内螺纹与圆锥外螺纹（“柱 / 锥”），圆锥内螺纹与圆锥外螺纹（“锥 / 锥”）。

在“柱 / 锥”配合中，圆柱内螺纹的特征代号为 Rp，与其相配合的圆锥外螺纹的特征代号为 R1。表示螺纹副时，螺纹的特征代号为 Rp/R1，

例如：尺寸代号为 3 的右旋“柱 / 锥”螺纹副标记为 Rp/R1 3。

在“锥 / 锥”配合中，圆锥内螺纹的特征代号为 Rc，与其相配合的圆锥外螺纹的特征代号为 R2。表示螺纹副时，螺纹的特征代号为 Rc/R2，

例如：尺寸代号为 3 的右旋“锥 / 锥”螺纹副标记为 Rc/R2 3。

（2）非螺纹密封的管螺纹标记内容和格式为：

[螺纹特征代号] [尺寸代号] [公差等级代号] – [旋向代号]

非螺纹密封的管螺纹特征代号为 G，其内、外螺纹都是圆柱管螺纹。外管螺纹的公差等级代号分为 A、B 两级；而内管螺纹仅有一种公差等级，不标公差等级代号。右旋螺纹不注，左旋注“LH”。

例如：尺寸代号为 2 的右旋圆柱内螺纹的标记为 G2，尺寸代号为 3 的 A 级左旋圆柱外螺纹的标记为 G3A–LH，表示螺纹副时仅需标注外螺纹的标记代号。

注意：管螺纹的尺寸代号是管子内径（通径）的尺寸，单位用英寸［1in（英寸）= 25.4mm（毫米）］，不是螺纹的大径。

管螺纹的标注如图 6.13 所示。

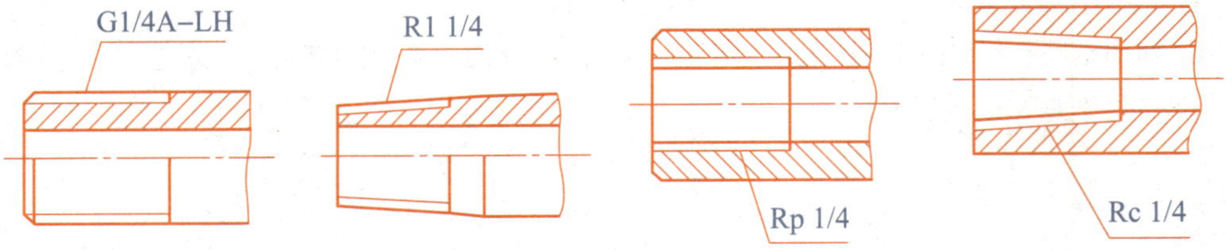

非螺纹密封的管螺纹，管子的孔径为1/4英寸，外螺纹中径A级，左旋

与圆柱内螺纹Rp相配合的圆锥外螺纹，特征代号R1，尺寸代号为1/4，右旋

用螺纹密封的圆柱内螺纹，特征代号Rp，尺寸代号为1/4

用螺纹密封的圆锥内螺纹，特征代号Rc，尺寸代号为1/4

图 6.13 管螺纹的标注

6.2 螺纹紧固件及连接画法

6.2.1 常用螺纹紧固件及其标注

螺纹紧固件

螺纹紧固件是指通过螺纹旋合起到紧闭、连接作用的零件。螺纹紧固件的种类很多，常用的螺纹紧固件有螺栓、双头螺柱、螺钉、螺母、垫圈等，如图 6.14 所示，它们都属于标准件。

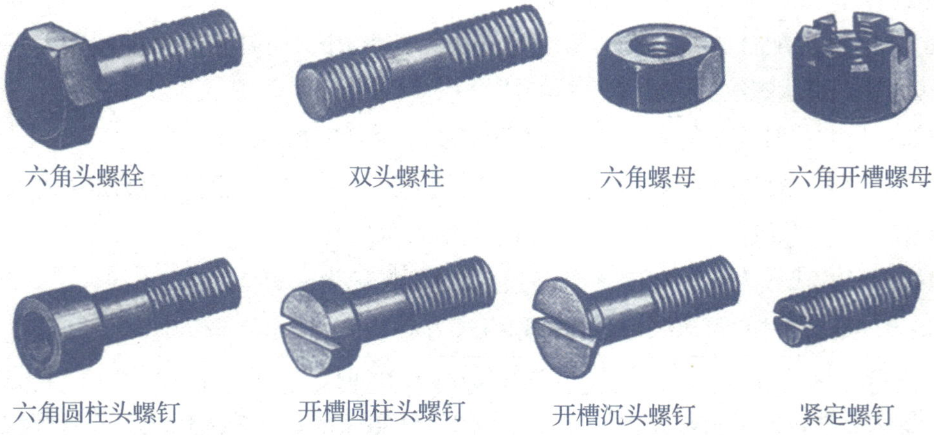

六角头螺栓　双头螺柱　六角螺母　六角开槽螺母

六角圆柱头螺钉　开槽圆柱头螺钉　开槽沉头螺钉　紧定螺钉

平垫圈　弹簧垫圈　圆螺母用止动垫圈　圆螺母

图 6.14 常用的螺纹紧固件

螺纹紧固件通常要标注的内容和格式为：

[名称] [标准代号] – [产品代号与直径规格] × [长度规格] – [性能等级] – [产品等级] – [表面处理]

【例 6.1】螺纹规格 d = M12、公称长度 l = 80mm、性能等级为 10.9 级、产品等级为 A、表面氧化处理的六角头螺栓。

完整标记为：螺栓 GB/T 5782—2000–M12 × 80–10.9–A–O

简化标记为：螺栓 GB/T 5782　M12 × 80

常用螺纹紧固件的标注示例见表 6.2。

表 6.2　常用螺纹紧固件的标注

名称及国标号	图例	标记及解释
六角头螺栓 GB/T 5782—2016	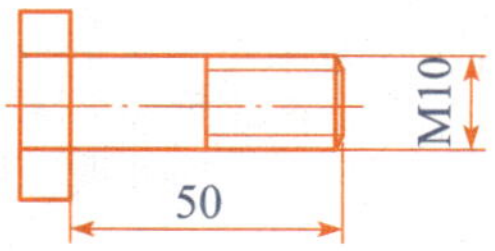	螺栓 GB/T 5782 M10 × 50 表示螺纹规格 d = M10，公称长度 l = 50mm、性能等级为 8.8 级、表面氧化、杆身半螺纹、A 级的六角头螺栓
双头螺柱 GB/T 897—1988 （b_m = 1d）	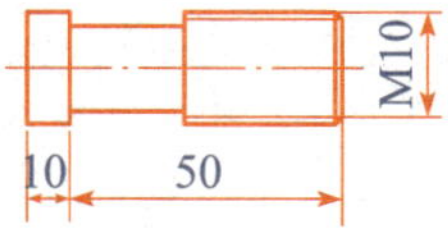	螺柱 GB/T 897 M10 × 50 表示两端均为粗牙普通螺纹，螺纹规格 d = M10，公称长度 l = 50mm、性能等级为 4.8 级、不经表面处理、B 型、b_m = 1d 的双头螺柱
开槽圆柱头螺钉 GB/T 65—2016	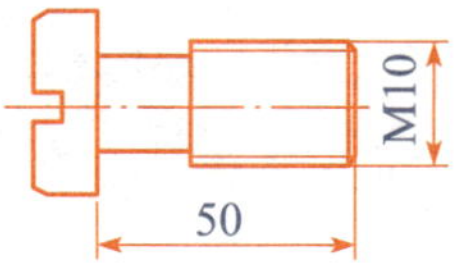	螺钉 GB/T 65 M10 × 50 表示螺纹规格 d = M10，公称长度 l = 50mm、性能等级为 4.8 级、不经表面处理的 A 级开槽圆柱头螺钉
开槽盘头螺钉 GB/T 67—2016	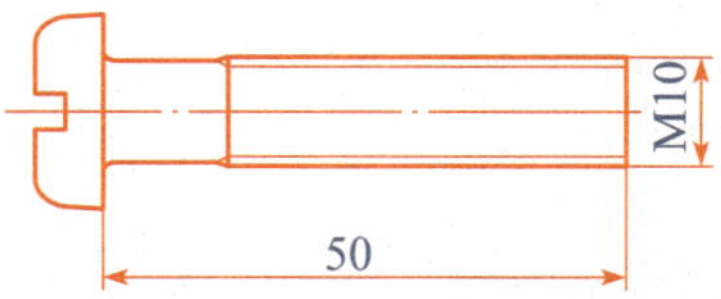	螺钉 GB/T 67 M10 × 50 表示螺纹规格 d = M10，公称长度 l = 50mm、性能等级为 4.8 级、不经表面处理的 A 级开槽盘头螺钉
内六角圆柱头螺钉 GB/T 70.1—2008	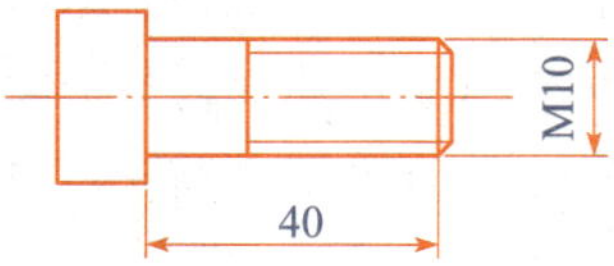	螺钉 GB/T 70.1 M10 × 40 表示螺纹规格 d = M10，公称长度 l = 40mm、性能等级为 8.8 级、表面氧化的 A 级内六角圆柱头螺钉

续表

名称及国标号	图例	标记及解释
开槽沉头螺钉 GB/T 68—2016	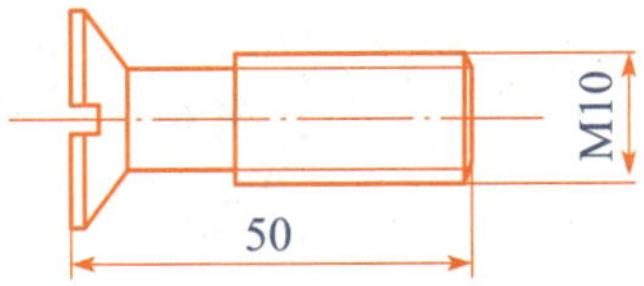	螺钉 GB/T 68 M10 × 50 表示螺纹规格 d = M10，公称长度 l = 50mm、性能等级为 4.8 级、不经表面处理的开槽沉头螺钉
1 型六角螺母 GB/T 6170—2015		螺母 GB/T 6170 M12 表示螺纹规格 D = M12、性能等级为 8 级、表面不经处理、A 级的 1 型六角螺母
1 型六角开槽螺母 A 级和 B 级 GB/T 6178—1986	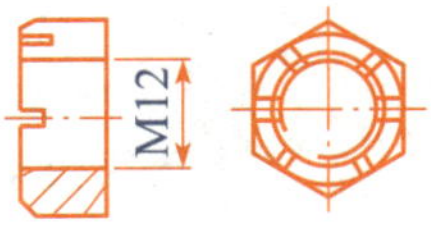	螺母 GB/T 6178—1986 M12 表示螺纹规格 D = M12、性能等级为 8 级、不经表面处理、A 级的 1 型六角开槽螺母
平垫圈　A 级 GB/T 97.1—2002	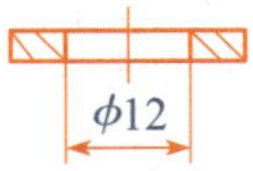	垫圈 GB/T 97.1 12 表示标准系列、公称规格 12mm、由钢制造的硬度等级为 200HV 级，不经表面处理、产品等级为 A 级的平垫圈
标准型弹簧垫圈 GB/T 93—1987	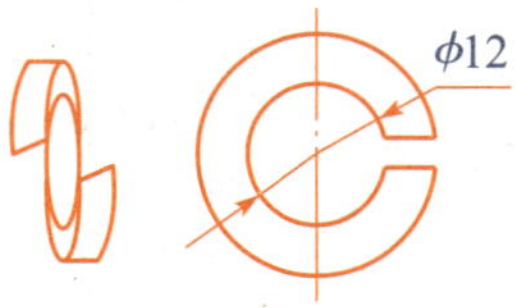	垫圈 GB/T 93—1987 12 表示规格 12mm、材料为 65Mn、表面氧化的标准型弹簧垫圈

6.2.2　常用螺纹紧固件的画法

螺纹紧固件的画法有两种：查表法和比例法。由于螺纹紧固件的结构尺寸都已标准化，因此绘图时可从标准中查到各个结构的尺寸。按尺寸绘制螺纹紧固件，这种画法称为查表法。螺纹紧固件的详细结构及尺寸见附录 A。为了简化作图，工程中通常采用比例画法：除了螺栓（螺柱、螺钉）的公称长度外，其余尺寸都以与螺纹大径 d（或 D）成一定比例的数值画图。螺母、螺栓和垫圈的比例画法如图 6.15 所示。螺钉的比例画法如图 6.16 所示。

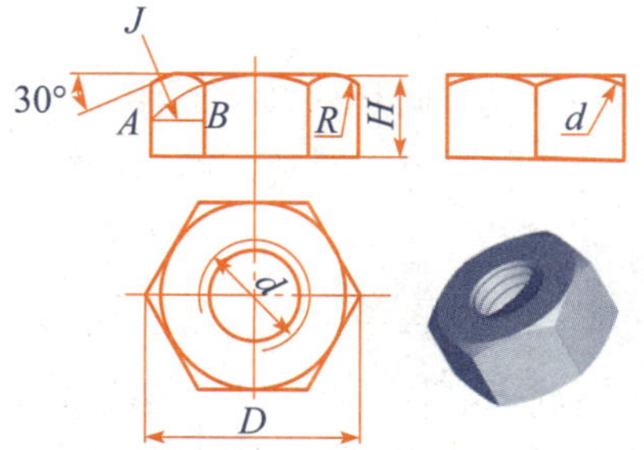

（a）螺母（螺栓头部）的比例画法

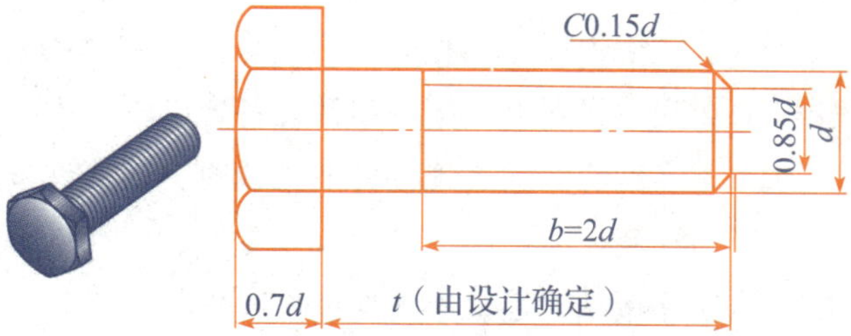

（b）螺栓的比例画法

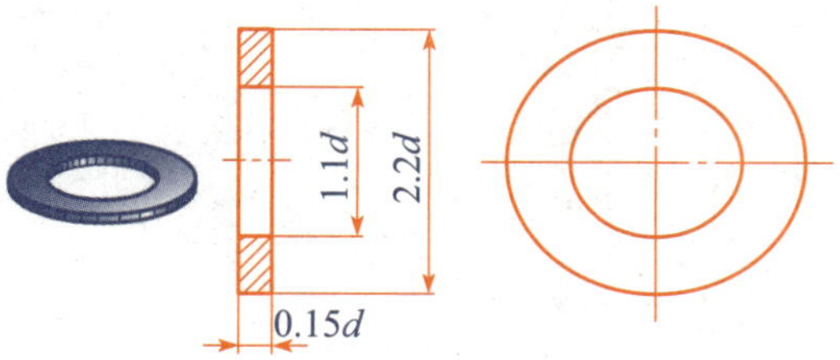

（c）垫圈的比例画法

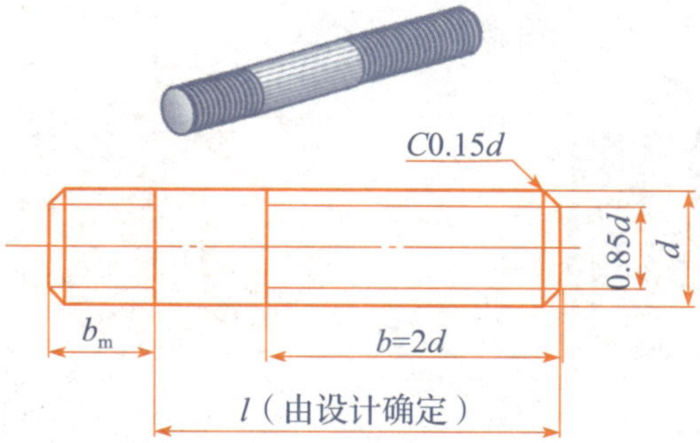

（d）螺柱的比例画法

图 6.15　螺母、螺栓和垫圈的比例画法

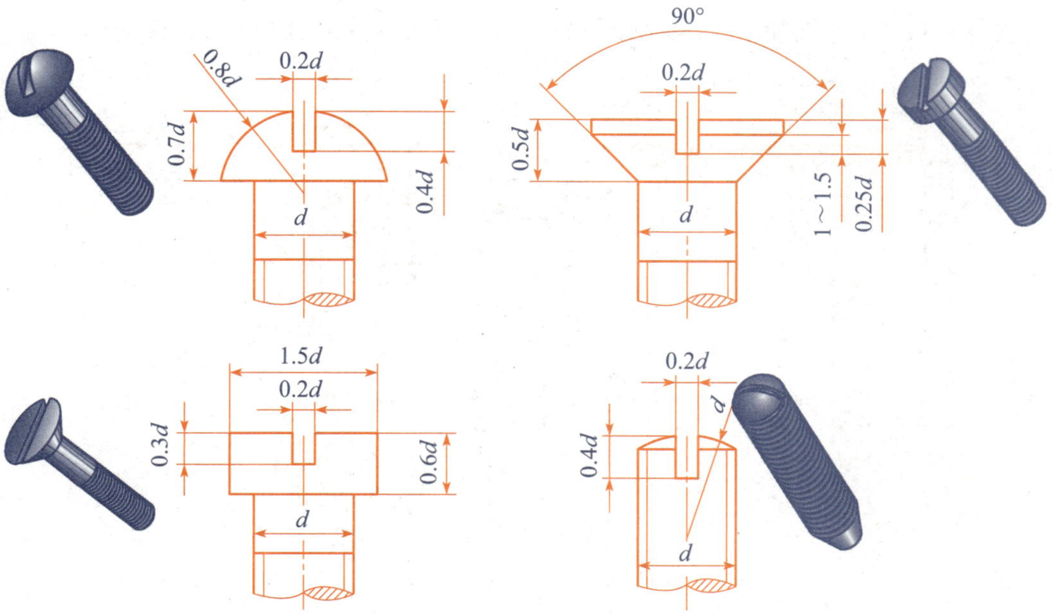

图 6.16　螺钉的比例画法

6.2.3　螺纹紧固件连接装配图画法

1. 连接装配图的一般规定画法

（1）相邻零件的表面接触时，画一条粗实线作为分界线；不接触时按各自的尺寸画出，间隙过小时，应夸大画出。

（2）在剖视图中，相邻两金属零件的剖面线方向应相反，或方向相同，但间距不同或错开。在同一张图上，同一零件在各个剖视图中的剖面线方向、间距应一致。

（3）当剖切面通过连接件的轴线时，连接件按不剖画出。

2. 螺栓连接

螺栓连接用于连接不太厚的两零件且允许钻成通孔的情况。螺栓连接的两个被连接零件上没有螺纹，做成光孔，孔径 $d_0 = 1.1d$。螺栓连接组件有螺栓、螺母和垫圈，如图 6.17 所示。

螺栓连接

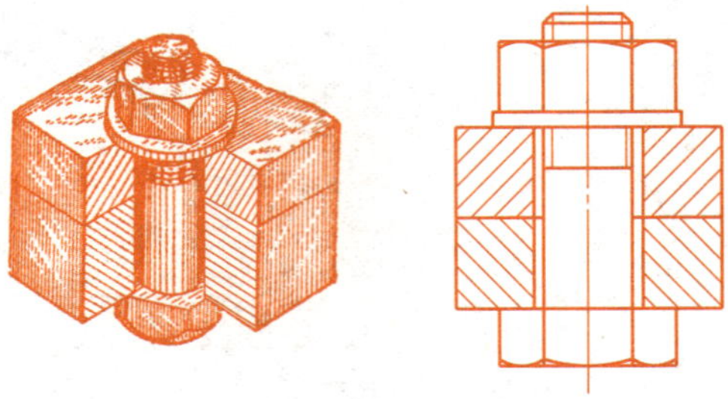

图 6.17 螺栓连接组件及使用

螺栓的种类很多，按其头部形状分类有六角头螺栓、方头螺栓等。其中六角头螺栓应用最广。螺栓的精度等级分为 A（最精确）、B 和 C（最不精确）三级。

螺栓连接体的画法如图 6.18 所示，图中尺寸由螺纹公称直径和相应比例确定。

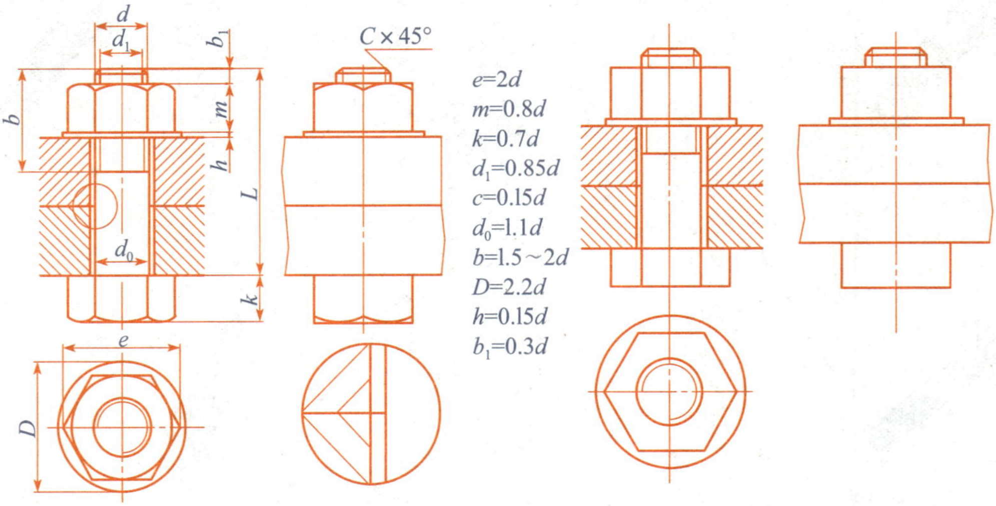

（a）规定比例画法　　（b）简化画法

图 6.18 螺栓连接体的画法

螺栓公称长度 L 的大小可按下式算出参考长度，再查表取标准值。

$$L' = \delta_1 + \delta_2 + m\text{（螺母厚）} + h\text{（垫圈厚）} + b_1$$

式中，δ_1、δ_2 为两个被连接零件的厚度，b_1 为螺栓伸出螺母外的长度，一般取 b_1 为 5 ～ 6mm。

【**例 6.2**】用 M10 的螺栓（GB/T 5782）、螺母（GB/T 6170）和垫圈（GB/T 97.1）连接两个厚度分别为 $\delta_1 = 10$mm、$\delta_2 = 17$mm 的板，确定螺栓的标准长度 L。

分析：从螺纹正确配合的条件可知，相配合的螺栓、螺母、垫圈的公称直径应相等，螺母、垫圈的标记分别为：螺母 GB/T 6170；垫圈 GB/T 97.1 10-140HV。

查表得螺母的厚度 $m = 8.4$，垫圈的厚度 $h = 2$。

由：$L' = \delta_1 + \delta_2 + m$（螺母厚）$+h$（垫圈厚）$+ b_1$

得：$L' = 10 + 17 + 8.4 + 2 + (5 \sim 6) = 42.4 \sim 43.4$mm

查表取螺栓的标准长度 $L = 45$，则螺栓的标记为：螺栓 GB/T 5782 M10×45。

3. 双头螺柱连接

双头螺柱连接多用于被连接件之一太厚或由于结构上的原因不能用螺栓连接，以及因拆卸频繁不宜使用螺钉连接的场合。双头螺柱两端都带有螺纹，一端称为旋入端，另一端称为紧定端。双头螺柱一端全部旋入被连接件的螺纹孔内，且一般不再旋出；另一端穿过被连接件的光孔，加上垫圈，以螺母紧固。为了防松可加弹簧垫圈。

双头螺柱连接体在拆卸时只需拧出螺母、取下垫圈。由于不必拧出双头螺柱，因此这种连接不会损坏被连接件上的螺纹孔。图 6.19 所示为双头螺柱连接装配图的画法。

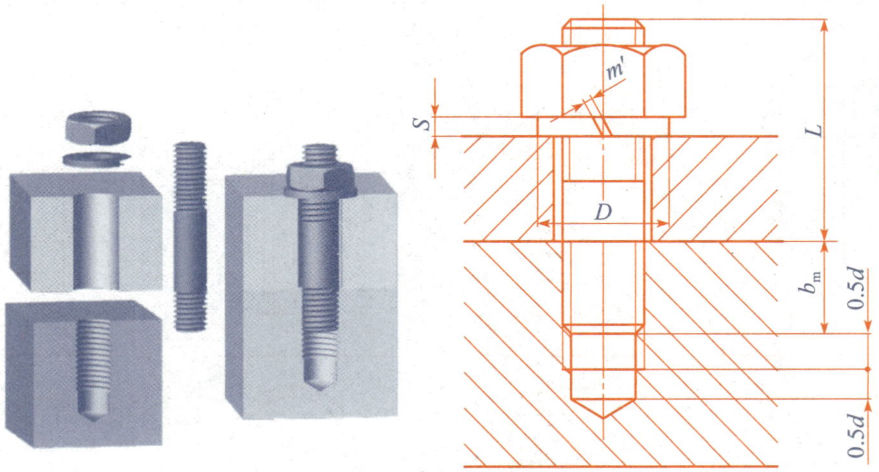

螺柱连接

图 6.19　双头螺柱连接装配图的画法

双头螺柱连接常用的组件有双头螺柱、垫圈、螺母。双头螺柱旋入端的螺纹长度为 b_m，双头螺柱有效长度为 L，与制有螺纹孔的零件的材料有关，且有标准规定。

对于钢、青铜：$b_m = d$（GB/T 897—1988）。

对于铸铁：$b_m = 1.25d$（GB/T 898—1988）或 $b_m = 1.5d$（GB/T 899—1988）。

对于铝：$b_m = 2d$（GB/T 900—1988）。

螺柱公称长度 L 的大小可按下式算出参考长度 L'，再查表取为标准值。

$$L' = \delta + s + m + b_1$$

式中，光孔零件的厚度为 δ，螺母、垫圈的厚度分别为 m、s，b_1 为螺柱伸出螺母外的长度，一般取 b_1 为 5 ～ 6mm。

弹簧垫圈开槽方向与水平线倾斜 70° 左右。

用比例画法绘制双头螺柱连接装配图时应注意以下几点：

（1）旋入端的螺纹终止线应与结合面平齐，以示拧紧。

（2）结合面以上部位的画法与螺栓连接一样。

（3）螺纹底孔末端应画出钻头钻孔留下的角度，且螺纹一般不到孔底。

（4）装配图中，不穿通的螺纹孔可不画出钻孔深度，仅按有效螺纹部分（不包括螺尾）的深度画出。

4. 螺钉连接

螺钉连接

螺钉按用途可分为连接螺钉和紧定螺钉。螺钉连接适用于受力不大和不经常拆卸的情况。螺钉头部的形状有很多种类，如内六角圆柱头螺钉、开槽圆柱头螺钉、开槽沉头螺钉等。紧定螺钉用于防止两相邻零件之间发生相对运动，其端部有平端、锥端、圆柱端等类型。螺钉在使用时不需要螺母。

用比例画法绘制螺钉连接，其旋入端与螺柱相同，被连接板的孔部画法与螺栓相同，被连接板的孔径取 1.1d。螺钉的有效长度 $L = \delta + b_m$，并根据标准校正，如图 6.20 所示。

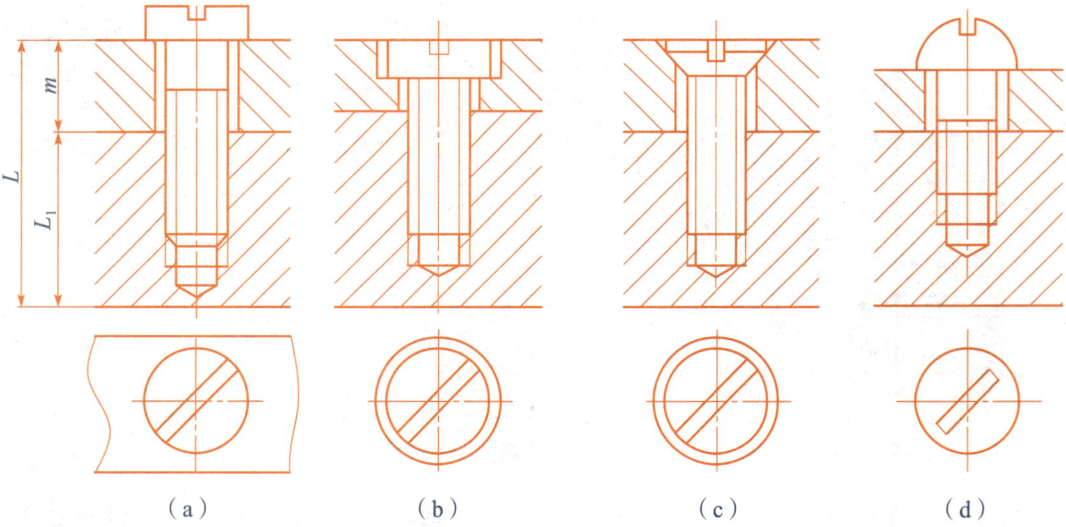

图 6.20　螺钉连接的画法

画图时注意以下两点：

（1）当螺钉非全螺纹时，螺纹终止线一定要在结合面以上，以示拧紧。

（2）对于螺钉头部的开槽，在投影为圆的视图上，不按投影关系绘制，按向右倾斜 45° 角画出。当槽宽小于 2mm 时，可将槽涂黑画出。

紧定螺钉

5. 紧定螺钉连接画法

紧定螺钉连接装配图画法如图 6.21 所示。

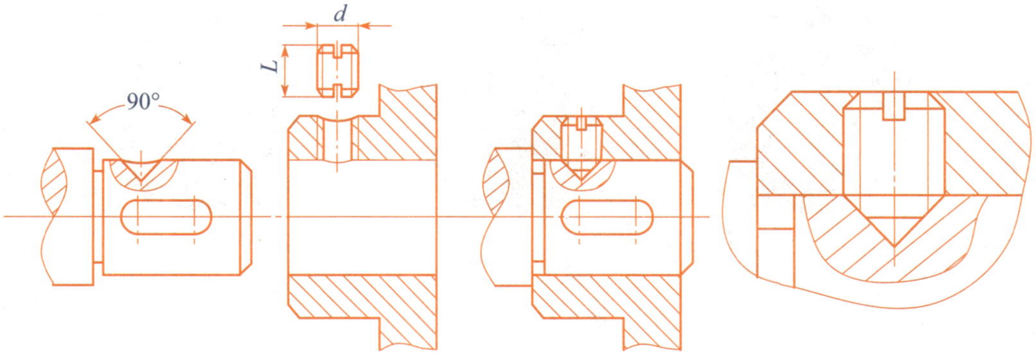

（a）锁紧

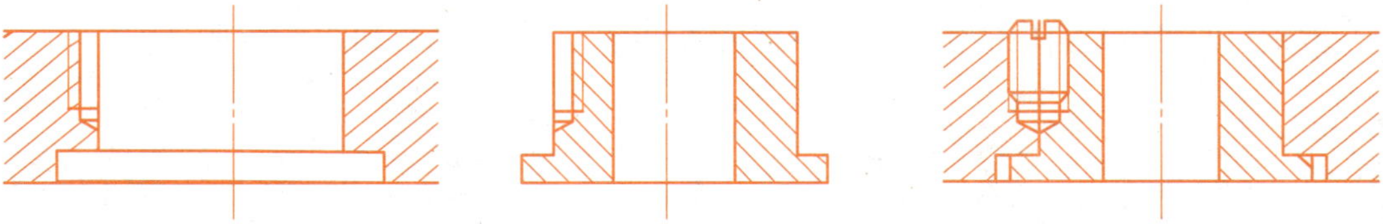
（b）骑缝

图 6.21　紧定螺钉连接的画法

6.3 齿轮

齿轮是广泛用于机器或部件中的传动零件，属于常用件。齿轮不仅可以用来传递动力，还能改变转速和旋转方向。按齿轮的结构形状，可分为以下三类：

圆柱齿轮：用于两平行轴间的传动，如图 6.22（a）所示。

锥齿轮：用于两相交轴间的传动，最常见的情况是两轴相交成 90°，如图 6.22（b）所示。

蜗杆与蜗轮：用于两交错轴的传动，如图 6.22（c）所示。

齿轮

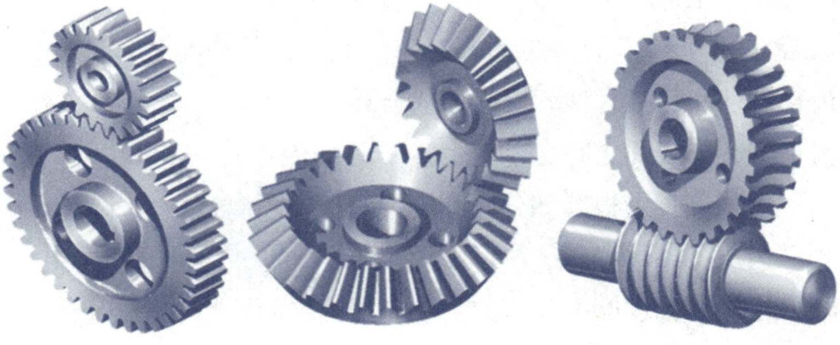
（a）圆柱齿轮　（b）锥齿轮　（c）蜗杆与蜗轮

图 6.22　齿轮传动

6.3.1　圆柱齿轮

圆柱齿轮按其齿的方向可分为直齿轮和斜齿轮、人字齿轮等，如图 6.23 所示。

（a）直齿轮　　（b）斜齿轮　　（c）人字齿轮

图 6.23　圆柱齿轮

1. 直齿圆柱齿轮各部分名称和尺寸关系

齿轮上的轮齿是齿轮的主要结构。直齿圆柱齿轮各部分名称如图 6.24 所示。

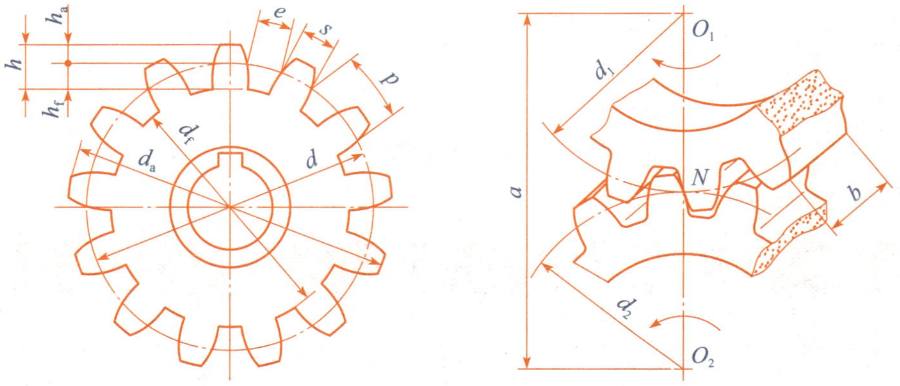

（a）单个齿轮各部分名称　　（b）齿宽、中心距和节圆

图 6.24　直齿圆柱齿轮各部分名称

齿顶圆：通过轮齿顶部的圆称为齿顶圆，直径以 d_a 表示。

齿根圆：通过轮齿根部的圆称为齿根圆，直径以 d_f 表示。

分度圆：齿轮上一个约定的假想圆，在该圆上，齿槽应与齿厚相等。其直径以 d 表示。分度圆是齿轮设计和加工时计算尺寸的基准圆。

齿顶高：齿顶圆和分度圆之间的径向距离，用 h_a 表示。

齿根高：齿根圆和分度圆之间的径向距离，用 h_f 表示。

齿高：$h = h_a + h_f$。

齿距：分度圆上相邻两齿廓对应点之间弧长，用 p 表示。

齿宽：齿轮的有齿部位沿分度圆柱面的母线方向的宽度，用 b 表示。

中心距：两啮合齿轮轴线之间的距离，用 a 表示。

直齿圆柱齿轮

节圆：当两齿轮传动时，在两齿轮中心连线上的齿廓接触点 N 处，两齿轮的圆周速度相等，分别以两齿轮中心到点 N 的距离为半径的两个圆称为相应齿轮的节圆。一对标准安装的标准齿轮，其节圆和分度圆重合。两个节圆的切点（N 点）称为节点。

2. 直齿圆柱齿轮的基本参数

齿数 z：轮齿的个数。

压力角 α：在点 N 处，齿廓的受力方向与齿轮的瞬时运动方向的夹角，称为压力角，用 α 表示，如图 6.25 所示。分度圆上的压力角又叫齿形角。我国规定标准齿轮的压力角为 20°。

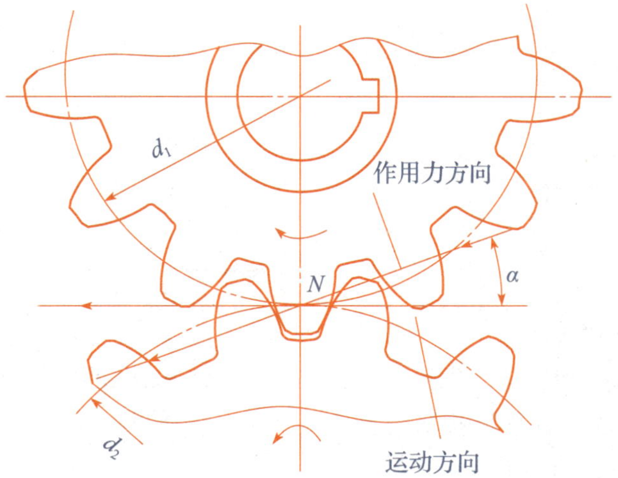

图 6.25　压力角

模数 m：若齿轮的齿数为 z，由于分度圆的周长与齿数成正比关系，令 $\pi d=pz$，则 $d=pz/\pi$，令 $p/\pi=m$，m 即为模数。

模数是设计和制造齿轮的一个重要参数。模数越大，轮齿就越大；模数越小，轮齿就越小。选择加工齿轮的刀具以模数为准。模数已标准化，设计齿轮时应采用标准值，标准模数见表 6.3。一对正确啮合的齿轮、模数、压力角必须分别相等。

表 6.3　标准直齿圆柱齿轮模数（GB/T 1357—2008）　（单位：mm）

第一系列	1，1.25，1.5，2，2.5，3，4，5，6，8，10，12，16，20，25，32，40，50
第二系列	1.125，1.375，1.75，2.25，2.75，3.5，4.5，5.5，（6.5），7，9，11，14，18，22，28，35，45

注：优先选用第一系列模数，括号内的值尽可能不用。

3. 标准直齿圆柱齿轮各部分尺寸与模数的关系

标准直齿圆柱齿轮各部分的尺寸与模数和齿数都有一定的关系，计算公式如表 6.4 所示。

表 6.4　标准直齿圆柱齿轮的计算公式

名称	代号	公式
分度圆直径	d	$d=mz$
齿顶高	h_a	$h_a=m$

续表

名称	代号	公式
齿根高	h_f	$h_f = 1.25m$
齿顶圆直径	d_a	$d_a = m(z+2)$
齿根圆直径	d_f	$d_f = m(z-2.5)$
齿距	p	$p = \pi m$
齿厚	s	$s = \frac{1}{2}\pi m$
中心距	a	$a = \frac{1}{2}(d_1+d_2) = \frac{1}{2}m(z_1+z_2)$

4. 圆柱齿轮的规定画法

根据国家标准《机械制图　齿轮表示法》(GB/T 4459.2—2003)，齿轮的轮齿部分按规定画，轮齿以外的部分，按实际投影绘制。

(1)单个圆柱齿轮的画法。

单个圆柱齿轮的画法如图 6.26 所示。

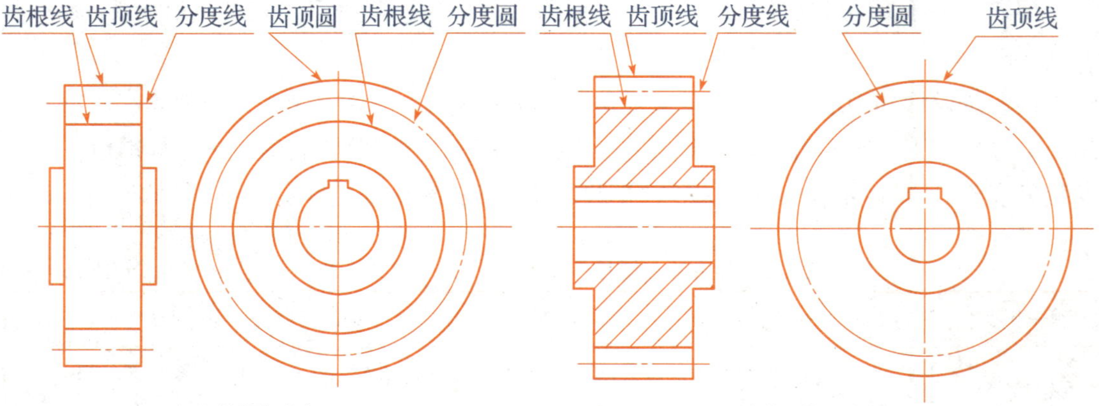

(a)视图画法　　(b)剖视图画法

图 6.26　单个圆柱齿轮的表达法

齿轮一般用两个视图表示，主视图上的齿轮轴线水平放置，左视图是反映圆的视图。

如果主视图采用视图，齿顶圆和齿顶线用粗实线绘制；分度圆和分度线用细点画线绘制；齿根圆和齿根线用细实线绘制，也可省略。

如果主视图采用剖视图，齿顶圆和齿顶线用粗实线绘制；分度圆和分度线用细点画线绘制；齿根线用粗实线绘制，齿根圆可省略。

当剖切面通过齿轮的轴线时，轮齿一律按不剖处理。

(2)直齿圆柱齿轮的啮合画法。

两标准直齿圆柱齿轮相互啮合时，它们的分度圆相切。啮合画法如图 6.27 所示。

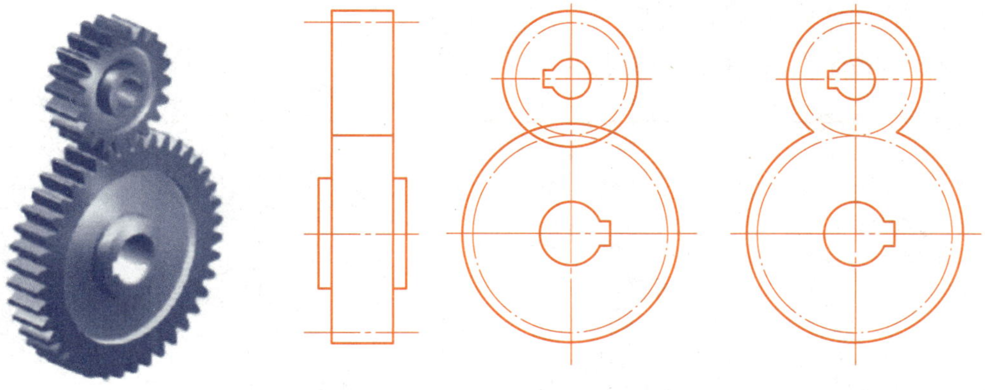

（a）外形　（b）主视图　（c）左视图（啮合区内绘出齿顶圆）　（d）左视图（啮合区内不绘出齿顶圆）

图 6.27　直齿圆柱齿轮的啮合画法

1）在非啮合区：按单个齿轮的画法绘制。

2）在啮合区：在垂直于圆柱齿轮轴线的投影面的视图（反映圆的视图）中，啮合区内两齿轮的齿顶圆用粗实线绘制或省略不画，两节圆相切。

3）在平行于圆柱齿轮轴线的投影面的视图中，若不剖，齿顶线不画，节线用粗实线绘制。

4）当剖切面通过两啮合齿轮的轴线时，在啮合区内，两轮的节线（标准齿轮为分度线）重合为一条点画线，齿根线都画成粗实线，一个齿轮的齿顶线画成粗实线，另一个齿轮的齿顶线画成虚线或省略不画。齿顶和齿根的间隙为 $0.25m$（m 为模数），如图 6.28 所示。

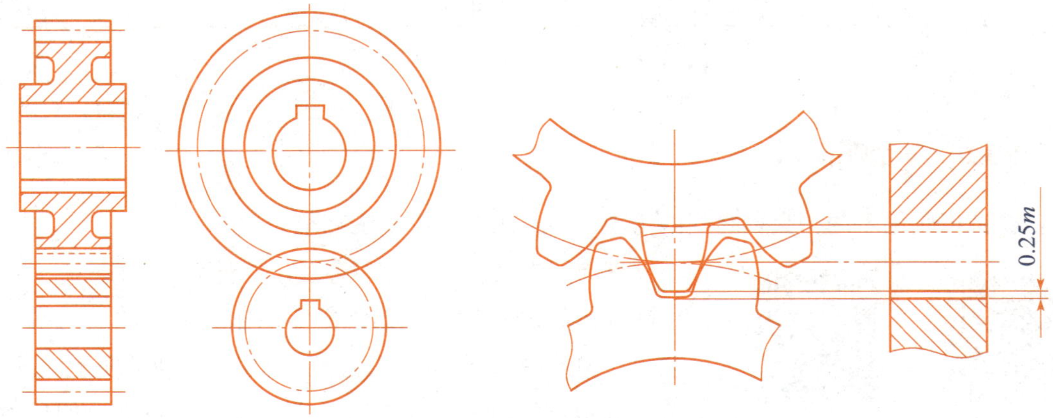

图 6.28　齿轮啮合的剖视画法

5）当剖切面不通过啮合齿轮的轴线时，齿轮一律按不剖绘制。

（3）直齿圆柱齿轮啮合的画图步骤。

先画反映圆的视图：画两轮的轴线，画相切的分度圆，画齿顶圆，画其他部分；再画与轴线平行的视图。

（4）直齿圆柱齿轮零件工作图。

直齿圆柱齿轮零件工作图如图 6.29 所示。

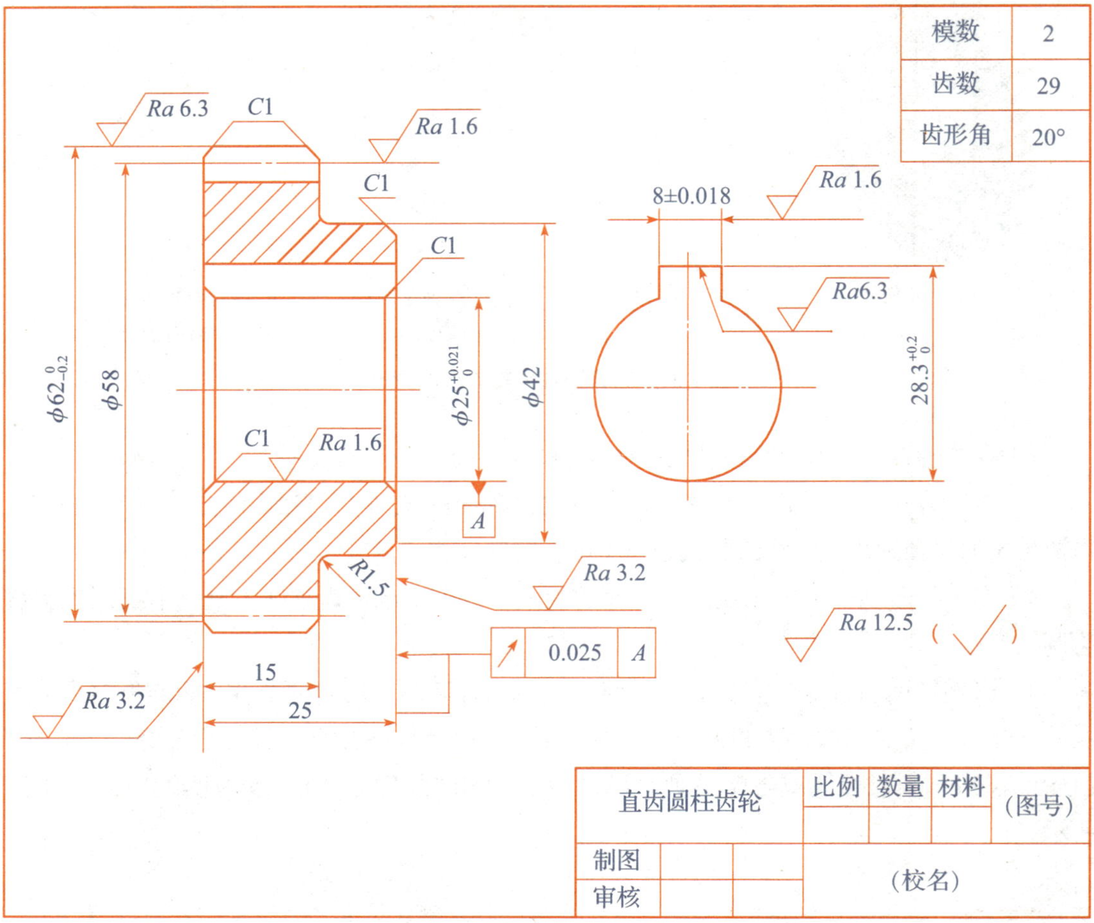

图 6.29　直齿圆柱齿轮零件工作图

6.3.2　直齿圆锥齿轮

圆锥齿轮用于两相交轴之间的传动，最常用的是两轴线夹角为 90°。

直齿圆锥齿轮　　圆锥齿轮传动

1. 直齿圆锥齿轮各部分名称及尺寸计算

圆锥齿轮的轮齿是在圆锥面上切制出的，轮齿一端大、一端小，因此沿齿宽方向模数也逐渐变化。为了便于计算和制造，规定以大端模数为准，计算大端轮齿各部分的尺寸。直齿圆锥齿轮各部分名称，如图 6.30 所示。

直齿圆锥齿轮一般有五个锥面（齿顶圆锥面、齿根圆锥面、分度圆锥面、背锥面、前锥面）。齿顶圆锥面、齿根圆锥面、分度圆锥面分别与背锥面相交，交线分别为齿顶圆、齿根圆、分度圆。直齿圆锥齿轮的三个锥角（分度圆锥角、顶锥角、根锥角）分别是分度圆锥母线、顶锥母线、根锥母线与齿轮轴线的夹角。

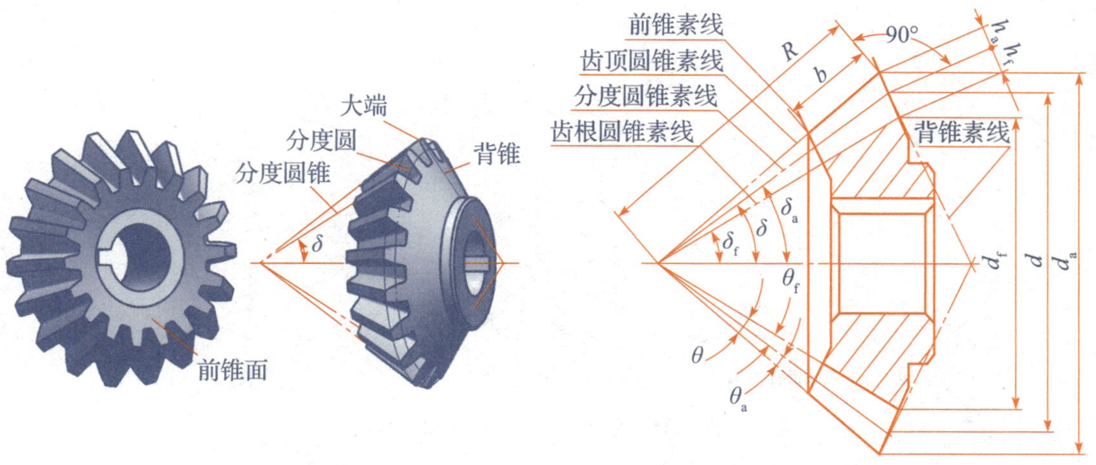

（a）立体图　　（b）剖视图

图 6.30　直齿圆锥齿轮各部分名称

直齿圆锥齿轮各部分名称及尺寸的计算公式见表 6.5。

表 6.5　直齿圆锥齿轮各部分名称及尺寸的计算公式

名称	代号	计算公式
齿距	p	$p=\pi m$
齿顶高	h_a	$h_a=m$
齿根高	h_f	$h_f=1.2m$
齿高	h	$h=h_a+h_f=2.2m$
分锥角	δ	$\tan\delta_1=z_1/z_2$，$\tan\delta_2=z_2/z_1$
分度圆直径	d	$d=mz$
齿顶圆直径	d_a	$d_a=m(z+2\cos\delta)$
齿根圆直径	d_f	$d_f=m(z-2.4\cos\delta)$
锥距	R	$R=mz/2\sin\delta$

2. 单个直齿圆锥齿轮的规定画法

单个直齿圆锥齿轮的画法如下：

（1）在外形图中，顶锥线用粗实线绘制，根锥线省略不画，分度圆锥线用细点画线画出，如图 6.31（a）所示。

（2）主视图采用全剖视图，轮齿按规定不剖，顶锥线、根锥线用粗实线绘制，分度圆锥线用细点画线绘制，如图 6.31（b）所示。

（3）在投影为圆的左视图上，大端、小端齿顶圆用粗实线绘制，大端分度圆用细点画线绘制，大端齿根圆和小端分度圆规定不画，如图 6.31（c）所示。

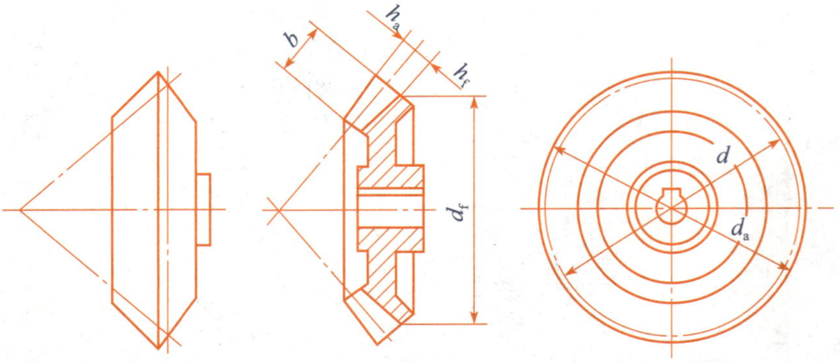

（a）外形图　　（b）剖视图　　（c）左视图

图 6.31　单个直尺圆锥齿轮的画法

3. 直齿圆锥齿轮的啮合画法

啮合的圆锥齿轮主视图一般采用全剖视图，啮合区的画法与圆柱齿轮啮合画法类似。注意，在反映大齿轮为圆的视图上，小齿轮大端节线和大齿轮大端节圆相切。直齿圆锥齿轮啮合的画图步骤如下：

（1）画出两齿轮的轴线及节锥、大齿轮的大端节圆和小齿轮的大端节线，如图 6.32（a）所示。

（2）画出两齿轮的顶锥、根锥、背锥及齿宽，如图 6.32（b）所示。

（3）画出两齿轮其他部分的投影，如图 6.32（c）所示。

（4）画剖面线，加深可见轮廓线，完成全图，如图 6.32（d）所示。

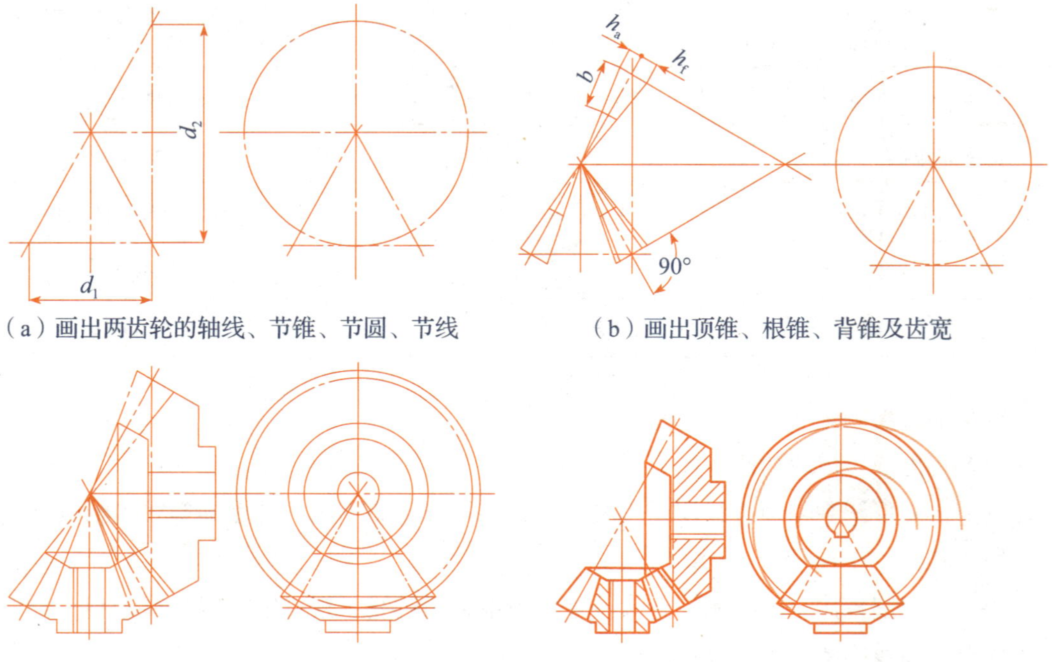

（a）画出两齿轮的轴线、节锥、节圆、节线　　（b）画出顶锥、根锥、背锥及齿宽

（c）画出两齿轮其他部分投影　　（d）画剖面线，加深可见轮廓线

图 6.32　直齿圆锥齿轮的啮合画法

6.3.3 蜗轮蜗杆

蜗轮与蜗杆可用来传递垂直交叉两轴间的回转运动。蜗轮和蜗杆的齿形是螺旋形。蜗轮类似于斜齿轮，不同之处是蜗轮的轮齿是在轮缘的环面上加工而成的，因而对蜗杆有一个适当的包角，使相互啮合时有较大的接触面，保证传动的连续和平稳。就结构特征来说，蜗杆类似一个梯形牙型的螺杆，它的齿数是螺旋线的线数。

图 6.33　啮合的蜗轮和蜗杆

啮合的蜗杆和蜗轮，其模数相同，且蜗轮的螺旋角和蜗杆旋线升角大小相等、方向相同，如图 6.33 所示。工作时，通常蜗杆是主动件，蜗轮是从动件。蜗轮蜗杆传动能获得较大传动比，所占空间较小，但传动中摩擦消耗的功率大，机械效率低。

1. 蜗轮、蜗杆的画法

蜗杆的规定画法如图 6.34 所示。蜗杆的齿顶圆（d_{a1}）和齿顶线用粗实线绘制，分度圆（d_1）和分度线用点画线绘制，齿根圆（d_{f1}）和齿根线用细实线绘制。

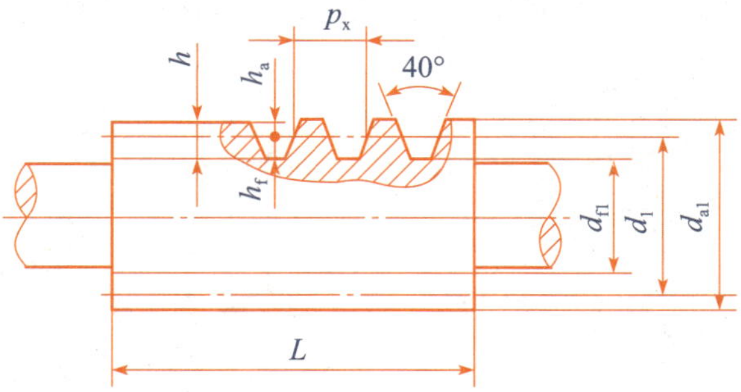

图 6.34　蜗杆的规定画法

为表达蜗杆的齿形，常用局部剖或局部放大图表示（轴向剖面齿形为梯形，顶角一般为 40°）。

d_{a1}、d_1、d_{f1} 以及齿顶高（h_a）、齿根高（h_f）、齿高（h）、轴向齿距（p_x）等参数，可通过查机械设计手册及计算得出。

蜗轮的规定画法如图 6.35 所示。蜗轮的画法与圆柱齿轮相似。在垂直轴线方向的视图中，用粗实线画轮齿部分外圆（最大轮廓，直径 D），用点画线画分度圆（d_2），齿顶圆（d_{a2}）、齿根圆（d_{f2}）、倒角圆省略不画，其他部分按不剖处理。在与轴线平行的视图中，一般采用剖视，轮齿按不剖绘制，齿顶和齿根的圆弧用粗实线绘制。

D、d_{a2}、d_2、d_{f2} 以及齿顶圆弧半径（r_1）、齿根圆弧半径（r_2）、包角［2γ（γ 是蜗杆分度圆上的螺旋升角，称为蜗杆导程角）］、中心距（a）、蜗轮宽度（b_2）等参数，可通过查机械设计手册及计算得出。

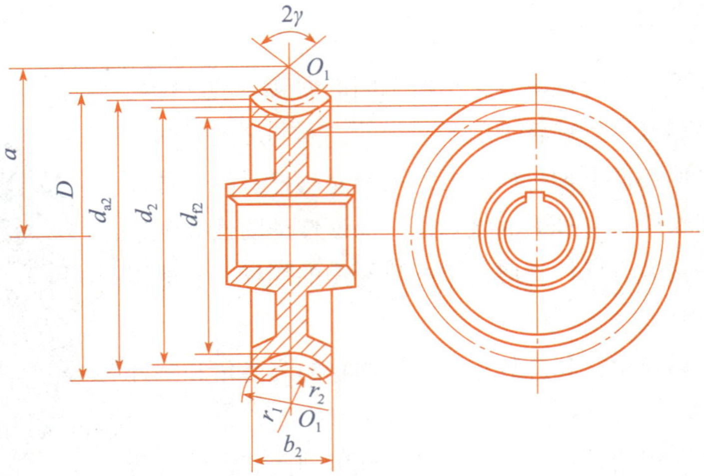

图 6.35　蜗轮的规定画法

2. 蜗轮、蜗杆的啮合画法

蜗杆与蜗轮的啮合画法如图 6.36 所示。图 6.36（a）为未剖切的画法，在蜗杆投影为圆的视图上，啮合区只画蜗杆的投影，蜗轮被遮挡的部分可省略不画；在蜗轮投影为圆的视图上，蜗轮分度圆与蜗杆分度线相切，蜗轮外圆与蜗杆齿顶线相交。图 6.36（b）为蜗杆与蜗轮被剖切后的画法，在蜗轮为圆的视图上，啮合区蜗杆齿顶线、蜗轮齿顶外圆、齿顶喉圆均不画出。

（a）未剖切的画法　　（b）剖切的画法

图 6.36　蜗轮、蜗杆的啮合画法

6.4 键、销连接

键、销都是标准件。它们的结构、型式和尺寸都有规定，可从有关标准中查阅选用。键、销的标记反映其型式及主要尺寸。

6.4.1 键连接

在机器中，可以采用键来连接轴和轴上的零件（如齿轮、皮带轮等），使它们能一起转动，以达到传递转矩的目的，这种连接称为键连接。常用的键有平键、半圆键、钩头楔键、花键等。图 6.37 为常用普通键的实物图。

键连接

平键　　半圆键　　钩头楔键

图 6.37　常用普通键

1. 键的规定标记及示例

键的规定标记及示例，如表 6.6 所示。

表 6.6　键的规定标记及示例

名称	型式	图例	标记示例
普通平键	A 型	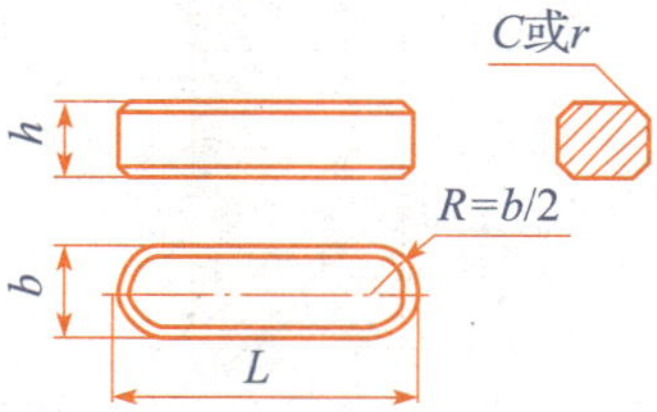	$b=18$mm，$h=11$mm，$L=100$mm 的圆头普通平键（A 型）： GB/T 1096—2003　键 $18\times11\times100$
	B 型	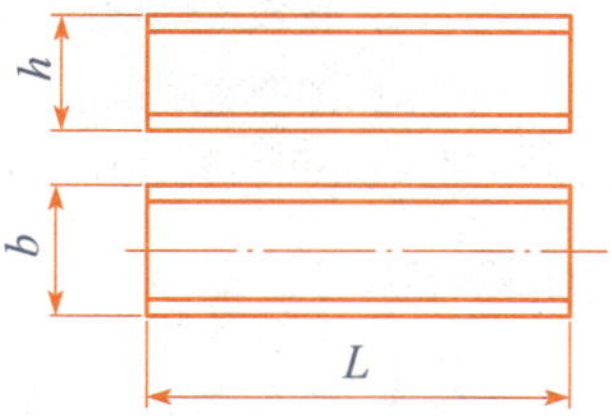	$b=18$mm，$h=11$mm，$L=100$mm 的方头普通平键（B 型）： GB/T 1096—2003　键 B　$18\times11\times100$ （B 不能省略）
	C 型	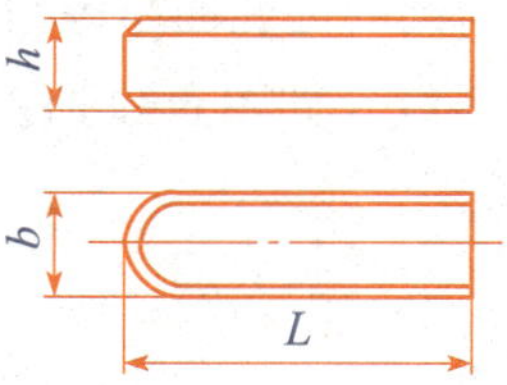	$b=18$mm，$h=11$mm，$L=100$mm 的单圆头普通平键（C 型）： GB/T 1096—2003　键 C　$18\times11\times100$ （C 不能省略）
半圆键		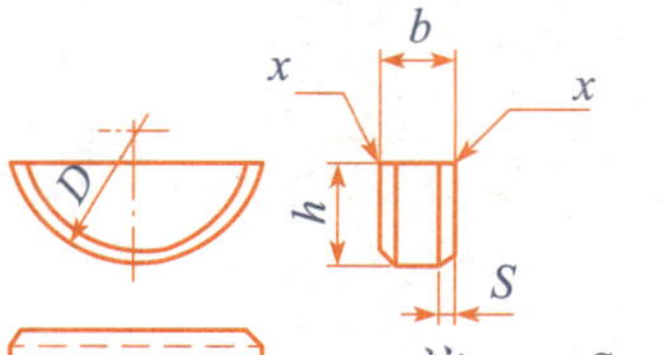 注：$x\leqslant S_{max}$	$b=6$mm，$h=10$mm，$R=25$mm，$D=25$mm 的半圆键： GB/T 1099.1—2003　键 $6\times10\times25$

续表

名称	型式	图例	标记示例
钩头楔键		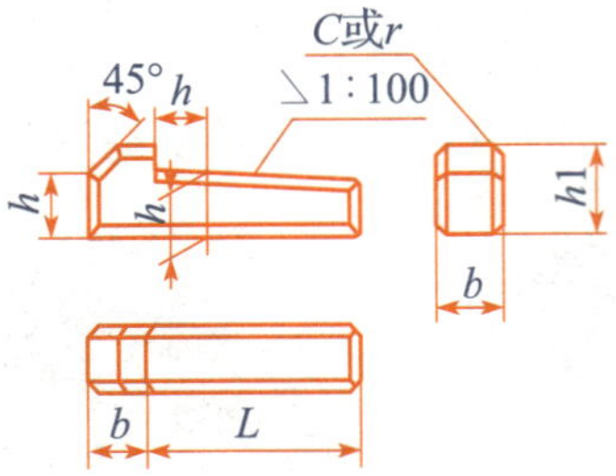	$b=18\text{mm}$，$h=11\text{mm}$，$L=100\text{mm}$ 的钩头楔键： GB/T 1565—2003 键 18 × 100

2. 常用键连接的画法及尺寸标注

（1）普通平键。

对于轴槽和毂槽的尺寸，通常根据轴径或孔径的大小来选择键的宽度 b 和高度 h，再查附表确定槽宽和槽深，键长和轴上键槽长要根据轮毂宽取标准值。图 6.38 所示是平键键槽的画法和尺寸标注。图中轴上槽深 t_1，标注为 $d-t_1$；轮毂槽深 t_2，标注为 $D+t_2$。

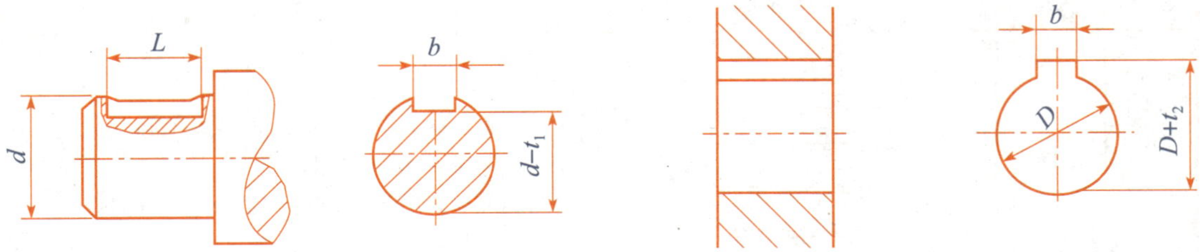

（a）轴键槽

t_1：轴上键槽深度；

b、t_1可按轴径d从标准中查出。

（b）轮毂键槽

t_2：轮毂上键槽深度；

b：键槽宽度；

t_2、b可按孔径D从标准中查出。

图 6.38　平键键槽的画法和尺寸标注

用普通平键连接时，键的两侧面是工作面。在平键连接装配图中，键的两侧面和底面都应与键槽的相应表面接触，只画一条线；而键的上表面与键槽表面应有间隙（间隙量为 t_1+t_2-h），间隙很小，可适当夸大，画成两条线，如图 6.39 所示。此外，在剖视图中，键沿纵向按不剖绘制，而横向剖切要画剖面线。

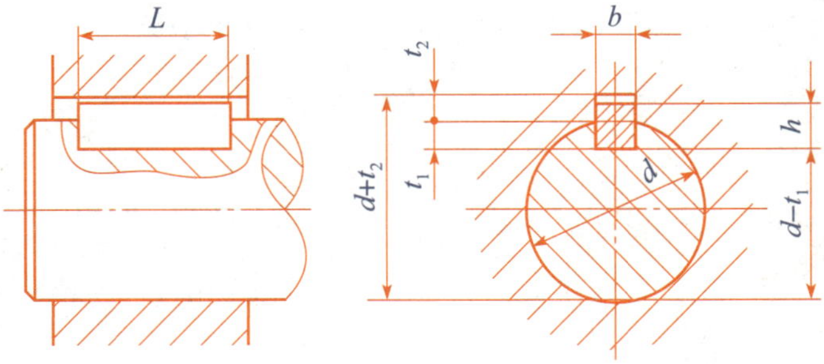

图 6.39　普通平键连接装配图画法

（2）半圆键和钩头楔键。

半圆键连接时，半圆键的两侧面与轮、轴的键槽侧面紧密接触，画法与普通平键画法类似，如图 6.40 所示。

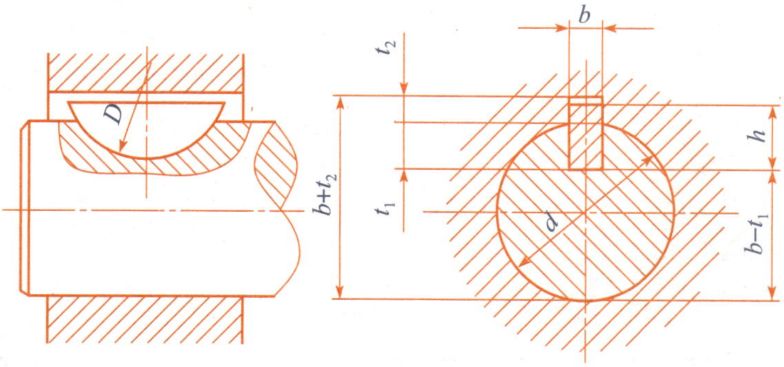

图 6.40　半圆键连接装配图画法

钩头楔键的顶面有 1∶100 的斜度，它靠顶面与底面接触受力而传递力矩。装配时，沿轴向将键打入键槽，因此，其顶面与底面是工作面，而两侧面是非工作面，接触较松，以偏差控制，为间隙配合。绘图时顶面、底面、侧面都不留间隙，如图 6.41 所示。

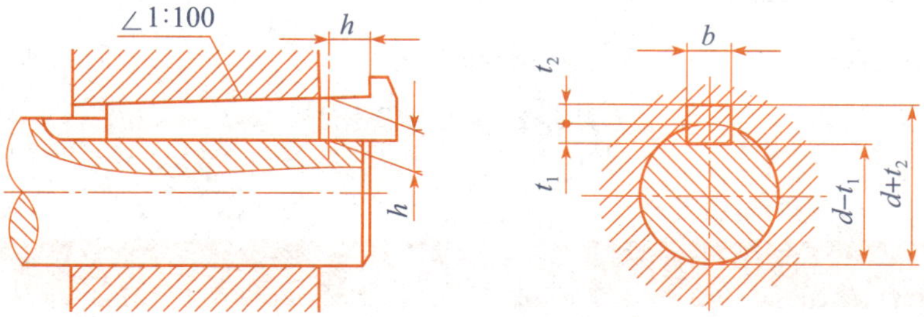

图 6.41　钩头楔键连接装配图画法

6.4.2　销连接

销连接

常用的销有圆柱销、圆锥销和开口销等。圆柱销、圆锥销在机器中主要起连接和定位作用；开口销用来防止螺母松动或固定其他零件。销是标准件，圆柱销、圆锥销和开口销的型式、画法和规定标记如表 6.7 所示。注意：圆锥销的公称直径是指小端直径，开口销的公称直径是指销孔直径。销连接图中，当剖切面通过销的轴线时，销按不剖处理。销的倒角或球面可以省略不画，如图 6.42 所示。

表 6.7　销的型式、画法和规定标记

名称	图例	规定标记
圆柱销	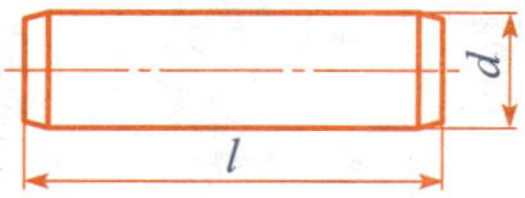	公称直径 d=6mm、公差为 m6、公称长度 l=30mm、材料为钢、不经淬火、不经表面处理的圆柱销，标记为：销 GB/T 119.1　6　m6×30

续表

名称	图例	规定标记
圆锥销	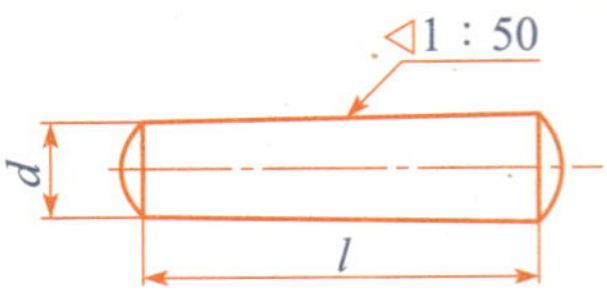	公称直径 $d=6$mm、公称长度 $l=30$mm、材料为 35 钢、热处理硬度 28～38HRC、表面氧化处理的 A 型圆锥销，标记为：销 GB/T 117　6 × 30
开口销	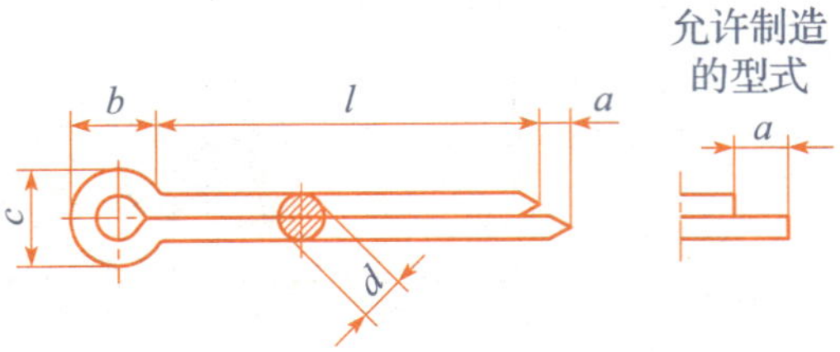	公称规格为 5mm、公称长度 $l=50$mm、材料为 Q215 或 Q235、不经表面处理的开口销，标记为：销 GB/T 91　5 × 50

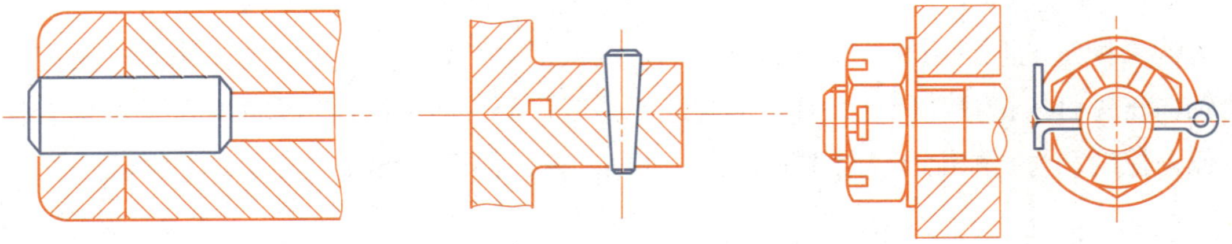

（a）圆柱销连接　（b）圆锥销连接　（c）开口销连接

图 6.42　销连接及画法

6.5　滚动轴承

滚动轴承

滚动轴承是用来支承旋转轴的标准部件，由专门的企业生产。滚动轴承一般由内圈、外圈、滚动体、保持架等零件组成，如图 6.43 所示。工作时轴承的内圈与轴一起旋转，外圈在轴承座体中保持不动，滚动体在内外圈之间旋转滚动。由于这种滚动接近于纯滚动，因而摩擦力较小，机械效率高；此外还由于轴承具有结构紧凑、维修方便等优点，因而应用极为广泛。

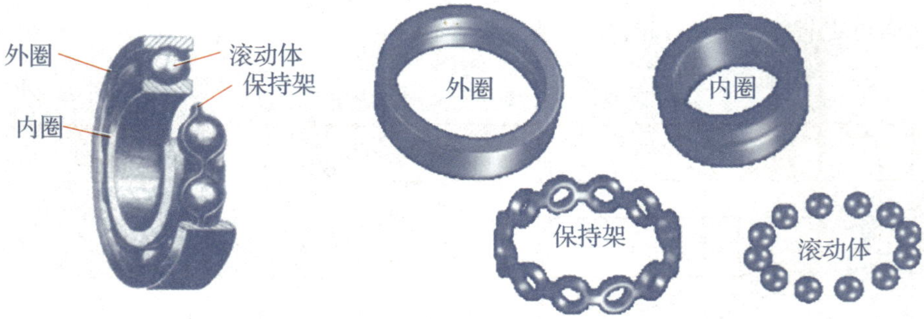

图 6.43　滚动轴承（深沟球轴承）的构成

6.5.1 滚动轴承的结构、类型及标记

1. 滚动轴承的类型

滚动轴承按其承受载荷的方向可分为以下三类：

（1）向心轴承——主要用于承受径向载荷的滚动轴承，如深沟球轴承。

（2）推力轴承——主要用于承受轴向载荷的滚动轴承，如推力球轴承。

（3）向心推力轴承——同时承受径向和轴向载荷的滚动轴承，如圆锥滚子轴承。

2. 滚动轴承的代号与标记

轴承代号由前置代号、基本代号和后置代号构成，其排列顺序如下：

前置代号	基本代号	后置代号

（1）基本代号。基本代号表示轴承的基本类型、结构和尺寸，是轴承代号的基础。常用基本代号的组成及排列顺序如下：

轴承类型代号	尺寸系列代号	内径代号

其中类型代号用来区分不同类型的轴承，以阿拉伯数字（以下简称数字）或大写拉丁字母（以下简称字母）表示，各数字及字母的含义见表6.8。

表 6.8 轴承的类型代号（摘自 GB/T 272—2017）

代号	轴承类型
1	调心球轴承
2	调心滚子轴承和推力调心滚子轴承
3	圆锥滚子轴承
4	双列深沟球轴承
5	推力球轴承
6	深沟球轴承
7	角接触轴承
8	推力圆柱滚子轴承
N	圆柱滚子轴承
U	外球面球轴承

尺寸系列代号由轴承的宽（高）度系列代号和直径系列代号组合而成，一般为两位数字，第一位数字代表宽度系列（向心轴承）或高度系列（推力轴承）；第二位数字代表直径系列。内径相同的轴承可具有不同的外径，而外径相同的轴承又可能具有不同的宽度，由此可以满足各种不同的承载能力要求，具体可查国家标准《滚动轴承　代号方法》(GB/T 272—2017)。

滚动轴承内径代号表示轴承公称内径的大小，一般以两位数字表示。代号数字为00、01、02、03时，轴承内径尺寸分别为：10mm、12mm、15mm、17mm；若代号数字≥4，

轴承内径为代号数字乘以 5。

轴承基本代号标记示例：

示例 1：

6　2　06

- 06 —— 内径代号：$d = 6\text{mm} \times 5 = 30\text{mm}$
- 2 —— 尺寸系列代号：宽度系列代号为0，省略；直径系列代号为2
- 6 —— 轴承类型代号：深沟球轴承

示例 2：

N　21 10

- 10 —— 内径代号：$d = 10\text{mm} \times 5 = 50\text{mm}$
- 21 —— 尺寸系列代号：宽度系列代号为2，直径系列代号为1
- N —— 轴承类型代号：圆柱滚子轴承

（2）前置代号和后置代号。前置代号和后置代号都是轴承代号的补充，是在遇到对轴承结构、形状、材料、公差等级、技术要求等有特殊要求时，在其基本代号左右添加的补充代号，一般情况可部分或全部省略。此两项代号的编制规则和具体内容，可查阅国家标准《滚动轴承　代号方法》。

6.5.2　常用滚动轴承的表达

滚动轴承若按真实投影来绘制，画图极为不便。绘图时按国家标准规定的简化画法绘制即可。国家标准《机械制图　滚动轴承表示法》（GB/T 4459.7—2017）规定了三种画法：通用画法、特征画法、规定画法。其中规定画法较为详细地表达了轴承的结构，而通用画法和特征画法都属于简化画法，图 6.44 所示为轴承的通用画法。常用滚动轴承的规定画法及特征画法参见表 6.9。

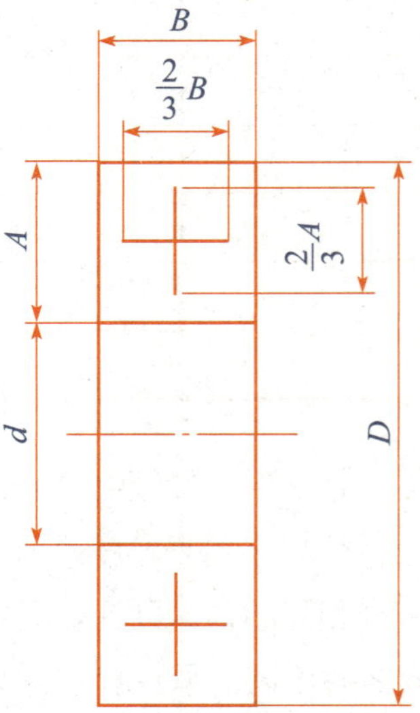

图 6.44　轴承的通用画法

表达轴承应注意以下几点：

（1）在剖视图中，当不需要确切地表示滚动轴承的外形轮廓、载荷特性、结构特征时，轴的两端都可采用通用画法。

（2）在剖视图中，如需较形象地表示滚动轴承的载荷特征，可采用特征画法。

滚动轴承结构特征和载荷特性的要素符号组合见国家标准《机械制图　滚动轴承表示法》。特征画法不可与通用画法混用，即在轴的两端都应按特征画法绘制。

表 6.9 常用滚动轴承的画法

类型	通用画法	特征画法	规定画法	结构型式
深沟球轴承		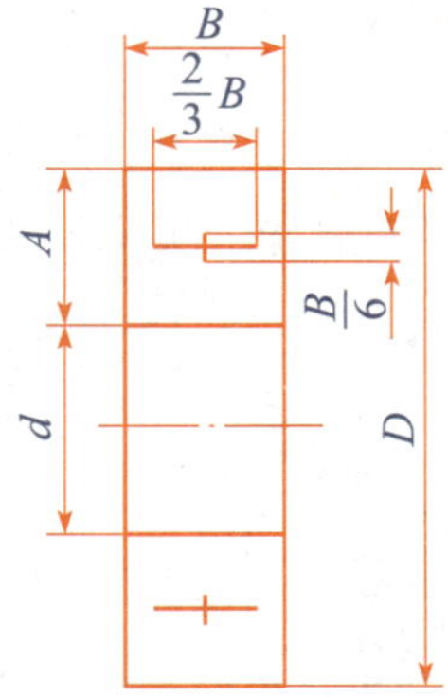	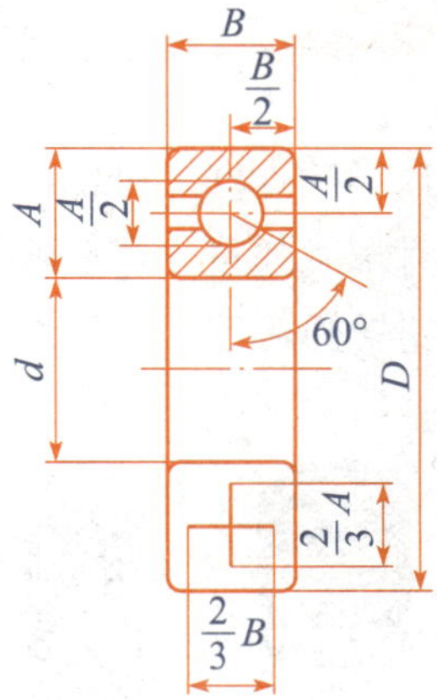	
推力球轴承	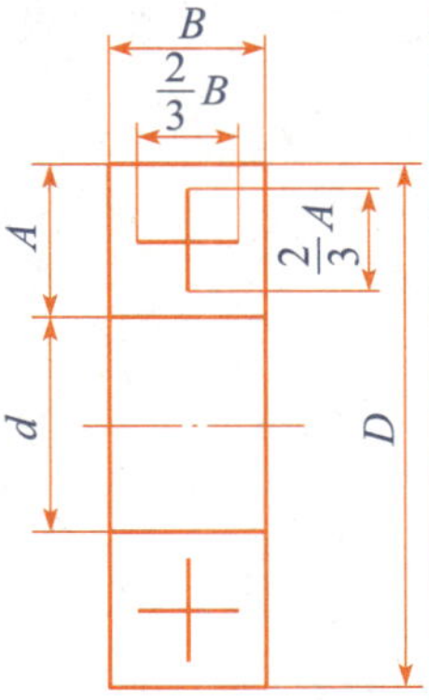	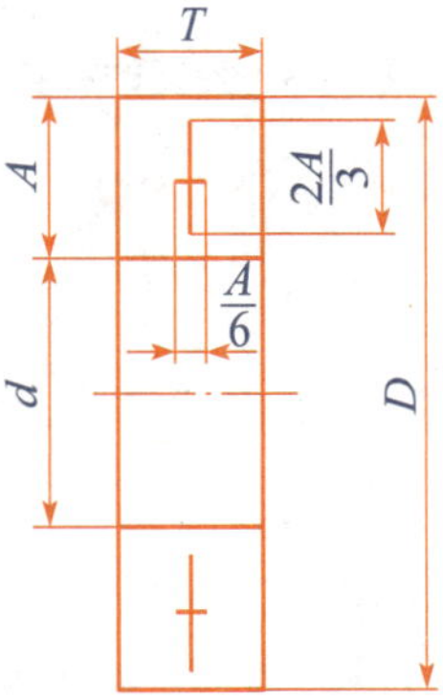	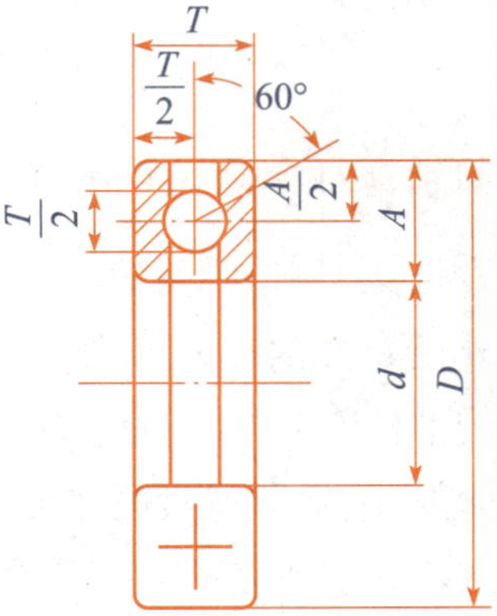	
圆锥滚子轴承		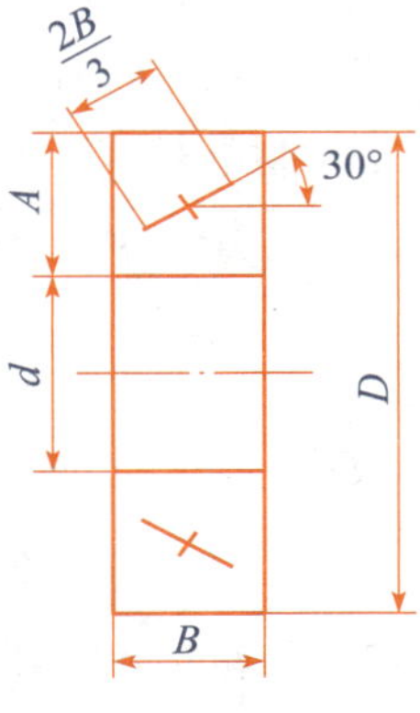	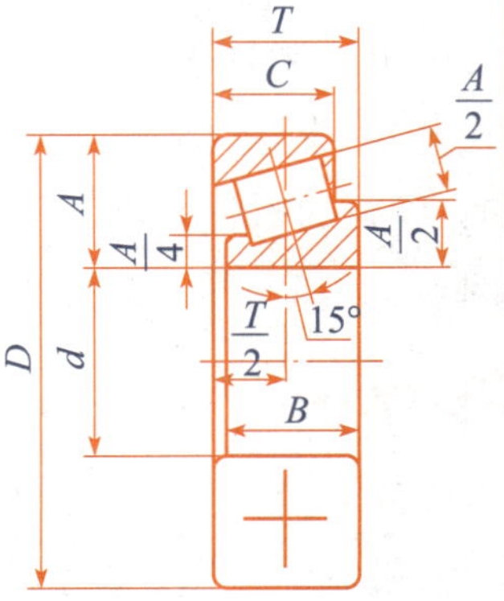	

（3）如需较详细地表示滚动轴承的结构，采用规定画法。规定画法一般绘制在轴的一侧，另一侧按通用画法绘制，也可按特征画法绘制。

6.6 弹簧

弹簧是用途极广的零件，可以用于机械的运动控制、减振、夹紧、测力和储能等。弹簧的种类繁多，有螺旋弹簧、蝶形弹簧、平面蜗簧、板弹簧等，其中螺旋弹簧又有压缩弹簧、拉伸弹簧、扭转弹簧等，如图 6.45 所示。

弹簧

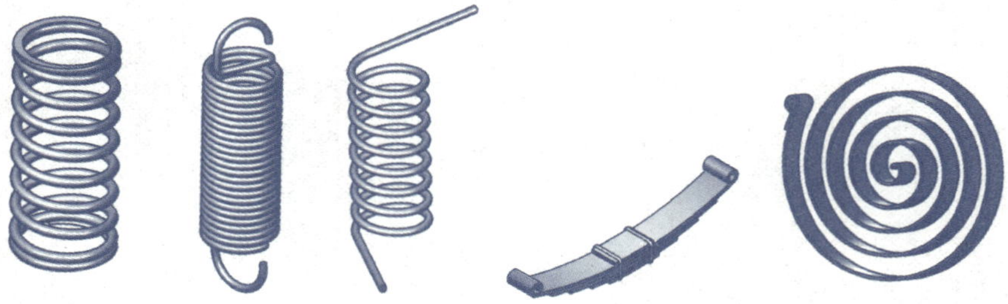

图 6.45　弹簧的种类

6.6.1　圆柱螺旋压缩弹簧各部分的名称及尺寸计算

（1）簧丝直径 d：制造弹簧的材料直径。

（2）弹簧外径 D 和内径 D_1：分别指弹簧的最大和最小直径。

（3）弹簧的中径 D_2：$D_2=(D+D_1)/2$。

（4）有效圈数 n：弹簧受力时实际起作用的圈数。

（5）支承圈数 n_2：为使压缩弹簧受力均匀，增加平稳性，将弹簧两端并紧并磨平的圈数。支承圈有 1.5 圈、2 圈、2.5 圈三种，以 2.5 圈较常用。

（6）总圈数 n_1：$n_1=n+n_2$。

（7）节距 t：两相邻有效圈在轴向对应点之间的距离。

（8）自由高度 H_0：弹簧不受外力作用时的高度，$H_0=nt+(n_2-0.5)d$。

（9）展开长度 L：制造弹簧时，所需弹簧材料的长度。

（10）旋向：弹簧的螺旋方向。分为右旋和左旋两种，但大多是右旋。其旋向判别方法与螺纹的相同。

6.6.2　圆柱螺旋压缩弹簧的画法

1. 表达单件弹簧

国家标准《机械制图　弹簧表示法》（GB/T 4459.4—2003）对弹簧的画法作了规定，这里只说明圆柱螺旋压缩弹簧的画法，如图 6.46 所示。具体如下：

（1）在平行于弹簧轴线的视图中，各圈轮廓线画成直线。

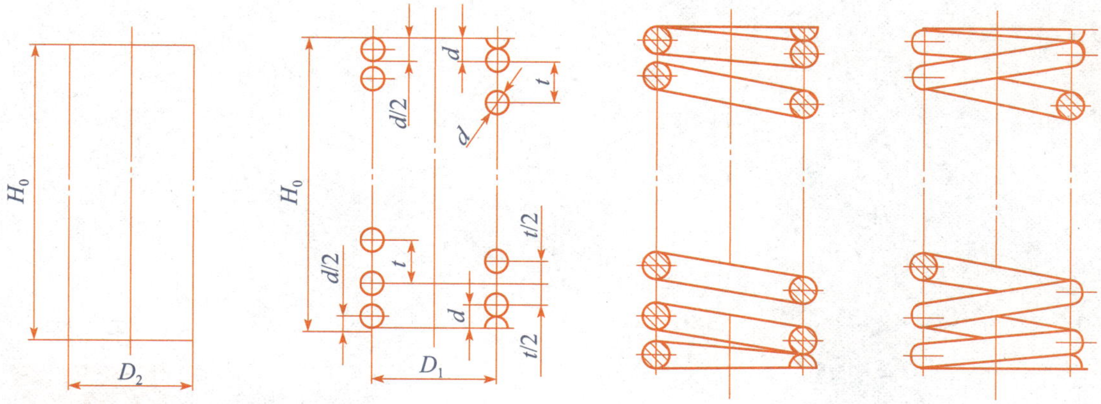

（a）根据中径D_2和自由高度H_0画基准线　（b）画支承圈和工作圈　（c）剖视图　（d）视图

图 6.46　弹簧的规定画法

（2）不论是左旋还是右旋，弹簧的图形均可画成右旋，若实际为左旋弹簧，在图中一律要注明旋向“左旋”。

（3）当两端并紧且磨平时，无论支承圈的圈数为多少和并紧情况如何，均按图绘制。必要时，也可按支承圈的实际结构绘制。

（4）有效圈数在 4 圈以上，除支承圈外，可以每端只画出 1 ～ 2 圈，中间各圈可省略，允许适当缩短图形长度，但应画出簧丝中心线。

2. 装配图中弹簧的画法

（1）在装配图中，被弹簧挡住的结构一般不画，可见部分应从弹簧的外轮廓线或从弹簧钢丝剖面的中心线画起，如图 6.47（a）所示。

（2）当弹簧直径在图上等于或小于 2mm 时，簧丝剖面可全部涂黑，轮廓线不画，如图 6.47（b）所示。

（3）簧丝直径小于 1mm 时，可采用示意画法，如图 6.47（c）所示。

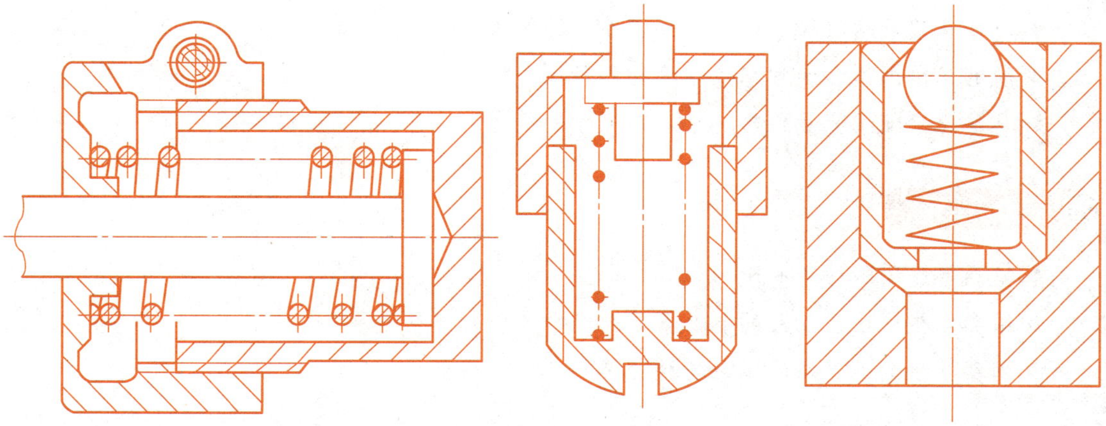

（a）被弹簧遮挡处的画法　（b）簧丝剖面涂黑　（c）簧丝示意画法

图 6.47　弹簧在装配图中的画法

任务 7

表达一般零件

知识目标

- 了解零件图的作用和内容，掌握典型零件的表达方案原则。
- 掌握零件尺寸标注规定和注意事项。
- 掌握表面结构、尺寸公差与配合、几何公差的概念和标注等内容。
- 了解识读零件图的方法和步骤，掌握零件的结构分析方法。
- 熟练掌握零件视图选择原则、尺寸标注原则和规定。
- 掌握零件测绘方法和绘图步骤。

能力目标

- 具备正确表达机械零件和识读零件图的能力。
- 能够正确表达和运用零件精度的各种格式的能力。
- 具备正确使用测量仪器测量零件尺寸的能力。

素养目标

- 培养学生团队协作的能力。
- 培养学生严谨、细致的职业素养。
- 培养学生刻苦钻研的工匠精神。

7.1 零件图的作用与内容

零件图的内容和表达

任何机器或部件都是由若干零件按一定的装配关系组装而成的。零件是组成机器或部件的基本单元。因功能不同，零件的结构形状、大小、精度也会不同。表示一个零件的结构、大小和技术要求的图样称为零件图。在实际生产中，零件图是设计部门提交给生产部门的重要技术文件，是零件进行加工制造和检验的重要依据，因此，工程技术人员必须具备绘制和阅读零件图的能力。如图 7.1 所示的铣刀头立体图中，轴的零件图（见图 7.2）包含了铣刀头轴的制造、检验所需的全部信息。

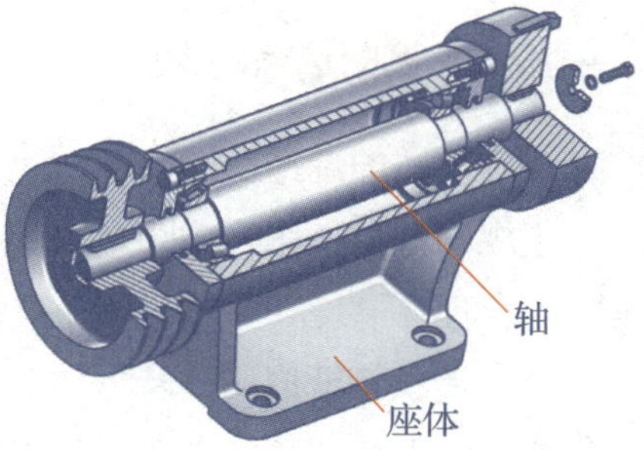

图 7.1　铣刀头立体图

一张完整的零件图通常包含四项内容，具体如下：

（1）一组视图：用国家标准规定的机件表达方法（包括主视图、其他视图、断面图等）把零件各部分结构形状表达清楚。

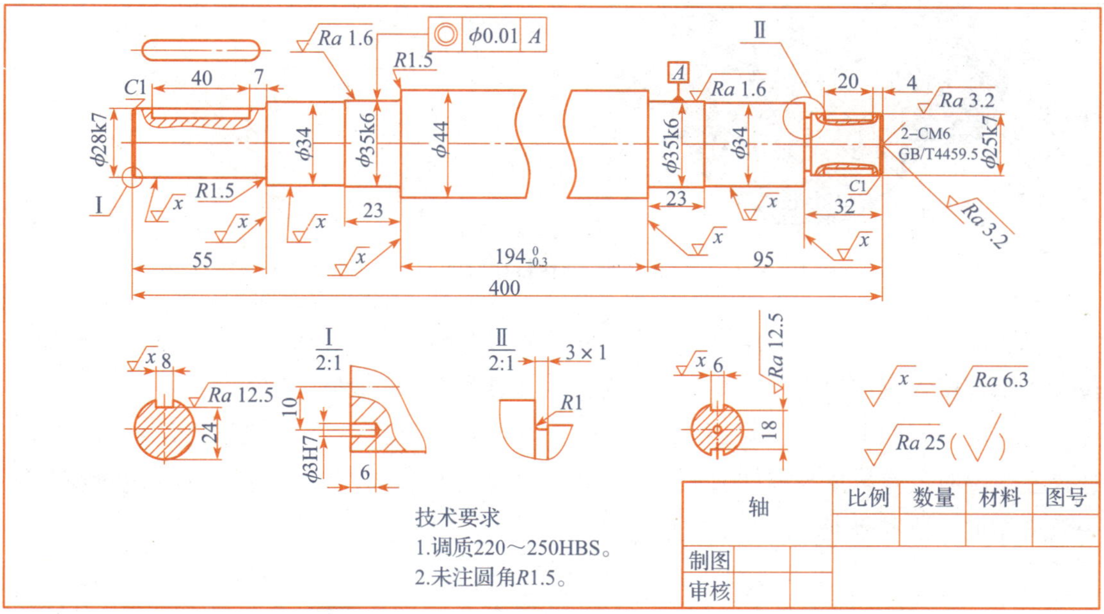

图 7.2　铣刀头轴的零件图

（2）完整尺寸：零件图上所注出的尺寸应能满足制造、检验、组装的需要。

（3）技术要求：由于产品设计对零件的尺寸、形状、位置的精度、表面处理等有一些要求，因此在零件图上应用文字、国家标准规定的代号、符号和数字准确地表达出这些信息，为零件的制造和检验提供依据。

（4）标题栏：在标题栏中应给出零件概括性的信息，如名称、数量、材料、绘图比例、图号以及设计单位和设计者等。

7.2 零件表达方案的选择

零件的表达方案就是用若干个图形把零件的内、外结构形状表达出来。一般来说，零件的表达方案不止一种，这就要求对零件进行分析，并结合零件的加工和使用，选择一个较好的表达方案。较好的表达方案应该把零件形状正确、完整、清晰、合理地表达出来，并力求画图简便，读图容易。要达到上述要求，首先应选择好主视图，然后合理选配其他视图。

7.2.1 视图选择的原则

1. 主视图的选择

主视图是零件图样中最重要的一个图样，主视图选择合理与否直接影响到整个表达方案是否合理。

（1）形状特征原则。从形体分析的角度来说，应选择能将零件各组成部分的形状及相对位置反映得最清楚的方向作为主视图的投射方向，如图 7.3 所示。

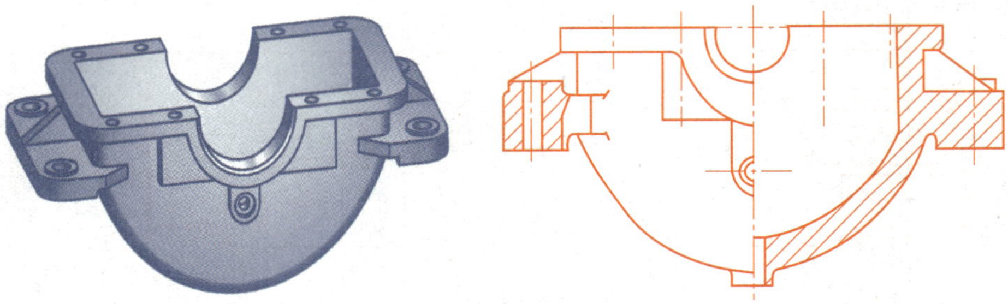

图 7.3 形状特征原则

（2）加工位置原则、工作位置原则和自然放置原则。主视图应尽可能反映零件的加工位置、工作位置或自然放置位置，这是确定零件安放位置的依据。

1）加工位置原则：零件在机械加工时，要把它固定和夹紧在一定位置上进行加工，选择主视图时，应尽量与零件加工位置一致，以便于工人看图加工。轴套类、轮盘类零件一般遵循加工位置原则，如图 7.4 所示。

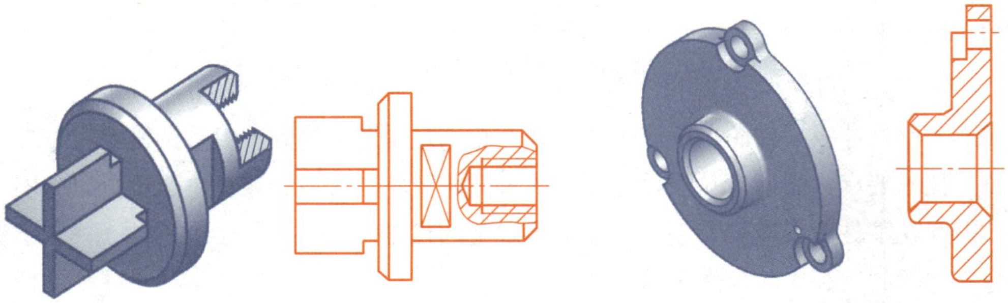

（a）轴套类零件　　（b）轮盘类零件

图 7.4 按加工位置原则选择主视图

2）工作位置原则：有些零件由于形状复杂，加工工序较多，需要在各种不同的机床上加工。在不同的机床上加工时，零件被装夹固定的方位并不相同。对于这类零件，应考虑以零件的工作位置作为主视图的位置，以便于在生产组装和使用机器时图、物对照。对于支座、箱体类零件一般按照工作位置原则画主视图，如图 7.5 所示。

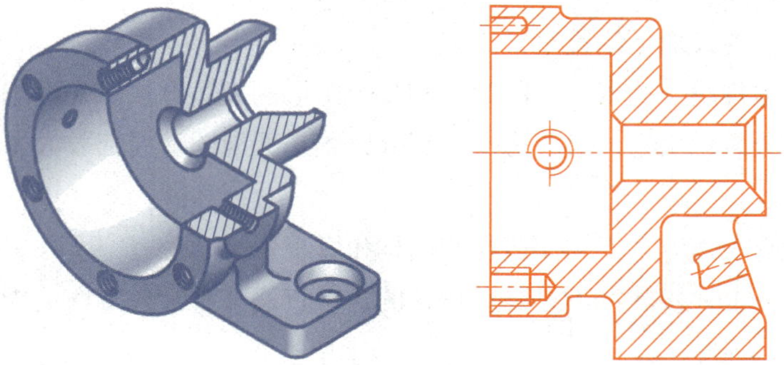

图 7.5　按工作位置原则选择主视图

3）自然放置原则：当零件的加工位置各不相同、工作位置不固定时，零件按其自然位置安放。对于叉、架等类零件，由于这类零件加工位置不定，通常以自然放置平稳为依据，并综合考虑形状特征等因素确定主视图，如图 7.6 所示。

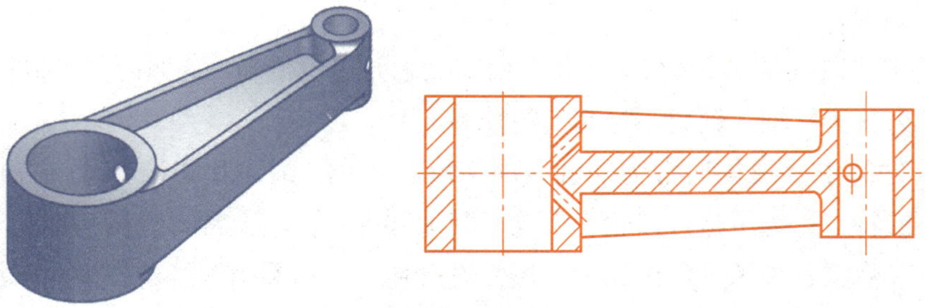

图 7.6　按自然放置原则选择主视图

2. 其他视图的选择

其他视图的作用在于补充表达各结构在主视图中尚未被表达或未被完全表达的几何信息。它们的选择应根据零件的复杂程度和内、外结构特征等因素综合考虑。

零件图的正确表达方案可能不止一种，在画图前应充分分析、比较各种表达方案的优缺点，确定合适的表达方案。在确定表达方案时应注意以下几点：

（1）优先选用基本视图以及在基本视图上作剖视或重合断面。一般来说，俯视图优先于左视图，左视图优先于右视图。

（2）在表达清楚的前提下，兼顾读图方便，绘图简单；视图数量尽量少，每个图样都应有自己的表达重点；图样之间相互配合补充，不重复表达。

（3）采用局部视图、局部剖视图、斜视图等时，应尽可能按投影关系配置或就近配置，便于读者读图。

（4）图面布局要合理，既要美观、清晰，又要充分利用图幅。

3. 零件表达方案的选择步骤

选择表达方案的一般步骤为：

（1）对零件进行形体、结构分析（包括零件的装配关系及功用）和工艺分析（零件的加工方法），分清主要部分和次要部分。

（2）选择主视图。在确定主视图的投射方向后，根据零件的特点，应尽量选择零件的主视图为其工作位置或加工位置。

（3）确定其他视图。确定图形的数量和每个图形的表达方法。先考虑主要部分，用基本视图把主要部分表示出来，再考虑次要部分，用局部视图、局部放大图、断面图等表达次要部分。

（4）全面检查表达方案，并作适当的调整和修改。

要注意的是，上述步骤并不是独立分开的，检查调整常常包含在选择表达方案的过程之中。

7.2.2 典型零件的表达方案分析

由于零件在机器中的作用各不相同，因而零件的形状也多种多样，各不相同。在确定表达方案前应仔细分析其结构特点。按结构形状特征不同，零件通常被分为四大类：轴套类、轮盘类、叉架类、箱体类零件，每一类零件的表达方案有其各自的特点。

1. 轴套类零件

轴套类零件在机器（或部件）中大多用来支承并定位传动件（如齿轮、带轮等），以传递运动和动力，包括轴、轴套、衬套、阀杆等。

这类零件的主要结构通常为同轴线的多段回转体（圆柱和圆锥），具有轴向尺寸大、径向尺寸小的特点；为了连接齿轮、带轮等其他零件，在轴上常有键槽、销孔等结构；为了定位齿轮、带轮、轴承等零件，轴上还常设有轴肩、挡圈槽等结构；为便于加工，轴上还常带有退刀槽、中心孔等工艺结构。

这类零件的主体通常在车床、磨床上加工，加工时轴线水平放置。所以，在表达零件时，为满足加工时的读图需要，常采用一个轴线水平的主视图（套类零件采用剖视），并配合尺寸标注来表达零件主体结构。孔、槽等一些细小结构常采用局部剖视图、断面图及局部放大图等表达，如图 7.7 所示。对于结构简单而较长的轴段，常采用断开画法，如图 7.2 所示。

2. 轮盘类零件

通常将齿轮、手轮、带轮、端盖、法兰盘等称为轮盘（或盘盖）类零件。它们常常由回转体（也有部分轮盘类零件呈与箱体零件外表同形的薄板状）、盖板、轮缘组成，相对直径而言，其厚度通常较小，呈扁平状。有一个端面与其他零件接触，可确定端盖在机器上的位置。为了与其他零件连接，轮盘类零件上常设有光孔、螺纹孔、键槽、凸台、轮辐等结构。图 7.8 所示的轮盘类零件即为这类零件。这类零件在机器中主要起传递动力、支承、轴向定位及密封等作用。轮盘（或盘盖）类零件的主要结构一般为多个同轴回转体或其他平板形，其轴向尺寸较小而径向尺寸较大，或者形状扁平，常带有各种形状的凸缘、均布的圆孔、轮辐或肋等结构。

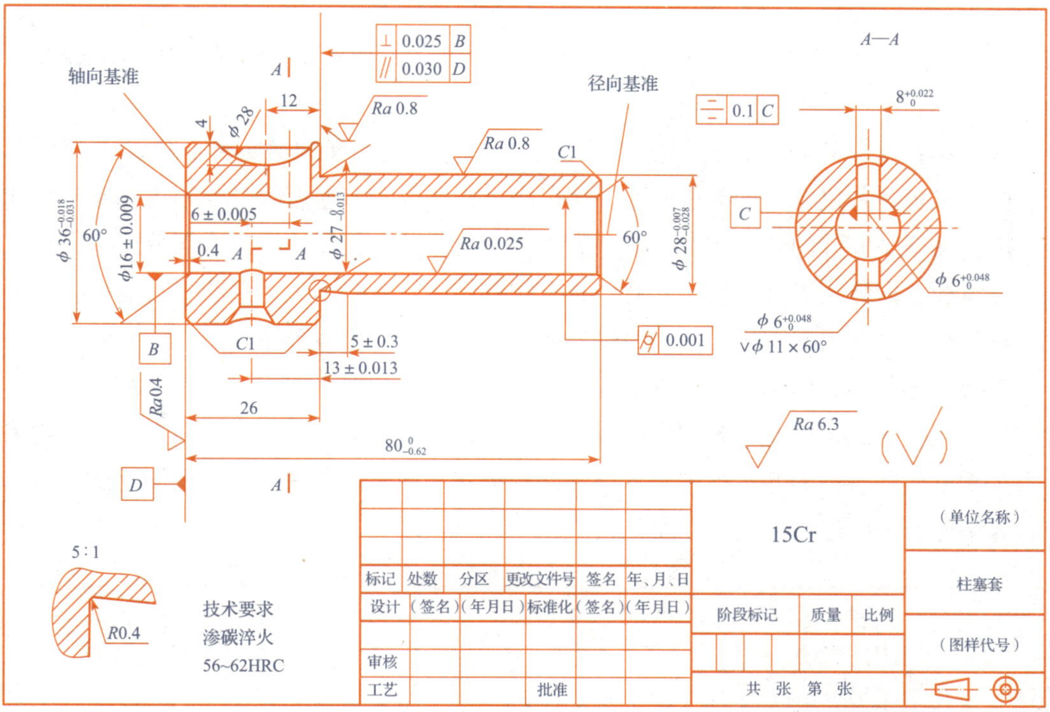

图 7.7 轴套类零件

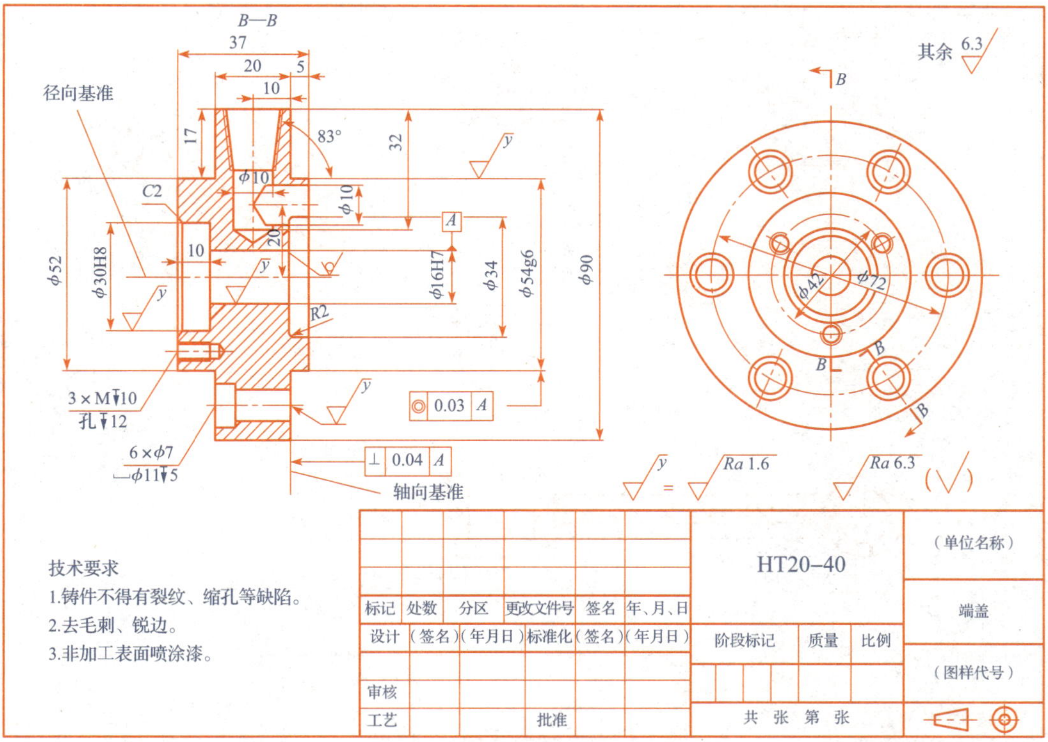

图 7.8 轮盘类零件

轮盘类零件主要在车床上加工，选择主视图时，应按照加工位置将轴线水平放置，并采用局部视图表达内部结构。尤其对于以回转体为主要结构的零件，通常将非圆视图作为主视图，用其他基本视图，如左视图等来表达端面形状结构，如图 7.8 所示。对于轮肋等结构，其横截面常采用断面图表示。细小结构如小孔、油槽等需采用局部放大图表示。

3. 叉架类零件

通常把拨叉、连杆、摇臂、托架及支座等零件归纳为叉架类零件。拨叉主要用在机床、内燃机等各种机器的操纵机构上，用以操纵机器、调节速度等。支架主要起支承和连接作用。叉架类零件的结构按其功能一般可分为工作、安装和连接三个部分。大多由支承孔、支承板、安装板等部分组成。有些具有倾斜结构，有些则无，形状不太统一。外形一般比较复杂；虽有内部结构，但一般较为简单，多为锻件和铸造件。

叉架类零件常在车床、铣床等设备上加工，但加工位置不固定，而一些零件的工作位置还是比较明显的，因此，多按形状特征和工作位置来确定主视图。叉架类零件一般采用一个全剖或局部剖视的基本视图表示内部结构形状，同时选择另一基本视图反映外形结构与相邻结构的表面连接形式，如图 7.9 所示。

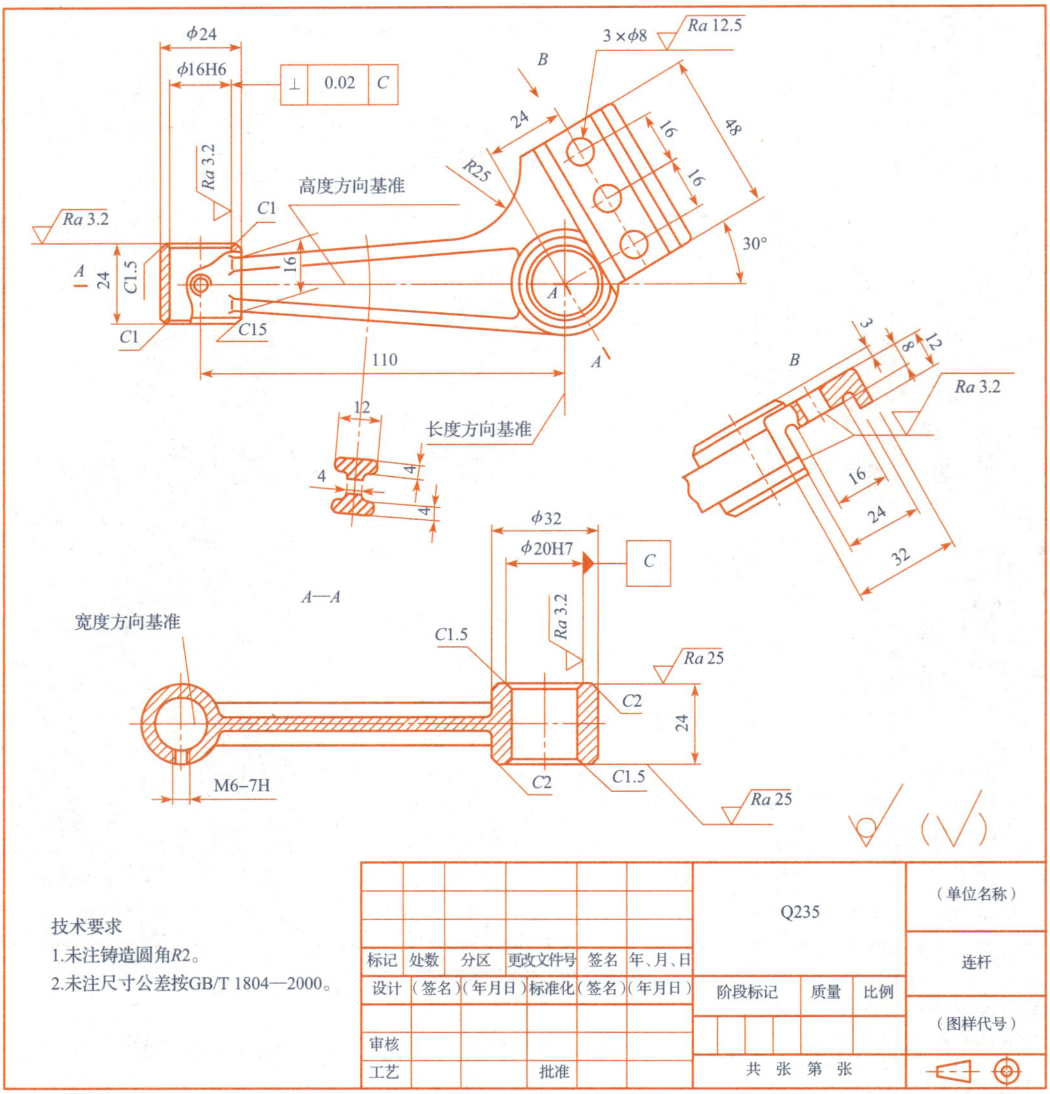

图 7.9　连杆零件图

叉架类零件的结构形状较复杂，所以视图数量较多。对一些不平行于基本投影面的结构形状，常采用斜视图、斜剖视图和断面图来表示。

4. 箱体类零件

箱体类零件在机器中起容纳和定位其他零件的作用。箱体类零件一般为铸件。减速器中的箱座和箱盖都属于箱体类零件。

箱体类零件上常有较大的内腔、轴承孔等结构，还常有安装底板、安装孔、安装平面、螺纹孔、销孔等结构用于安装。安装板上又常有凸台或凹坑等工艺结构。有些箱体类零件上设有储油池、注油孔、排油孔、各种油槽等，以方便润滑油的注入和排泄，保证箱体内运动件得到良好的润滑；外表常有肋板等结构。

由于箱体类零件结构都较复杂，且加工工序较多，表达方案不必过多考虑加工位置，一般以形状特征和工作位置来确定主视图。箱体类零件常需用 3 个或 3 个以上的基本视图表达，针对外部和内部结构形状的复杂情况，可采用全剖视、半剖视与局部剖视。对局部的内、外部结构形状可采用斜视图、局部视图、局部剖视图和断面图来表示，如图 7.10 所示。

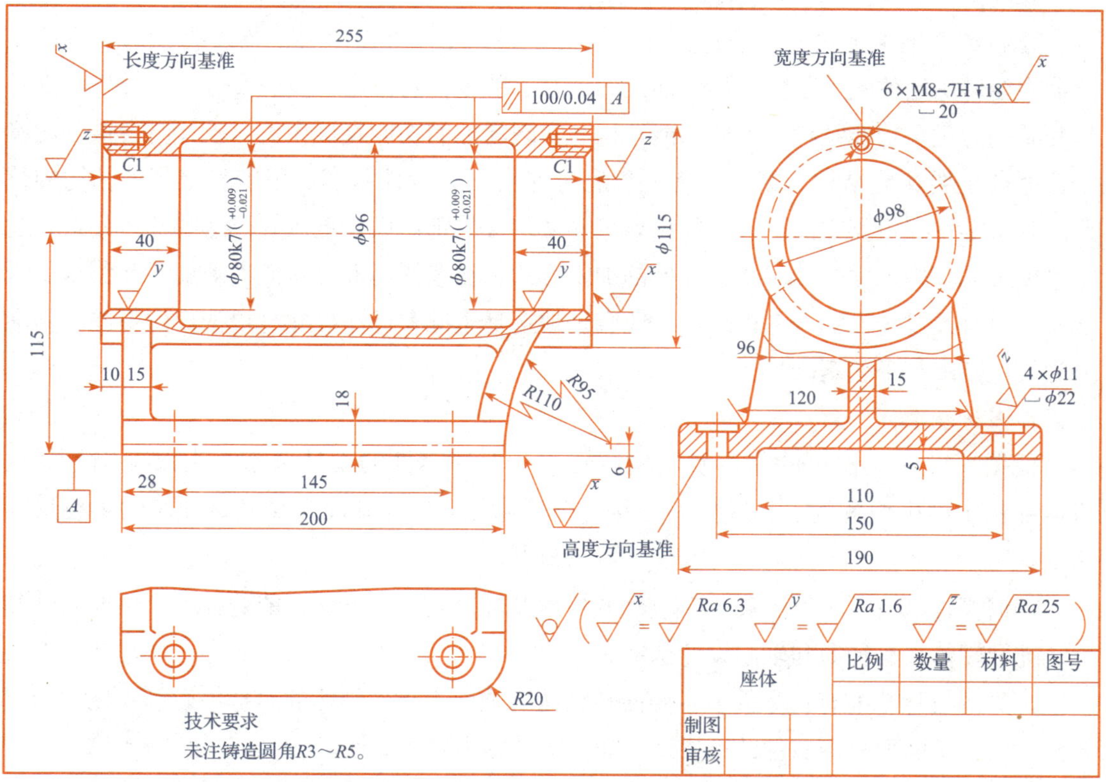

图 7.10　箱体类零件（铣刀头座体零件图）

7.3 零件图尺寸标注

零件图上的尺寸是制造、检验零件的重要依据。如果不考虑零件的功能性、加工和测量等因素，零件也可看作组合体，因而组合体尺寸标注中所讲到的完整、正确、清晰等要求也是标注零件尺寸的基本要求。除此之外，由于零件具有一定的功能性，因此标注零件尺寸还要满足设计要求，以保证零件能在机器中工作良好；由于零件要通过一定的加工、测量而得到，因此标注尺寸还要考虑制造、测量等方面因素。总而言之，要合理地标注零件尺寸。

零件图尺寸标注

7.3.1 尺寸基准

零件在设计、制造和检验中度量尺寸的起点，称为尺寸基准。零件上尺寸基准的几何形式一般可分为三种：

基准点——零件上的球心、顶点等几何中心。

基准线——零件上回转结构的轴线。

基准面——零件上主要装配面、支承面和零件上的对称平面等。

要做到合理选择尺寸基准，首先必须要了解几个问题：零件的作用是什么，零件在机器中如何确定位置，零件是如何加工的。在了解零件的作用后，需要进一步分析零件上哪些结构为主要功能结构。主要功能结构与实现零件的功能直接相关，设计时会被首先确定，因此主要功能结构上某些几何元素有可能会作为设计基准，用来确定其他结构的位置。分析零件在机器中的位置，找出确定零件位置的定位面、定位线。这些几何元素，通常也可考虑作为尺寸基准。了解零件的加工方式，在选择基准时就能考虑加工和测量是否方便。只有经过全面综合考虑后，才能合理地选择基准及标注尺寸。根据作用不同，基准分为设计基准和工艺基准。

1. 设计基准

根据零件在机器中的作用及结构特点，为保证零件的设计要求，用以确定零件在机器部件中准确位置的点、线、面，称为设计基准。设计基准是尺寸标注时的主要尺寸基准。

任何零件都有长、宽、高三个方向的尺寸基准，且每个方向只能选择一个主要设计基准。纯回转体只有径向和轴向设计基准。

常见的设计基准有：零件上主要回转结构的轴线；零件结构的对称中心面；零件的重要支承面、装配面；两零件的重要结合面；零件的主要加工面。

从设计基准出发标注尺寸，可以直接反映设计要求，能体现零件在部件中的功能。如图 7.11 所示为一个轴承挂架。在机器中，轴承挂架要准确置于安装位置才能工作，因此设计轴承挂架时，尺寸基准必须首先满足这个条件。以安装面 I 为长度方向的设计基准，可确定轴承挂架在机器中的左右位置；以对称面 II 作为宽度方向的设计基准，挂架宽度方向的尺寸关于面 II 对称标注，如两安装孔的孔距 100mm 关于面 II 对称标注，可保证轴承挂架在机器中的前后位置准确；用安装面Ⅲ作为高度方向的设计基准，可确定轴承挂架在机器中的上下位置，例如，以此为起点标注尺寸 115mm，可保证轴承挂架的轴承孔在机器中的上下位置准确。

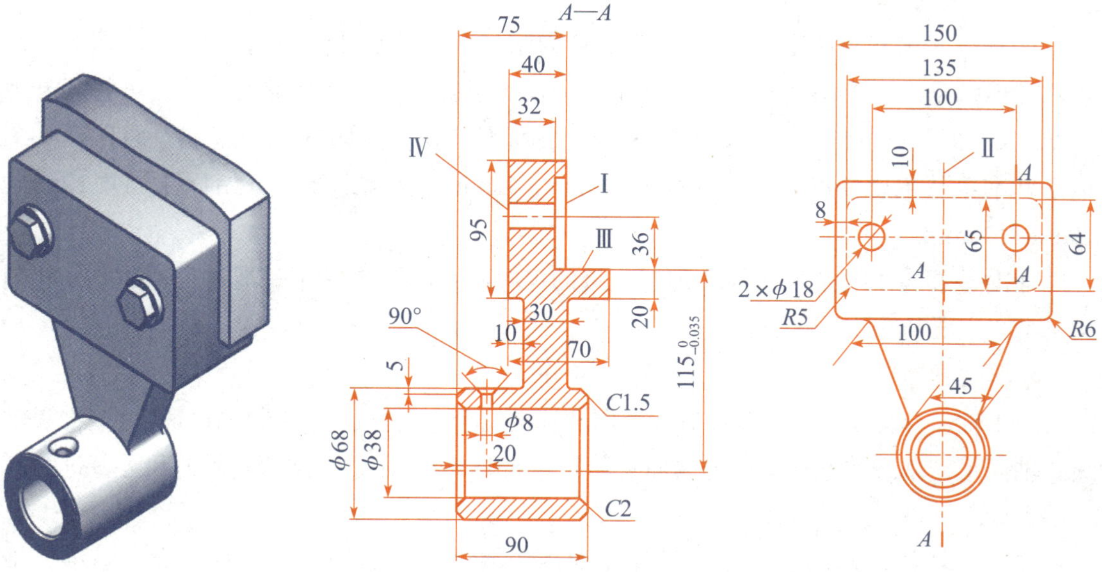

（a）轴承挂架的安装　　（b）轴承挂架设计基准

图 7.11　轴承挂架

2. 工艺基准

工艺基准是在加工或测量时，确定零件相对机床、工装位置或测量尺寸的基准。从工艺基准出发标注尺寸，可直接反映工艺要求，便于操作和保证加工、测量质量。如图 7.12（a）所示的阶梯轴，*E* 面为轴向设计基准，因为工作时以其定位。但是，如果轴向尺寸均以 *E* 面为起点标注，则加工、测量不方便。若以右端面为起点标注尺寸，则符合阶梯轴在车床上的加工情况，所以确定右端面为工艺基准，但在两基准之间必须标注一个联系尺寸（如 52mm），如图 7.12（b）所示。

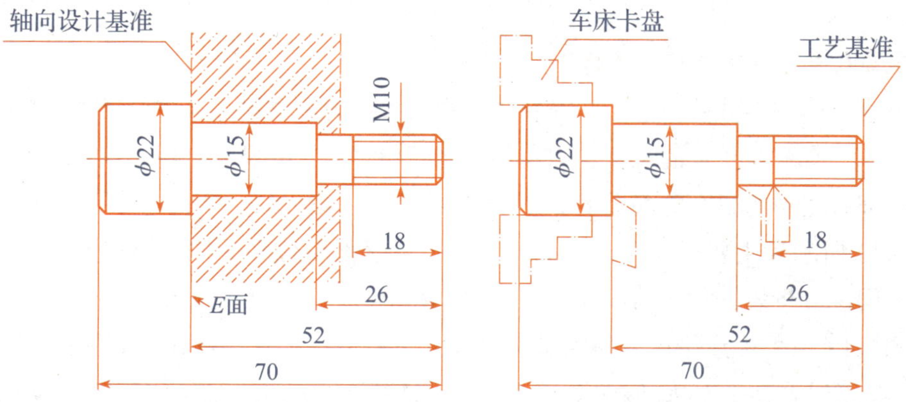

（a）阶梯轴的设计基准　　（b）阶梯轴工艺基准

图 7.12　阶梯轴

从设计基准出发标注尺寸，能保证设计要求；从工艺基准出发标注尺寸，则便于加工和测量，因此，最好使工艺基准和设计基准重合。当设计基准和工艺基准不重合时，所注尺寸应在保证设计要求的前提下，满足工艺要求。

3. 主要基准和辅助基准

从制造工艺角度来讲，根据零件本身的结构、功能要求，同方向的设计基准、工艺基准不一定是一个。当同一方向不止一个尺寸基准时，根据基准的重要性可将其分为主要基准和辅助基准。如图 7.11 所示，安装面 I 是长度方向的主要基准，面Ⅳ是一个辅助基准，从主要基准开始标注尺寸 75mm、40mm，从辅助基准开始标注尺寸 32mm、10mm、70mm。

辅助基准与主要基准之间必须有直接的尺寸联系，图 7.11 中是通过尺寸 40mm 将辅助基准与主要基准联系起来的。

4. 典型零件尺寸基准

（1）轴、套类零件设计基准分为径向和轴向两个方向。这类零件的径向尺寸基准是轴线，轴向尺寸基准常选择重要的端面及轴肩。如图 7.7 所示，柱塞套的轴向尺寸基准为其左端面。

（2）回转体结构的轮、盘类零件通常选用通过轴孔的轴线作为径向设计基准，轴向基准通常为重要的端面或接合面。如图 7.8 所示，轴向设计基准为端盖右侧的定位接触面。

（3）叉架类零件结构比较复杂，通常以重要结构的对称中心线、轴线或表面作为尺寸基准。如图 7.9 所示，长度方向尺寸基准是右侧大圆筒轴线，宽度方向尺寸基准为前后对称面，高度方向尺寸基准为左、右两圆筒的上下对称面。

（4）箱体类零件一般要考虑长、宽、高三个方向的设计基准，主要基准也是采用重要结构的对称中心线、轴线、对称平面和较大的加工平面。如图 7.10 所示，长度方向尺寸基准是左端面，宽度方向尺寸基准为前后对称面，高度方向尺寸基准为下底面。

7.3.2 标注尺寸需要注意的事项

1. 主要尺寸和非主要尺寸的标注

凡是直接影响零件使用性能和安装精度的尺寸称为主要尺寸。主要尺寸包括零件的规格性能尺寸、有配合要求的尺寸、确定零件之间相对位置的尺寸、用于连接和安装的尺寸等，一般都有较高的精度要求。主要尺寸要直接注出。

图 7.13 所示为主要尺寸两种不同的标注，从表面看似乎一样，但实际上这两种注法的结果不同。分析该轴承座的设计要求可知，其中心高尺寸 h 是主要尺寸，需要直接标注出来。图 7.13（b）标注错误，原因是主要尺寸没有从基准直接标注，而是标注尺寸 h_1 和 h_2，使得加工时 h 会受 h_1 和 h_2 两个尺寸影响，精度不易保证，也给加工增加了难度。

仅满足零件的力学性能、结构形状和工艺要求等方面的尺寸称为非主要尺寸。非主

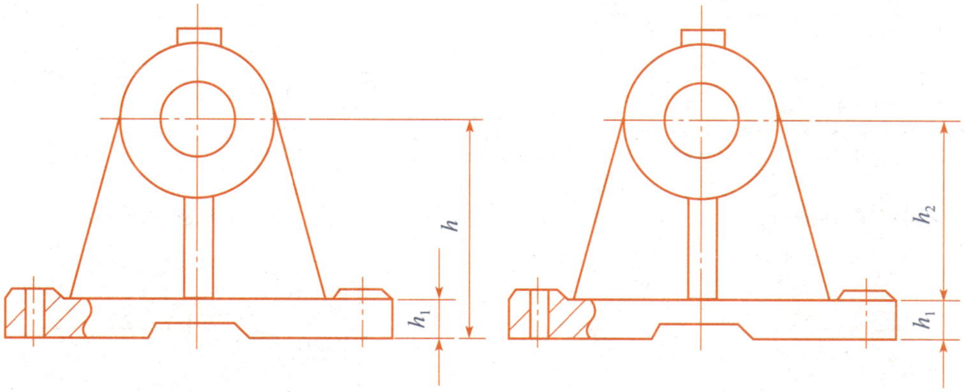

（a）正确　（b）错误

图 7.13　主要尺寸标注图

要尺寸包括外形轮廓尺寸和无配合要求、工艺要求的尺寸，如退刀槽、凸台、凹坑、倒角等。非主要尺寸一般都不注公差。

2. 不要注成封闭尺寸链

封闭尺寸链是头尾相接、形成一个封闭圈的一组尺寸，每个尺寸称为尺寸链中的一环。如图 7.14 中的尺寸 h、h_1 和 h_2 形成一个封闭尺寸链。

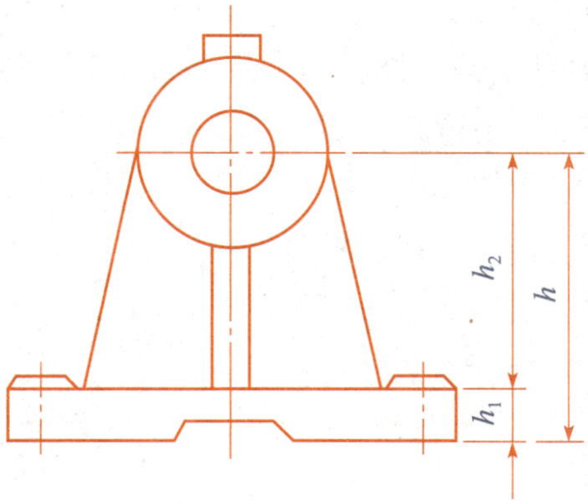

图 7.14　不能注成封闭尺寸链

这样标注的尺寸，一方面，由于加工时要保证每一个尺寸的精度要求，会增大加工成本；另一方面，任意两个尺寸的误差会累积到另一个尺寸，造成另一个尺寸可能达不到设计要求。例如，h_1 和 h_2 各自的误差可能都在要求范围内，但其误差之和可能会导致超出 h 的误差，从而使 h 达不到精度要求。因此，在实际标注尺寸时，选一个不重要的尺寸不标注，使之形成开口环。这时开口环的尺寸误差是其他各环尺寸误差之和，因为它不重要，对设计要求没有影响。

3. 按加工顺序标注尺寸

按加工顺序标注尺寸，符合加工过程，便于加工和测量，如图 7.15 所示。

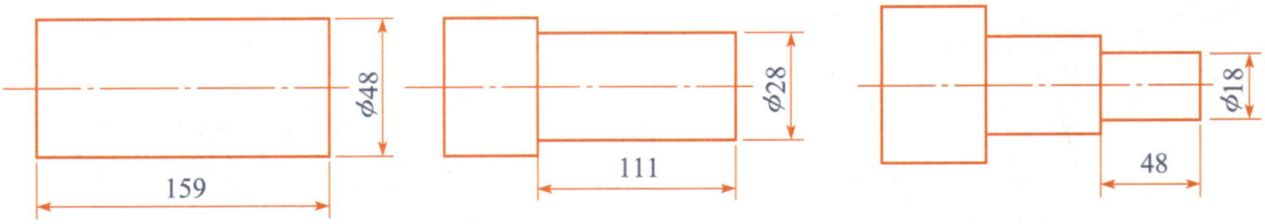

（a）落料，定159mm尺寸　（b）车ϕ28mm外圆，定111mm尺寸　（c）车ϕ18mm外圆，定48mm尺寸

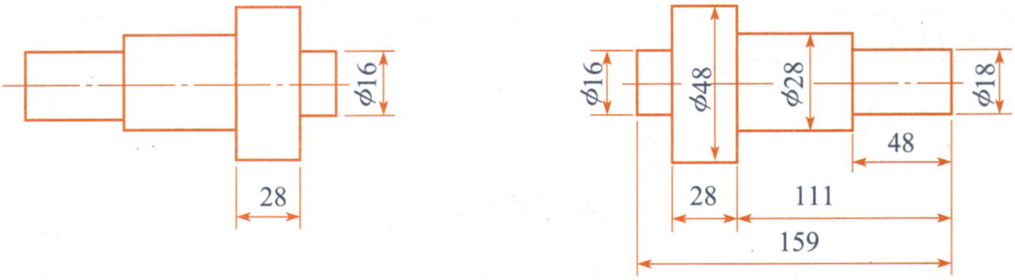

（d）调头车ϕ16mm外圆，留28mm尺寸　（e）标注尺寸

图 7.15　按加工顺序标注尺寸

4. 标注时考虑测量方便

零件图的尺寸标注，应考虑测量和检验的方便，同时尽量做到使用普通量具就能测量，以减少专用量具的设计和制造。图 7.16（a）标注合理，因为量具可从零件的具体位置进行测量；图 7.16（b）标注不合理。图 7.17（a）标注合理，因为便于从零件的外部进行测量；图 7.17（b）标注不合理，因为其中的尺寸 l 是一个内部尺寸，不便测量。

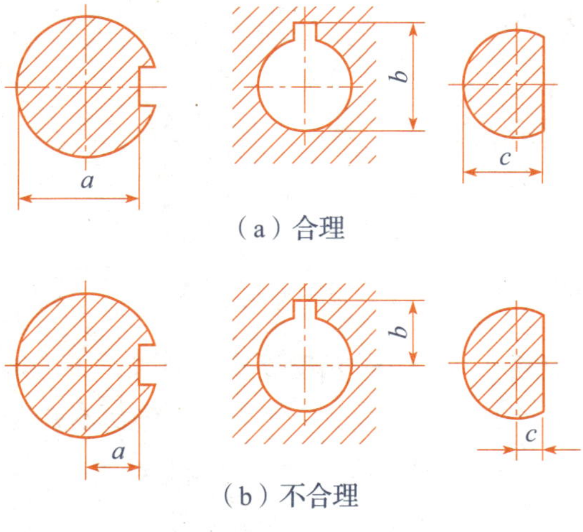

图 7.16　标注尺寸考虑测量方便 1

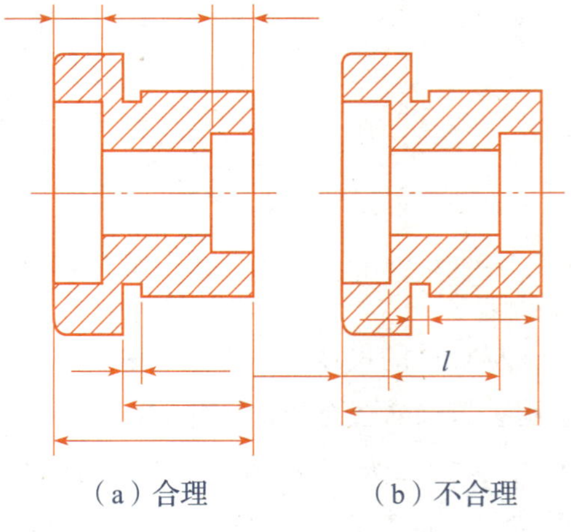

图 7.17　标注尺寸考虑测量方便 2

5. 加工面和非加工面分开标注

对于铸造、锻造零件，同一方向的加工面和非加工面应各选基准分别标注各自尺寸，并且两个基准之间只允许有一个联系尺寸。如图 7.18（a）所示，零件的非加工面间由一组

高度尺寸 m_1、m_2、m_3、m_4 相联系；加工面间由另一组高度尺寸 l_1、l_2 相联系；加工基准面与非加工基准面之间的高度尺寸由一个尺寸 h 相联系。图 7.18（b）中的尺寸标注是不合理的，因为只有上、下表面是加工面，零件下表面加工后要同时保证尺寸 h、k、n，显然不合理。

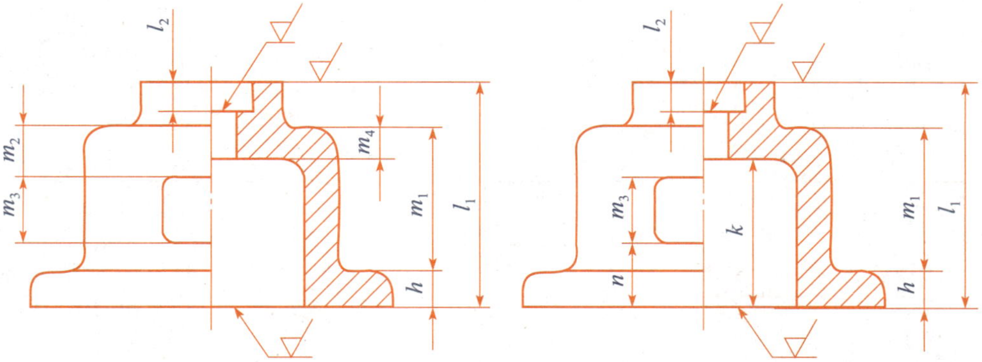

（a）合理　　（b）不合理

图 7.18　加工面与非加工面尺寸标注

7.3.3　零件上常见结构的尺寸标注

零件上几种常见孔（光孔、沉孔、螺纹孔）、倒角、退刀槽的尺寸标注见表 7.1。

表 7.1　零件上常见结构的标注

结构类型	结构名称	标注方法	简化标注方法	说明
光孔	圆柱孔	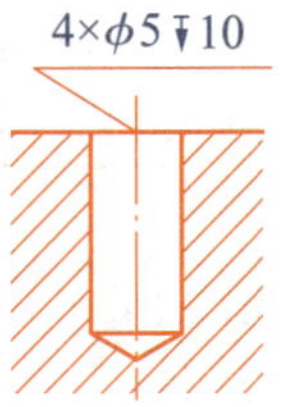	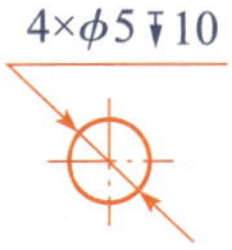 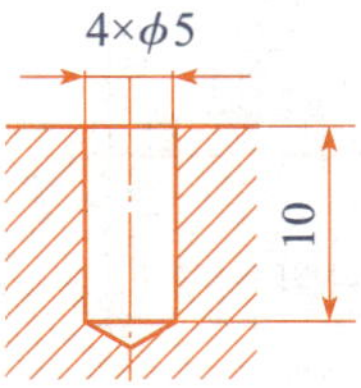	4 个直径为 5mm，有规律分布的光孔。孔的深度 10mm，公差 6H
	锥销孔	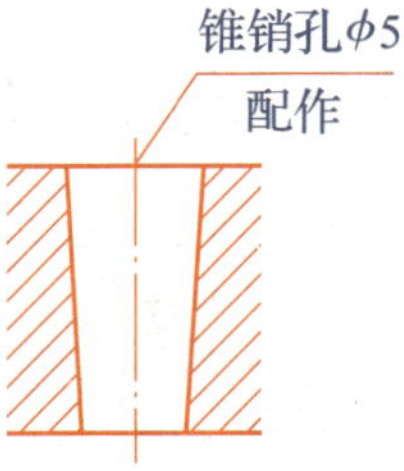	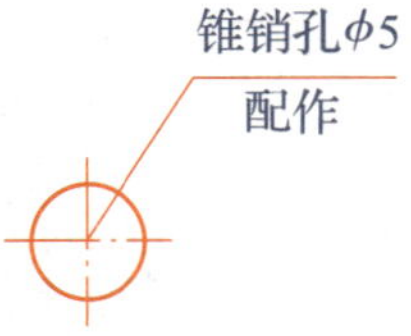	锥销孔小端直径为 5mm，与相邻零件装夹一起后同时加工

续表

结构类型	结构名称	标注方法	简化标注方法	说明
沉孔	柱形沉孔	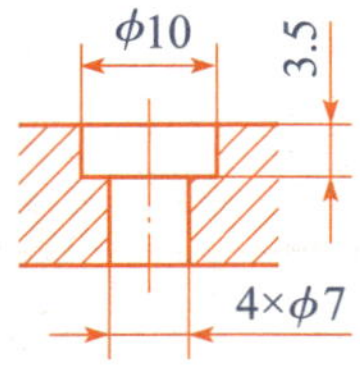	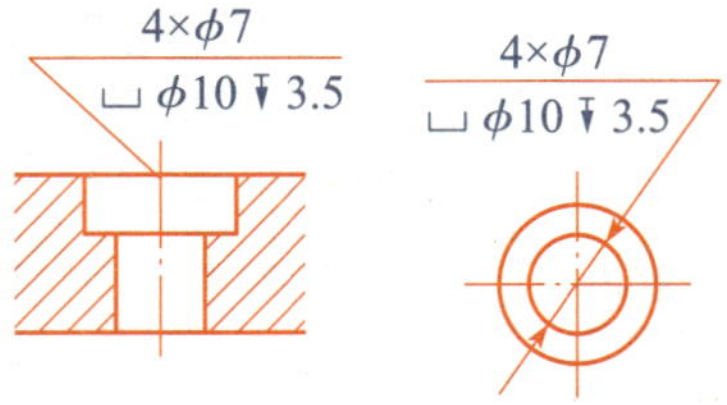	柱形沉孔的直径为7mm，深度为3.5mm，数量为4
	锥形沉孔（埋头孔）	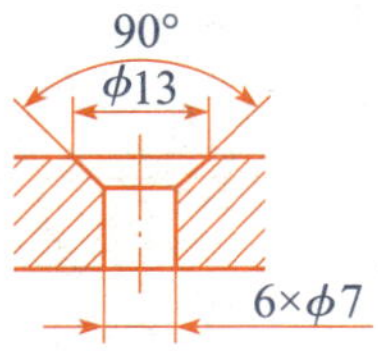	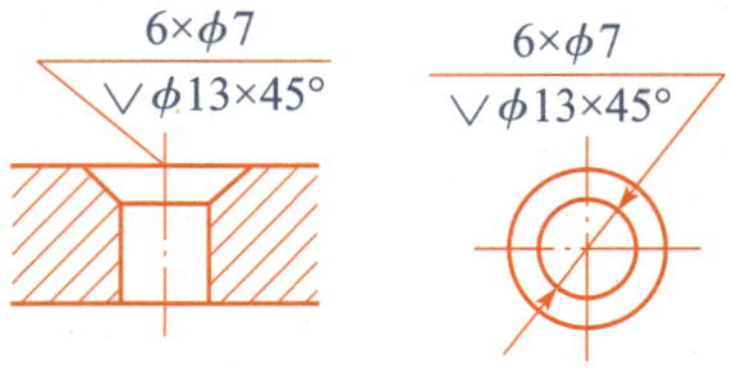	“∨”为埋头孔符号。大端直径为13mm，锥度90°
	柱形锪孔	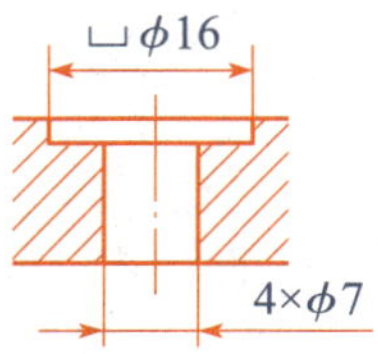	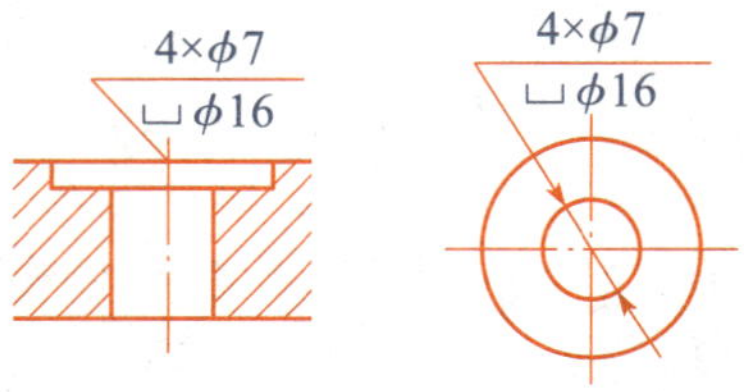	柱形锪孔的直径为16mm
螺纹孔	通孔	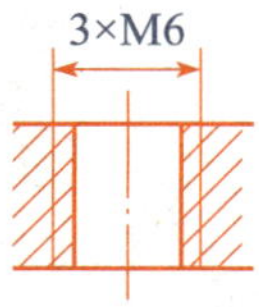		螺纹孔直径为6mm，数量为3
	不通孔	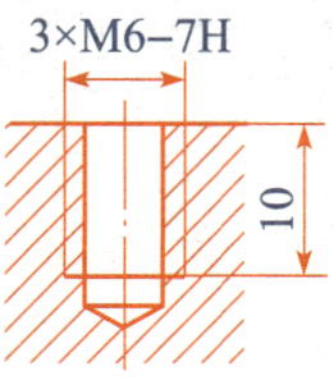	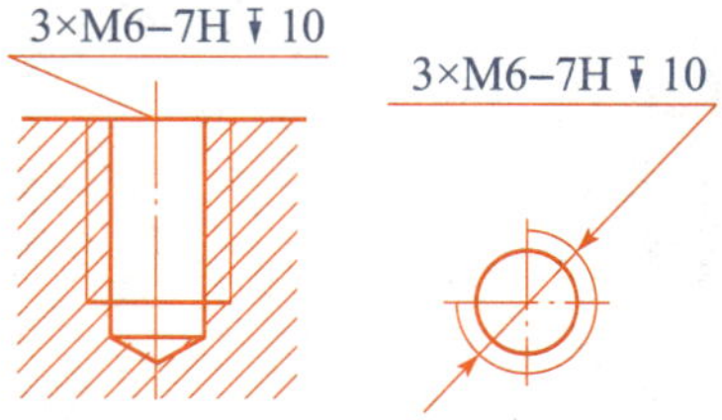	螺纹孔直径为6mm，深度为10mm，数量为3
	一般孔	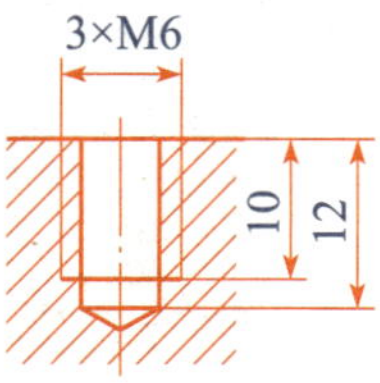	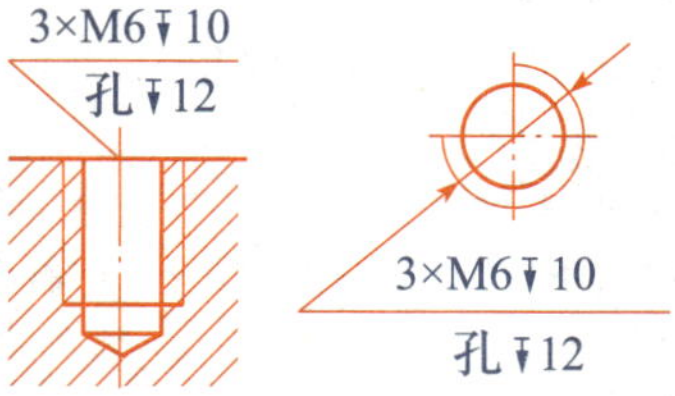	螺纹孔直径为6mm，深度为10mm，光孔深度为12mm，数量为3

续表

<table>
<tr><th>结构类型</th><th>结构名称</th><th>标注方法</th><th>简化标注方法</th><th>说明</th></tr>
<tr><td rowspan="2">倒角</td><td>45° 倒角</td><td colspan="2">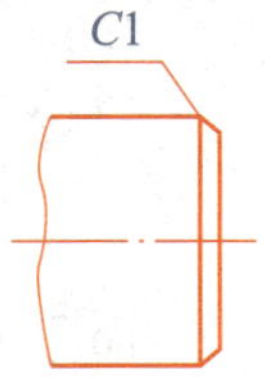
</td><td>45° 倒角，倒角宽度为 1mm</td></tr>
<tr><td>非 45° 倒角</td><td colspan="2">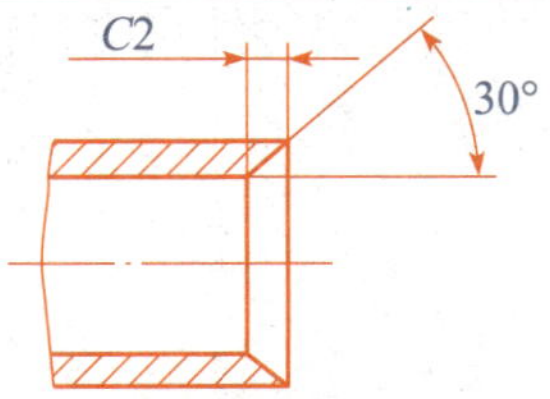
</td><td>标注倒角角度和倒角宽度。倒角角度为 30°，倒角宽度为 2mm</td></tr>
<tr><td colspan="2">退刀槽</td><td colspan="2">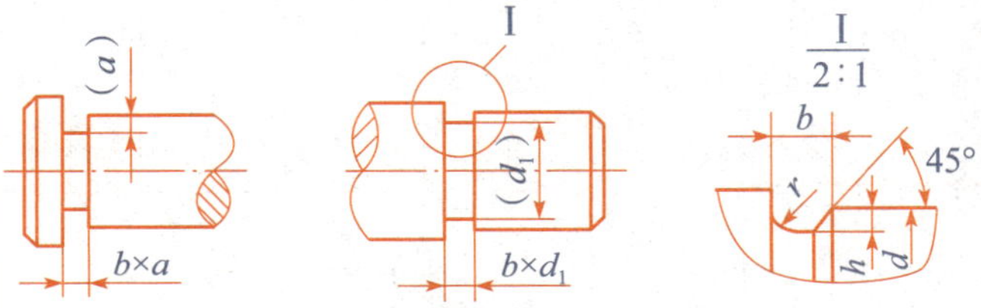
</td><td>可按“槽宽 × 直径”或“槽宽 × 槽深”的形式标注</td></tr>
</table>

7.4 表达零件的工艺结构

零件上为满足加工工艺要求而设的结构称为工艺结构。合理的工艺结构能使零件在一定的生产条件下高质量、低成本地被制造出来。机器零件大部分是通过铸造和机械加工来制造的，下面介绍一些铸造和机械加工技术对零件工艺结构的要求。

零件的工艺结构

7.4.1 铸造零件的工艺结构

1. 起模斜度

铸造零件毛坯时，为了便于在砂型中取出木模，铸件沿木模的起模方向有一定的斜度，称为起模斜度，如图 7.19 所示。

（a）合理　　（b）不合理

图 7.19　起模斜度

起模斜度的大小通常为 1 : 100 ～ 1 : 20。用角度表示时，木模常为 1° ～ 3°；金属模用手工造型时为 1° ～ 2°，用机械造型时为 0.5° ～ 1°。

铸件的起模斜度（不大于 3°）在零件图上一般不画、不标。必要时，可在技术要求中说明。当需要在图中表达起模斜度时，如在一个视图中已表达清楚，其他视图可按小端画出。

2. 铸造圆角

通常会把铸件的表面相交处设成圆角，如图 7.20 所示。这样既便于起模，又能防止浇注时金属液将砂型转角处冲坏，还可以避免铸件在冷却收缩过程中在尖角处开裂或产生缩孔。

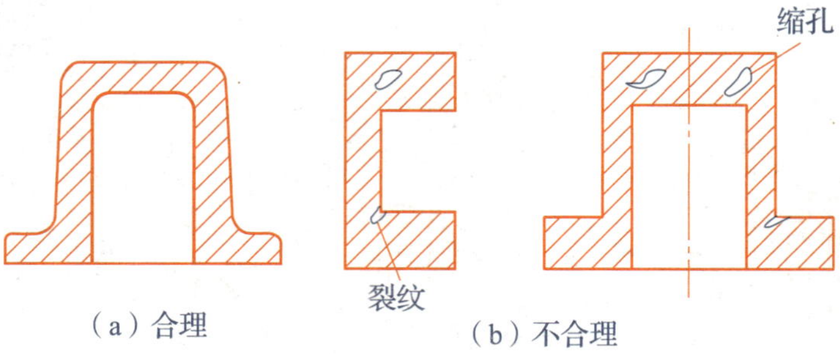

图 7.20 铸造圆角

由于铸件上存在圆角，使得两个形体表面相交处产生的相贯线不太明显。为了便于读图时区分不同的表面，在图样上一般仍旧画出这条交线，称为过渡线。

过渡线与相贯线的主要区别有两点：一是过渡线用细实线绘制；二是过渡线的端部不与轮廓线相连，留有间隙（画到没有圆角时原相贯线与原曲面轮廓线的理论交点处）。具体画法如下：

（1）当两曲面相交时，过渡线不与圆角轮廓接触，如图 7.21 所示。

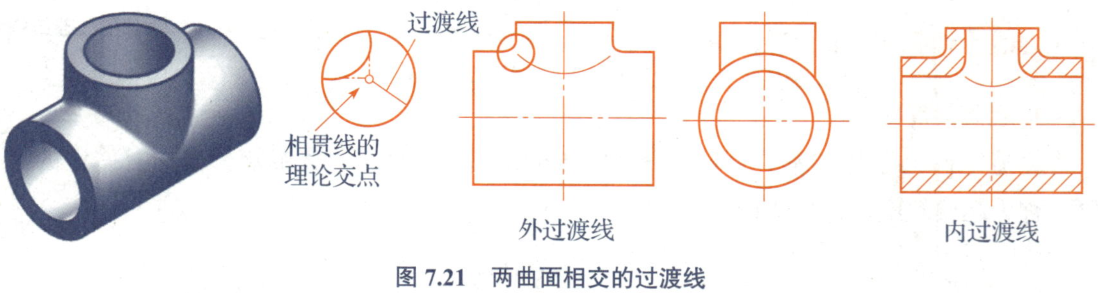

图 7.21 两曲面相交的过渡线

（2）圆柱面相贯、圆柱面与圆锥面相接时，过渡线的画法如图 7.22 所示。

（3）平面与平面或平面与曲面相交时，过渡线画在两个面的理论相交处，平面的两侧轮廓线画小圆弧，弯曲方向与铸造圆角的弯曲方向一致，如图 7.23 所示。

（4）圆柱面与肋板相交时，如果板与圆柱面相切，不画过渡线；如果板与圆柱面相交，需要画过渡线，如图 7.24 所示。

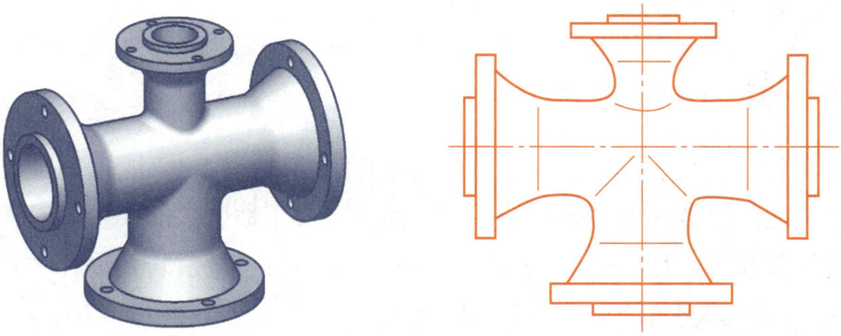

图 7.22　圆柱面相贯、圆柱面与圆锥面相接的过渡线

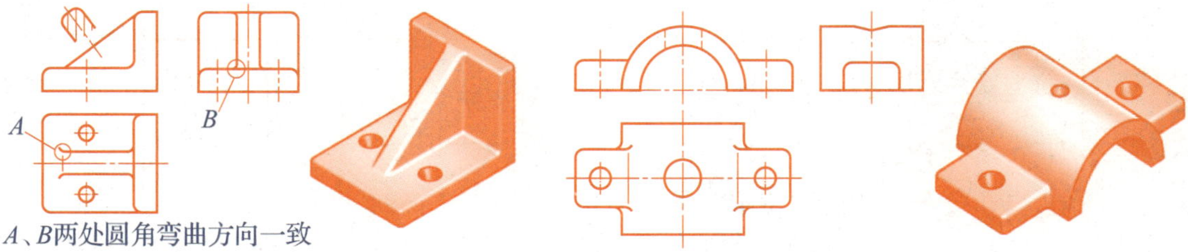

（a）　　　　　　（b）

图 7.23　平面与平面或平面与曲面相交的过渡线

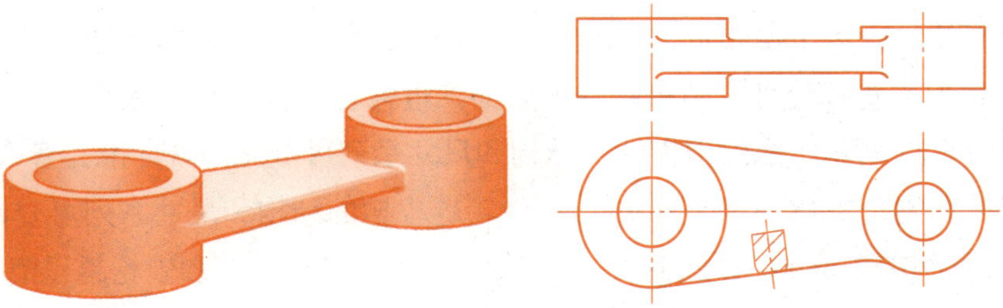

图 7.24　圆柱面与肋板相交的过渡线

3. 铸件壁厚

在铸造零件时，为了避免因冷却速度不同而产生缩孔、裂纹等缺陷，应使铸件壁厚保持等厚或逐渐变化，如图 7.25 所示。

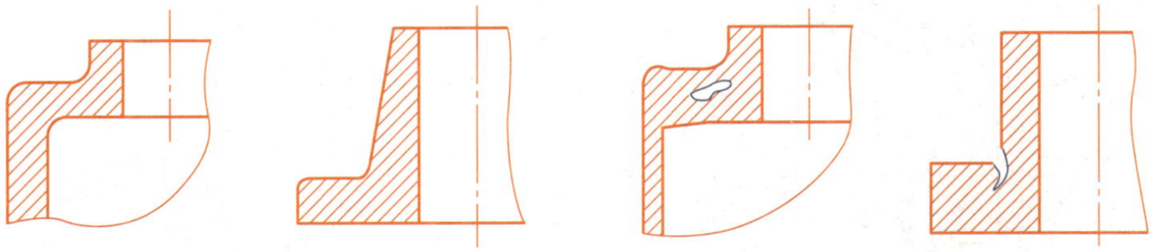

（a）合理　　　　　　（b）不合理

图 7.25　铸件壁厚

要注意的是，铸件结构宜尽量简单、紧凑，这样可以节省制造铸型工时，减少造型材

料消耗，降低成本。

7.4.2　零件机械加工的工艺结构

1. 倒角和圆角

为了便于装配，通常在轴和孔的端面加工出 45° 或其他度数的倒角。对于阶梯轴或阶梯孔，为了避免在轴肩、孔肩处出现应力集中而产生裂纹，轴肩转角处往往加工成圆角过渡，称为倒圆。圆角和倒角的尺寸系列可查阅相关国家标准。在零件图中，倒角和倒圆需要画出并标注，如图 7.26 所示。

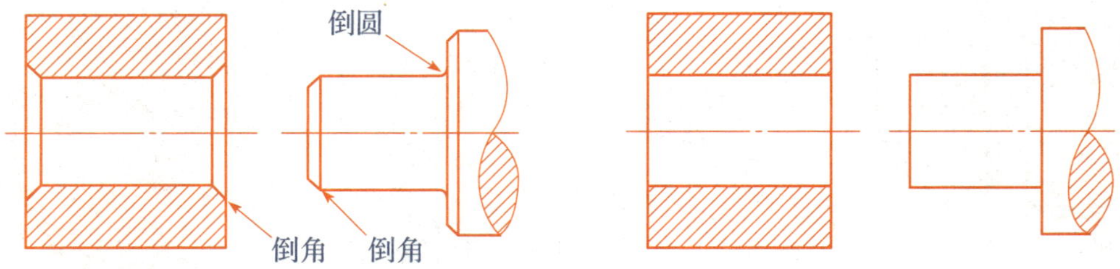

（a）合理　　（b）不合理

图 7.26　倒角和倒圆

2. 退刀槽和砂轮越程槽

在车削螺纹时，为了便于退出刀具，常常在零件待加工表面的末端先车出螺纹退刀槽；在磨削时为了使砂轮可以稍稍超越加工面，也常在零件待加工表面末端先车出砂轮越程槽，如图 7.27 所示。螺纹退刀槽的结构和尺寸系列可查阅国家标准《普通螺纹收尾、肩距、退刀槽和倒角》（GB/T 3—1997）。砂轮越程槽的结构和尺寸系列可查阅国家标准《砂轮越程槽》（GB/T 6403.5—2008）。在零件图中，螺纹退刀槽和砂轮越程槽应该画出并标注尺寸。

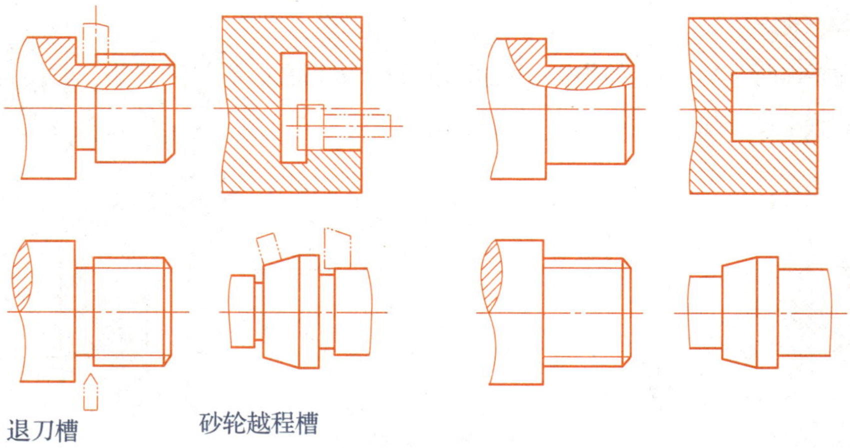

（a）合理　　（b）不合理

图 7.27　螺纹退刀槽和砂轮越程槽

3. 钻孔结构

用钻头钻孔时，要求钻头轴线垂直于被钻孔的端面，以保证钻孔准确和避免钻头折断。若要在曲面、斜面上钻孔，应预先把钻孔口表面做成与轴线垂直的凸台、凹坑或平面，如图 7.28 所示。

（a）合理　　（b）不合理

图 7.28　钻孔

钻不通孔时，孔底部有一个锥角，锥孔深度指圆柱部分的深度。在阶梯形钻孔的过渡处，也存在锥角，在零件图中，应该画出这个锥角。

4. 键槽

同一轴上的两个键槽应在同侧，便于一次装夹加工。不要因加工键槽而使机件局部过于单薄，致使强度减弱。必要时可增加键槽处的壁厚，如图 7.29 所示。

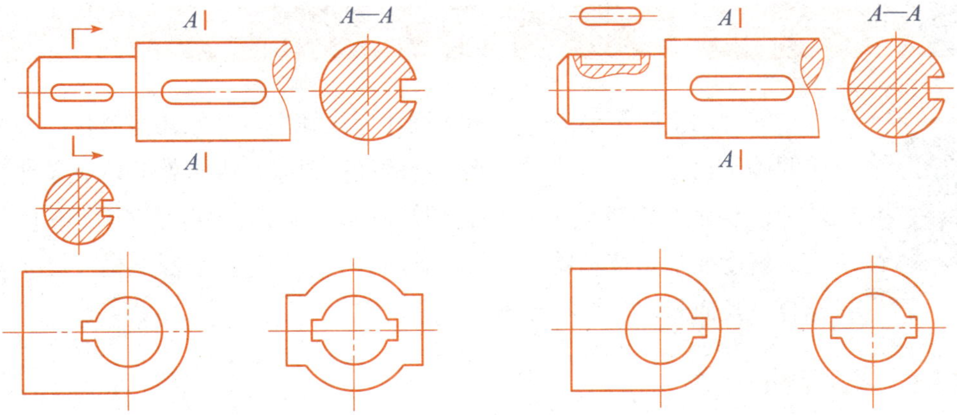

（a）合理　　（b）不合理

图 7.29　键槽

5. 凸台、凹槽、凹坑

为了保证零件间接触良好，零件上与其他零件的接触面，一般都要进行机械加工。为了减少机械加工量和节省材料，降低制造费用，通常在铸件上设计凸台、凹槽或凹坑结构，把加工表面与非加工表面分开，如图 7.30 所示。

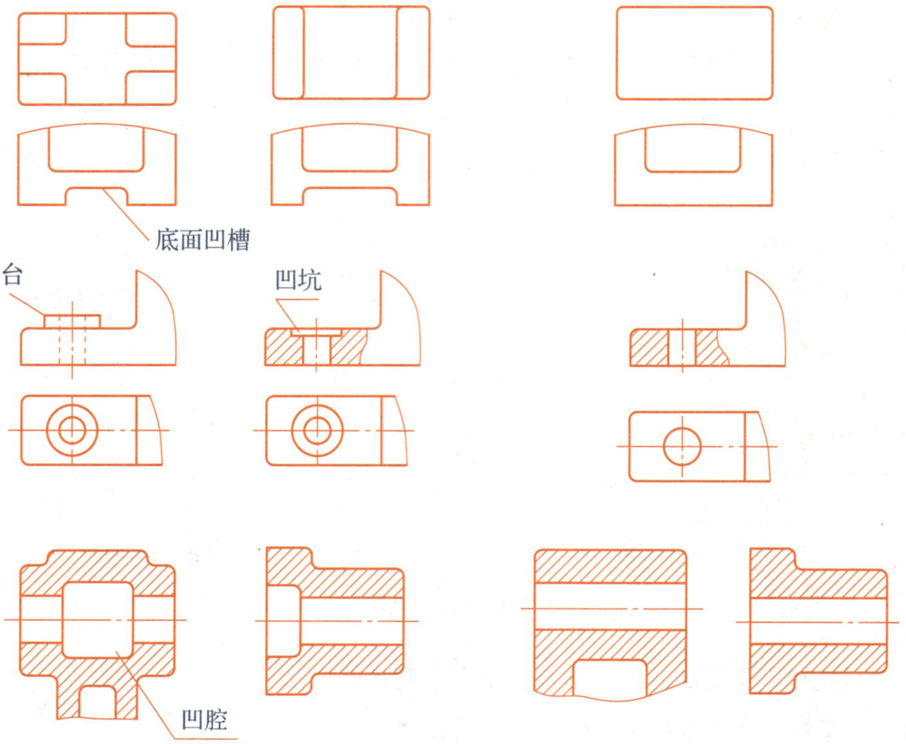

（a）合理　　（b）不合理

图 7.30　凸台、凹槽、凹坑（区分加工表面和非加工表面）

7.5 表达零件技术要求

零件图表面结构

零件图上除了要通过视图和尺寸标注确定零件的几何形状、大小，还应明确给出零件在制造时需要达到的精度要求，否则就会造成零件制造质量无法保证、零件不能顺利装配等一系列问题，给生产带来不必要的损失。精度要求是技术要求中的重要内容，通常包括表面结构、尺寸公差与配合、几何公差、材料及热处理等内容。

7.5.1　表面结构

零件在制造过程中，由于受到加工方法、使用的刀具精度及磨损、机床的精度及振动等因素的影响，使得零件加工表面不能达到理想表面要求。加工过程会在零件表面上形成实际的宏观和微观几何误差。表面结构对零件的使用性能有很大影响。因此，表面结构是评价零件表面质量的一项重要指标，关系到零件质量的优劣，在零件图上需要标注设计时根据功能确定的对零件各表面质量的要求。

表面结构是表面粗糙度、表面波纹度、表面缺陷、表面纹理和表面几何形状的总称。国家标准《产品几何技术规范（GPS）　技术产品文件中表面结构的表示法》（GB/T 131—

2006）规定了技术产品文件中表面结构的表示法。

1. 表面粗糙度的概念

由于金属塑性和刀痕、加工技术等因素的影响，将零件的表面放在放大镜或显微镜下面观察，可以看到高低不平的状况，高起的部分称为峰，低凹的部分称为谷，如图 7.31 所示。它对零件的配合精度、耐磨程度、抗疲劳强度、抗腐蚀性、密封性等都有影响。零件表面上具有较小间距的峰、谷所组成的微观形状特征，称为表面粗糙度。表面粗糙度值越小，表面质量要求越高。

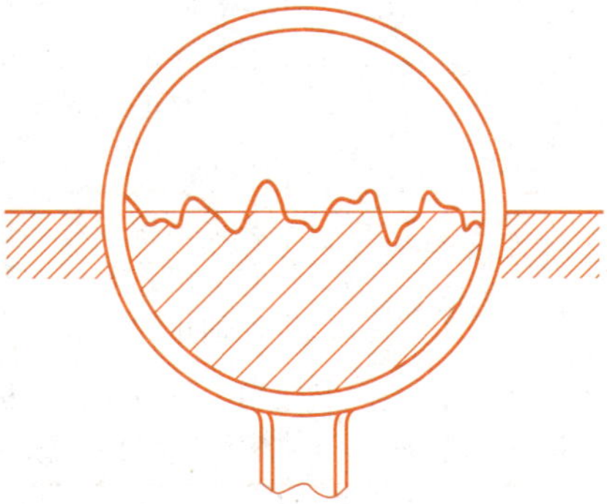

图 7.31　表面粗糙度微观形状

2. 表面结构的评定参数

零件表面结构的状况由三个参数加以评定：轮廓参数、图形参数、支承率曲线参数。其中轮廓参数是目前生产中最常用的评定参数，它包括原始轮廓（*P* 轮廓）、粗糙度轮廓（*R* 轮廓）和波纹度轮廓（*W* 轮廓）。这三类表面结构轮廓是所有表面结构参数的基础。这里重点讲述评定粗糙度轮廓（*R* 轮廓）中的两个高度参数 *Ra* 和 *Rz*，如图 7.32 所示。

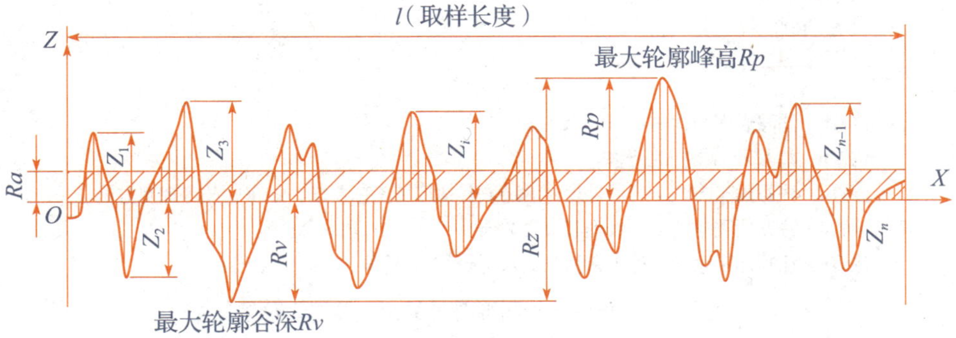

图 7.32　参数 *Ra* 和 *Rz*

（1）算术平均偏差 *Ra*。在一个取样长度（用于判别具有表面结构特征的一段基准长度）内，轮廓偏距（表面轮廓线上任一点到基准线的距离 *Z*）绝对值的算术平均值用参数 *Ra* 表示。

（2）轮廓最大高度 *Rz*。在一个取样长度内，最大轮廓峰高和最大轮廓谷深之和用参数 *Rz* 表示。

国家标准《产品几何技术规范（GPS）表面结构　轮廓法　表面粗糙度参数及其数值》（GB/T 1031—2009）规定了表面粗糙度参数 *Ra*、*Rz* 的数值。各种 *Ra* 值下的表面特征、主要加工方法和应用举例如表 7.2 所示。

表 7.2　*Ra* 值与加工方法的关系及应用实例

***Ra* 值 /μm**	**表面特征**	**主要加工方法**	**应用举例**
80 ～ 12.5	可见刀纹	粗车、刨、立铣、钻等	不接触表面、不重要的接触面，如螺钉孔、倒角、机座底面等
10 ～ 1.6	可见加工痕迹	精车、精铣、精刨、铰、镗、粗磨等	没有相对运动的零件接触面，如箱、盖、套筒要求紧贴的表面、键和键槽工作表面；相对运动速度不高的接触面，如支架孔、衬套、带轮轴孔的工作表面
1.25 ～ 0.2	看不见加工痕迹	精车、精铰、精拉、精磨等	要求密合很好的接触面，如与滚动轴承配合的表面、销孔等；相对运动速度较高的接触面，如滑动轴承的配合表面、齿轮的工作表面
0.16 ～ 0.08	光泽面（镜面）	研磨、抛光、超精细研磨等	精密量具表面、极重要零件的摩擦面，如气缸内表面、坐标镗床的主轴颈等

3. 表面结构图形符号

表面结构图形符号的画法如图 7.33 所示，附加标注的尺寸如表 7.3 所示。标准表面结构的图形符号及意义如表 7.4 所示。

位置a：注写表面结构的单一要求。
位置b：注写表面结构的要求。
位置c：注写加工方法、表面处理、涂层或其他加工工艺要求，如车、铣等加工方法。
位置d：注写所要求的表面纹理和纹理方向。
位置e：注写加工余量，加工余量以毫米（mm）为单位。

图 7.33　表面结构图形符号的画法及注写位置

表 7.3　表面结构图形符号附加标注的尺寸　　（单位：mm）

<table>
<tr><td>数字和字母高度 h</td><td>2.5</td><td>3.5</td><td>5</td><td>7</td><td>10</td><td>14</td><td>20</td></tr>
<tr><td>符号线宽</td><td rowspan="2">0.25</td><td rowspan="2">0.35</td><td rowspan="2">0.5</td><td rowspan="2">0.7</td><td rowspan="2">1</td><td rowspan="2">1.4</td><td rowspan="2">2</td></tr>
<tr><td>字母线宽</td></tr>
<tr><td>高度 H_1</td><td>3.5</td><td>5</td><td>7</td><td>10</td><td>14</td><td>20</td><td>28</td></tr>
<tr><td>高度 H_2</td><td>7.5</td><td>10.5</td><td>15</td><td>21</td><td>30</td><td>42</td><td>60</td></tr>
</table>

表 7.4　标准表面结构的图形符号及意义

名称		图形符号	含义
基本图形符号			基本图形符号仅用于简化代号标注，没有补充说明时不能单独使用
扩展图形符号	要求去除材料的图形符号		表示指定表面是用去除材料的方法获得的，如通过机械加工（如车、铣、刨、磨、抛光等）获得的表面
	不允许去除材料的图形符号		表示指定表面是用不去除材料方法获得的，如铸、锻，或保持上道工序形成的表面等
完整图形符号		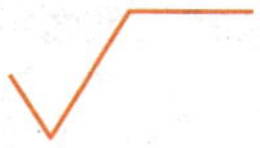	允许任何工艺。在报告和合同的文本中用文字表达该符号时，使用 APA
			去除材料。在报告和合同的文本中用文字表达该符号时，使用 MRR
			不去除材料。在报告和合同的文本中用文字表达该符号时，使用 NMR
工件轮廓各表面的图形符号		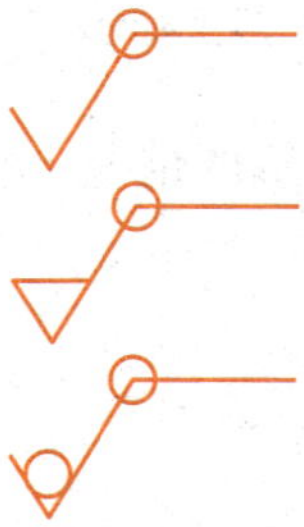	当在图样某个视图上构成封闭轮廓的各表面有相同的表面结构要求时，应在完整图形符号上加一圆圈，标注在图样中工件的封闭轮廓线上。 如果标注会引起歧义，各表面应分别标注。 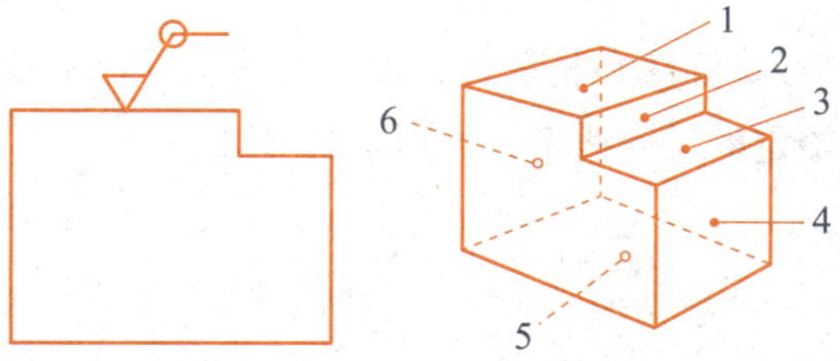 （a）视图　（b）立体图 （a）的表面结构符号是指对（b）中封闭轮廓 1 ～ 6 的六个面的共同要求（不包括前后面）

4. 表面结构要求的注法

表面结构要求对每一表面一般只标注一次，尽可能标注在相应的尺寸及公差的同一个视图上。除非另有说明，所标注的表面结构要求是对零件加工后表面的要求。

（1）表面结构的标准标注。

总的原则：表面结构的注写和读取方向与尺寸的注写和读取方向一致，如图 7.34

所示。

1）标注在轮廓线或指引线上。表面结构要求可标注在轮廓线上，其符号应从材料外指向表面并接触表面。必要时，表面结构图形符号也可用带箭头或黑点的指引线引出标注，如图 7.35、图 7.36 所示。

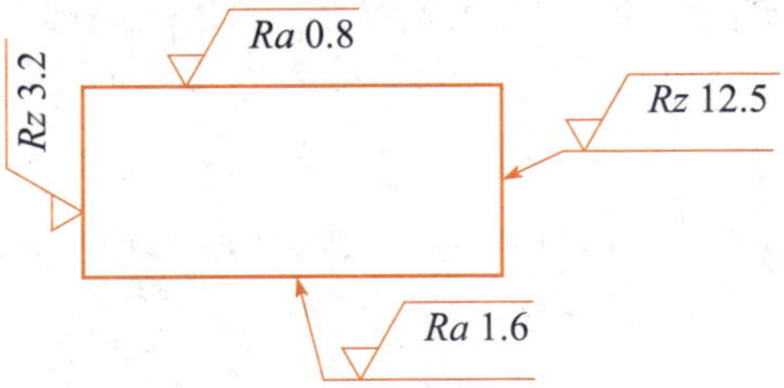

图 7.34　表面结构要求的注写方向

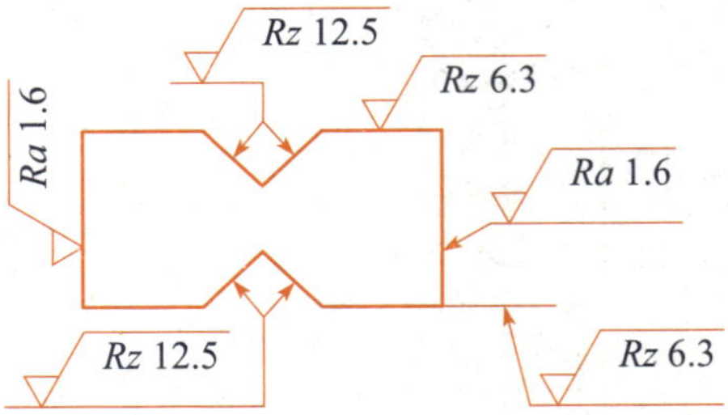

图 7.35　表面结构要求在轮廓线上标注

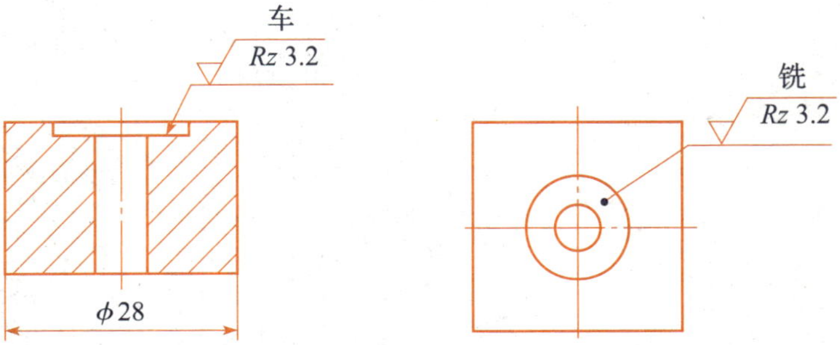

（a）用带箭头的指引线引出标注　（b）用带黑点的指引线引出标注

图 7.36　表面结构要求在指引线上标注

2）标注在特征尺寸的尺寸线上。在不致引起误解的情况下，表面结构要求可以标注在给定的尺寸线上，如图 7.37 所示。

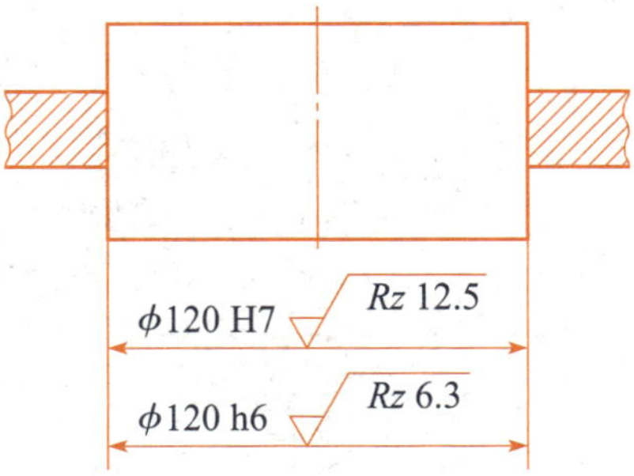

图 7.37　表面结构要求标注在尺寸线上

3）标注在几何公差的框格上。表面结构要求可标注在几何公差框格的上方，如图 7.38 所示。

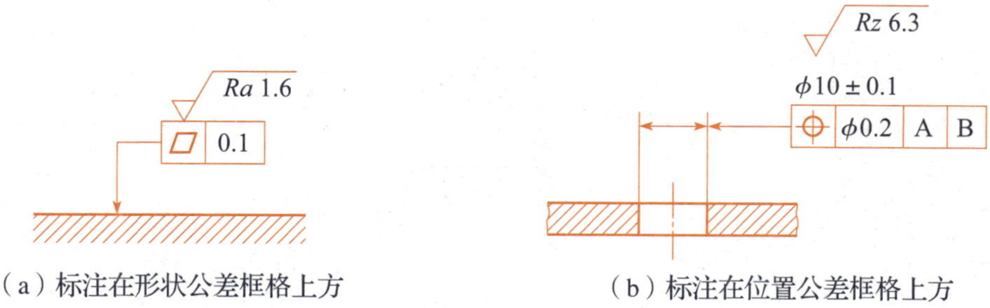

图 7.38　表面结构要求标注在几何公差框格的上方

4）标注在延长线上。表面结构要求可以直接标注在延长线上，或用带箭头的指引线引出标注，如图 7.39 所示。

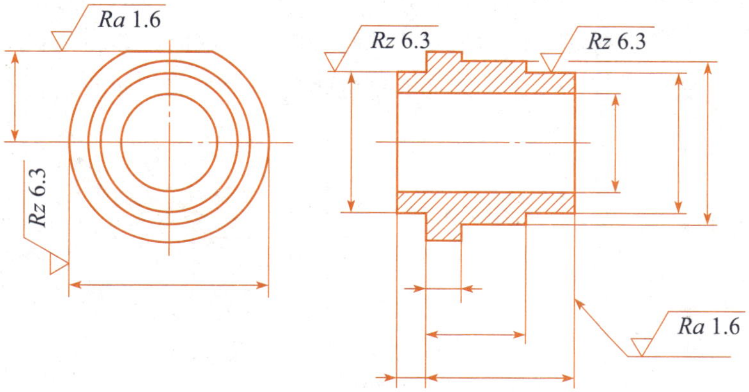

图 7.39　表面结构要求标注在圆柱特征的延长线上

5）标注在圆柱和棱柱表面上。圆柱和棱柱表面的表面结构要求只标注一次，如图 7.39 所示。如果每个棱柱表面有不同的表面结构要求，则应分别单独标注，如图 7.40 所示。

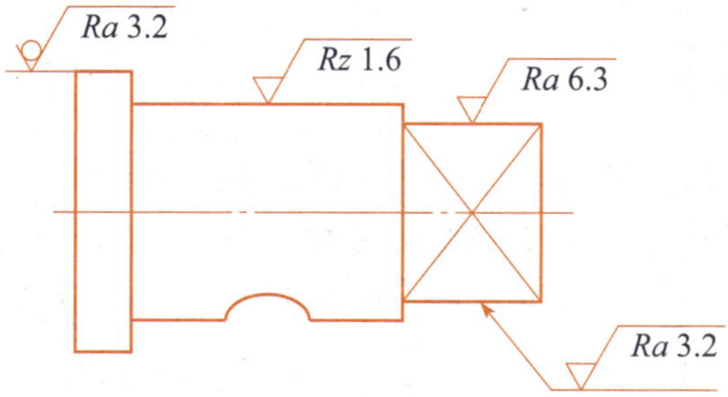

图 7.40　圆柱和棱柱表面结构要求的注法

（2）表面结构要求的简化注法。

1）多数或全部表面有相同表面结构要求的简化注法。如果工件的多数或全部表面有相同表面结构要求，可统一标注在图样的标题栏附近。此时（除全部表面有相同要求的情况外），无任何其他标注的基本符号或不同的表面结构要求可在后面圆括号内给出，如图 7.41 所示。

图 7.41 大多数表面有相同表面结构要求的简化注法

2）多个表面有共同表面结构要求的简化注法。当多个表面具有相同的表面结构要求或图纸空间有限时，可以采用简化注法：可用带字母的完整符号表示，在图形中标注时用带同一字母的符号，并在标题栏的附近给出该符号的具体数值，如图 7.42（a）所示；可用表面结构符号以等式的形式给出多个表面共同的表面结构要求，如图 7.42（b）所示。

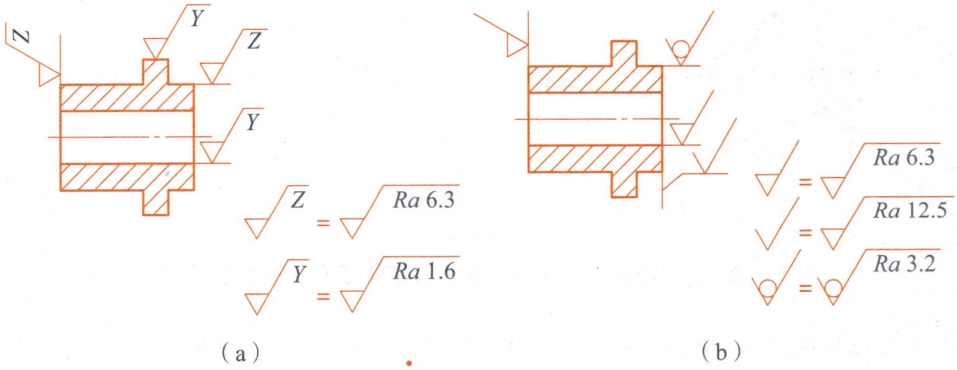

图 7.42 多个表面有共同要求的简化注法

7.5.2 尺寸公差与配合

尺寸公差与配合

现代化的机械工业，为了便于装配和维修，有利于组织生产协作，提高经济效益，往往要求零件具有良好的互换性。所谓互换性，是指在装配时，从一批同样规格的零件中任取一件，不经挑选或修配就可顺利地装到机器上，并能保证使用要求。若想使零件具有互换性，零件的尺寸误差、形状和位置误差必须控制在适合的范围内，因此图样上必须要标注与此相关的各项技术要求。

1. 尺寸公差的概念及相关术语

（1）要素。要素是指零件上的几何特征——点、线或面。

（2）公称尺寸。公称尺寸是指由图样规范确定的理想形状要素的尺寸，即设计时确定的尺寸。

（3）实际尺寸。零件加工完后，通过实际测量所得到的尺寸称为实际尺寸。

（4）极限尺寸。极限尺寸是指尺寸要素允许的尺寸变化的两个极限值。尺寸要素允许的最大尺寸，称为上极限尺寸；尺寸要素允许的最小尺寸，称为下极限尺寸。极限尺寸是用来控制实际尺寸的，当实际尺寸在两极限尺寸所确定的范围内时，尺寸合格。

（5）尺寸偏差。尺寸偏差是指某一尺寸减其公称尺寸所得的代数差，简称偏差。极限偏差是指极限尺寸减去公称尺寸所得的代数差，由上、下极限偏差组成。它们可以是正值、负值或零。

孔的上、下极限偏差代号分别为 ES 和 EI；轴的上、下极限偏差代号分别为 es 和 ei，如图 7.43 所示。

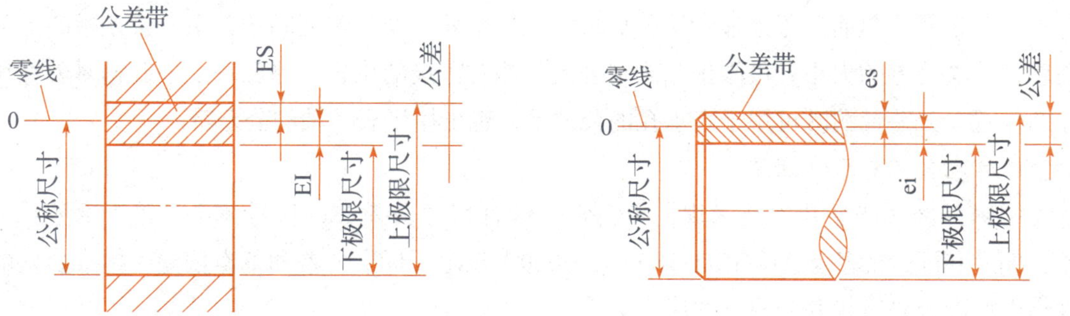

（a）孔　　（b）轴

图 7.43　公差术语

（6）尺寸公差。尺寸公差是指允许尺寸的变动量，简称公差。

尺寸公差 = 上极限尺寸 − 下极限尺寸 = 上极限偏差 − 下极限偏差

由于上极限尺寸总是大于下极限尺寸，因此，尺寸公差一定为正值。

【例 7.1】设计一轴与一个孔配合，它们的公称尺寸均为 ϕ30mm，孔的最大尺寸为 ϕ30.021mm，最小尺寸为 ϕ30mm；轴的最大尺寸为 ϕ29.98mm，最小尺寸为 ϕ29.967mm。

解：由定义知，

孔的上极限尺寸为 ϕ30.021mm，下极限尺寸为 ϕ30mm；孔的上极限偏差（ES）= 30.021mm − 30mm = 0.021mm，下极限偏差（EI）= 30mm − 30mm = 0；孔的公差为 0.021mm − 0 = 0.021mm。

轴的上极限尺寸为 ϕ29.98mm，下极限尺寸为 ϕ29.967mm；轴的上极限偏差（es）= 29.98mm − 30mm = −0.020mm，下极限偏差（ei）= 29.967mm − 30mm = −0.033mm；孔的公差为 −0.02mm −（−0.033mm）= 0.013mm。

（7）公差带和公差带图。如图 7.44 所示，沿水平方向绘制零线，正偏差位于其上，负偏差位于其下。同时画出代表上极限尺寸和下极限尺寸（或上极限偏差和下极限偏差）的两条直线，这两条直线所限定的区域，称为公差带。为了便于分析，常用按一定比例放大的矩形方框表示公差带，其上边界代表上极限偏差，下边界代表下极限偏差；方框的左右长度无实际意义，可根据需要任意确定。

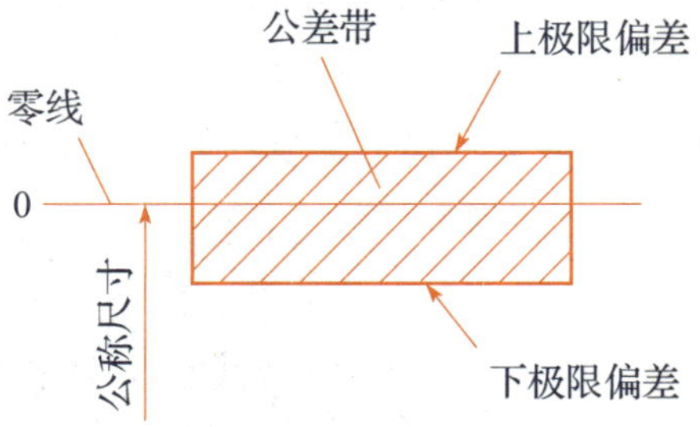

图 7.44　公差带图

公差带图简单而形象地显示了公称尺寸、极限偏差及公差之间的关系。公差带的上下高度，反映公差的大小；极限偏差确定公差带相对零线的位置，即反映了公差相对公称尺寸的位置。公差带图既可用于表示孔的公差带，也可用于表示轴的公差带。

2. 标准公差与基本偏差

国家标准《产品几何技术规范（GPS） 线性尺寸公差 ISO 代号体系　第 1 部分：公差、偏差和配合的基础》（GB/T 1800.1—2020）规定了标准公差和基本偏差，标准公差的大小由标准公差等级和公称尺寸决定。

标准公差是线性尺寸公差 ISO 代号体系中的任一公差。把零件的尺寸精度分为 20 个等级，用符号 IT 和阿拉伯数字一起表示，即 IT01、IT0、IT1 ～ IT18，其中 IT01 精度最低，IT18 精度最高。当公称尺寸确定时，标准公差等级越高，标准公差值越小，尺寸的精度越高。对于同一标准公差等级，随着尺寸的增大，标准公差值增大，较大零件的加工误差随之增大。

基本偏差是用以确定公差带相对于零线位置的上极限偏差或下极限偏差，一般为靠近零线的那个偏差。

根据实际需要，国家标准分别对孔和轴各规定了 28 个不同的基本偏差，如图 7.45 所示，当公差带在零线的上方时，基本偏差为下极限偏差；当公差带在零线的下方时，基本偏差为上极限偏差；当零线穿过公差带时，离零线近的偏差为基本偏差；当公差带关于零线对称时，基本偏差可以为上极限偏差或下极限偏差。

由图 7.45 可知：

（1）基本偏差用拉丁字母表示。大写字母代表孔，小写字母代表轴。

（2）轴的基本偏差从 a ～ h 为上极限偏差，从 j ～ zc 为下极限偏差。js 的上、下极限偏差对称分布在零线两侧，因此，其上极限偏差为 +IT/2 或下极限偏差为 –IT/2。

（3）孔的基本偏差从 A ～ H 为下极限偏差，从 J ～ ZC 为上极限偏差。JS 的上、下极限偏差分别为 +IT/2 和 –IT/2。

轴和孔的基本偏差数值可查阅国家标准《产品几何技术规范（GPS） 线性尺寸公差 ISO 代号体系　第 1 部分：公差、偏差和配合的基础》。

根据公称尺寸、基本偏差和标准公差等级，可从附表中查得孔和轴的极限偏差。

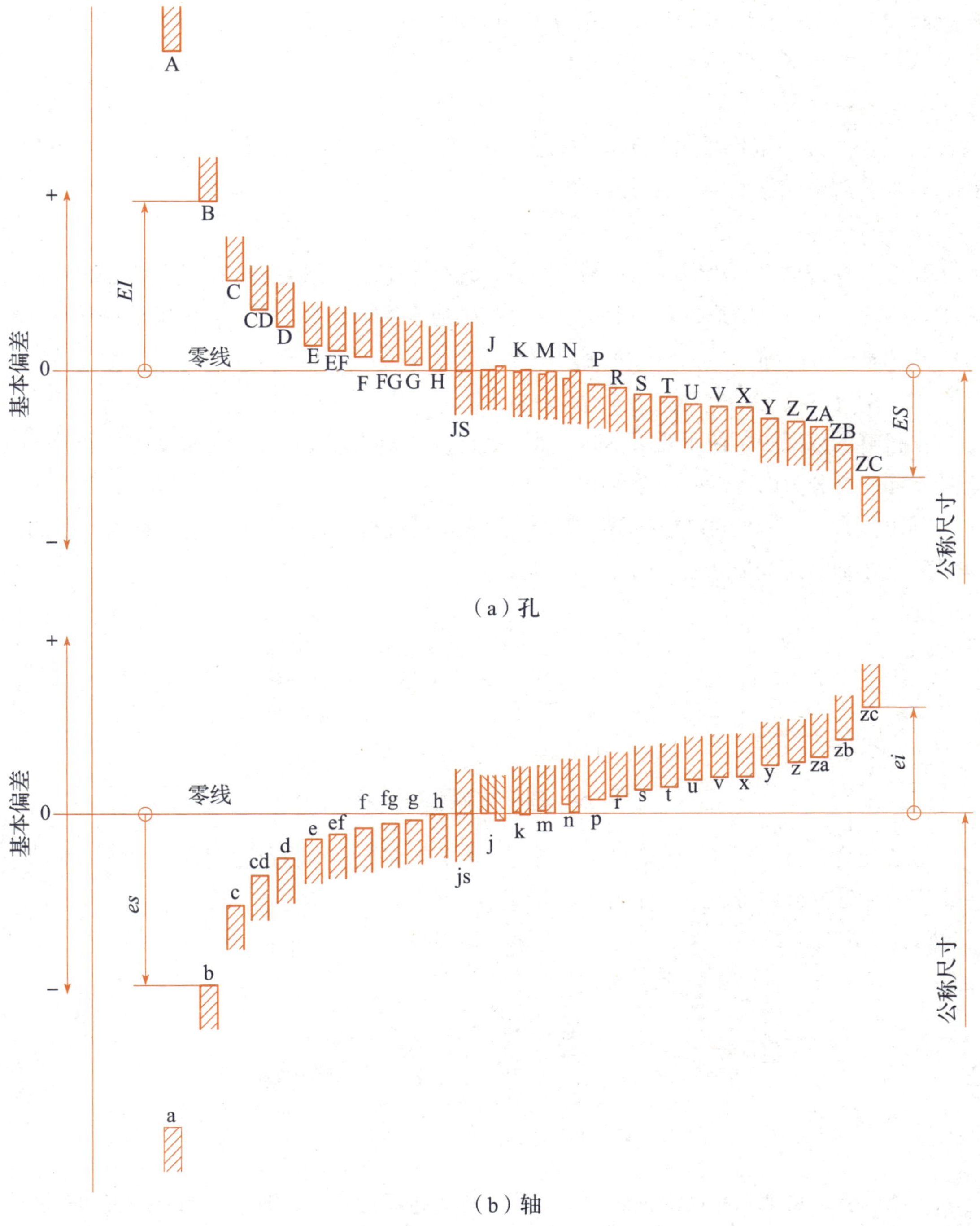

图 7.45　基本偏差系列

【**例 7.2**】已知孔的公称尺寸和上、下极限偏差为 $\phi 90^{+0.035}_{0}$，试确定孔的上、下极限尺寸、尺寸公差及基本偏差。

解： 公称尺寸为 ϕ90mm；

90mm + 0.035mm = 90.035mm，上极限尺寸为 ϕ90.035mm；

90mm + 0mm = 90mm，下极限尺寸为 ϕ90mm；

公差 IT = ES − EI = 0.035mm − 0 = 0.035mm；

基本偏差为下极限偏差，数值为 0。

3. 公差带代号

孔、轴的公差带代号用基本偏差代号与公差等级数字表示。孔的公差带代号如 H6、F8；轴的公差带代号如 f6、h8、n7 等。

4. 配合

配合是指公称尺寸相同的相互结合的孔和轴公差带之间的关系。广义上的孔通常指工件的内表面，可以是圆形或非圆形；广义上的轴通常指工件的外表面，可以是圆形或非圆形。孔和轴配合的前提是公称尺寸相同。

（1）配合种类。

在机器的装配中，使用要求不同，轴、孔配合的松紧程度也不同。根据零件间配合状态的不同，可分为以下三种配合种类：

间隙配合：具有间隙（包括最小间隙等于零）的配合，称为间隙配合。此时，孔的公差带完全在轴的公差带之上，如图 7.46 所示。

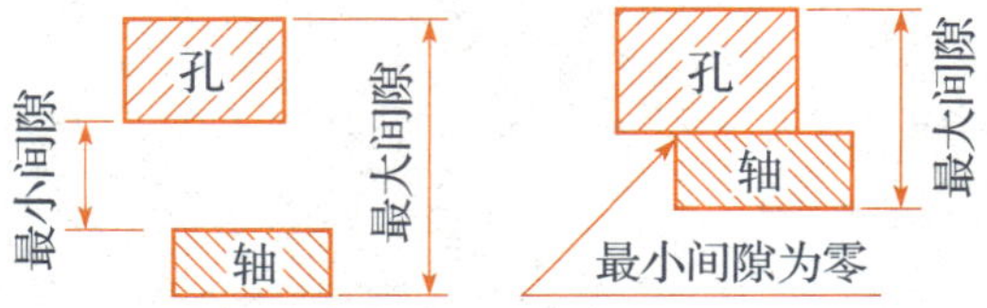

图 7.46　间隙配合的公差带图

过盈配合：具有过盈（包括最小过盈等于零）的配合，称为过盈配合。此时，孔的公差带完全在轴的公差带之下，如图 7.47 所示。

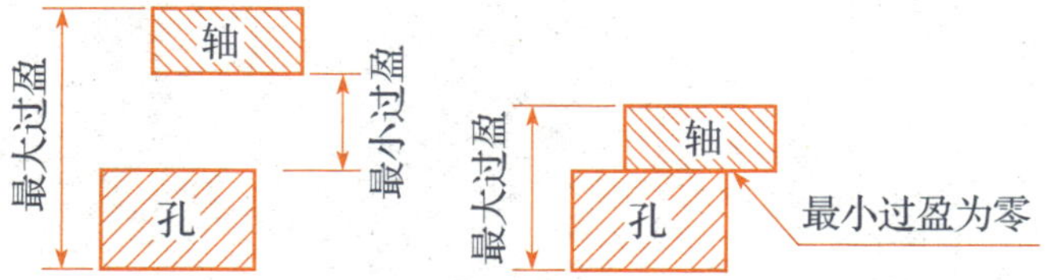

图 7.47　过盈配合的公差带图

过渡配合：可能具有间隙或过盈的配合，称为过渡配合。此时，孔的公差带和轴的公差带相互交叠，如图 7.48 所示。

图 7.48　过渡配合的公差带图

（2）配合制。

当孔和轴配合时，如果公差带随意变动，使得配合情况变化极多，不便于零件设计时选用。为此，国家标准规定两种配合制：基孔制和基轴制。

基孔制配合：孔的基本偏差为零的配合，即孔的下极限偏差等于零。在同一基本尺寸的配合中，将孔的公差带位置固定，通过变动轴的公差带，得到各种不同的配合，如图 7.49 所示。基孔制的孔为基准孔，基准孔的基本偏差代号为 H，其下偏差为零，公差带在零线上侧。

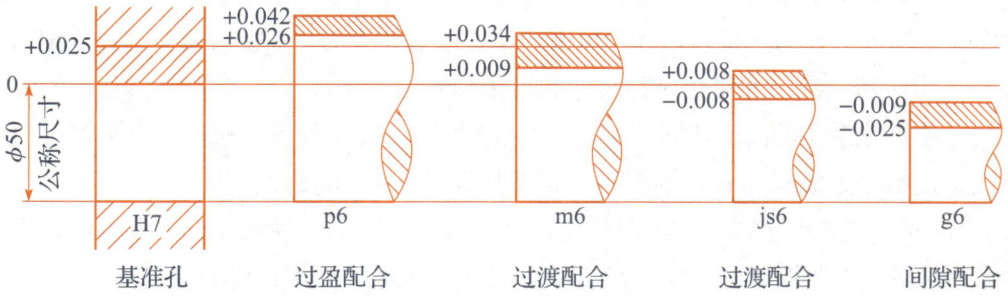

图 7.49　基孔制配合示意图

基轴制配合：轴的基本偏差为零的配合，即轴的上极限偏差等于零。在同一基本尺寸的配合中，将轴的公差带位置固定，通过变动孔的公差带位置，得到各种不同的配合，如图 7.50 所示。基轴制的轴称为基准轴，基准轴的基本偏差代号为 h，其上偏差为零，公差带在零线下侧。

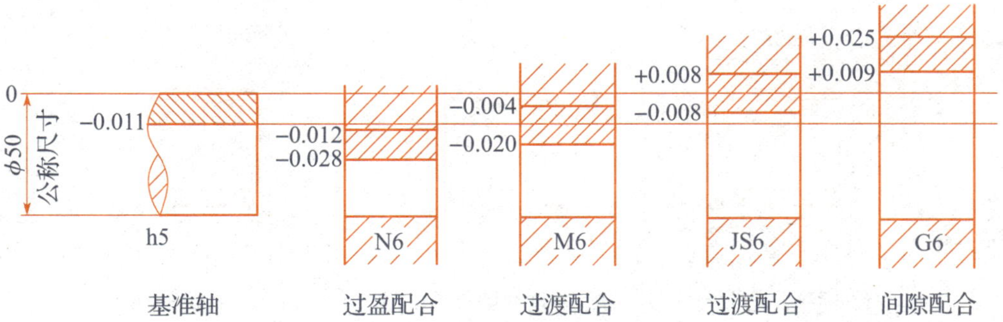

图 7.50　基轴制配合示意图

一般情况下，优先采用基孔制。基轴制仅用于具有明显经济效果的场合和结构设计要求不适合采用基孔制的场合。如，标准滚动轴承的外圈与轴承座孔配合通常采用基轴制。

（3）配合代号。

用孔、轴公差带代号组合表示，写成分数形式，孔的公差带代号写在分子的位置，轴的公差带代号写在分母的位置。

5. 极限与配合的标注

（1）零件图中的标注。

1）标注公差带代号，如图 7.51（a）所示。这种标注形式一般用于大批量生产的零件图样中，用专用量具检验零件的尺寸。

2）标注极限偏差数值，如图 7.51（b）所示。这种注法主要用于小批量或单件生产，以便加工和检验时减少辅助时间。标注时应注意：上极限偏差注在公称尺寸的右上方，下极限偏差注在公称尺寸的右下方，极限偏差的数字应比公称尺寸数字小一号，并使下极限偏差与公称尺寸在同一底线上；上、下极限偏差前面必须标出正、负号；上、下极限偏差的小数点必须对齐，小数点后的位数也必须相同。

如果上偏差或下偏差数值为零，可简写为“0”，并与下极限偏差或上极限偏差小数点前的个位数对齐，而另一偏差仍标在原来的位置上。如果上、下极限偏差的数值相同，极限偏差只需注写一次，并应在公称尺寸和极限偏差之间标注“ ± ”符号，且数值的字体高度与公称尺寸字体的高度相同。例如“50 ± 0.015”。必须注意，极限偏差数值表中所列的极限偏差单位为微米（μm），标注时，需要换算成毫米（mm）。

3）同时注出公差带代号和极限偏差数值，如图 7.51（c）所示。偏差数值注在尺寸公差带代号之后，并加圆括号。这种注法便于审图、识读，故而使用较多，通常用于中、小批量生产的零件图样中。

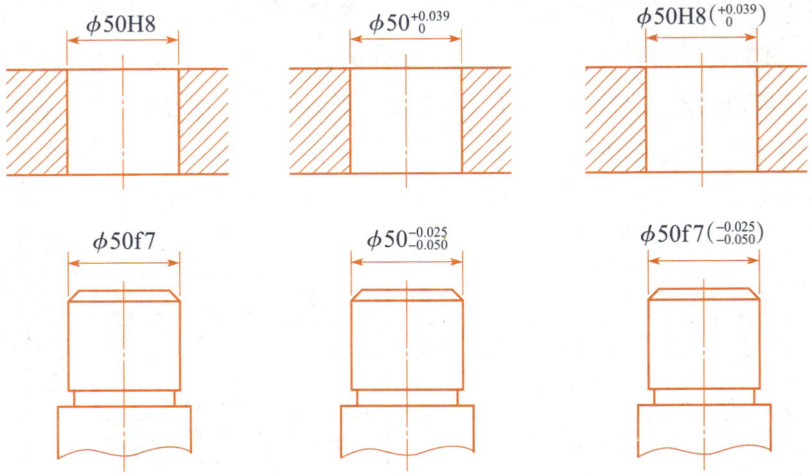

（a）标注公差带代号　（b）标注极限偏差数值　（c）综合标注

图 7.51　零件图上尺寸公差注法

（2）装配图中的标注。在装配图上一般只标注配合代号，如图 7.52 所示。

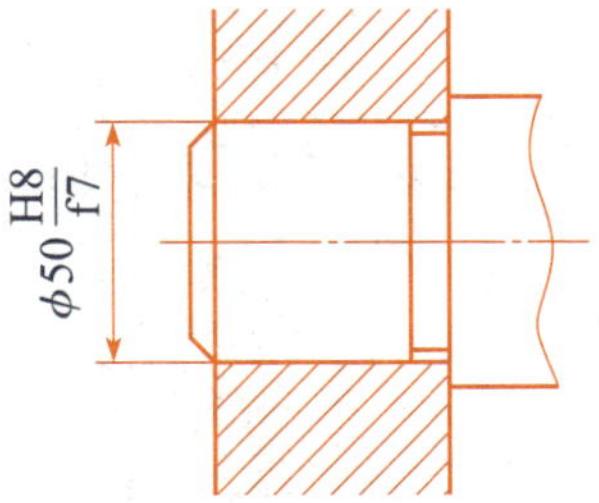

图 7.52　装配图上的标注

应特别注意：当标注标准件、外购件与零件（孔与轴）的配合代号时，可省去标准件、外购件的公差带代号，仅标注相配合零件的公差带代号。图 7.53 所示为减速器低速轴一端各配合代号的标注。端盖与箱座之间的配合代号为 3H11/h11（注意：此处结构并非圆柱面）；套筒与轴之间的配合代号为 ϕ30E9/m6；轴承内孔与轴之间没有标注公差配合代号，但配合是存在的。轴的公差仍然是 m6，轴承的内孔公差由轴承生产厂家保证，不注写。同理，轴承外圈公差也由轴承生产厂家保证，装配图上不注写，只注写箱座内孔公差 H7。

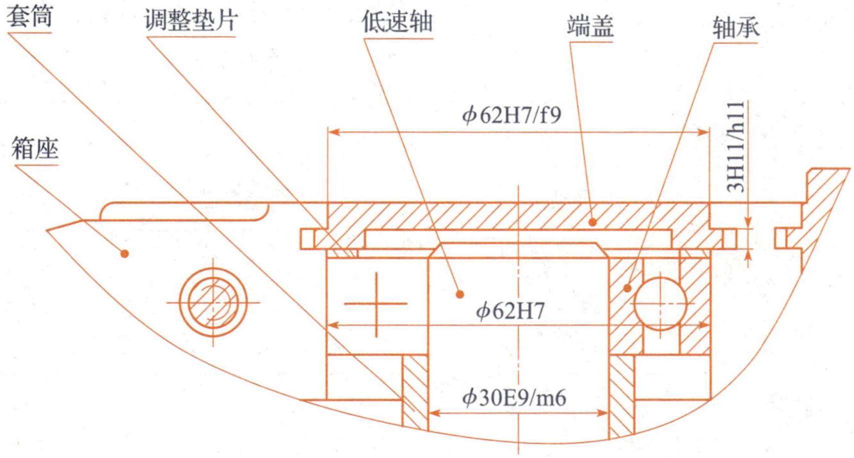

图 7.53 标准件、非标准件配合代号的标注

7.5.3 几何公差

1. 概念和术语

零件加工后的几何状况，与理想的几何状况相比可能出现误差。由于这些误差是不可能完全避免的，因此，对于机器中某些精确程度要求较高的零件，除了要给出零件的尺寸公差，还要给出其形状、方向、位置和跳动量的最大误差允许值。

几何公差

几何公差是指零件的实际形状、方向、位置和跳动公差，是零件的实际几何状况相对于理想几何状况所允许的变动量。

（1）被测要素。被测要素指被测零件上的轮廓线、轴线、面及中心平面等。

（2）基准。基准是用来定义公差带的位置、方向或用来定义实体状态的一个方位要素。

（3）基准要素。基准要素指零件上用来建立基准并起基准作用的实际要素（如一条边、一个面或孔）。基准要素一般也是零件的轮廓线、轴线、面及中心平面等，它是基准概念的具体化。

2. 几何公差的类型、几何特征及符号

几何公差的类型和符号可以查阅国家标准《产品几何技术规范（GPS） 几何公差 形状、方向、位置和跳动公差标注》（GB/T 1182—2018）。表 7.5 给出了几何公差的类型、几

何特征及符号。

表 7.5　几何公差的类型、几何特征及符号

公差类型	几何特征	符号	有无基准
形状公差	直线度	—	无
	平面度	▱	无
	圆度	○	无
	圆柱度	⌭	无
	线轮廓度	⌒	无
	面轮廓度	⌓	无
方向公差	平行度	//	有
	垂直度	⊥	有
	倾斜度	∠	有
	线轮廓度	⌒	有
	面轮廓度	⌓	有
位置公差	位置度	⌖	有或无
	同心度（用于中心点）	◎	有
	同轴度（用于轴线）	◎	有
	对称度	⌯	有
	线轮廓度	⌒	有
	面轮廓度	⌓	有
跳动公差	圆跳动	↗	有
	全跳动	⌰	有

3. 公差框格

在图样中，通常用公差框格标注几何公差，公差要求注写在划分成两格或多格的矩形框格内，自左至右各格标注以下内容：

（1）几何特征符号。

（2）公差值。以线性尺寸单位表示的量值。如果公差带为圆形或圆柱形，公差值前应加注符号“ϕ”；如果公差带为圆球形，公差值前应加注“$S\phi$”。

（3）基准。用一个字母表示单个基准或用几个字母表示基准体系或公共基准，如图7.54所示。

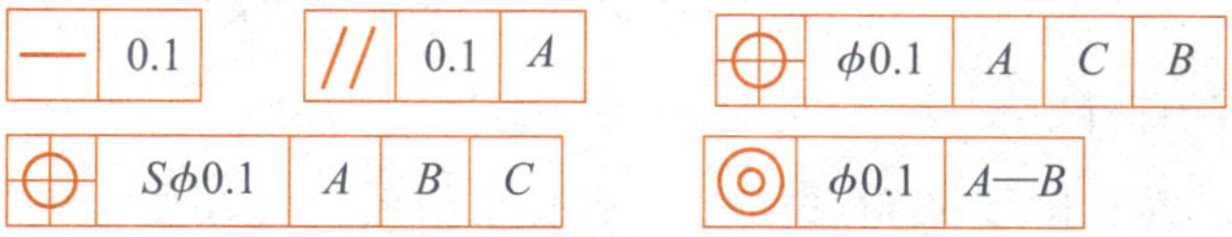

图 7.54　公差框格内容

当某项公差应用于多个相同要素时，应在公差框格的上方、被测要素的尺寸之前注明要素的个数，并在两者之间加上符号“×”，如图7.55所示。

如果需要就某个被测要素给出多种几何特征的公差，可将一个公差框格放在另一个下面，如图7.56所示。

图 7.55　公差应用于多个相同要素的注法

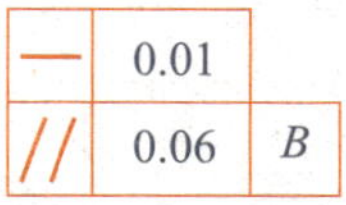

图 7.56　被测要素有多个几何特征要求时的公差注法

4. 几何公差在图样上的标注

（1）被测要素的标注。

在图样中标注几何公差时，用指引线连接被测要素和公差框格。指引线引自框格的任意一侧，终端带一个箭头。框格通常用细实线绘制，高度是两个字体高度，在图样上水平放置。标注时应注意以下几点：

1）当被测要素为轮廓线或轮廓面时，指引线箭头指向被测要素的轮廓线或其延长线，并应明显地与尺寸线错开，如图7.57（a）、图7.57（b）所示。箭头也可指向引出线的水平线上，引出线引自被测面，如图7.57（c）所示。

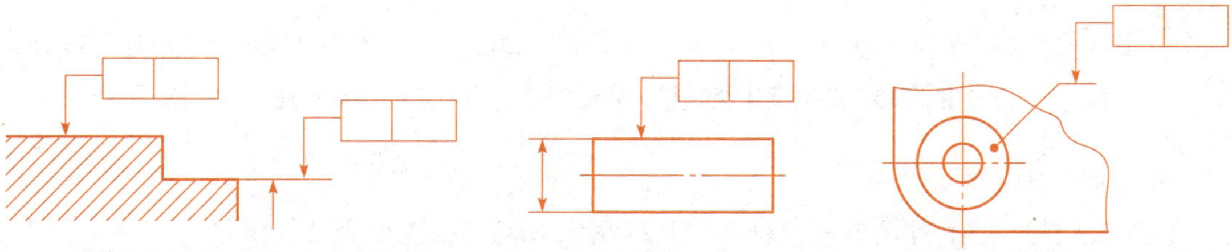

（a）箭头指向被测要素轮廓线或其延长线　（b）箭头明显地与尺寸线错开　（c）箭头指向引出线的水平线

图 7.57　被测要素为轮廓线或轮廓面的标注

2）当被测要素为中心线、中心面或中心点时，指引线箭头应与尺寸线对齐，重合于尺寸线的延长线，如图7.58所示。

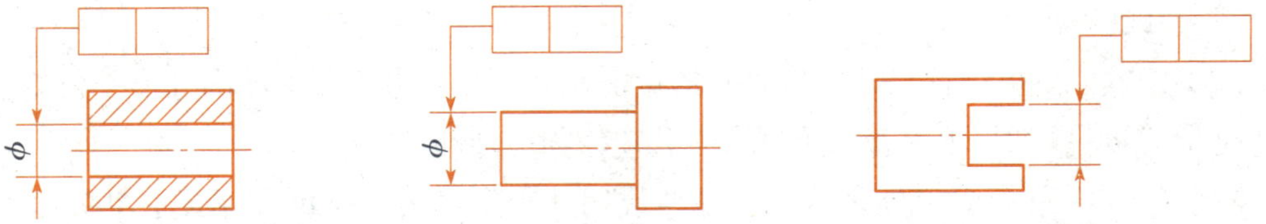

（a）被测要素是中心线　（b）被测要素是轴线　（c）被测要素是对称中心平面

图 7.58　被测要素为中心线、中心面或中心点的标注

（2）基准要素的标注。

1）当基准要素为轮廓线或轮廓面时，基准三角形放置在要素的轮廓线或延长线上（与尺寸线明显错开），如图 7.59（a）所示。基准三角形也可放置在该轮廓面引出线的水平线上，引出线引自被测面，如图 7.59（b）所示。

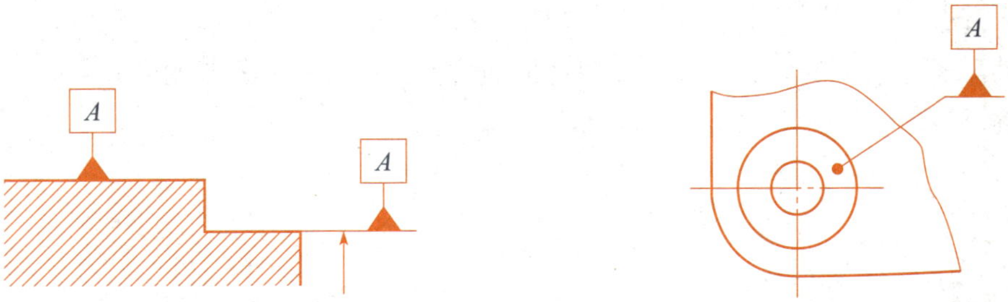

（a）基准三角形放置在要素的轮廓线或延长线上　（b）基准三角形放置在该轮廓面引出线的水平线上

图 7.59　基准要素为轮廓线或轮廓面的基准标注

2）当基准要素是确定的轴线、中心平面或中心点时，基准三角形应与尺寸线对齐，如图 7.60 所示。如果没有足够的位置标注基准要素尺寸的两个箭头，则其中的一个箭头可以用基准三角形代替。

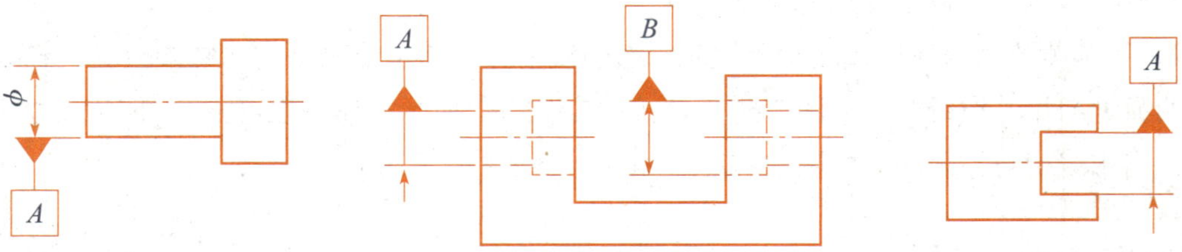

（a）基准要素是轴线　（b）基准要素是中心线　（c）基准要素是对称中心面

图 7.60　基准要素为轴线、中心平面、中心点的基准标注

5. 几何公差的标注示例

【例 7.3】图 7.61 所示为一个轴套，说明图上各几何公差的含义。

分析：由图上的几何公差标注可知，

ϕ160mm 圆柱表面对 ϕ85mm 圆孔轴线的圆跳动公差为 0.03mm。

ϕ150mm 圆柱表面对 ϕ85mm 圆孔轴线的圆跳动公差为 0.02mm。

厚度为 20mm 的安装板左端面对 ϕ150mm 圆柱面轴线的垂直度公差为 0.03mm。

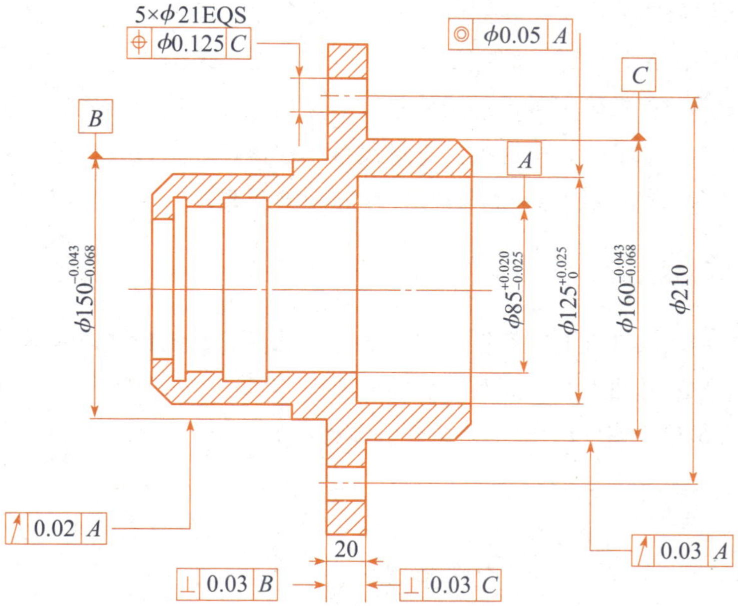

图 7.61　几何公差标注示例

安装板右端面对 ϕ160mm 圆柱面轴线的垂直度公差为 0.03mm。

ϕ125mm 圆孔的轴线对 ϕ85mm 圆孔轴线的同轴度公差为 ϕ0.05mm。

5×ϕ21mm 孔对与基准 C 同轴、由直径尺寸 ϕ210 确定并均匀分布的理想位置的位置度公差为 ϕ0.125mm。

7.6 识读零件图的方法和步骤

识读零件图是设计、生产、学习中的一项重要活动，对于专业技术人员来说，是必须具备的基本能力。识读零件图就是从零件图上了解零件的结构形状、尺寸大小以及制造、检验的要求等。识读零件图的步骤如下：

7.6.1　概括了解

首先从标题栏了解零件的概括性信息，如名称、材料、绘图比例、重量等。通过名称可以判断零件属于哪类零件；通过材料可以了解加工性能；通过绘图比例并对照图样可以初步知道零件的大小。有时还可以参阅与该零件有关的技术资料，如产品说明书和装配图等，进一步了解该零件的作用。

识读零件图

7.6.2　分析视图，构思零件的结构形状，确定零件在机器中的位置

（1）表达分析。首先从零件图中找出主视图，分析各视图的投影方向，确定各视图间的关系，明确剖视图、断面图的剖切位置以及各视图的表达目的。

（2）形体分析。先看主视图，并结合其他视图，分析零件的各个结构。通过对图形进

行线框分割，运用形体分析法、线面分析法，构思各个结构的形状。在分析过程中，可采用先大后小的顺序，先分析零件的主要结构，再分析细小结构。

（3）尺寸分析。首先确定零件的尺寸基准，然后在此基础上准确确定各结构在零件上的位置。分析时应逐个了解每个结构的定形尺寸、定位尺寸，以及该零件的总体尺寸。分析时还可阅读相关的装配图，深入了解零件尺寸间的联系。

7.6.3 分析技术要求

看技术要求时，根据表面粗糙度、尺寸公差、几何公差的标注以及其他技术要求的说明，弄清楚零件上需要加工的表面及精度的要求。

【例 7.4】 请识读如图 7.62 所示的某泵体零件图。

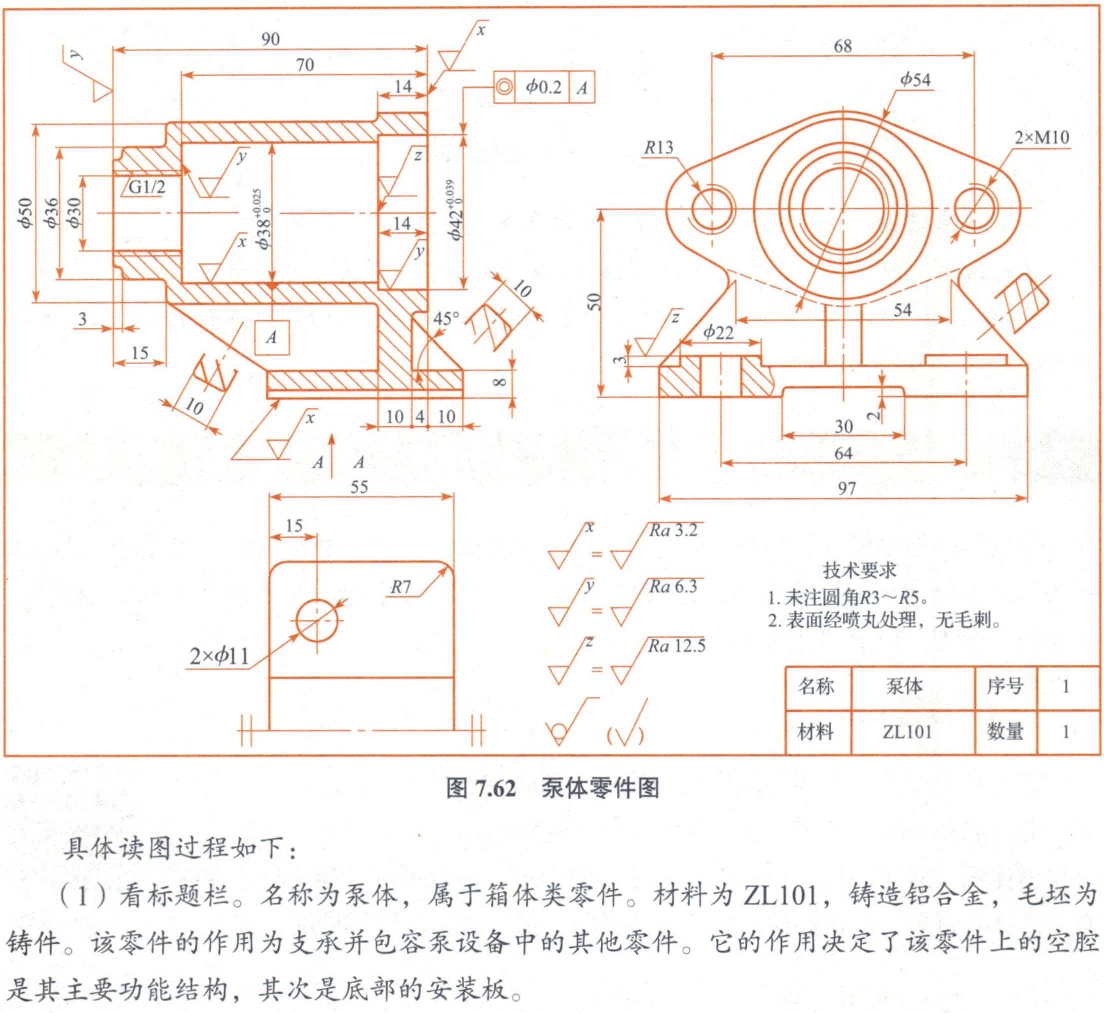

图 7.62 泵体零件图

具体读图过程如下：

（1）看标题栏。名称为泵体，属于箱体类零件。材料为 ZL101，铸造铝合金，毛坯为铸件。该零件的作用为支承并包容泵设备中的其他零件。它的作用决定了该零件上的空腔是其主要功能结构，其次是底部的安装板。

（2）看视图。分析结构及尺寸。该零件图用了主视图、左视图两个基本视图，一个 *A* 向局部视图以及三个移出断面图。从左视图看，泵体前后具有对称性。主视图是从对称平面剖切而得到的全剖视图，表达了泵体上的空腔、肋板形状等；左视图表达了泵体与泵盖结合板、泵体上部与下部之间的连接板的形状，还通过局部剖，表达了底板上的安装孔结构。零件上方的右端面是泵体与泵盖的结合面，因此是长度方向的尺寸基准；泵体前后具有对称性，因此对称面是宽度方向的尺寸基准；底板为泵的安装面，因此泵体底板的下表面为高度方向的尺寸基准。零件具体结构的形体分析可将读组合体视图的方法以及复杂形体分析法结合起来综合运用，具体如下：

如图 7.63（a）所示，从视图中分离出左侧相对简单的同轴心圆柱体的投影，想象其空间形状。该结构为泵体的主要功能结构，其中的圆柱主段外径为 ϕ56mm、内孔径 ϕ38mm；左边圆柱外径为 ϕ36mm，内孔为螺纹孔，规格 G1/2。最左侧有工艺凸台，将加工面和非加工面区别开来，直径为 ϕ30mm。它在高度方向的定位尺寸为 ϕ50mm，宽度方向尺寸关于基准对称。

如图 7.63（b）所示，从视图中分离出右侧结合板的投影，想象其空间形状。结合板上有两个螺纹孔，用以安装螺柱，与泵盖结合。螺纹孔的规格为 M10，两个螺纹孔间距离为 68mm。结合板高度方向定位尺寸也为 50mm，其右端面即为零件整体在长度方向的尺寸基准，宽度方向尺寸关于基准对称。

如图 7.63（c）所示，从视图中分离出底部安装板的投影，想象其空间形状。底板为长方体，四周带有圆角，前后各有一个安装孔，孔径为 ϕ11mm，两孔的中心距离为 64mm。安装孔上方设有工艺凸台，直径为 ϕ22mm。底板在长度方向的定位尺寸为 10mm；宽度方向关于基准对称；底板的底面即为零件整体在高度方向上的基准。

如图 7.63（d）所示，从视图中分离出右侧连接板的投影，想象其空间形状。连接板为三角形板，上方与菱形安装板连接，且两者左侧表面平齐成为一个平面。板的厚度为 10mm。长度方向的定位尺寸为 4mm，宽度方向尺寸关于基准对称，高度方向尺寸由相邻底板及上方圆柱体的位置关系确定。

如图 7.63（e）所示，根据三个移出断面图，可知结合板、连接板和肋板的厚度均为 10mm。

如图 7.63（f）所示，综合以上分析所得的各个结构及位置关系，想象整体结构。

（3）看技术要求。除文字说明外，图上还注有一些代号和符号。尺寸公差有两处，分别为孔 $\phi 38^{+0.025}_{\ \ 0}$、$\phi 42^{+0.039}_{\ \ 0}$，这两处的下极限偏差都为 0，都属于基准孔。几何公差有一处，为 | ◎ | ϕ0.2 | *A* |，要求 ϕ42mm 孔轴线与 ϕ38mm 孔轴线的同轴度公差为 ϕ0.2mm。零件上表面粗糙度共有 4 种，分别为 $\sqrt{Ra\ 3.2}$、$\sqrt{Ra\ 6.3}$、$\sqrt{Ra\ 12.5}$、$\sqrt{}$（○），其中 *Ra* 为 3.2μm 的要求最高，在零件上共有三处表面有此要求，分别为 ϕ38mm 圆柱孔内表面、泵体右端面、底板安装面，这些面是零件上比较重要的接触表面；*Ra* 为 6.3μm 的表面也有三处，分别为泵体左端面、ϕ38mm 孔底部、ϕ42mm 圆柱面；*Ra* 为 12.5μm 的表面有两处，分别为 ϕ42mm 孔的底部、底板上安装孔处的凸台表面。除这些表面及螺纹结构外，其余表面均为非加工面。

（4）综合分析。把上述各项信息综合起来，得到零件的总体概念。泵体为中等复杂的铝合金铸件，其主要功能结构为 ϕ38mm 的孔，这里要包容泵设备中的其他零件。泵体的整体结构如图 7.63（f）所示。

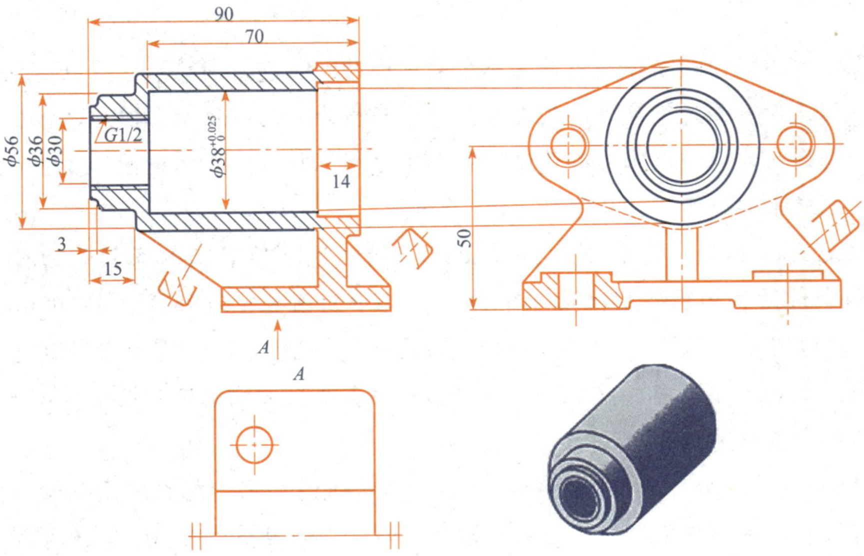

90
70
φ56
φ36
φ30
G1/2
φ38 +0.025 0
14
50
3
15
A
A

（a）

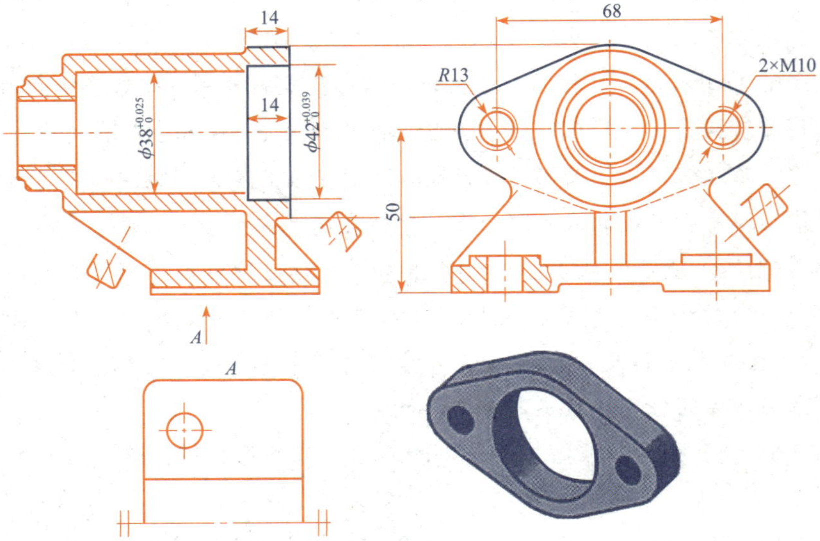

14
68
R13
2×M10
φ38 +0.025 0
14
φ42 +0.039 0
50
A
A

（b）

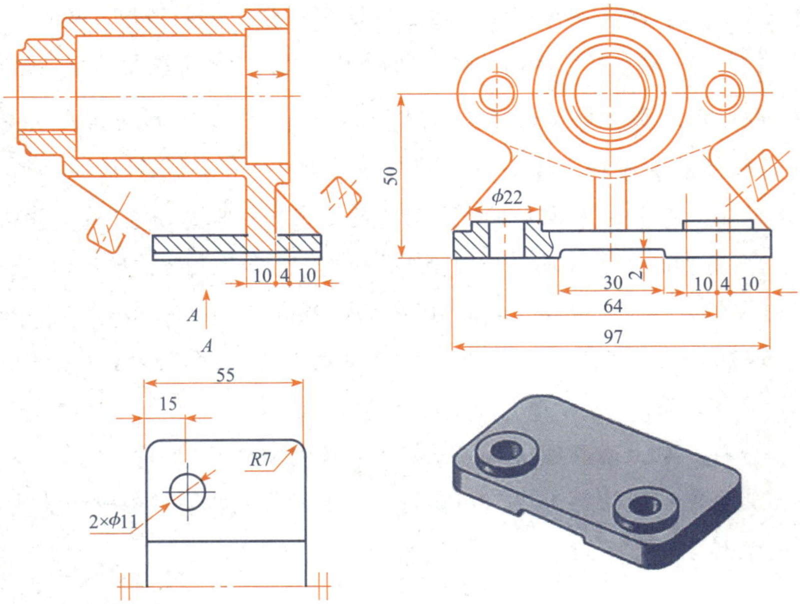

50
φ22
10 4 10
2
30
64
97
10 4 10
A
A
55
15
R7
2×φ11

（c）

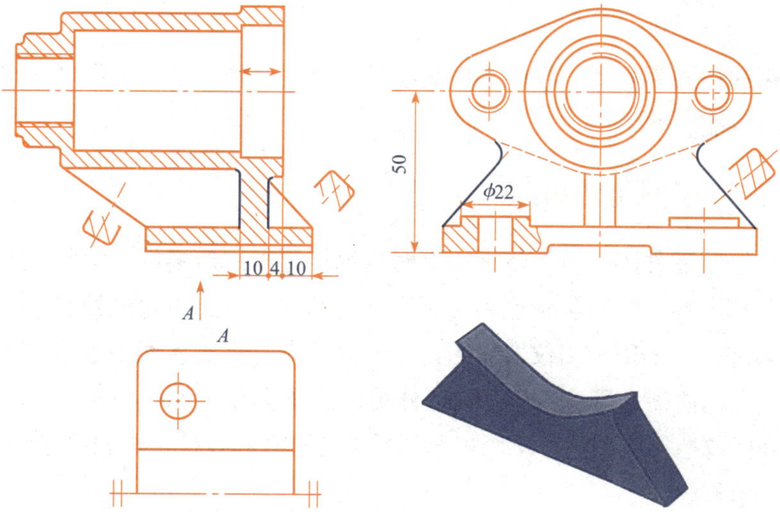

（d）

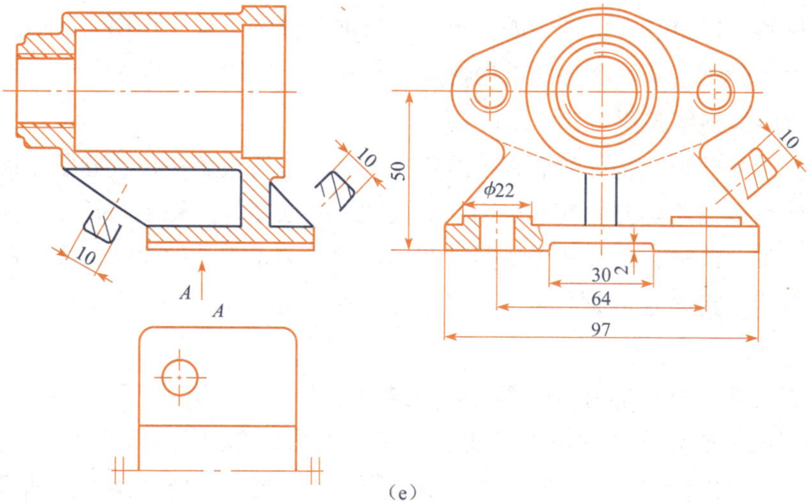

（e）

（f）

图 7.63　分析视图，想象各个结构的形状

7.7 零件的测绘

根据已有的零件，借助于测量工具进行测量，用简单的绘图工具快速画出零件的视图，并在图上注全尺寸及技术要求，得到零件草图的过程称为零件测绘。在设备改造等技术革新中常常先对现有设备进行测绘，然后在此基础上参考有关技术资料，最后整理绘制出可供生产使用的正式零件图。因此零件测绘是实际生产中的重要工作之一，是工程技术人员必须掌握的技能。

7.7.1 画零件草图的方法和步骤

零件草图是绘制零件图的重要依据，有时也直接用来制造零件。因此，零件草图应该具有零件图的全部内容，绘制步骤也和绘制零件图基本一致。不同之处在于，绘制草图往往是在工作现场进行，不便于用仪器作图，零件尺寸有时需要靠现场目测。对草图的要求是：视图正确、表达清晰、尺寸齐全、线型分明、图画整洁、字体工整，并写出技术要求，绘制画图图框和标题栏等有关内容。画好草图后进行检查和校核，再完成零件工作图。

1. 分析和了解零件

为了把被测零件准确完整地表达出来，应先认真分析被测零件，了解被测零件的名称、用途、材料，以及它在机器中的位置和与其他零件的关系、作用，然后对该零件进行结构分析和工艺分析，了解零件的结构特点、类别及大致的加工方法。

2. 确定零件的视图表达方案

先根据显示零件形状特征的原则，按零件的加工位置或工作位置确定主视图，再按零件的内外结构特点选用必要的其他视图和剖视图、断面图等。视图表达以方便读图和画图为原则，要完整、清晰、简练地表达零件结构形状。关于零件的表达方案，前面已经讨论过。零件的表达方案并非是唯一的，可多考虑几种方案，选择最佳方案。

3. 画零件草图

现以阀盖为例，说明绘制零件草图的步骤。

（1）在图纸上确定出各视图的位置，画出主视图、左视图的对称中心线和作图基准线，注意视图间留出标注尺寸空间，并留出标题栏的位置，如图 7.64（a）所示。

（2）目测比例，徒手画图。根据确定的表达方案，从主视图入手按投影关系详细地画出零件的内部及外部结构形状，如图 7.64（b）所示。

（3）选定尺寸基准，画出全部尺寸界线、尺寸线和箭头。经仔细校核后，按规定线型将轮廓线加深，如图 7.64（c）所示。

（4）选择合适的测量仪器，对零件尺寸进行测量，写到图样中相应的尺寸线上。对于标准结构，测量后应查相关资料取标准值。

（5）根据零件的功能及与其他零件的关系，确定并注写各项技术要求，填写标题栏，如图 7.64（d）所示。

4. 绘制零件工作图

由于零件测绘是在现场进行的，难免有不完善之处，所以在画零件工作图之前，应对零件草图进行仔细校核。校核内容：表达是否正确、完整、清晰、简练；尺寸是否正确、完整、清晰、合理；技术要求是否满足性能和使用要求，是否经济合理。对草图进行修改、调整和补充，然后选择适当的比例和图幅，按草图所注尺寸完成零件工作图（简称零件图）的绘制，如图 7.65 所示。

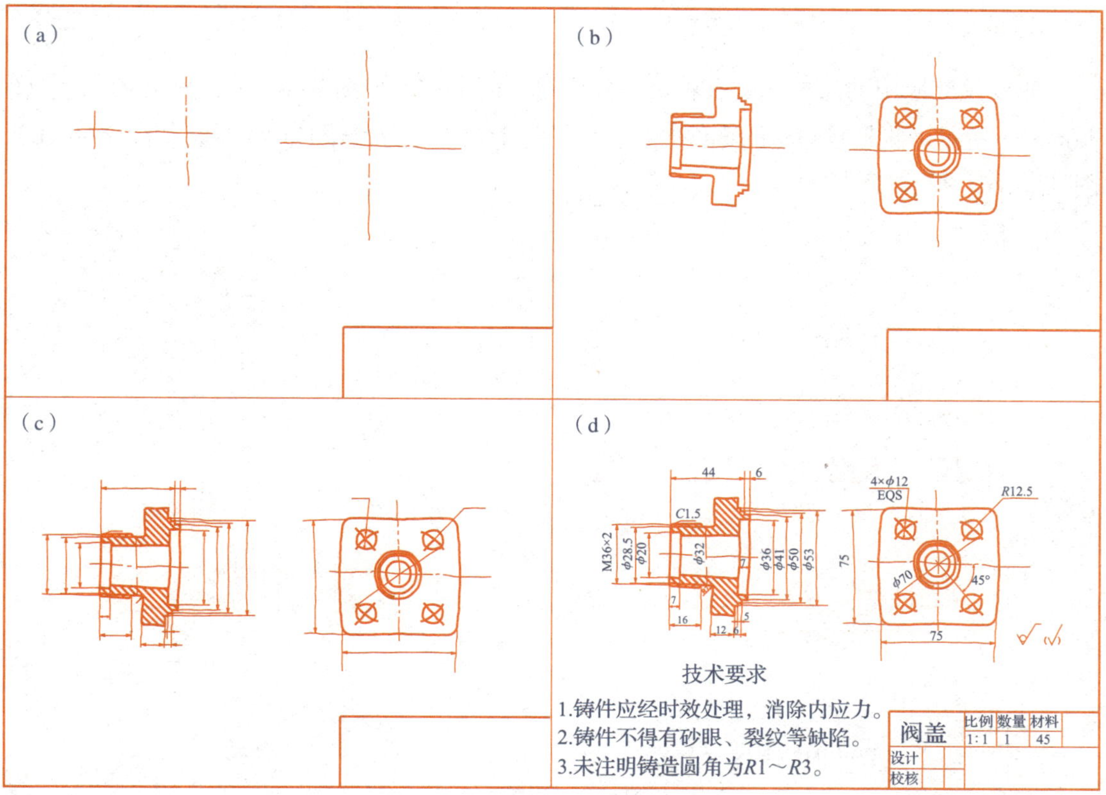

图 7.64　画零件草图的步骤

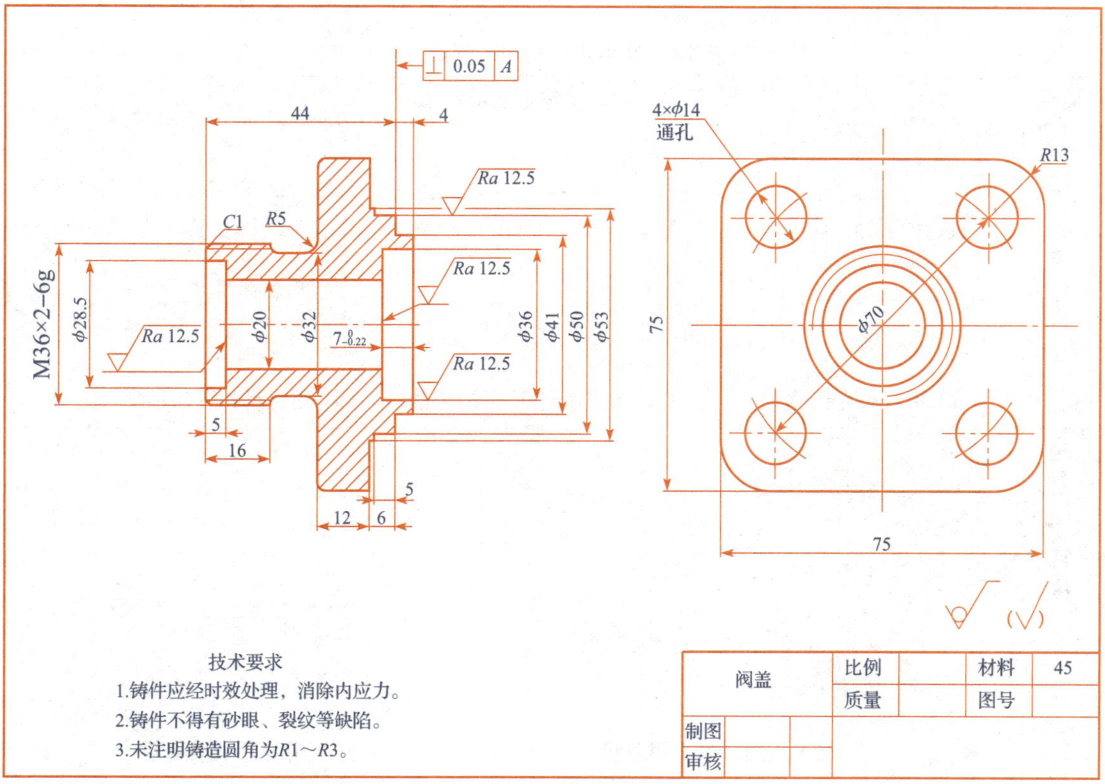

图 7.65　阀盖零件工作图

7.7.2　零件尺寸的测量方法

测量尺寸所用的简单工具有直尺、外卡钳和内卡钳，如图 7.66（a）、图 7.66（b）、图 7.66（c）所示。测量较精密的零件时，要用游标卡尺、千分尺或其他工具，如图 7.66（d）、图 7.66（e）所示。

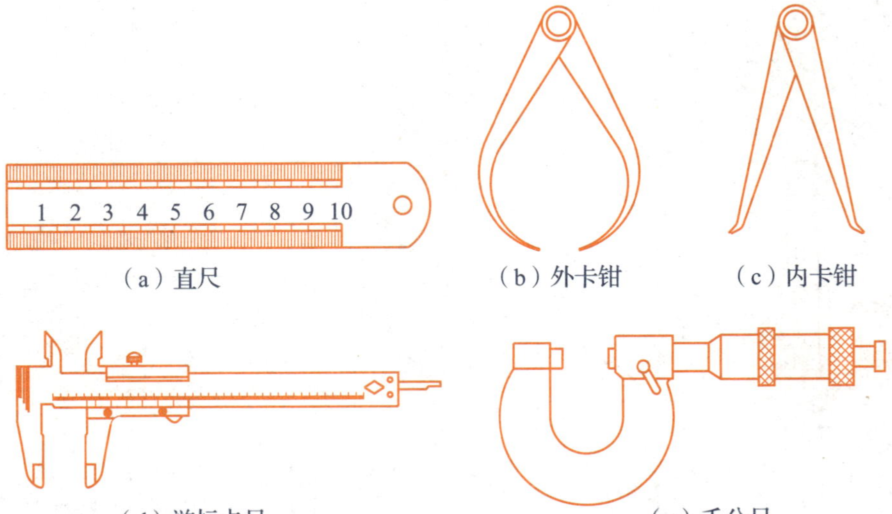

（a）直尺　（b）外卡钳　（c）内卡钳

（d）游标卡尺　（e）千分尺

图 7.66　测量工具

零件尺寸常用的测量方法见表 7.6。

表 7.6　零件尺寸常用的测量方法

项目	测量方法示例
测量线性尺寸	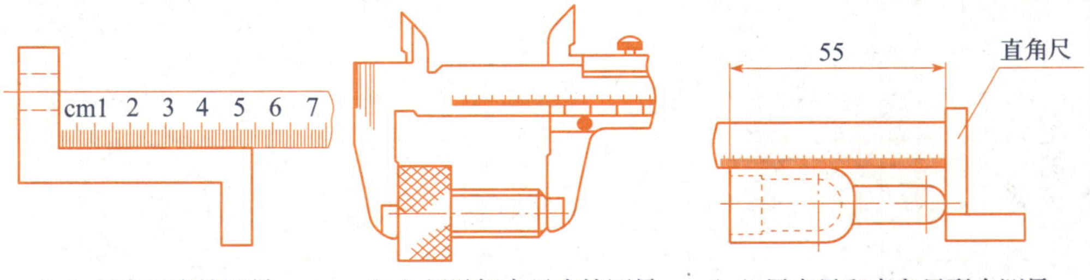（a）用直尺直接测量　（b）用游标卡尺直接测量　（c）用直尺和直角尺配合测量
测量回转体内、外直径	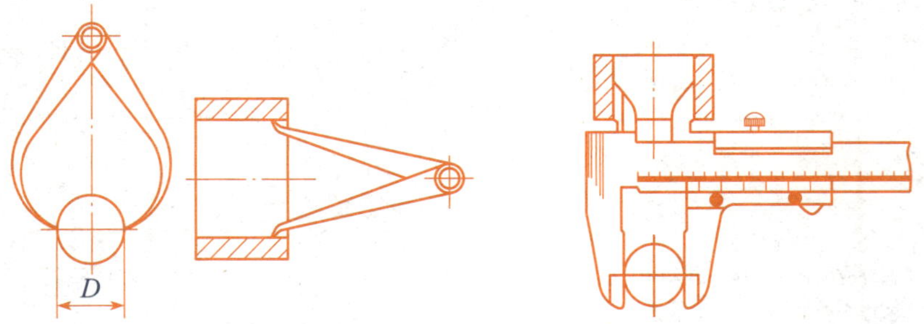（a）用内、外卡钳测量　（b）用游标卡尺测量

续表

项目	测量方法示例
测量阶梯孔直径	 （a）用内卡钳测量 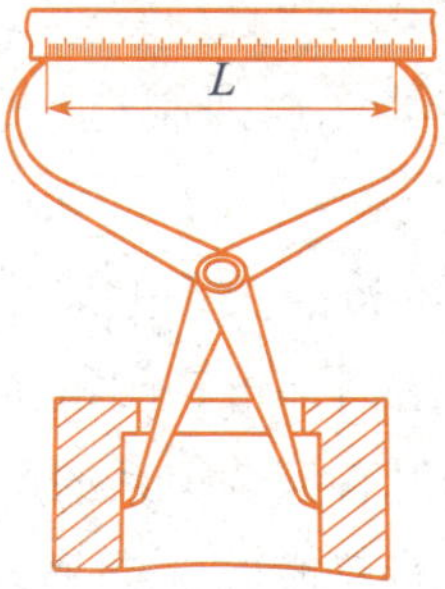 （b）用内、外同值卡钳测量
测量壁厚	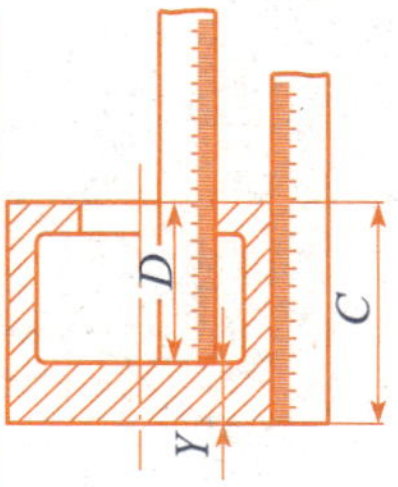 （a）用直尺测量 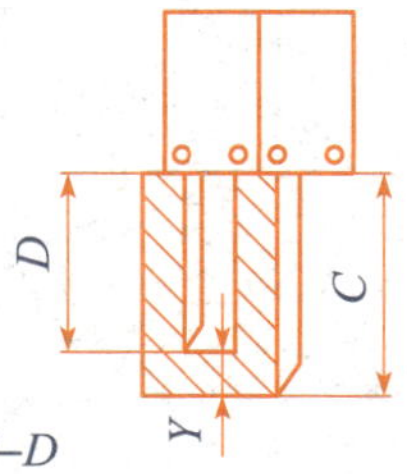 $Y=C-D$ （b）用带测量深度的游标卡尺测量 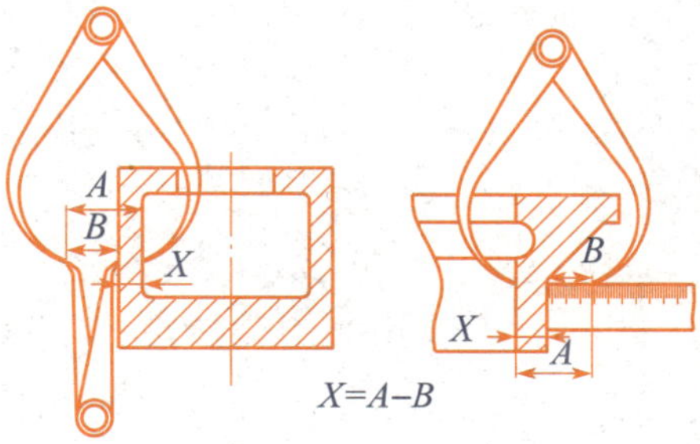 $X=A-B$ （c）用内、外卡钳和直尺测量
测量孔间距	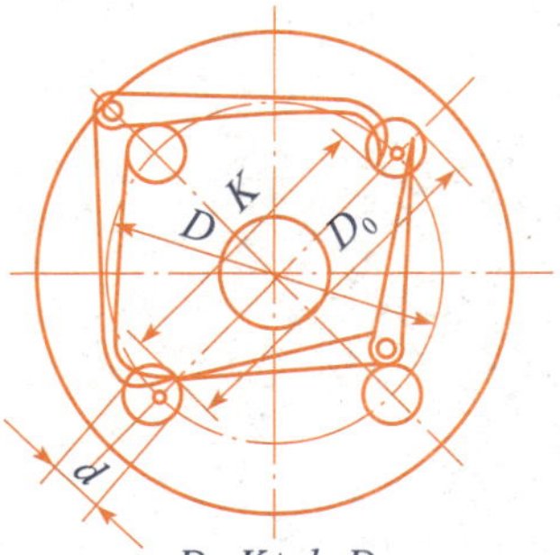 $D=K+d=D_0$ （a）用外卡钳测量 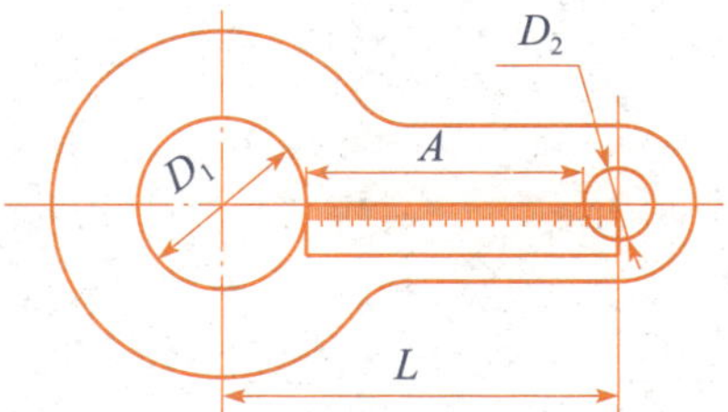 $L=A+\frac{D_1+D_2}{2}$ （b）用直尺测量
测量中心高度、圆角、角度	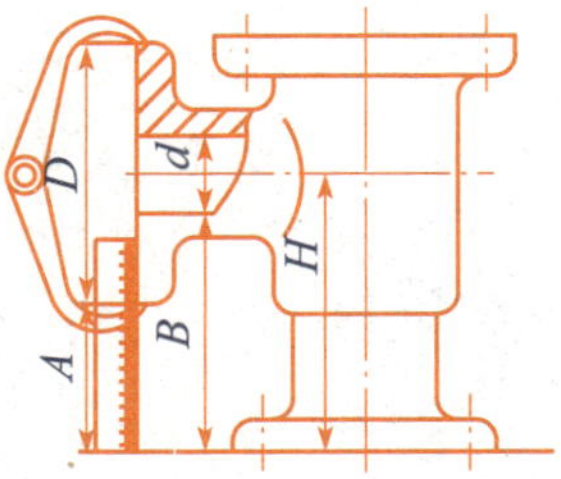 $H=A+\frac{D}{2}=B+\frac{d}{2}$ （a）用直尺和卡尺测量中心高 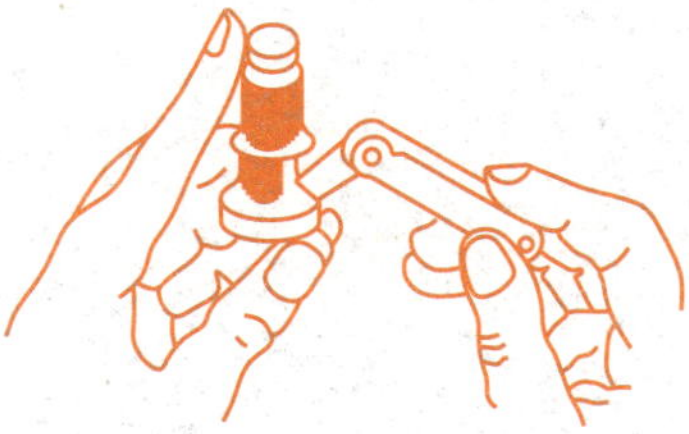 （b）用圆角规测量圆角 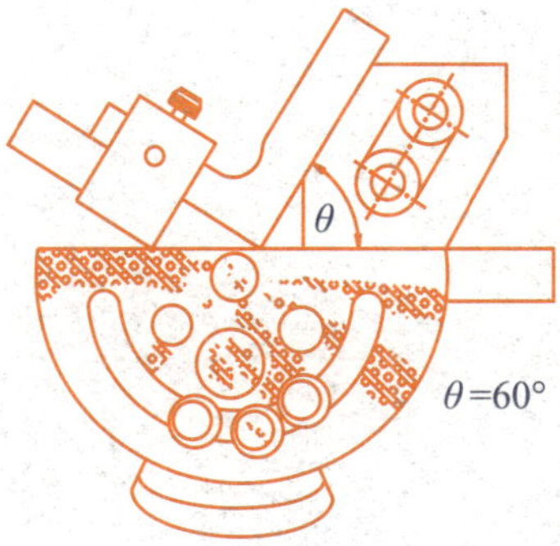 （c）用量角规测量角度

零件测绘时的注意事项：

（1）零件上如有砂眼、气孔等铸造缺陷，不应画出；因长期使用造成的磨损，应按完整形状画出。

（2）零件上因制造、装配的需要而形成的工艺结构，如倒角、退刀槽等，都必须画出。

（3）有配合关系的尺寸，一般只测出它的公称尺寸，其配合性质和相应的公差值，应在分析考虑后，再查阅机械设计手册确定。

（4）没有配合关系的尺寸或不重要的尺寸，允许将测量所得的尺寸适当圆整。

（5）对于螺纹、键槽、齿轮的轮齿等标准结构的尺寸，应把测量的结果与标准值比对，采用标准结构尺寸，便于制造。

任务 8

表达机械设备

知识目标

- 了解装配图的作用和内容。
- 熟练掌握装配图视图选择原则、规定画法、简化画法等内容。
- 掌握尺寸标注的规定、技术要求等内容。
- 掌握装配图中零、部件的序号和标题栏等规定内容。
- 掌握画装配图的方法和步骤。
- 掌握识读装配图的方法和步骤。

能力目标

- 能够读懂装配图。
- 能够灵活运用各种表达方法表达装配体。
- 能够正确注写装配图的尺寸标注和明细栏与技术要求。
- 通过识读装配图，能够准确分析判断装配体结构的合理性。
- 能够准确绘制装配图和拆画零件图。

素养目标

- 培养学生求真务实、科学思辨的职业素养。
- 树立职业道德规范，培养有责任、有道德的工程师。
- 培养学生的团队协作精神。

机器或部件是由若干零件按一定的顺序、装配关系和技术要求装配而成的装配体。表达机器或部件的图样称为装配图。因此，装配图可以说是表达装配体整体结构的图样。

8.1 装配图的作用和内容

8.1.1 装配图的作用

装配图内容和表达

在设计过程中，一般先根据设计要求画出装配图，用以表达机器或部件的工作原理、结构形状、装配关系、传动路线和技术要求等，然后再根据装配图绘制零件图。

在生产过程中，根据零件图加工制造零件，再把合格的零件按装配图的要求组装成机器或部件。装配图是指导装配、检验、安装、调试的技术依据。

在使用和维修过程中，通过装配图了解机器或部件的使用性能、传动路线和操作方法，以保证其正常运转，及时进行维修、保养。

因此，装配图是反映设计思想、指导生产的重要技术文件，也是技术交流的重要资料。

8.1.2 装配图的内容

一张完整的装配图应包括下列基本内容：

（1）一组视图。用一组视图表示机器（或部件）的工作原理和结构特点，以及零件的相互位置、装配关系和重要零件的结构形状。

图 8.1 所示为铣刀头装配图，它用两个视图表达了铣刀头各个零件的装配关系、工作原理和结构特点。

（2）必要的尺寸。装配图上只要求注出表示机器（或部件）规格、性能，以及装配、检验和安装所需要的一些尺寸。如图 8.1 中的 ϕ80k7、ϕ35k6 为装配尺寸，155mm 为安装尺寸。

（3）技术要求。在装配图中应注出机器或部件的装配方法、调试标准、安装要求、检验规则和运转条件等技术要求，如图 8.1 中的文字说明。

（4）零件明细表。在装配图上，应给每个不同的零件或组件编写序号，在零件明细栏中依次填写零件的序号、名称、数量、材料等内容。

（5）标题栏。标题栏的内容有机器或部件的名称、比例、图号，以及设计、制图、校核人员的签名等。

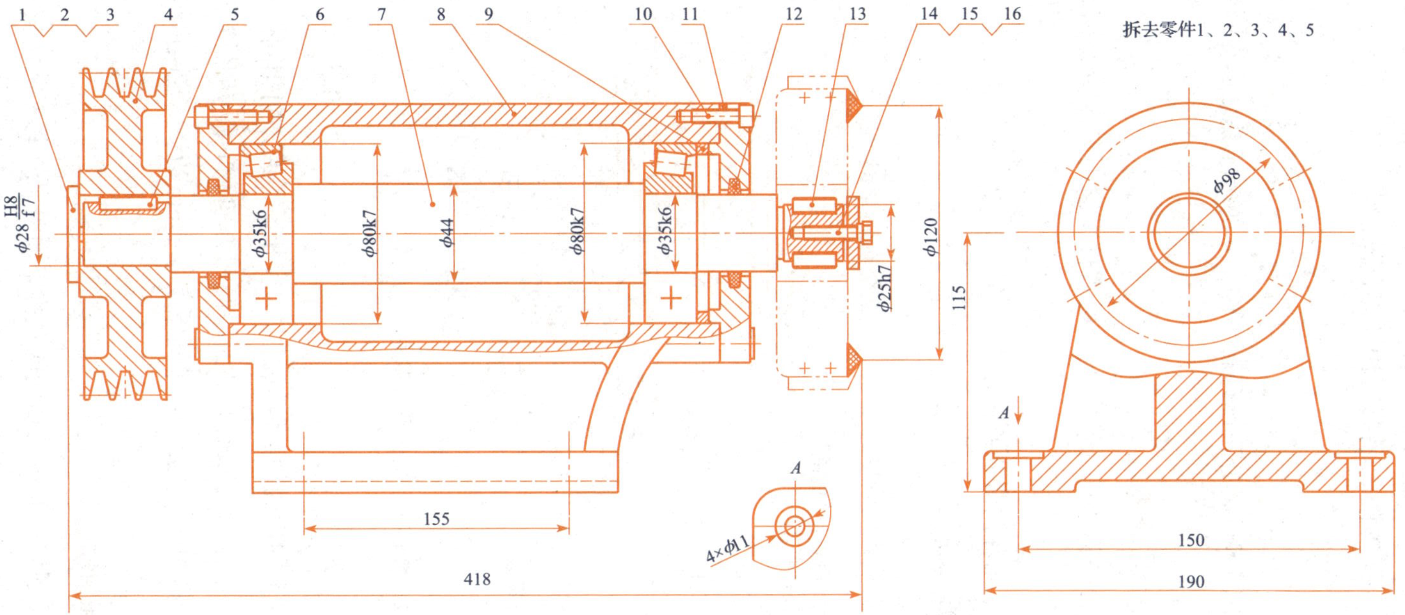

技术要求

1.主轴轴线对底面的平行度公差值为100∶0.04；
2.刀盘定位轴径的径向圆跳动公差值为0.02；
3.刀盘定位端面对ϕ25轴线的圆跳动公差值为0.02；
4.铣刀轴端的轴向窜动不大于0.01。

序号	名称	数量	材料	单件重量	总计重量	备注
16	垫圈	1	65Mn			GB/T 93—1987
15	挡圈B32	1	35			GB/T 892—1986
14	螺栓M6×20	1	Q235A			GB/T 5782—2016
13	键6×20	2	45			GB/T 1096—2003
12	毡圈	2	半粗羊毛			
11	端盖	2	HT200			
10	螺钉M8×20	12	Q235A			GB/T 70.1—2008
9	调整环	1	35			
8	座体		HT150			
7	轴		45			
6	轴承30307	2				GB/T 297—2015
5	键8×40	1				GB/T 1096—2003
4	带轮A型	1	HT150			
3	销A3×12	1	35			GB/T 119—2000
2	螺钉M6×20	1				GB/T 68—2016
1	挡圈A35	1	35			GB/T 891—1986

标记	处数	分区	更改文件号	签名	年、月、日			铣刀头
设计	(签名)	(年月日)	标准化	(签名)	(年月日)	阶段标记	质量	比例
审核								
工艺			批准			共 张 第 张		

图 8.1　铣刀头装配图

8.2 装配图的表达

前面所学过的机件的各种表达方法，如基本视图、剖视图、断面图等，都可以用来表达装配图。此外，对装配图还有一些规定画法、特殊画法和简化画法。

8.2.1 装配图的规定画法

为了在读装配图时能迅速区分不同零件，并正确理解零件之间的装配关系，在画装配图时，应遵守相关规定。

1. 接触面与非接触面、配合面与非配合面

（1）两零件的表面接触时，接触处只画一条粗实线。两零件配合时，不论是何种配合，其配合面处只画一条粗实线。

（2）相邻零件的非接触表面和非配合面必须画两条粗实线，以表示两个零件的轮廓，若间隙过小，可采用夸大画法，如图 8.2 所示。

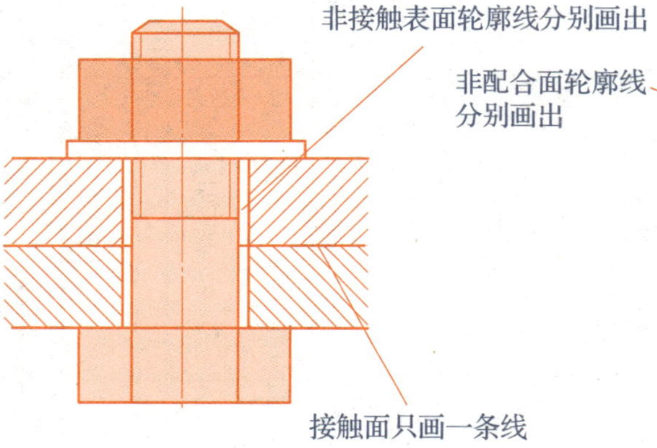

（a）接触面与非接触面画法

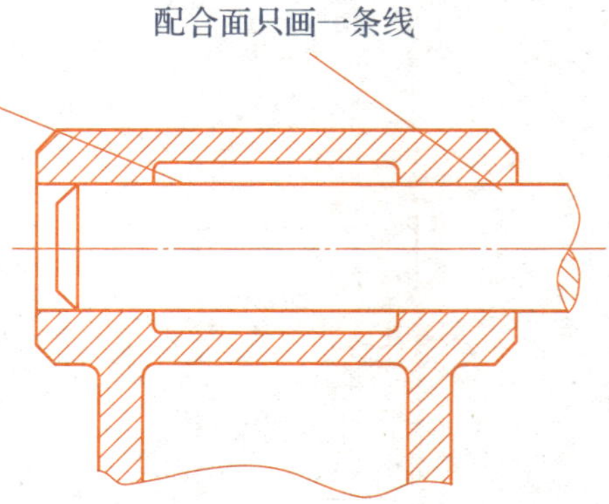

（b）配合面与非配合面画法

图 8.2 接触面、配合面的画法

2. 相邻零件

在装配图中，相邻两个或两个以上零件的剖面线倾斜方向应相反，或方向相同但间隔必须不等，如图 8.3 所示。同一零件在各个视图上的剖面线倾斜方向和间隔应保持一致，相邻零件剖面线方向一致、间隔不同或方向相反。若零件厚度在 2mm 以下，剖切时允许以涂黑代替剖面符号。

3. 实心对称件或螺纹紧固件等的剖切画法

当剖切面纵向剖切这些零件，且剖切面通过其轴线或对称平面时，这些零件均按不剖绘制，即只画出外形，如图 8.2、图 8.3 中的画法。如果需要表达这些零件上的孔、槽等结构，可采用断面图或局部剖视图。

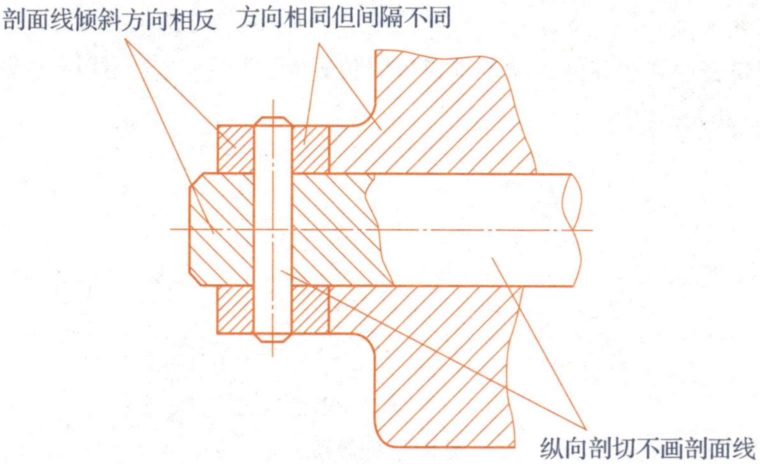

图 8.3 相邻零件画法

8.2.2 装配图的特殊画法

1. 拆卸画法

当某些零件遮住了需要表达的结构时，可假想将有关零件拆卸后再绘制要表达的部分，必要时，可加注“拆去零件 ××”字样，如图 8.1 中的左视图。

2. 沿结合面的剖切画法

在装配图中，为表达某些内部结构，可沿两零件的结合面剖切后进行投影，如图 8.4 中转子油泵装配图中的右视图，它是沿泵体和泵盖的结合面剖切后画出的，而零件的结合面处不画剖面线。

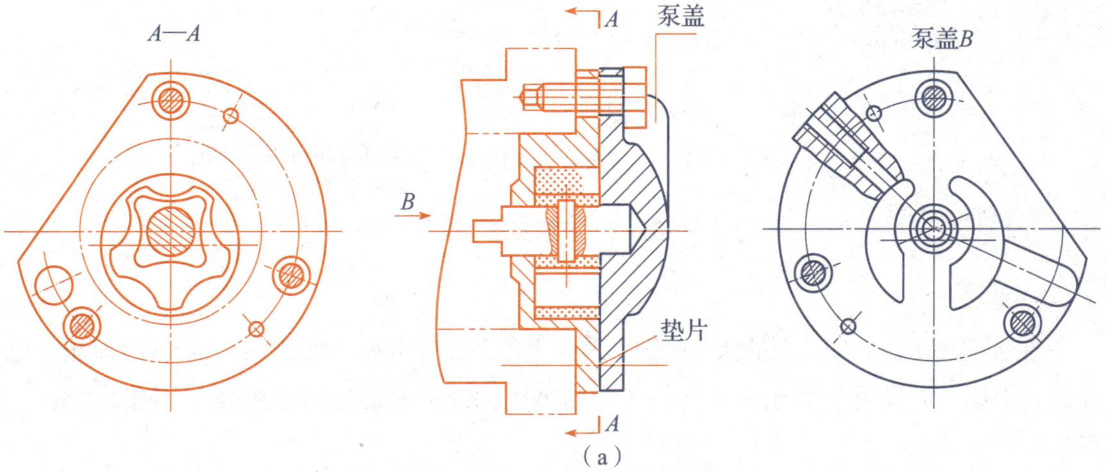

图 8.4 转子油泵装配图

3. 单独表示某个零件的画法

在装配图中，当某个零件的主要结构未表达清楚，且该结构对理解装配关系、工作原理等有影响时，可另外单独画出该零件的某一个方向视图。如图 8.4 中用了 *B* 向视图单独表达泵盖。

4. 假想画法

（1）当需要表示某些零件运动范围或极限位置时，可用双点画线画出该零件的极限位置图，如图 8.5 所示。

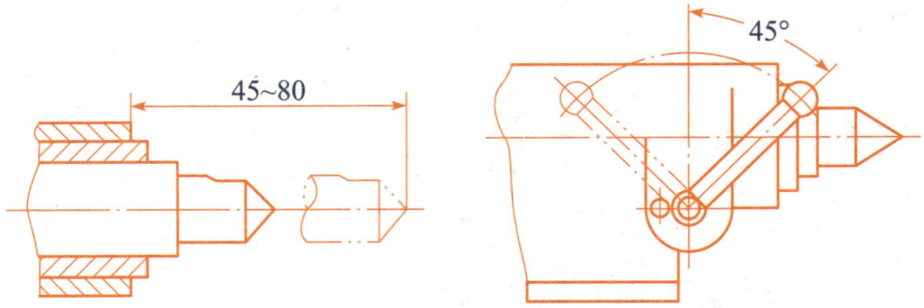

图 8.5　假想画法

（2）当需要表达与部件有关但又不属于该部件的相邻零件或部件时，可用双点画线画出相邻零件或部件的轮廓，如图 8.6 中的铣刀盘。

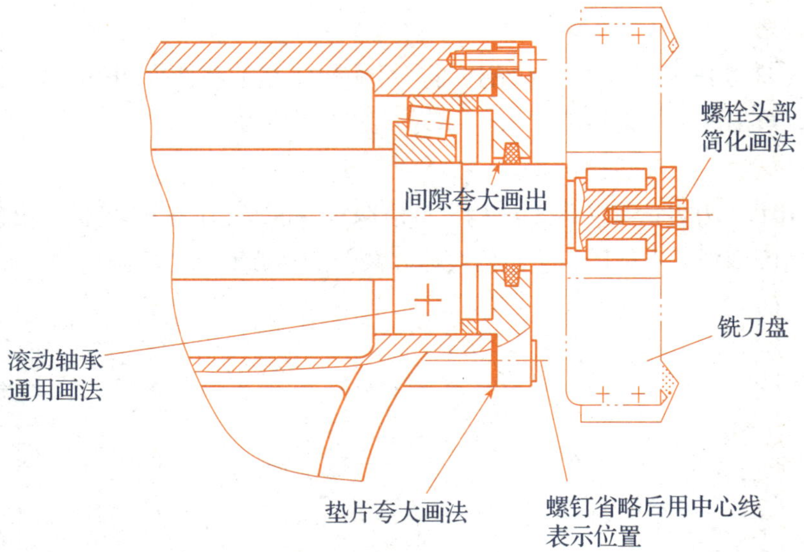

图 8.6　不同画法示例

5. 夸大画法

在装配图中，非配合面的微小间隙、薄片零件、细弹簧等，如无法按实际尺寸画出，可不按比例画，而采用夸大画法。如图 8.6 中的垫片、端盖与轴之间的间隙均采用夸大画法。

6. 简化画法

（1）在装配图中，零件的工艺结构，如小圆角、倒角、退刀槽等省略不画。如图 8.6 中轴上的倒角和小圆角都省略未画。

（2）装配图中的螺纹紧固件等若干相同的零件组，允许仅详细画一处，其余用细点画线标明位置。

（3）在剖视图中表达轴承，可采用轴承的通用画法或特征画法和规定画法。

8.2.3 确定装配图表达方案

画装配图要重点表达装配体的整体结构，特别要把装配体组成零件的相对位置、连接方法和装配关系表达清楚，尽可能清晰地反映部件的传动路线、工作原理和操纵方式等，不追求把零件的形状完全表示清楚。在选择表达方案时，应按上述基本要求进行。下面以图 8.7 所示的调压阀为例，说明选择装配图表达方案的一般步骤。

调压阀

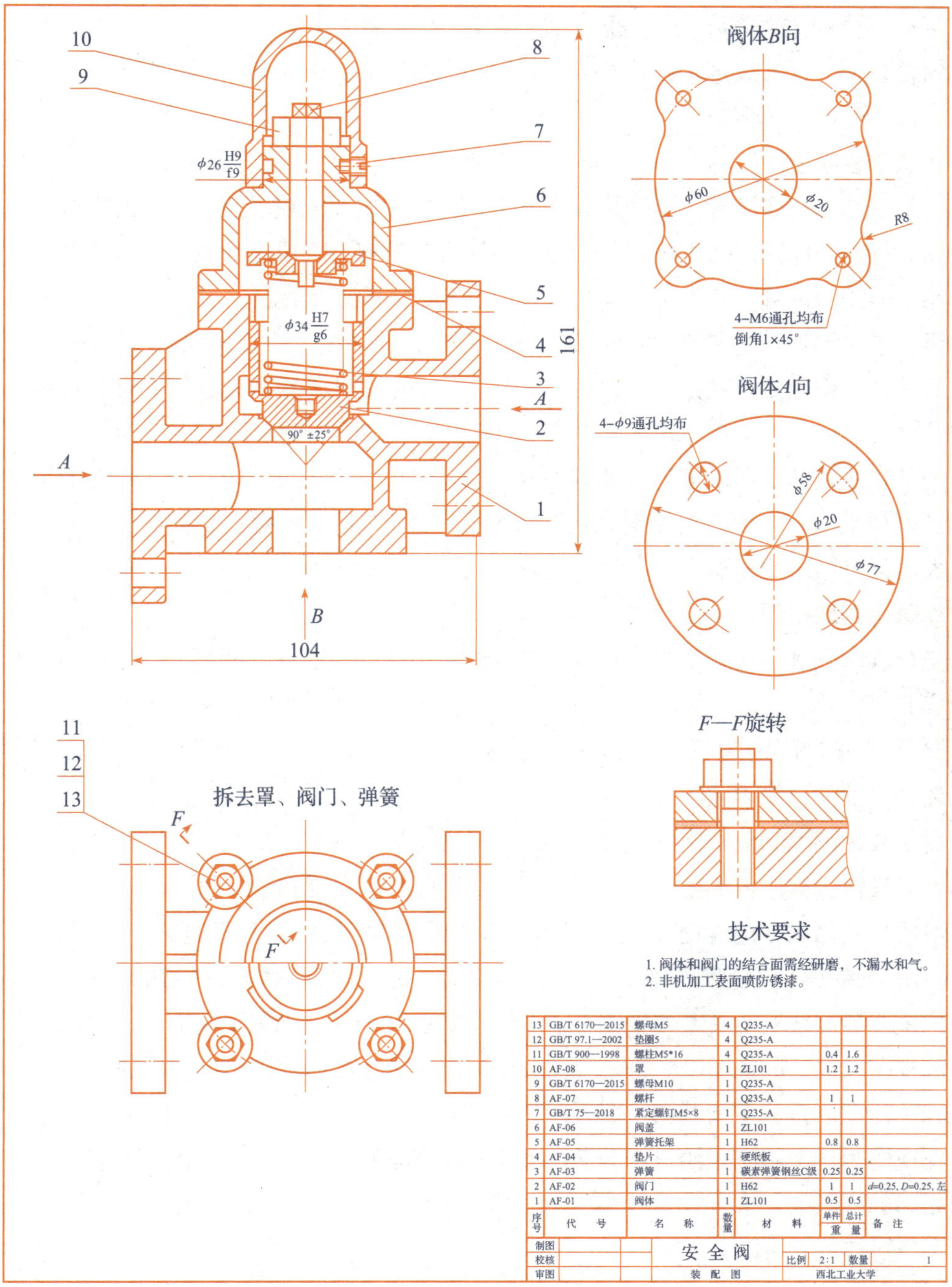

技术要求

1. 阀体和阀门的结合面需经研磨，不漏水和气。
2. 非机加工表面喷防锈漆。

序号	代号	名称	数量	材料	单件重量	总计重量	备注
13	GB/T 6170—2015	螺母M5	4	Q235-A			
12	GB/T 97.1—2002	垫圈5	4	Q235-A			
11	GB/T 900—1998	螺柱M5*16	4	Q235-A	0.4	1.6	
10	AF-08	罩	1	ZL101	1.2	1.2	
9	GB/T 6170—2015	螺母M10	1	Q235-A			
8	AF-07	螺杆	1	Q235-A	1	1	
7	GB/T 75—2018	紧定螺钉M5×8	1	Q235-A			
6	AF-06	阀盖	1	ZL101			
5	AF-05	弹簧托架	1	H62	0.8	0.8	
4	AF-04	垫片	1	硬纸板			
3	AF-03	弹簧	1	碳素弹簧钢丝C级	0.25	0.25	
2	AF-02	阀门	1	H62	1	1	d=0.25, D=0.25, 左
1	AF-01	阀体	1	ZL101	0.5	0.5	

制图		安全阀	比例 2:1	数量 1
校核				
审图		装配图	西北工业大学	

图 8.7 调压阀

1. 对表达的装配体进行分析

了解装配体的用途，分析其结构、工作原理、传动路线，分析各零件在装配体中的作用及零件间的连接关系和配合性质。

调压阀的作用是调控出口的气体或液体压力。螺杆 8 与螺母 9、阀盖 6 旋合后，抵住弹簧托架 5，压紧弹簧 3，进而压住阀门 2，堵住左、右 ϕ20mm 孔的连接口，当右 ϕ20mm 孔流入气、液压力超过规定值时，阀门 2 被顶起，使左、右 ϕ20mm 孔连通，这样可保持出口压力正常。调整弹簧 3 的压缩量，可调整系统压力允许值。

可见调压阀主要靠弹簧 3、螺母 9、螺杆 8 和阀门 2 工作，这些零部件的动作方向在它们的轴线上，这条线也是该装配体的装配主干线，应该把这条线上的零部件及装配、连接等关系清晰地表达出来。

2. 确定主视图

一般应选择符合装配体工作位置的方位，把反映主要或较多装配关系的投射方向作为主视图的投射方向。因为主视图是装配体表达方案的核心，应能清楚地反映主要装配干线上各零件的相对位置、装配关系、工作原理及装配体的形状特征。

很显然，调压阀主视图方向应垂直于内腔各孔的轴线，而且主视图应采用全剖视图。这样既符合工作位置，又把各零件的位置和装配关系表达得很清楚，很容易分析出其工作原理。

为了在主视图上尽量多地反映零件的结构及连接关系，可把未在剖切面上的结构假想置于剖切面上剖开，但不要影响表达的清晰性。图 8.7 中紧定螺钉 7 和阀体 1 下方两个小孔的表达就遵循了这一点。

3. 确定其他视图

主视图没有表达而又必须表达的部分或表达不够完整、清晰的部分，可选用其他视图补充说明。一般情况下，装配体中的每一种零件至少应在视图中出现一次。

图 8.7 中的俯视图和两个局部视图均补充表达了阀的结构形状和安装尺寸，使装配体的表达完整清晰，便于读图。

复杂装配图上其他视图的选择，也是紧紧围绕着部件上几条装配线进行的。

4. 对表达方案进行调整

最后，对已确定的表达方案要进行调整。在调整时要注意以下两点：

（1）分清主次，合理安排。一个装配体可能有多条装配线，在表达时一定要分清主次，把主要装配线表示在基本视图上。对于次要的装配线，如果不能兼顾，可以表示在单独的剖视图或局部剖视图上。每个视图或剖视图所表达的内容应该有明确的目的。

（2）注意联系，便于读图。联系是指在工作原理或装配关系方面的联系。为了读图方便，在视图表达上不宜采用过于分散的方案，应尽量把一个完整的装配关系表示在一个或几个相邻的视图上。

8.3 装配图中的尺寸标注和技术要求

8.3.1 装配图的尺寸标注

装配图的作用与零件图不同，在装配图中标注尺寸时，不必把制造零件所需的尺寸都标注出来，只需标注以下几类尺寸：

（1）性能（或规格）尺寸：表示机器或部件工作性能或规格的尺寸，称为性能（或规格）尺寸。这类尺寸是设计产品的主要数据，是在绘图前就确定了的，如图 8.1 中铣刀头的中心高尺寸 115mm 及刀盘直径 ϕ120mm。

（2）装配尺寸：表示机器或部件中各零件装配关系的尺寸。

1）配合尺寸：表示两个零件之间配合性质的尺寸，如图 8.1 中的 ϕ28H8/f7、ϕ35k6 等。

2）相对位置尺寸：表示装配机器和拆画零件图时需要保证的零件间相对位置的尺寸，如图 8.1 中铣刀头的中心高尺寸 115mm。

3）安装尺寸：表示将机器或部件安装到其他设备上所需的尺寸，如图 8.1 中的 155mm、150mm 等。

（3）外形尺寸：表示机器（或部件）外形轮廓大小的尺寸，即总长、总宽和总高。它提供包装、运输和安装过程所占空间的数据，如图 8.1 中的 418mm、190mm。

（4）其他重要尺寸：指在设计中确定的，而又未包括在上述几类尺寸中的一些重要尺寸，如运动零件的极限尺寸、主要零件的重要尺寸等。

上述四类尺寸，并不一定都标注，要视具体情况而定。此外，有的尺寸往往同时具有多种作用。因此，对装配图中的尺寸需要具体分析，然后进行标注。

8.3.2 装配图的技术要求

由于装配体的性能、用途各不相同，因此其技术要求也不同。拟订装配体的技术要求时，一般从以下三个方面考虑：

（1）装配要求：指为保证装配体的性能，在装配过程中应注意的事项，以及装配后应达到的要求。

（2）检验要求：指对装配体基本性能的检验、试验和验收方法的说明等。

（3）使用要求：指对装配体的使用、维护、保养的要求及注意事项等。

上述各项，不是每一张装配图都要求全部注写，应根据具体情况而定。装配图的技术要求通常用文字注写在明细栏上方或图纸下方空白处。

8.4 装配图中的零、部件序号和标题栏

为了便于读图，在装配图中，要对所有零、部件编写序号，并在标题栏上方画出零件

明细栏，按图中序号把各零件填写在明细栏中。

8.4.1 零、部件序号编写

图样中零、部件序号编写的规定如下：

（1）原则上机器的所有的零、部件都必须编写序号。相同的零、部件只用一个序号，且只标注一次。

（2）序号由圆点、指引线及数字组成。零、部件序号编写方式一般有三种，如图 8.8 所示。图 8.8（a）为引线加一短横线，数字写在横线上方；图 8.8（b）为引线末端画一小圆，数字写在圆内；图 8.8（c）为数字直接写在引线旁。

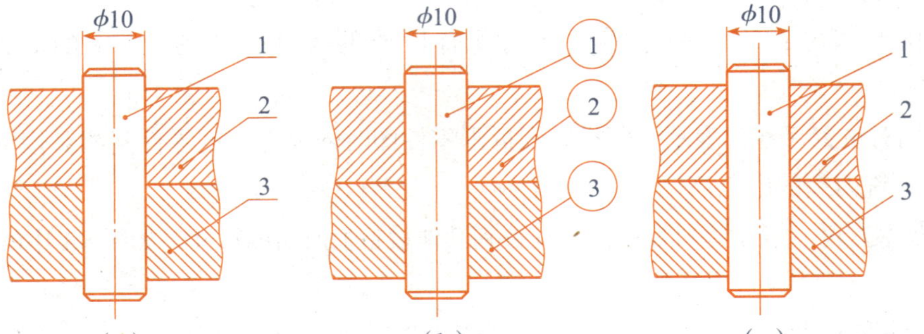

图 8.8 零件序号编写方式

注意：圆点应点在零、部件实体处；上述线型均为细实线；序号数字应比尺寸数字大 1 到 2 号，如图 8.8、图 8.9 中序号数字都比尺寸数字 ϕ10 大一号。

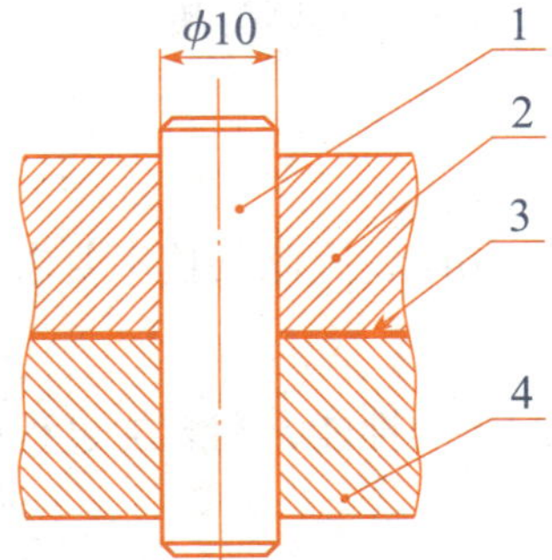

图 8.9 薄片零件序号编写

（3）对于尺寸较小、不便于画出圆点的薄片零件，应用箭头指向该零件，如图 8.9 中序号 3。

（4）同一装配图编注序号的形式应一致。

（5）对于一组紧固件或装配关系清楚的零件组，可以采用公共指引线，如图 8.10 所示。

（6）指引线不能互相相交；当通过剖面区域时，指引线避免与剖面线平行，必要时允许弯折，如图 8.11 所示。

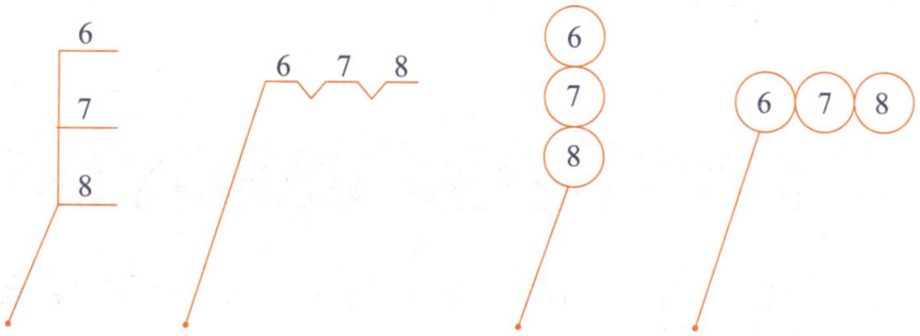

图 8.10　公共指引线

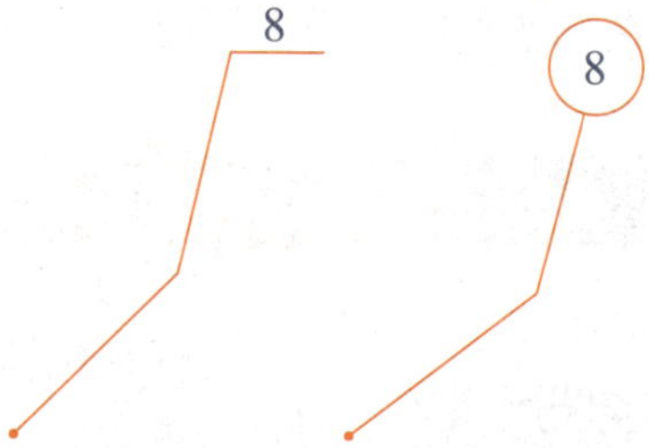

图 8.11　指引线弯折

（7）标准化的部件，如滚动轴承、电动机、油杯等，在装配图上只注写一个序号。

（8）序号应标注在视图之外，并应按顺时针或逆时针方向水平或垂直地排列整齐。序号编写完后，应仔细检查，确认无遗漏，方可填入明细栏。零、部件在图样中的序号应和明细栏中的序号一致，不能产生差错。

8.4.2　明细栏和标题栏

装配图标题栏的内容、格式等与零件图中的完全一样，主要填写机器或部件的名称、代号、绘图比例及设计单位、设计人员的签名等。明细栏和标题栏，如图 8.12 所示。

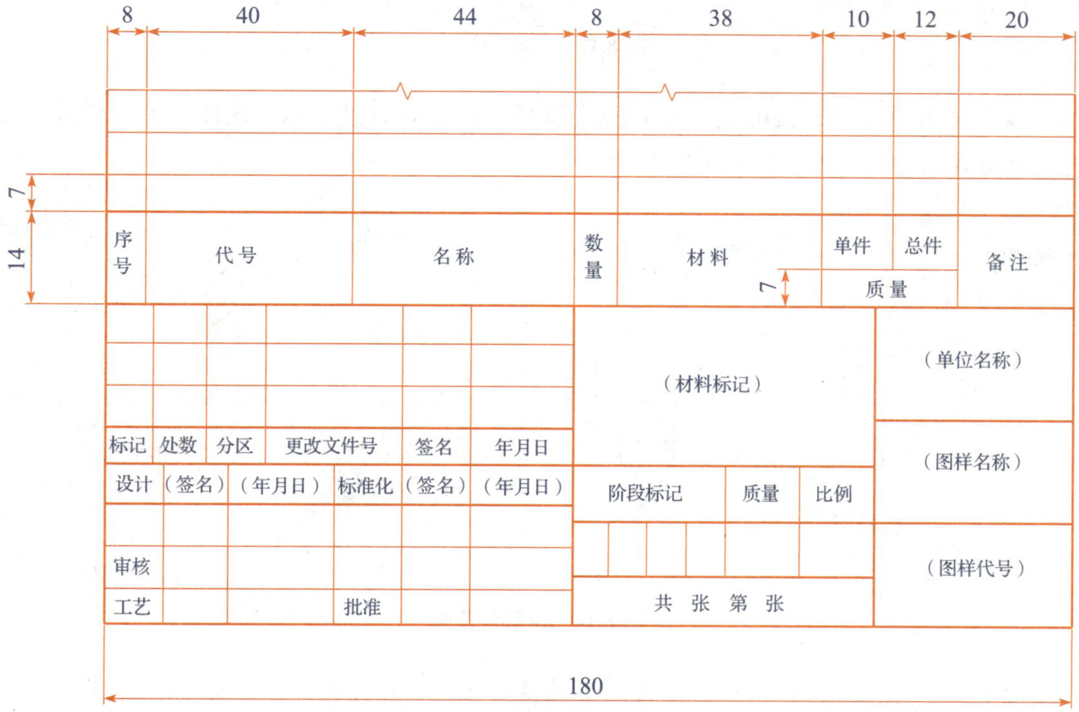

图 8.12　明细栏和标题栏

零件明细栏是装配图中特有的表格，是机器或部件中全部零、部件的详细目录。明细栏一般由序号、代号、名称、数量、材料、质量、备注等组成，也可按实际需要增加或减少。明细栏一般配置在标题栏的上方，应按由下而上的顺序填写。如位置不够时，可紧靠在标题栏的左边自下而上延续。

8.5 装配结构的合理性

装配结构的合理性

为保证机器和部件的性能，并方便装拆，装配结构应合理。在绘制装配图时，也应体现这种合理性。

8.5.1 接触面或配合面的结构

（1）孔和轴配合时，为保证有良好的接触精度，应在孔接触面处倒角或在轴肩根部切槽，如图 8.13 所示。

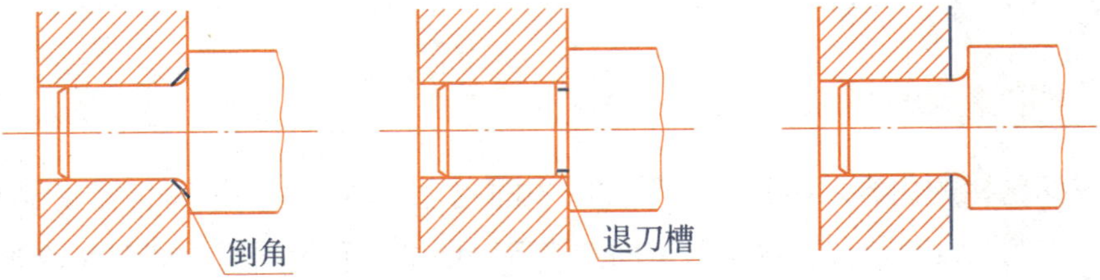

（a）合理　（b）合理　（c）不合理

图 8.13　孔和轴配合

（2）对于两零件的接触面，同方向一般只允许有一对接触面，这样既可保证接触良好，又可降低加工要求，如图 8.14 所示。

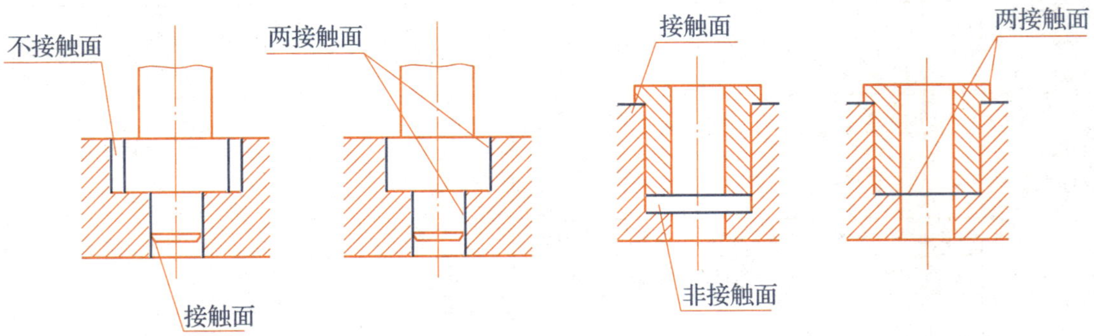

（a）合理　（b）不合理　（c）合理　（d）不合理

图 8.14　两零件接触

（3）为了保证连接件与被连接件间单独良好接触，被连接件上应加工出凸台或凹坑，如图 8.15 所示。

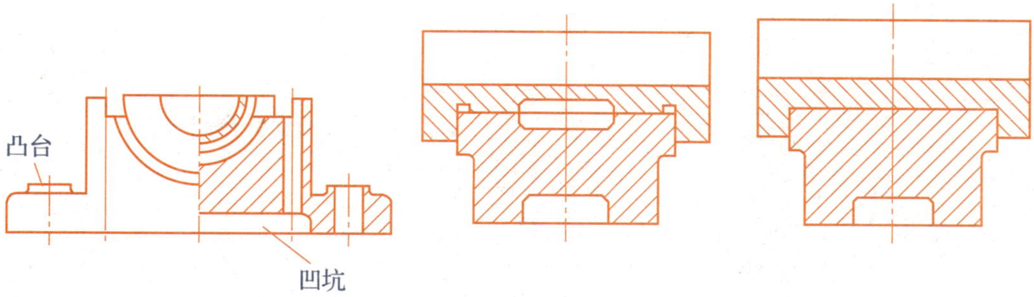

（a）合理　　（b）不合理

图 8.15　加工出凸台和凹坑

8.5.2　便于装拆的结构

（1）为了方便装拆，一般应将销孔加工成通孔，如图 8.16 所示。

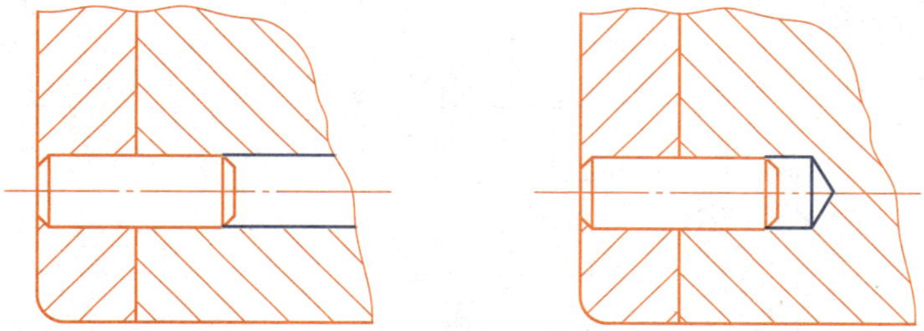

（a）合理　　（b）不合理

图 8.16　销孔结构

（2）螺纹紧固件的合理结构，如图 8.17、图 8.18 所示。

（3）箱体上螺纹连接的结构。为了便于拧紧，有的箱体零件必须添加一手孔，或者改成双头螺柱，如图 8.19 所示。

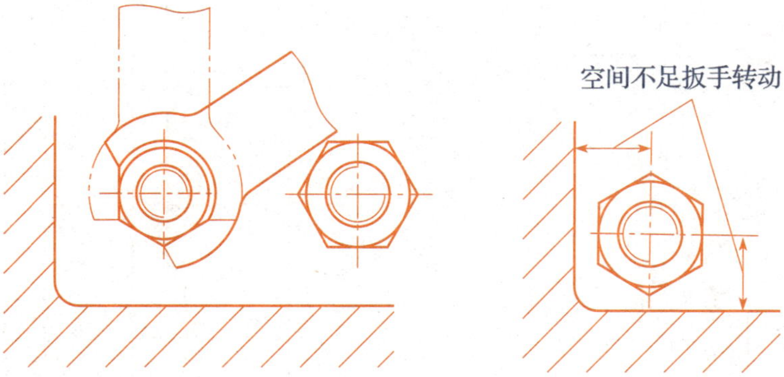

（a）合理　　（b）不合理

图 8.17　留出扳手活动空间

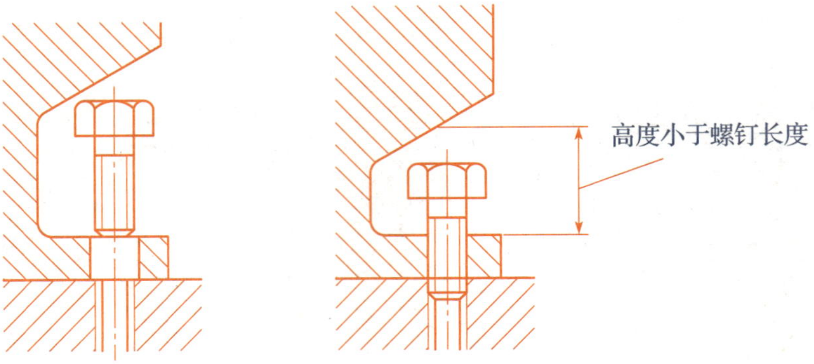

（a）合理　　（b）不合理

图 8.18　留出螺钉装拆空间

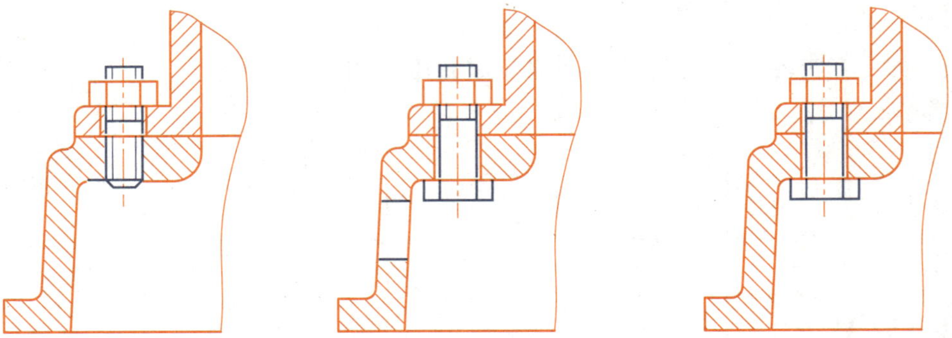

（a）合理　　（b）合理　　（c）不合理

图 8.19　箱体上螺纹连接的结构

（4）轴承的定位结构。轴承的轴向定位是靠轴肩或孔肩实现的。为了方便装拆，轴肩位置应介于轴承内圈之间，孔肩位置应介于轴承外圈之间，如图 8.20、图 8.21 所示。

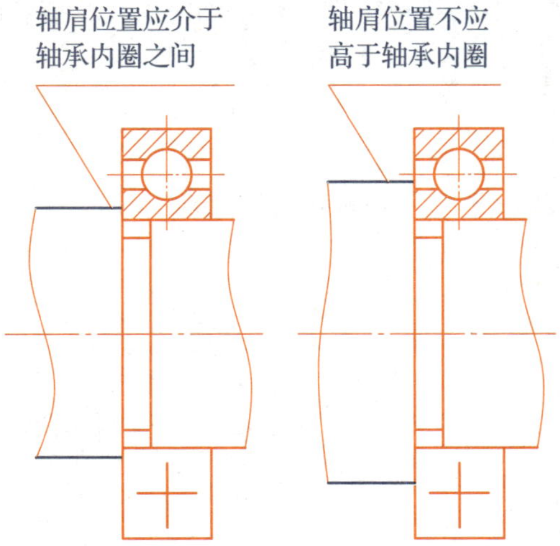

（a）合理　　（b）不合理

图 8.20　轴承内圈与定位轴肩

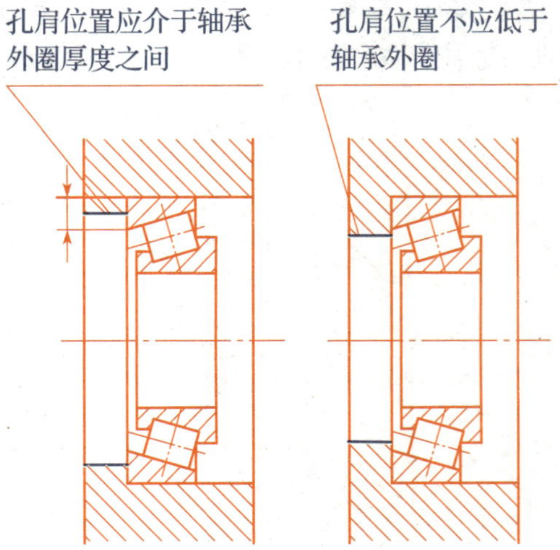

（a）合理　　（b）不合理

图 8.21　轴承外圈与定位孔肩

8.6 画装配图的步骤

画装配图与画零件图的步骤类似。以铣刀头（见图 8.1）为例说明画装配图的方法和步骤。

8.6.1 确定表达方案

按装配图视图选择原则，分析铣刀头特点。根据铣刀头的工作位置，选择能反映装配中心线和零件相互位置及连接关系的视图作为主视图。

过主视图轴的中心线作全剖视图，并在轴的两端作局部剖，以表示轴端各个连接件的连接情况和端盖上螺纹孔的连接情况等。在右端用假想画法表示出铣刀盘和铣刀的轮廓。左视图采用拆卸画法，并作局部剖，以表示座体左右支承板的形状、中间肋板和底板的结构形状等。

8.6.2 定比例，选图幅，画出标题栏和明细栏的位置

根据装配体的大小和表达方案中图形的个数，确定画图比例和图幅。需要注意的是，选定图幅时不仅要考虑视图的大小和数量，还要考虑零件序号、尺寸、标题栏、明细栏和技术要求的位置。图幅确定后先画出图框，再定出标题栏和明细栏的位置。

8.6.3 画作图基准线

根据表达方案，画出各视图的基准线。注意此时要考虑整个图面布局，包括图形的位置、图形间的尺寸和零件序号等，使图面布局合理，如图 8.22（a）所示。

8.6.4 画底稿

画装配图时，装配图的结构特点不同，画法也不一样。一般应从主要装配干线开始画，按“先里后外”“先主后次”的原则依次画出各个零件。要特别注意尽量按照装配顺序绘出各个零件，如图 8.22（b）～图 8.22（e）所示。

（a）画基准线

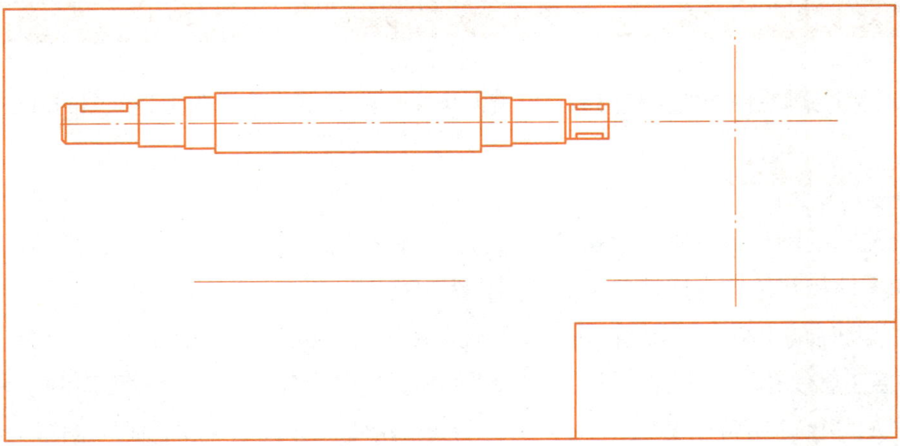

（b）画轴

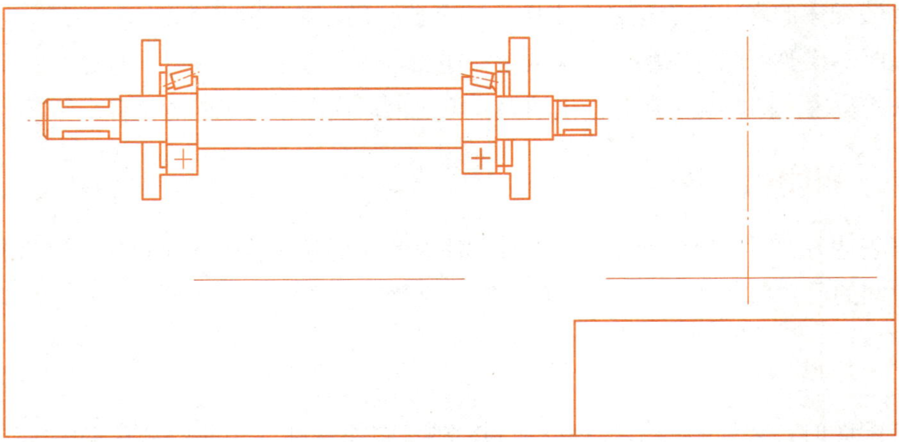

（c）画轴承、垫圈、端盖

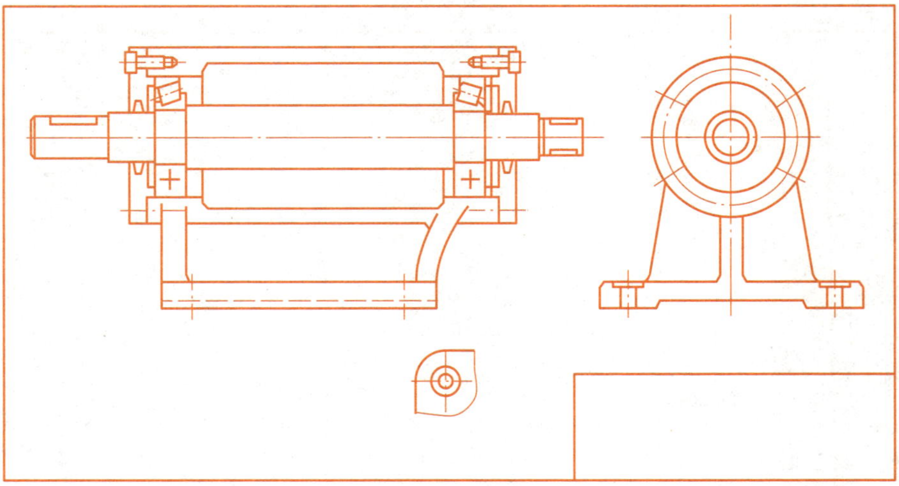

（d）画座体、螺钉等

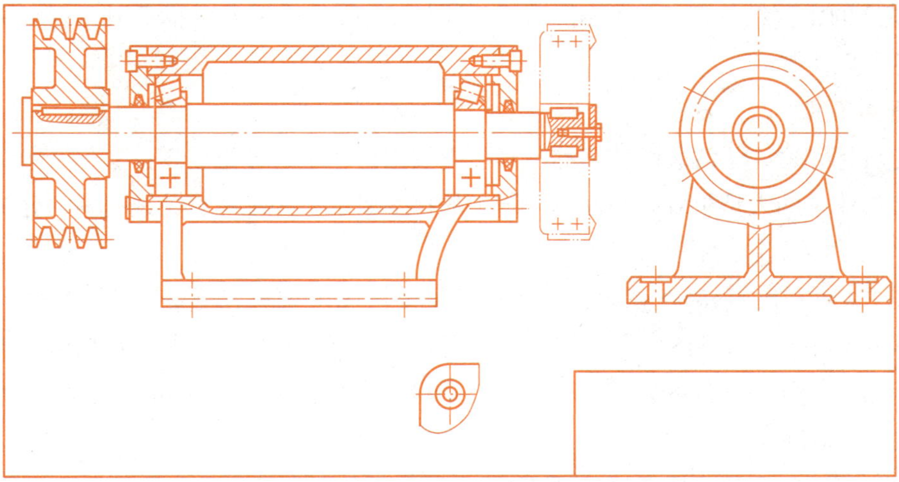

（e）画带轮、铣刀盘、键等

图 8.22 装配图的绘制步骤

8.6.5 检查、修改，画剖面线，描深全图

检查有无表达上的错误和画法上的错误，并予以改正，而后画剖面线。注意各零件剖面线的方向和间隔要符合装配图的要求。确认无误后描深全图。

8.6.6 标注尺寸、编写序号、填写明细栏、注写技术要求、填写标题栏

图形完成后标注尺寸，而后按照零件序号的编写方法编写序号，填写明细栏。再注写技术要求，填写好标题栏，至此完成全图。

具体画装配图时还要注意以下几点：

（1）装配图的各视图间要保持对应的投影关系，各零件、各结构要素也要符合投影关系。

（2）为保证各零件间相互位置的准确，应先画主要装配干线中起定位作用的基准件，明确定位基准，再尽可能从各零件的接触面开始依次绘制各零件轮廓。基准件可根据具体机器（或部件）加以分析判断。

（3）画装配图中的每个零件时，应随时检查相邻零件间的装配关系；对于接触面、配合面及间隙等情况，应正确表达；还应检查零件间有无干涉，并及时纠正。

8.7 识读装配图

在机器（或部件）的设计、装配、技术交流及使用、维修中，都需要读装配图。因此，识读装配图是工程技术人员必须具备的基本技能。

8.7.1 识读装配图的方法和步骤

识读装配图的目的是了解机器（或部件）的性能和工作原理，搞清各零件的装配关

系、各零件的主要结构形状和作用。下面以图 8.23 所示机用虎钳装配图为例，说明识读装配图的一般步骤。

1. 概括了解

首先看标题栏，了解装配体名称。其次看明细栏，了解各组成零件名称、数量、材料以及在装配体中的大概位置。阅读装配图中的技术要求，并参考有关说明书，分析零、部件的用途、性能及工作原理。

读图 8.23 可知：该装配体为机用虎钳，主要由固定钳身、活动钳身、螺杆、螺母等零件组成，其中标准件两种（件 6、件 10），数量、材料见图 8.23 中的明细栏。机用虎钳主要是用来夹持固定工件的，两钳口板相互平行，在各种机床（如钻床、铣床、刨床、磨床等）上广泛使用。

2. 分析视图，了解零件间的装配关系

了解各个视图、剖视图、断面图等的相互关系及表达意图，为下一步深入读图做准备。图 8.23 中有三个基本视图、一个断面图、一个局部放大图和一个局部视图。主视图运用了全剖，主要表达各零件的装配关系、连接方式和传动关系。左视图为半剖视图，半个视图反映外形，半个剖视图主要表达固定钳身 9、活动钳身 7、螺母 6、螺钉 5 和螺杆 4 的装配关系。俯视图主要反映外形，其中的局部剖视图用于表达钳口板 8 和固定钳身 9 的连接方式。断面图反映螺杆 4 右端的断面形状。局部放大图反映螺杆 4 的牙型。局部视图表达钳口板 8 的形状。

3. 分析工作原理及传动关系

一般可从图样上直接分析，当对象比较复杂时，需要参考说明书弄清工作原理和传动关系。机用虎钳工作原理：旋转螺杆 5，使螺母 6 沿螺杆 5 轴线作直线运动，螺母 6 带动活动钳身 7、钳口板 8 移动，实现夹紧或放松。

4. 深入了解零、部件主要结构

先把不同的零件区分开，弄清每个零件的主要结构形状。要做到这一点，除了利用投影关系想象零件，还要充分利用机件的表达方法和绘制装配图的一些基本规定来区分不同零件。最常用的方法有以下几种：

（1）由各零件剖面线的方向和间隔来区分零件轮廓的范围，如区分活动钳身 7、固定钳身 9、螺母 6 与钳口板 8。

（2）利用装配图的规定画法和特殊表达方法来区分零件，如利用标准件和实心件不剖的规定可区分螺钉、油标、键和球等零件；利用常见结构的画法，可识别轴承、弹簧及密封结构等。

（3）对照明细栏，找出零件数量、材料和规格等信息，帮助了解零件的形状、作用及确定零件在装配图中的位置和范围。

根据投影关系和区分零件的方法，可以想象出各个零件的主要结构形状，进而确定零件的作用和装配方式。例如，螺钉 5 连接螺母与活动钳身，为方便装拆，螺钉头部有两个圆孔。

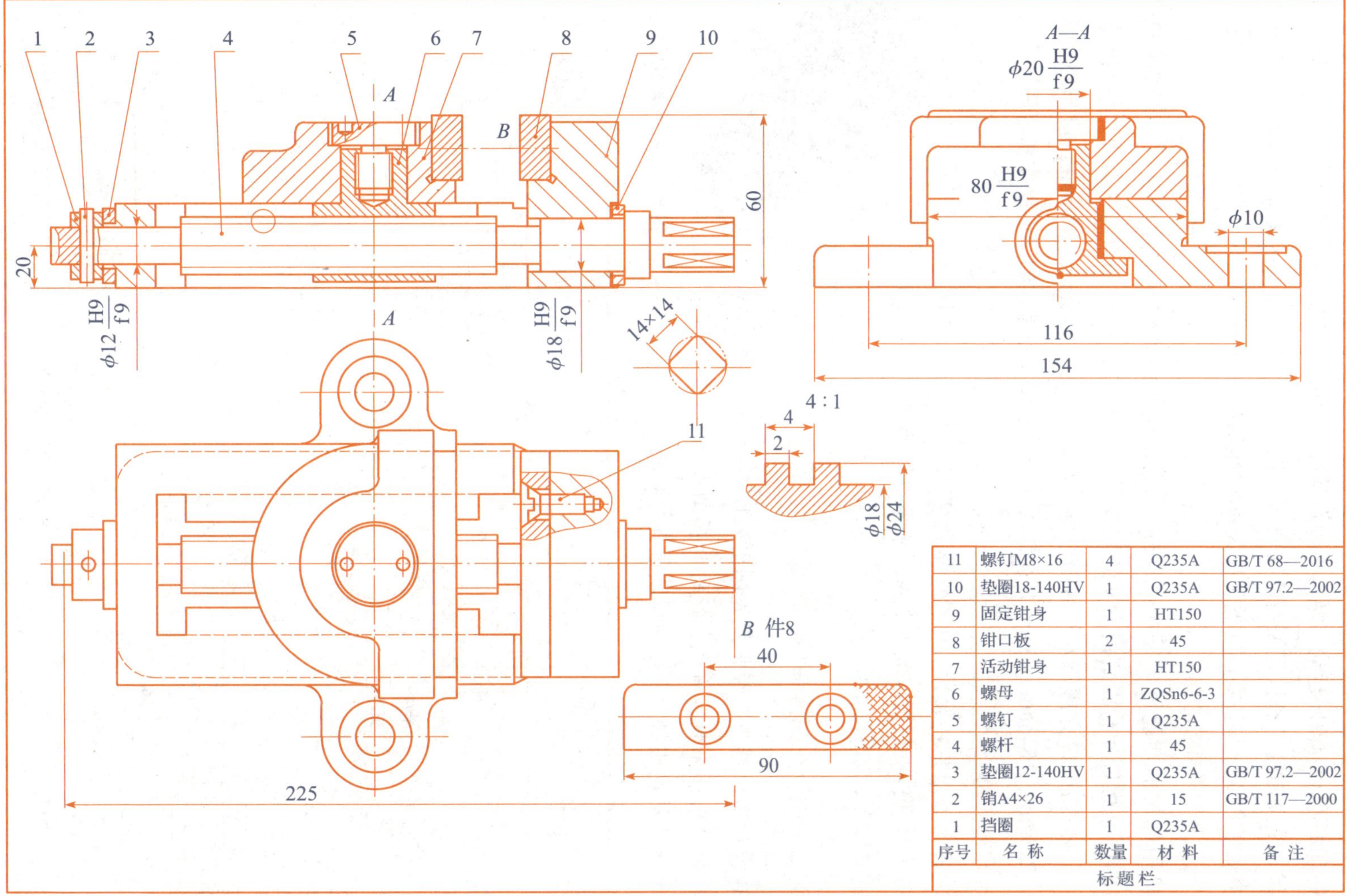

序号	名 称	数量	材 料	备 注
11	螺钉M8×16	4	Q235A	GB/T 68—2016
10	垫圈18-140HV	1	Q235A	GB/T 97.2—2002
9	固定钳身	1	HT150	
8	钳口板	2	45	
7	活动钳身	1	HT150	
6	螺母	1	ZQSn6-6-3	
5	螺钉	1	Q235A	
4	螺杆	1	45	
3	垫圈12-140HV	1	Q235A	GB/T 97.2—2002
2	销A4×26	1	15	GB/T 117—2000
1	挡圈	1	Q235A	

标题栏

图 8.23　机用虎钳装配图

分析部件的整体结构。机用虎钳由 11 种零件组成，结合前面对各零件的了解，可知机用虎钳的整体结构是：螺杆 4 装在固定钳身 9 上，通过垫圈 3、挡圈 1 和销 2 使螺杆 4 只能转动而不能沿轴向运动。螺母 6 旋在螺杆 4 上，通过螺钉 5、螺母 6 和活动钳身 7 连在一起。活动钳身 7 和固定钳身 9 在钳口部位用两个螺钉 11 固定上钳口板 8。综上所述，机用虎钳工作原理和各零件间的装配关系更加清楚。

5. 分析尺寸和技术要求

机用虎钳的性能尺寸是 0 ～ 70mm，它指明了活动钳身的运动范围。ϕ12H9/f9 和 ϕ18H9/f9 是螺杆 4 与固定钳身 9 的配合尺寸；80H9/f9 是活动钳身 7 与固定钳身 9 的配合尺寸；ϕ20H9/f9 是螺母 6 与活动钳身 7 的配合尺寸。116mm、40mm、ϕ10mm 是安装尺寸。225mm、154mm、60mm 是总体尺寸。其余尺寸是零件的定形尺寸和定位尺寸。

6. 归纳总结

综合上述过程，充分了解整个装配体的结构、工作原理，掌握各个零部件的位置、装配关系，想象立体形状，建立机用虎钳的立体图，如图 8.24 所示。

图 8.24　机用虎钳立体图

8.7.2　由装配图拆画零件图

在设计新机器时，经常是先画出装配图，确定主要结构，然后根据装配图来画零件图，这称为拆画零件图，简称拆图。以图 8.25 中活动钳身为例说明拆图过程及画法。

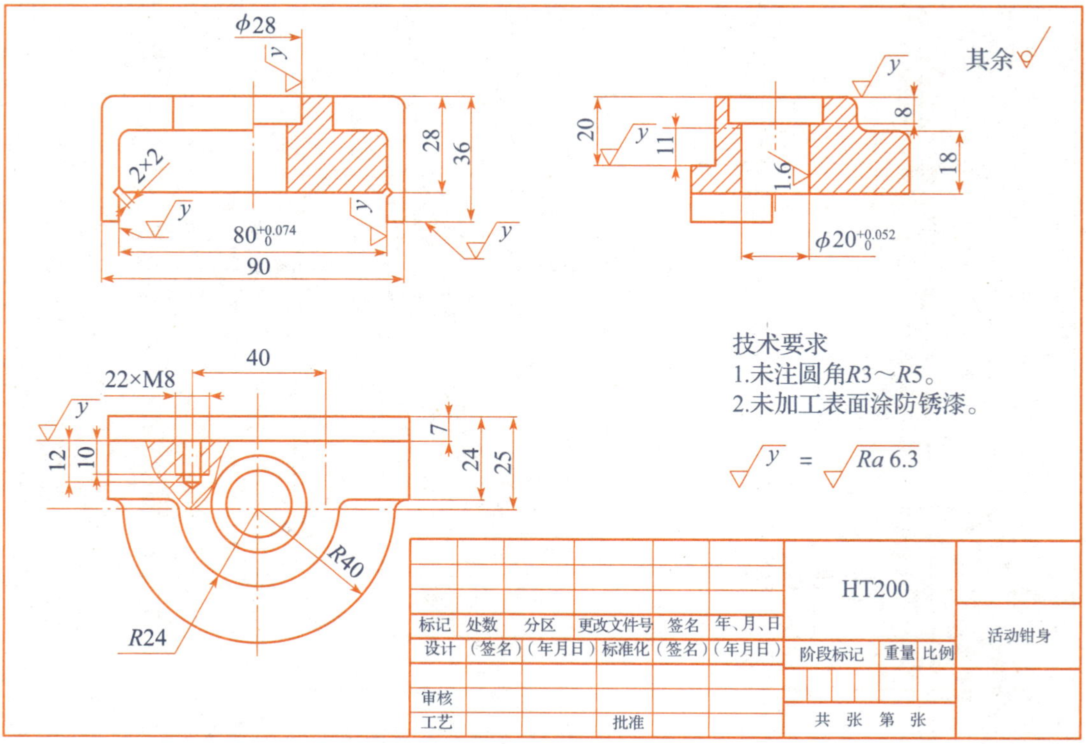

图 8.25　活动钳身零件图

1. 拆画零件

（1）想象并确定零件的形状。

部件中大部分零件的结构可以在装配图中确定，少数复杂零件的某些局部结构有时在装配图上无法表达清楚，需要进行构形设计。另外，装配图主要表示零件间的装配关系，至于零件某些部分的形状和详细结构并不一定都已表达完全，装配图的简化画法中允许不画出的结构，在零件图上必须补画。因此首先要根据零件的作用，并且结合它和有关零件的关系进行分析判断，构思出零件的结构形状，并将隐含、未知部分的形状确定下来，然后确定尺寸和技术要求，完成拆画零件图。具体方法如下：

1）装配图的简化画法中允许不画出的细小结构，在拆画零件时，应查阅相关手册，把省略的结构补画出来，例如退刀槽、倒角、螺纹紧固件等结构。

2）在装配图中零件间相互遮挡的结构和线条，在零件图中要补画出来。

3）有些结构在装配图中没必要表达得十分清楚，根据零件已知结构和作用、相邻零件间的连接、加工工艺因素，进行全面综合的构形设计。

（2）确定零件图的表达方案。

零件图的表达方案不能照搬装配图，要根据零件的结构特点和零件图的视图选择原则重新确定。

图 8.25 所示为机用虎钳的活动钳身零件图，其主视图和其他视图的表达方案与该零件在装配图上的表达方案不一样，其主视图的投射方向是按该零件的加工位置和主工序确定的。

2. 标注零件尺寸

装配图中对零件的尺寸标注不完全，所以，拆画零件图时，要确定零件的所有尺寸。可按如下方法确定零件的尺寸：

（1）已在装配图上标注出的零件尺寸是与设计和装配有关的尺寸，要全部应用到零件图上。

（2）零件上的工艺结构和标准结构的尺寸应查阅有关标准后确定，如齿轮的分度圆尺寸、键槽尺寸等。

（3）除零件上的工艺结构和标准结构的尺寸外，装配图上没有的尺寸，可按比例直接量取、计算或根据实际情况自行确定，但要注意圆整。

按照零件图的尺寸标注要求标注尺寸，包括装配图上已标注出的零件尺寸、查阅国家标准得到的工艺结构尺寸和标准结构尺寸以及自行确定或计算出的尺寸。

3. 注写技术要求

根据装配体中该零件的作用及与其他零件的装配关系，结合自己掌握的结构和工艺方面的知识、经验，或者参考同类产品的图样资料，确定零件各表面的表面结构要求，各要素的尺寸公差、几何公差要求，以及工艺处理等技术要求，然后将其注写在零件图上。

4. 校核图样，填写标题栏

仔细检查图形、尺寸、技术要求，确认无误后填写标题栏，完成全图。

任务 9

表达焊接件*

知识目标

- 了解焊接接头形式。
- 掌握国家标准中关于焊缝符号及其标注方式的规定。
- 掌握焊接工艺要求在图样中的规定表示方法。

能力目标

- 能按照国家标准标注和识读图样中的各种焊缝符号。
- 能读懂带有焊缝符号等焊接工艺要求的技术图样。

素养目标

- 培养学生规范画图的习惯。
- 培养学生严谨、细致的职业素养。
- 培养学生的责任担当意识。

9.1 概述

焊接是通过加热或加压（或两者并用），用或不用填充金属，使焊件进行原子间结合的一种连接方法。焊接是一种不可拆的连接，工艺简单、连接可靠，广泛地应用于机械、造船、冶金、化工等领域。

焊接图是指焊接装配图，即实际生产中的产品零部件或组件进行焊接组装连接的工作

* 本任务为选修内容，由教师根据具体情况自行安排。

图。它与一般装配图的不同之处在于：图中应将焊接件的结构以及与焊接的有关内容表示清楚，如焊接接头形式、焊缝种类、焊缝尺寸、焊接方法等。为了方便，允许制定专门的说明书或技术条件，用于说明焊缝尺寸和焊接工艺等内容。

9.2 焊缝的表示法

在技术图样或文件上需要表示焊缝或接头时，推荐使用焊缝符号。必要时，也可用一般的技术制图方法表示，如视图、剖视图、轴测图等。

9.2.1 焊缝的图示法

如图 9.1 所示，常见的焊接接头形式有对接接头、搭接接头、角接接头、T 形接头。焊缝是焊接后形成的接缝，焊缝有对接焊缝、点焊缝和角焊缝等。不同的焊接形式有不同的焊缝。

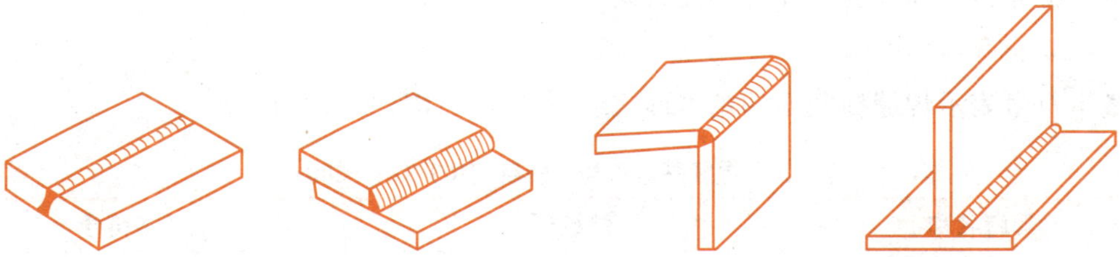

（a）对接接头　（b）搭接接头　（c）角接接头　（d）T形接头

图 9.1　四种焊接接头形式

（1）在视图中，焊缝用一系列细实线段表达，并允许徒手绘制，如图 9.2 所示。

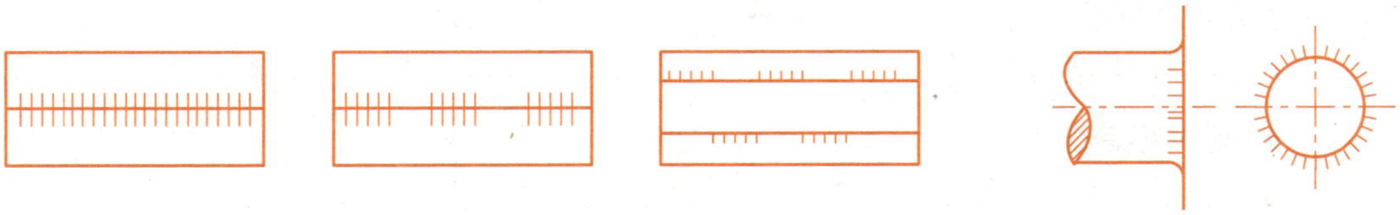

图 9.2　视图中焊缝图示法——细实线段

（2）在表示焊接端面的视图中，通常用粗实线绘出焊缝的轮廓。必要时，可用细实线画出焊接前的坡口形状等，如图 9.3 所示。

（3）在剖视图、断面图上，金属的焊接区一般用涂黑的方法画出。焊缝的规定画法如图 9.4（a）所示。若同时需要表示坡口等的形状，在焊接区亦可用细实线画出焊接前的坡口形状，如图 9.4（b）所示。

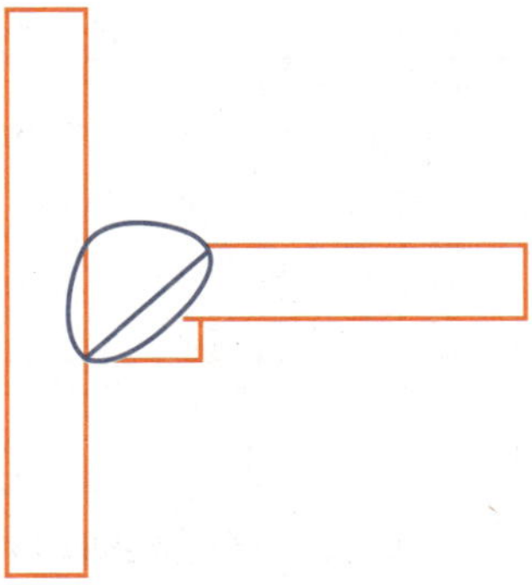

图 9.3　焊缝轮廓及坡口形状的图示法

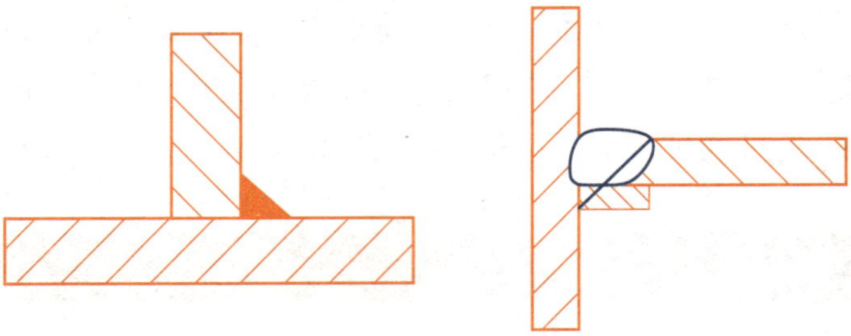

图 9.4　剖视图、断面图焊缝的图示法

9.2.2　焊缝符号表示法

为了简化作图，一般采用焊缝符号表示焊缝。有关焊缝符号的规定由国家标准《技术制图　焊缝符号的尺寸、比例及简化表示法》(GB/T 12212—2012）和《焊缝符号表示法》(GB/T 324—2008）给出。焊缝符号一般由基本符号与指引线组成，必要时还可以加上辅助符号、补充符号和焊缝尺寸符号及数据。

1. 基本符号

基本符号表示焊缝横截面的基本形式或特征，具体参见表 9.1。

表 9.1　焊缝基本符号（摘自 GB/T 324—2008）

焊缝名称	焊缝形式	基本符号
I 形焊缝		
V 形焊缝		
单边 V 形焊缝		
带钝边 V 形焊缝		
角焊缝	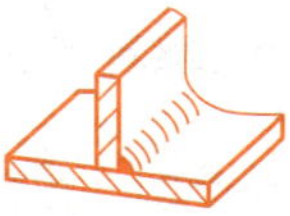	
点焊缝	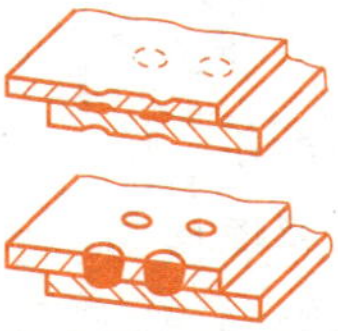	

2. 辅助符号

辅助符号是表示焊缝表面形状特征的符号，如表 9.2 所示。如果不需要说明焊缝表面形状可不用辅助符号。

表 9.2　辅助符号

名称	符号	焊缝形式	标注示例	说明
平面符号	—		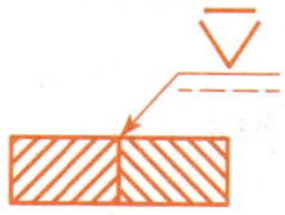	表示 V 形对接焊缝表面平齐（一般通过加工）
凹面符号	⌣			表示角焊缝表面凹陷
凸面符号	⌒		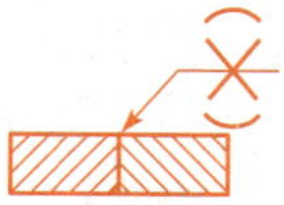	表示双面 V 形对接焊缝表面凸起

3. 补充符号

补充符号是为了补充说明焊缝的某些特征面而采用的符号，如表 9.3 所示。

表 9.3　补充符号

名称	符号	焊缝形式	标注示例	说明
带垫板符号	▭		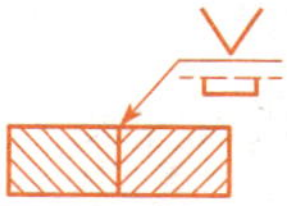	表示 V 形焊缝的背面底部有垫板
三面焊缝符号	⊏	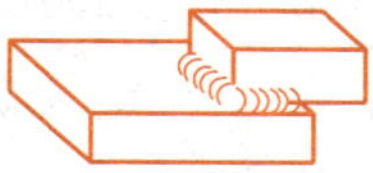	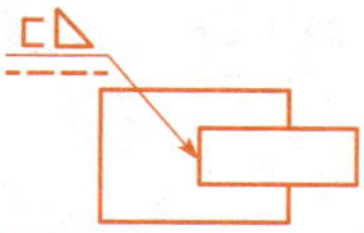	表示工件三面施焊，为角焊缝
周围焊缝符号	○	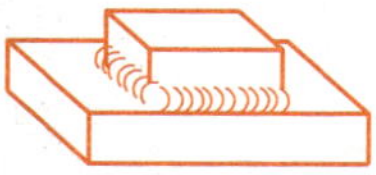	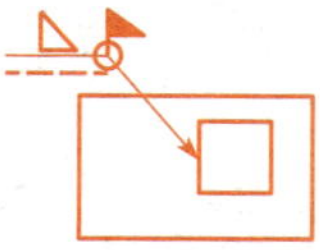	表示在现场沿工件周围施焊，为角焊缝

4. 焊缝指引线画法

（1）指引线组成。

指引线一般由箭头线和两条相互平行的基准线（一条为细实线，另一条为虚线）组成，如图 9.5 所示。基准线一般与基准线图样的底边平行，特殊情况下也可垂直。箭头直接指向的接头侧为“接头的箭头侧”，与之相对的则为“接头的非箭头侧”。

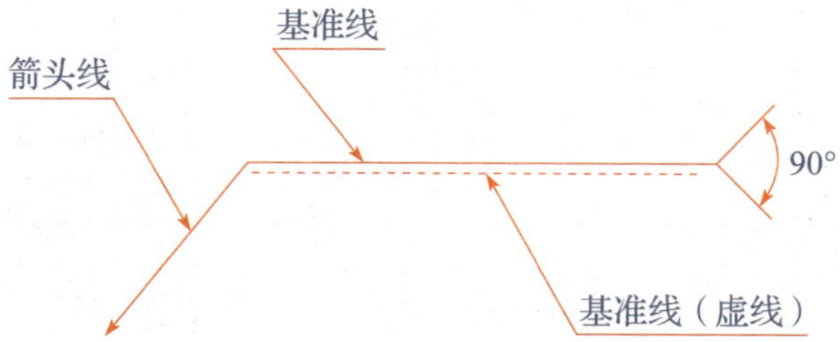

图 9.5　指引线

（2）焊缝符号相对于基准线的位置。

1）如果箭头指向焊缝的施焊面，则焊缝符号标注在基准线的实线一侧，如图 9.6（a）所示。

2）如果箭头指向焊缝施焊面的背面，则焊缝符号标注在基准线的虚线一侧，如图 9.6（b）所示。

3）标注对称焊缝及双面焊缝时，基准线的虚线可省略不画，如图 9.7 所示。

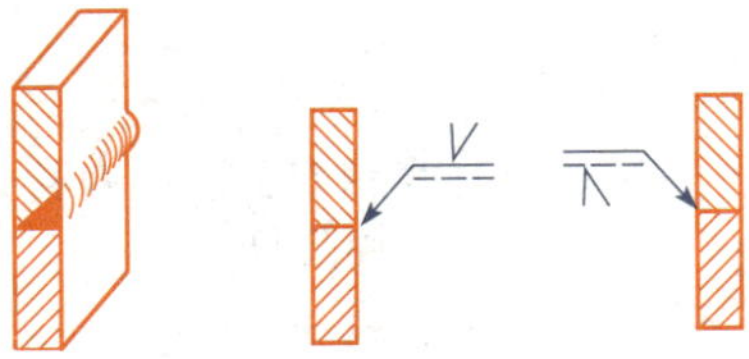

（a）指向施焊面　（b）指向施焊面的背面

图 9.6　箭头线的指向

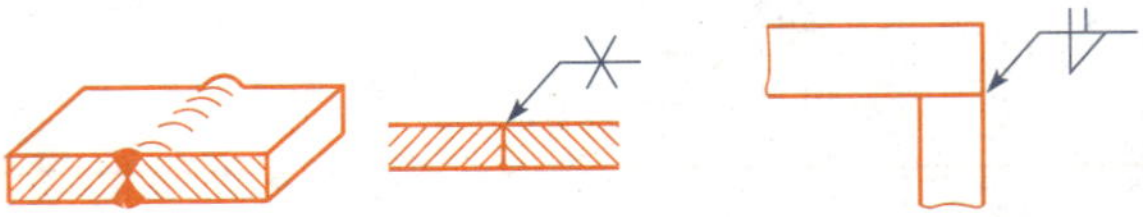

（a）对称焊缝　（b）双面焊缝

图 9.7　省略基准线的虚线

9.2.3　焊缝的尺寸标注原则

1. 焊缝尺寸符号

必要时可以在焊缝符号中标注尺寸。尺寸符号如表 9.4 所示。

表 9.4　尺寸符号（摘自 GB/T 324—2008）

符号	名称	示意图	符号	名称	示意图
δ	工作厚度		c	焊缝宽度	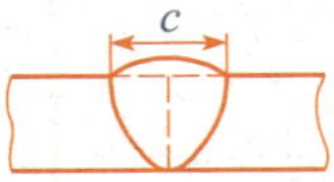
α	坡口角度	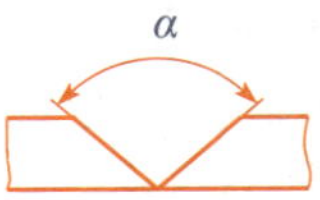	K	焊脚尺寸	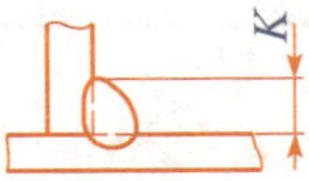
β	坡口面角度	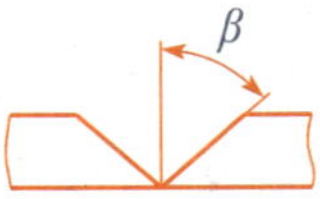	d	点焊：熔核直径 塞焊：孔径	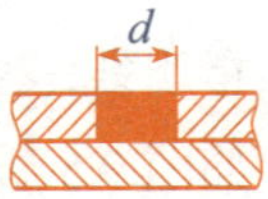
b	根部间隙	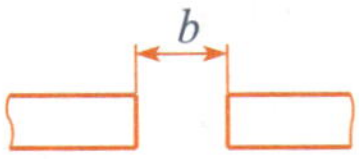	n	焊缝段数	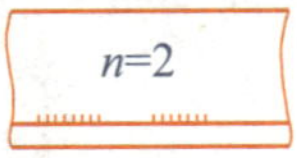
p	钝边	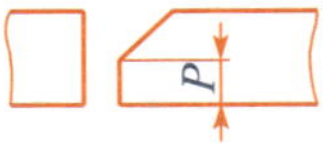	l	焊缝长度	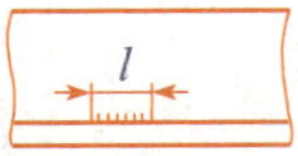
R	根部半边	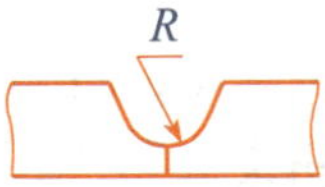	e	焊缝间距	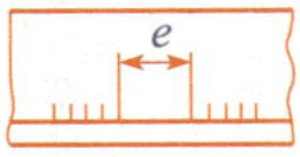

续表

符号	名称	示意图	符号	名称	示意图
H	坡口深度	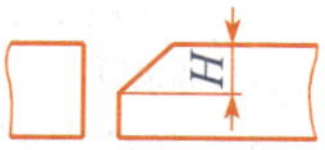	N	相同焊缝数量	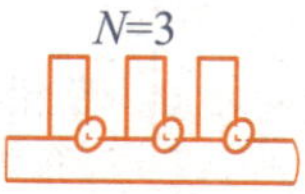
S	焊缝有效厚度	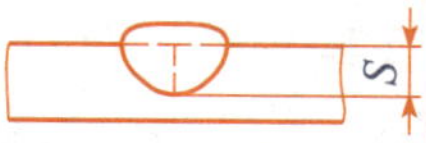	h	余高	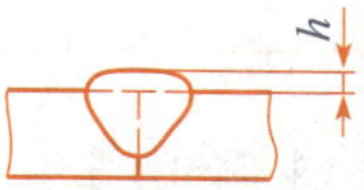

2. 焊缝尺寸标注原则

焊缝尺寸符号及其标注位置如图 9.8 所示。

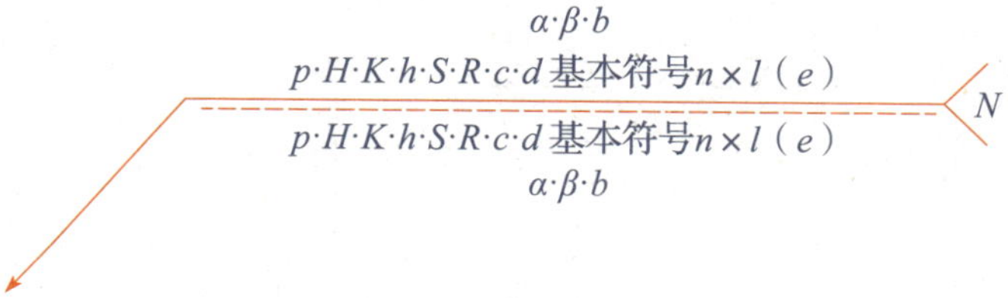

图 9.8　焊缝尺寸符号及其标注位置

（1）焊缝横截面上的尺寸标注在基本符号的左侧，如钝边高度 p、坡口深度 H、焊脚尺寸 K、焊缝宽度 c 等。

（2）焊缝长度 l、焊缝间距 e、焊缝段数 n 等尺寸标注在基本符号的右侧。

（3）坡口角度 α、坡口面角度 β、根部间隙 b 标注在基本符号的上侧或下侧。

（4）相同焊缝数量 N 标注在尾部。

（5）当尺寸较多不易分辨时，可在尺寸数据前标注相应的尺寸符号。

3. 焊缝尺寸标注示例

焊缝尺寸标注示例如表 9.5 所示。

表 9.5　焊缝尺寸标注示例

序号	名称	示意图	尺寸符号	标注方法
1	对接焊缝	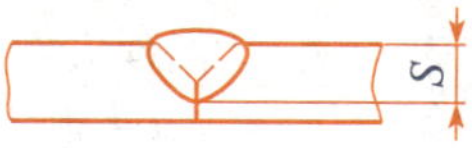	S：焊缝有效厚度	
2	连续角焊缝	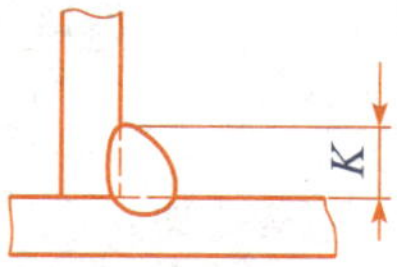	K：焊脚尺寸	
3	断续角焊缝	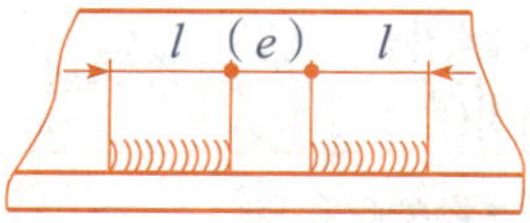	l：焊缝长度； e：间距； n：焊缝段数； K：焊脚尺寸	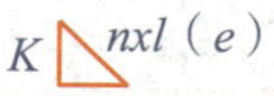

续表

序号	名称	示意图	尺寸符号	标注方法
4	交错断续角焊缝	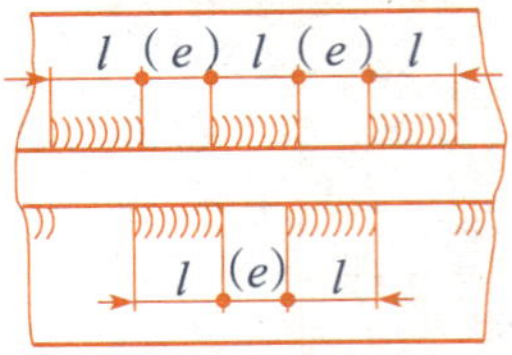	l：焊缝长度； e：间距； n：焊缝段数； K：焊脚尺寸	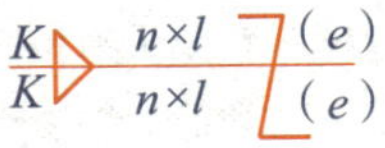

【例 9.1】读如图 9.9 所示的接管支架焊接图，分析说明焊缝标注的含义。

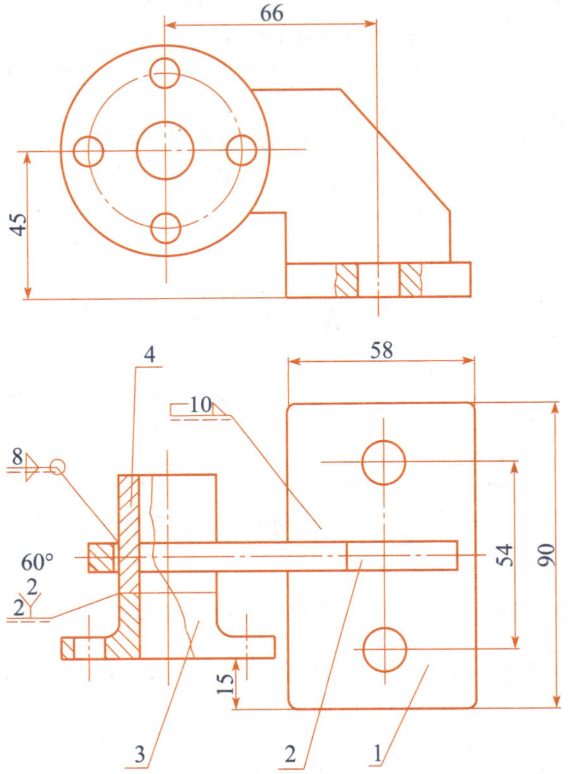

技术要求

1. 所有焊缝均采用焊条电弧焊焊接，焊条牌号J422。
2. 所有焊缝不得有未熔合、咬边焊接缺陷。
3. 序号3、4可在总装时进行装配焊接。
4. 未注圆角$R3$。

4		接管	1	Q235	
3		高颈法兰	1	45	
2		支承板	1	Q235	
1		底板	1	Q235	
序号	代号	名称	数量	材料	备注

接管支架	比例		材料	
	质量		图号	
制图				
审核				

图 9.9 接管支架焊接图

分析：该焊接件由四个零件组焊而成。底板与支承板、支承板与接管、接管与高颈法兰之间均为焊接连接。焊缝标注含义如表 9.6 所示。

表 9.6　焊缝标注含义

序号	焊缝标注	标注含义
1		底板与支承板之间的焊缝符号标注，其含义为单面角焊缝，焊脚高度 10mm，绕支承板周围环焊
2		支承板与接管之间的焊缝符号标注，其含义为双面角焊缝（即箭头所指侧与非箭头所指侧均需焊接）。双面焊脚高度均为 8mm，绕接管圆周施焊
3	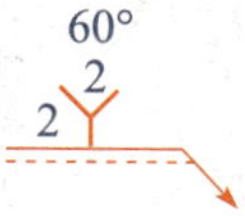	接管与高颈法兰之间的焊缝符号标注，其含义为对接接头对接焊缝，坡口角度 60°，钝边 2mm，根部间隙 2mm

参考文献

[1] 余晓琴，杨晓红. 机械制图 [M]. 北京：机械工业出版社，2018.

[2] 马英，杨老记. 机械制图 [M]. 4版. 北京：机械工业出版社，2021.

[3] 金大鹰. 机械制图（多学时）[M]. 10版. 北京：机械工业出版社，2020.

[4] 胡建生. 工程制图 [M]. 7版. 北京：化学工业出版社，2021.

[5] 彭晓兰. 机械制图与CAD [M]. 3版. 北京：高等教育出版社，2023.

[6] 吕波. 工程制图 [M]. 北京：北京邮电大学出版社，2013.

附　　录

附录 A 螺纹

附表 A.1　普通螺纹基本尺寸（摘自 GB/T 193—2003、GB/T 196—2003）

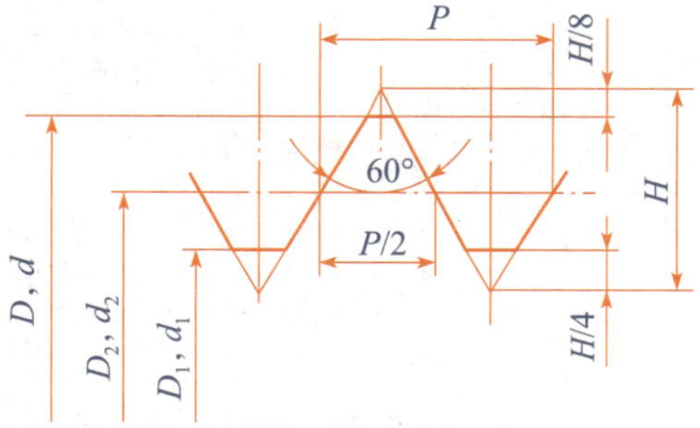

标记示例

公称直径为 24mm、螺距为 1.5mm、右旋的细牙普通螺纹：M24 × 1.5

（单位：mm）

公称直径 D、d		螺距 P		粗牙小径 D_1、d_1	公称直径 D、d		螺距 P		粗牙小径 D_1、d_1
第 1 系列	第 2 系列	粗牙	细牙		第 1 系列	第 2 系列	粗牙	细牙	
3		0.5	0.35	2.459		22	2.5	2，1.5，1	19.294
	3.5	0.6		2.850	24		3	2，1.5，1	20.752
4		0.7	0.5	3.242		27	3	2，1.5，1	23.752
	4.5	0.75		3.688					
5		0.8		4.134	30		3.5	(3)，2，1.5，1	26.211
6		1	0.75	4.917		33	3.5	(3)，2，1.5	29.211
	7								
8		1.25	1，0.75	6.647	36		4	3，2，1.5	31.670
10		1.5	1.25，1，0.75	8.376		39	4		34.670
12		1.75	1.5，1.25，1	10.106	42		4.5	4，3，2，1.5	37.129
	14	2	1.5，(1.25)，1	11.835		45	4.5		40.129
16		2	1.5，1	13.835	48		5		42.587
	18	2.5	2，1.5，1	15.294		52	5		46.587
20		2.5		17.294	56		5.5	4，3，2，1.5	50.046

注：①公称直径优先选用第 1 系列，括号内尺寸尽可能不用；第 3 系列尽可能不用，未列入。

②中径 D_2、d_2 未列入。

附表 A.2　梯形螺纹基本尺寸（摘自 GB/T 5796.3—2022）

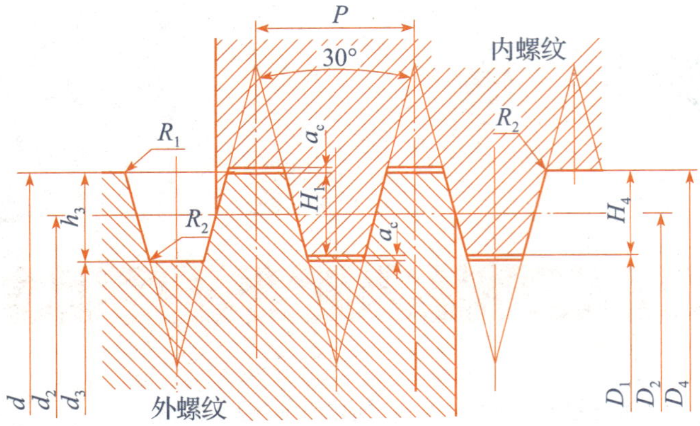

标记示例

公称直径 $d=32$mm、螺距 $P=6$mm、右旋、中径公差代号为 7H 的单线梯形内螺纹：Tr32 × 6-7H

公称直径 $d=30$mm、导程为 12mm、螺距 $P=6$mm、左旋、中径公差代号为 7e 的双线梯形外螺纹：Tr30 × 12（P6）LH-7e

（单位：mm）

公称直径 d		螺距	中径	大径	小径		公称直径 d		螺距	中径	大径	小径	
第 1 系列	第 2 系列	P	$d_2=D_2$	D_4	d_3	D_1	第 1 系列	第 2 系列	P	$d_2=D_2$	D_4	d_3	D_1
8		1.5	7.25	8.30	6.20	6.50		26	3	24.50	26.50	22.50	23.00
	9	1.5	8.25	9.30	7.20	7.50			5	23.50	26.50	20.50	21.00
		2	8.00	9.50	6.50	7.00			8	22.00	27.00	17.00	18.00
10		1.5	9.25	10.30	8.20	8.50	28		3	26.50	28.50	24.50	25.00
		2	9.00	10.50	7.50	8.50			5	25.00	28.50	22.50	23.00
	11	2	10.00	11.50	8.50	9.00			8	24.00	29.00	19.00	20.00
		3	9.50	11.50	7.50	8.00		30	3	28.50	30.50	26.50	27.00
12		2	11.00	12.50	9.50	10.00			6	27.00	31.00	23.00	24.00
		3	10.50	12.50	8.50	9.00			10	25.00	31.00	19.00	20.00
	14	2	13.00	14.50	11.50	12.00	32		3	30.50	32.50	28.50	29.00
		3	12.50	14.50	10.50	11.00			6	29.00	33.00	25.00	26.00
16		2	15.00	16.50	13.50	14.00			10	27.00	35.00	21.00	22.00
		4	14.00	16.50	11.50	12.00		34	3	34.50	34.50	30.50	31.00
	18	2	17.00	18.50	15.50	16.00			6	31.00	35.00	27.00	28.00
		4	16.00	18.50	13.50	14.00			10	29.00	35.00	23.00	24.00
20		2	19.00	20.50	17.50	18.00	36		3	34.50	36.50	32.50	33.00
		4	18.00	20.50	15.50	16.00			6	33.00	37.00	29.00	30.00
	22	3	20.50	22.50	18.50	19.00			10	31.00	37.00	25.00	26.00
		5	19.50	22.50	16.50	17.00		38	3	36.50	38.50	34.50	35.00
		8	18.00	23.00	13.00	14.00			7	34.50	39.00	30.00	31.00

附表 A.3　55° 非密封管螺纹（摘自 GB/T 7307—2001）

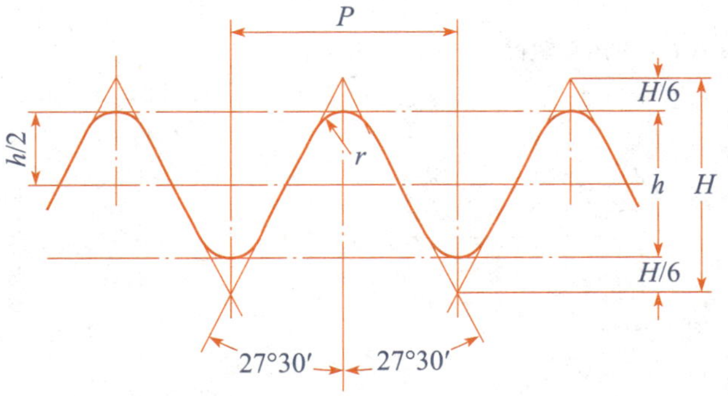

标记示例

尺寸代号 2、右旋、圆柱内螺纹：G2

尺寸代号 2、右旋、A 级圆柱外螺纹：G2A

（单位：mm）

尺寸代号	每 25.4mm 内所包含的牙数 n	螺距 P	牙高 h	圆弧半径 $r\approx$	基本直径	
					大径 D、d	小径 D_1、d_1
1/8	28	0.907	0.581	0.125	9.728	8.566
1/4	19	1.337	0.856	0.184	13.157	11.445
3/8	19	1.337	1.162	0.184	16.662	14.950
1/2	14	1.814	1.102	0.249	20.955	18.631
5/8	14	1.814	1.102	0.249	22.911	20.587
3/4	14	1.814	1.102	0.249	26.441	24.117
7/8	14	1.814	1.102	0.249	30.201	27.877
1	11	2.309	1.479	0.317	33.249	30.291
$1\frac{1}{8}$	11	2.309	1.479	0.317	37.897	34.939
$1\frac{1}{4}$	11	2.309	1.479	0.317	41.910	38.952
$1\frac{1}{2}$	11	2.309	1.479	0.317	47.803	44.845
$1\frac{3}{4}$	11	2.309	1.479	0.317	53.746	50.788
2	11	2.309	1.479	0.317	59.614	56.656
$2\frac{1}{4}$	11	2.309	1.479	0.317	65.710	62.752
$2\frac{1}{2}$	11	2.309	1.479	0.317	75.184	72.226
$2\frac{3}{4}$	11	2.309	1.479	0.317	81.534	78.576
3	11	2.309	1.479	0.317	87.884	84.926

附录 B 螺纹紧固件

附表 B.1 六角头螺栓

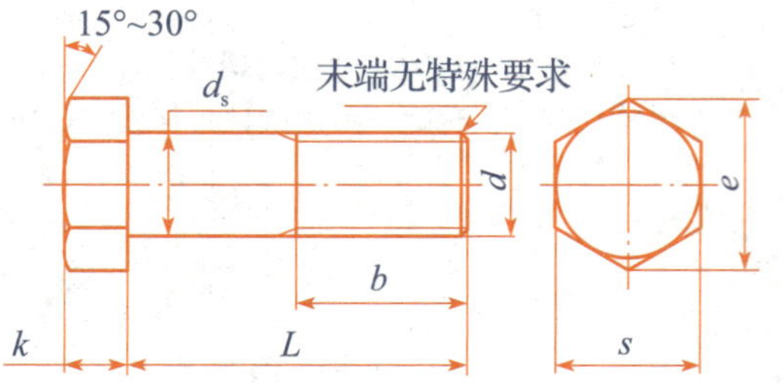

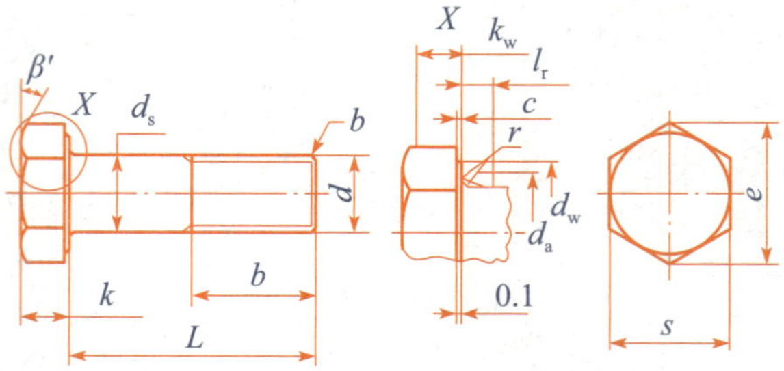

六角头螺栓 C 级（摘自 GB/T 5780—2016） 六角头螺栓 A 级和 B 级（摘自 GB/T 5782—2016）

标记示例

螺纹规格 d = M12、公称长度 L = 80mm、性能等级为 8.8 级、表面不经处理、产品等级为 A 级的六角头螺栓：螺栓 GB/T 5782 M12 × 80

（单位：mm）

螺纹规格 d			M3	M4	M5	M6	M8	M10	M12	M16	M20	M24	M30	M36	M42
参考	$l \leqslant 125$		12	14	16	18	22	26	30	38	46	54	66	—	—
	$125 < l \leqslant 200$		18	20	22	24	28	32	36	44	52	60	72	84	96
	$l > 200$		31	33	35	37	41	45	49	57	65	73	85	97	109
			0.4	0.4	0.5	0.5	0.6	0.6	0.6	0.8	0.8	0.8	0.8	0.8	1
d_w	产品等级	A	4.57	5.88	6.88	8.88	11.63	14.63	16.63	22.49	28.19	33.61	—	—	—
		B	4.45	5.74	6.74	8.74	11.47	14.47	16.47	22	27.7	33.25	42.75	51.11	59.95
e	产品等级	A	6.01	7.66	8.79	11.05	14.38	17.77	20.03	26.75	33.53	39.98	—	—	—
		B	5.88	7.50	8.63	10.89	14.20	17.59	19.85	26.17	32.95	39.55	50.85	60.79	72.02
k（公称）			2	2.8	3.5	4	5.3	6.4	7.5	10	12.5	15	18.7	22.5	26
r（最小）			0.1	0.2	0.2	0.25	0.4	0.4	0.6	0.6	0.8	0.8	1	1	1.2
s（公称）			5.5	7	8	10	13	16	18	24	30	36	46	55	65
L（商品规格长度）			20 ~ 30	25 ~ 40	25 ~ 50	30 ~ 60	40 ~ 80	45 ~ 100	50 ~ 120	65 ~ 160	80 ~ 200	90 ~ 240	110 ~ 300	140 ~ 360	160 ~ 440
l 系列			12，16，20，25，30，35，40，45，50，55，60，65，70，80，90，100，110，120，130，140，150，160，180，200，220，240，260，280，300，320，340，360，380，400，420，440，460，480，500												

注：①产品等级 A 级用于 $d \leqslant 24$mm 和 $l \leqslant 10d$ 或 $l \leqslant 150$mm 的螺栓；B 级用于 $d > 24$mm 和 $l > 10d$ 或 $l > 150$mm 的螺栓（按较小值，A 级比 B 级精确）。

②螺纹规格 d 范围：GB/T 5780 为 M5 ~ M64；GB/T 5782 为 M1.6 ~ M64。

③公称长度范围：GB/T 5780 为 25 ~ 500mm；GB/T 5782 为 12 ~ 500mm。

附表 B.2　双头螺柱

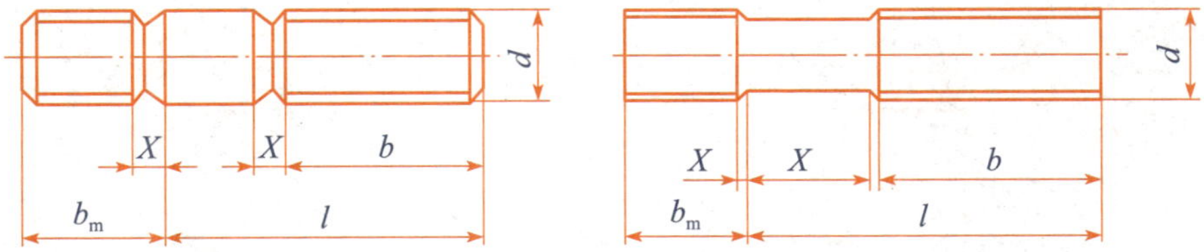

$b_m = 1d$（GB/T 897—1988）　　$b_m = 1.25d$（GB/T 898—1988）

$b_m = 1.5d$（GB/T 899—1988）　　$b_m = 2d$（GB/T 900—1988）

标记示例

两端均为粗牙普通螺纹、$d = 10$mm、$l = 50$mm、性能等级为 4.8 级、B 型、$b_m = 1d$ 的双头螺柱：

螺柱　GB/T 897　M10 × 50

旋入机体一端为粗牙普通螺纹，旋入螺母一端为螺距 $P = 1$mm 的细牙普通螺纹，$d = 10$mm，$l = 50$mm，性能等级为 4.8 级，A 型，$b_m = 1.25d$ 的双头螺柱：螺柱 GB/T 898　AM10–M10 × 1 × 50

（单位：mm）

螺纹规格 *d*		M5	M6	M8	M10	M12	M16	M20	M24	M30	M36	M42
b_m	CB/T 897	5	6	8	10	12	16	20	24	30	36	42
	GB/T 898	6	8	10	12	15	20	25	30	38	45	52
	GB/T 899	8	10	12	15	18	24	30	36	45	54	65
	GB/T 900	10	12	16	20	24	32	40	48	60	72	84
d_s（max）		5	6	8	10	12	16	20	24	30	36	42
X（max）		2.5*P*										
$\frac{l}{b}$		$\frac{12\sim22}{22}$ $\frac{25\sim50}{16}$	$\frac{20\sim22}{10}$ $\frac{25\sim30}{14}$ $\frac{32\sim75}{18}$	$\frac{20\sim22}{12}$ $\frac{25\sim30}{16}$ $\frac{32\sim90}{22}$	$\frac{25\sim30}{14}$ $\frac{30\sim38}{16}$ $\frac{40\sim120}{26}$ $\frac{130}{22}$	$\frac{25\sim30}{16}$ $\frac{32\sim40}{20}$ $\frac{45\sim120}{30}$ $\frac{130\sim180}{36}$	$\frac{30\sim38}{20}$ $\frac{40\sim55}{30}$ $\frac{60\sim120}{38}$ $\frac{130\sim200}{44}$	$\frac{35\sim40}{25}$ $\frac{45\sim64}{35}$ $\frac{70\sim120}{46}$ $\frac{130\sim200}{52}$	$\frac{45\sim50}{30}$ $\frac{55\sim75}{45}$ $\frac{80\sim120}{54}$ $\frac{130\sim200}{60}$	$\frac{60\sim65}{40}$ $\frac{70\sim90}{50}$ $\frac{95\sim120}{60}$ $\frac{130\sim200}{72}$ $\frac{210\sim250}{85}$	$\frac{65\sim75}{45}$ $\frac{80\sim110}{60}$ $\frac{120}{78}$ $\frac{130\sim200}{84}$ $\frac{210\sim300}{91}$	$\frac{65\sim80}{50}$ $\frac{85\sim110}{70}$ $\frac{120}{90}$ $\frac{130\sim200}{90}$ $\frac{210\sim300}{109}$
l 系列		16，(18)，20，(22)，25，(28)，30，(32)，35，(38)，40，45，50，(55)，60，(65)，70，(75)，80，(85)，90，(95)，100，110，120，130，140，150，160，170，180，190，200，210，220，230，240，250，260，280，300										

注：*P* 是螺纹的螺距。螺柱的长度 *l* 系列尽可能不采用括号内的规格。

附表 B.3　内六角圆柱头螺钉（摘自 GB/T 70.1—2008）

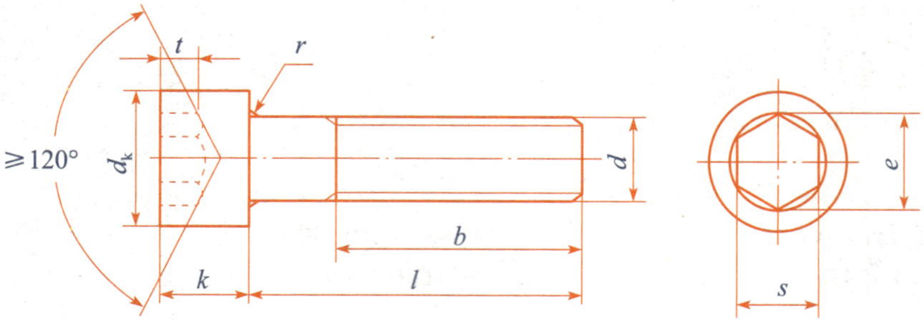

标记示例

螺纹规格 d = 5mm、公称长度 l = 20mm、性能等级为 8.8 级、表面氧化的 A 级内六角圆柱头螺钉：

螺钉 GB/T 70.1　M5 × 20

（单位：mm）

螺纹规格 d	M3	M4	M5	M6	M8	M10	M12	M14	M16	M20
P（螺距）	0.5	0.7	0.8	1	1.25	1.5	1.75	2	2	2.5
b 参考	18	20	22	24	28	32	36	40	44	52
d_k（max）	5.5	7	8.5	10	13	16	18	21	24	30
k（max）	3	4	5	6	8	10	12	14	16	20
t（min）	1.3	2	2.5	3	4	5	6	7	8	10
s（公称）	2.5	3	4	5	6	8	10	12	14	17
e（min）	2.873	3.443	4.583	5.723	6.863	9.149	11.429	13.716	15.996	19.437
r（min）	0.1	0.2	0.2	0.25	0.4	0.4	0.6	0.6	0.6	0.8
公称长度 l	5～30	6～40	8～50	10～60	12～80	16～100	20～120	25～140	25～160	30～200
l 系列	2，5，3，4，5，6，8，10，12，16，20，25，30，35，40，45，50，55，60，65，70，80，90，100，110，120，130，140，150，160，180，200，220，240，260，280，300									

附表 B.4　开槽沉头螺钉（摘自 GB/T 68—2016）

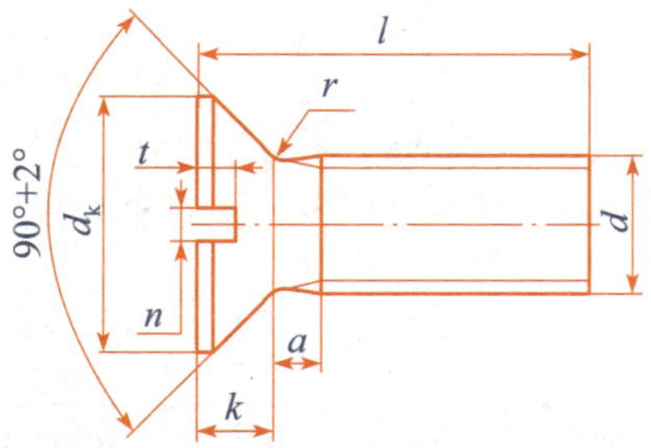

标记示例

螺纹规格 d = 5mm、公称长度 l = 16mm、性能等级为 4.8 级、不经表面处理的 A 级开槽沉头螺钉：螺钉 GB/T 68　M5 × 16

（单位：mm）

螺纹规格 d	M1.6	M2	M2.5	M3	M4	M5	M6	M8	M10
P（螺距）	0.35	0.4	0.45	0.5	0.7	0.8	1	1.25	1.5
b	25	25	25	25	38	38	38	38	38
d_k	3.6	4.4	5.5	6.3	9.4	10.4	12.6	17.3	20
k	1	1.2	1.5	1.65	2.7	2.7	3.3	4.65	5
n	0.4	0.5	0.6	0.8	1.2	1.2	1.6	2	2.5
r	0.4	0.5	0.6	0.8	1	1.3	1.5	2	2.5
t	0.5	0.6	0.75	0.85	1.3	1.4	1.6	2.3	2.6
公称长度 l	2.5 ～ 16	3 ～ 20	4 ～ 25	5 ～ 30	6 ～ 40	8 ～ 50	8 ～ 60	10 ～ 80	12 ～ 80
l 系列	2.5，3，4，5，6，8，10，12，（14），16，20，25，30，35，40，45，50，（55），60，（65），70，（75），80								

注：①括号内的规格尽可能不采用。

② M1.6 ～ M3、公称长度 $l \leqslant$ 30mm 的螺钉，制出全螺纹。

③ M4 ～ M10、公称长度 $l \leqslant$ 45mm 的螺钉，制出全螺纹。

附表 B.5　开槽圆柱头螺钉（摘自 GB/T 65—2016）

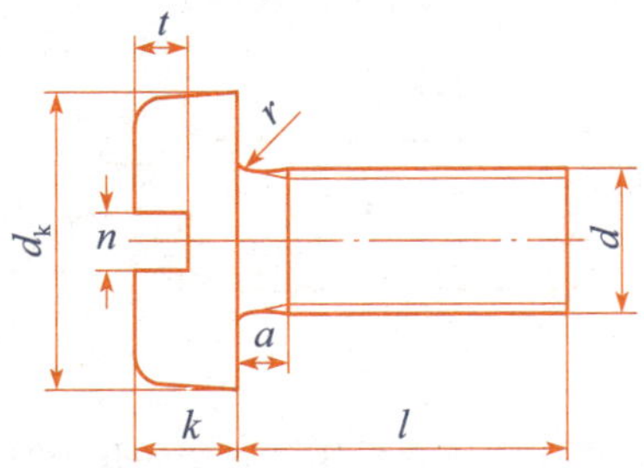

标记示例

螺纹规格 d = 5mm、公称直径 l = 20mm、性能等级为 4.8 级、不经表面氧化的 A 级开槽圆柱头螺钉：螺钉 GB/T 65　M5 × 20

（单位：mm）

螺纹规格 d	M4	M5	M6	M8	M10
P（螺距）	0.7	0.8	1	1.25	1.5
b	38	38	38	38	38
d_k	8.4	9.3	11.3	15.8	18.3
k	2.7	2.7	3.3	4.65	5
n	1.2	1.2	1.6	2	2.5
r	1	1.3	1.5	2	2.5
t	1	1.1	1.2	1.8	2
公称长度 l	6 ～ 40	8 ～ 50	8 ～ 60	10 ～ 80	12 ～ 80
l 系列	6，8，10，12，（14），16，20，25，30，35，40，45，50，（55），60，（65），70，（75），80				

注：①括号内的规格尽可能不采用。

② M1.6 ～ M3、公称长度 $l \leqslant$ 30mm 的螺钉，制出全螺纹。

③ M4 ～ M10、公称长度 $l \leqslant$ 45mm 的螺钉，制出全螺纹。

附表 B.6　开槽盘头螺钉（摘自 GB/T 67—2016）

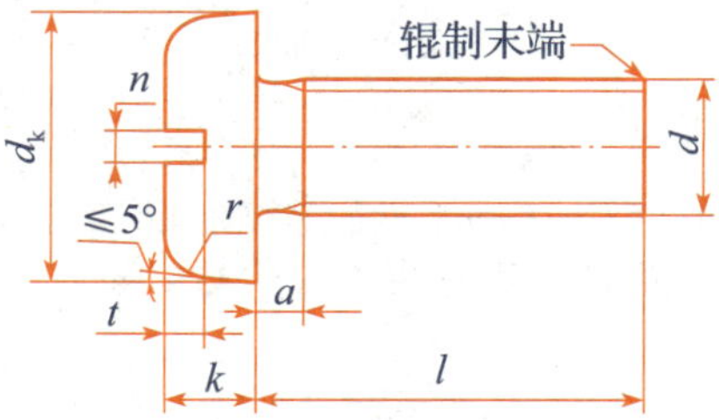

标记示例

螺纹规格 d = 5mm、公称长度 l = 20mm、性能等级为 4.8 级、不经表面处理的 A 级开槽沉头螺钉：螺钉 GB/T 67　M5 × 20

（单位：mm）

螺纹规格 d	M1.6	M2	M2.5	M3	M4	M5	M6	M7	M8
P（螺距）	0.35	0.4	0.45	0.5	0.7	0.8	1	1.25	1.5
b	25	25	25	25	38	38	38	38	38
d_k	3.2	4	5	5.6	8	9.5	12	16	20
k	1	1.3	1.5	1.8	2.4	3	3.6	4.8	6
n	0.4	0.5	0.6	0.8	1.2	1.2	1.6	2	2.5
r	0.1	0.1	0.1	0.1	0.2	0.2	0.25	0.4	0.4
t	0.35	0.5	0.6	0.7	1	1.2	1.4	1.9	2.4
公称长度 l	2 ~ 16	2.5 ~ 20	3 ~ 25	4 ~ 30	5 ~ 40	6 ~ 50	8 ~ 60	10 ~ 80	12 ~ 80
l 系列	2，2.5，3.4，5，6，8，10，12，（14），16，20，25，30，35，40，45，50，（55），60，（65），70，（75），80								

注：①括号内的规格尽可能不用。

② M1.6 ~ M3、公称长度 $l \leq$ 30mm 的螺钉，制出全螺纹。

③ M4 ~ M10、公称长度 $l \leq$ 45mm 的螺钉，制出全螺纹。

附表 B.7　紧定螺钉

开槽锥端紧定螺钉（GB/T 71—2018）

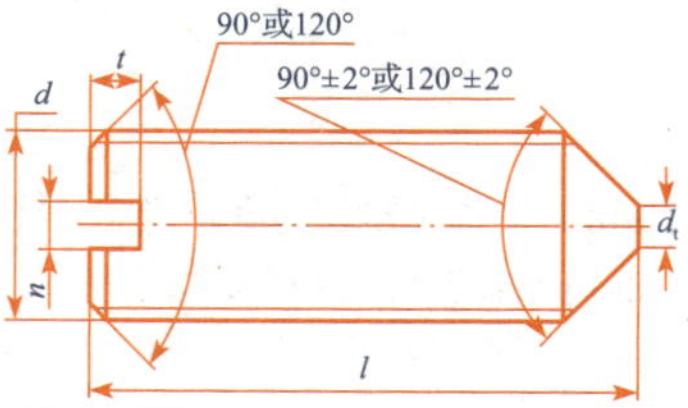

开槽平端紧定螺钉（GB/T 73—2017）

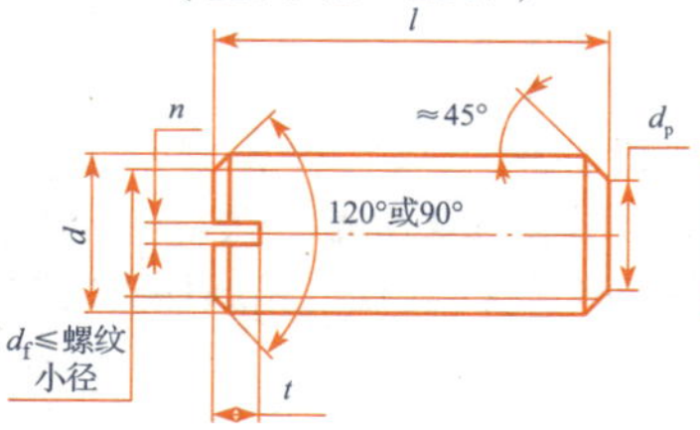

开槽长圆柱端紧定螺钉（GB/T 75—2018）

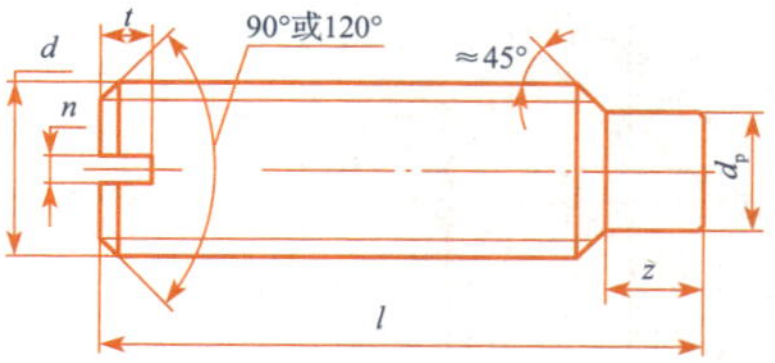

标记示例

螺栓规格 d = 5mm、公称长度 l = 10mm、性能等级为 14H 级、表面不经处理、产品等级为 A 级的开槽锥端紧定螺钉：螺钉 GB/T 71　M5 × 10

（单位：mm）

螺纹规格 d		M1.6	M2	M2.5	M3	M4	M5	M6	M8	M10	M12
P（螺距）		0.35	0.4	0.45	0.5	0.7	0.8	1	5	1.5	1.75
n		0.25	0.25	0.4	0.4	0.6	0.8	1	1.2	1.6	2
t		0.74	0.84	0.95	1.05	1.42	1.63	2	2.5	3	3.6
d_t		0.16	0.2	0.25	0.3	0.4	0.5	1.5	2	2.5	3
d_p		0.8	1	1.5	2	2.5	3.5	4	5.5	7	8.5
z		1.05	1.25	1.5	1.75	2.25	2.75	3.25	4.3	5.3	6.3
l	GB/T 71—2018	2 ~ 8	3 ~ 10	3 ~ 12	4 ~ 16	6 ~ 20	8 ~ 25	8 ~ 30	10 ~ 40	12 ~ 50	14 ~ 60
	GB/T 73—2017	2 ~ 8	2 ~ 10	2.5 ~ 12	3 ~ 16	4 ~ 20	5 ~ 25	6 ~ 30	8 ~ 40	10 ~ 50	12 ~ 60
	GB/T 75—2018	2.5 ~ 8	3 ~ 10	4 ~ 12	5 ~ 16	6 ~ 20	8 ~ 25	8 ~ 30	10 ~ 40	12 ~ 50	14 ~ 60
l 系列		2，2.5，3，4，5，6，8，10，12，（14），16，20，25，30，35，44，45，50，（55），60									

注：① l 为公称长度。

②括号内的规格尽可能不采用。

附表 B.8　螺母

1 型六角螺母　C 级（GB/T 41—2016）　　1 型六角螺母（GB/T 6170—2015）　　2 型六角螺母（GB/T 6175—2016）　　六角薄螺母（GB/T 6172.1—2016）

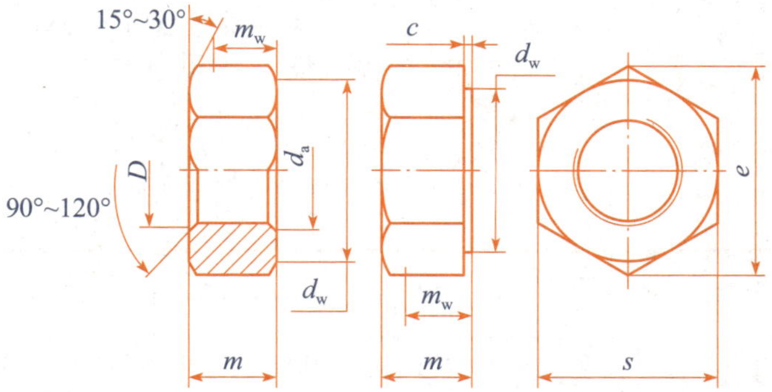

标记示例

螺纹规格 D = 12mm、性能等级为 8 级、不经表面处理、产品等级为 A 级的 1 型六角螺母：

螺母 GB/T 6170—2000　M12 或螺母 GB/T 6170　M12

螺纹规格 D = 16mm、性能等级为 5 级、不经表面处理、产品等级为 C 级的六角螺母：

螺母 GB/T 41—2000　M16 或螺母 GB/T 41　M16

（单位：mm）

<table>
<tr><th colspan="2">螺纹规格 D</th><th>M4</th><th>M5</th><th>M6</th><th>M8</th><th>M10</th><th>M12</th><th>M16</th><th>M20</th><th>M24</th><th>M30</th><th>M36</th><th>M42</th><th>M48</th></tr>
<tr><td rowspan="4">d_{wmin}</td><td>GB/T 41</td><td>—</td><td>6.7</td><td>8.7</td><td>11.5</td><td>14.5</td><td>16.5</td><td>22</td><td rowspan="4">27.7</td><td>33.3</td><td>42.8</td><td>51.1</td><td>60</td><td>69.5</td></tr>
<tr><td>GB/T 6170</td><td rowspan="2">5.9</td><td rowspan="3">6.9</td><td rowspan="3">8.9</td><td rowspan="3">11.6</td><td rowspan="3">14.6</td><td rowspan="3">16.6</td><td rowspan="3">22.5</td><td>33.3</td><td rowspan="2">42.8</td><td rowspan="3">51.1</td><td rowspan="2">60</td><td rowspan="2">69.5</td></tr>
<tr><td>GB/T 6172.1</td><td rowspan="2">33.2</td></tr>
<tr><td>GB/T 6175</td><td>—</td><td>42.7</td><td>—</td><td>—</td></tr>
<tr><td rowspan="4">e_{min}</td><td>GB/T 41</td><td>—</td><td>8.63</td><td>10.89</td><td>14.2</td><td>17.59</td><td>19.85</td><td>26.17</td><td rowspan="4">32.95</td><td rowspan="4">39.55</td><td rowspan="4">50.85</td><td rowspan="4">60.79</td><td rowspan="3">71.3</td><td rowspan="3">82.6</td></tr>
<tr><td>GB/T 6170</td><td rowspan="2">7.66</td><td rowspan="3">8.79</td><td rowspan="3">11.05</td><td rowspan="3">14.38</td><td rowspan="3">17.77</td><td rowspan="3">20.03</td><td rowspan="3">26.75</td></tr>
<tr><td>GB/T 6172.1</td></tr>
<tr><td>GB/T 6175</td><td>—</td><td>—</td><td>—</td></tr>
<tr><td rowspan="4">s_{max}（公称）</td><td>GB/T 41</td><td>—</td><td rowspan="4">8</td><td rowspan="4">10</td><td rowspan="4">13</td><td rowspan="4">16</td><td rowspan="4">18</td><td rowspan="4">24</td><td rowspan="4">30</td><td rowspan="4">36</td><td rowspan="4">46</td><td rowspan="4">55</td><td rowspan="4">65</td><td rowspan="4">75</td></tr>
<tr><td>GB/T 6170</td><td rowspan="2">7</td></tr>
<tr><td>GB/T 6172.1</td></tr>
<tr><td>GB/T 6175</td><td>—</td></tr>
<tr><td rowspan="4">m_{max}</td><td>GB/T 41</td><td>—</td><td>5.6</td><td>6.4</td><td>7.9</td><td>9.5</td><td>12.2</td><td>15.9</td><td>19</td><td>22.3</td><td>26.4</td><td>31.9</td><td>34.9</td><td>38.9</td></tr>
<tr><td>GB/T 6170</td><td>3.2</td><td>4.7</td><td>5.2</td><td>6.8</td><td>8.4</td><td>10.8</td><td>14.8</td><td>18</td><td>21.5</td><td>25.6</td><td>31</td><td>34</td><td>38</td></tr>
<tr><td>GB/T 6172.1</td><td>2.2</td><td>2.7</td><td>3.2</td><td>4</td><td>5</td><td>6</td><td>8</td><td>10</td><td>12</td><td>15</td><td>18</td><td>21</td><td>24</td></tr>
<tr><td>GB/T 6175</td><td>—</td><td>5.1</td><td>5.7</td><td>7.5</td><td>9.3</td><td>12</td><td>16.4</td><td>20.3</td><td>23.9</td><td>28.6</td><td>34.7</td><td>—</td><td>—</td></tr>
<tr><td rowspan="2">c_{max}</td><td>GB/T 6170</td><td>0.4</td><td rowspan="2" colspan="2">0.5</td><td rowspan="2" colspan="3">0.6</td><td rowspan="2" colspan="5">0.8</td><td colspan="2">1.0</td></tr>
<tr><td>GB/T 6175</td><td>—</td><td>—</td><td>—</td></tr>
</table>

附表 B.9　标准型弹簧垫圈（摘自 GB 93—1987）

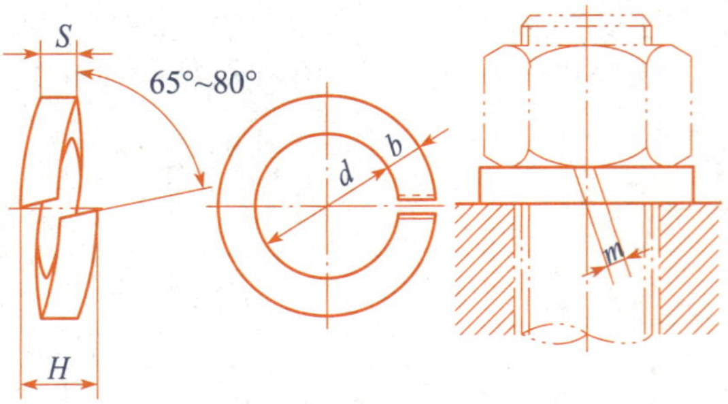

标记示例

规格为 16mm、材料为 65Mn、表面氧化的标准型弹簧垫圈：垫圈　GB 93—87　16

（单位：mm）

规格（螺纹大径）	3	4	5	6	8	10	12	（14）	16	（18）	20	（22）	24	（27）	30
d	3.1	4.1	5.1	6.1	8.1	10.2	12.2	14.2	16.2	18.2	20.2	22.5	24.5	27.5	30.5
H	1.6	2.2	2.6	3.2	4.2	5.2	6.2	7.2	8.2	9	10	11	12	13.6	15
S（b）	0.8	1.1	1.3	1.6	2.1	2.6	3.1	3.6	4.1	4.5	5	5.5	6	6.8	7.5
$m \leqslant$	0.4	0.55	0.65	0.8	1.05	1.3	1.55	1.8	2.05	2.25	2.5	2.75	3	3.4	3.75

注：①括号内的规格尽可能不采用。

② m 应大于零。

附表 B.10　垫圈

小垫圈　A 级

（GB/T 848—2002）

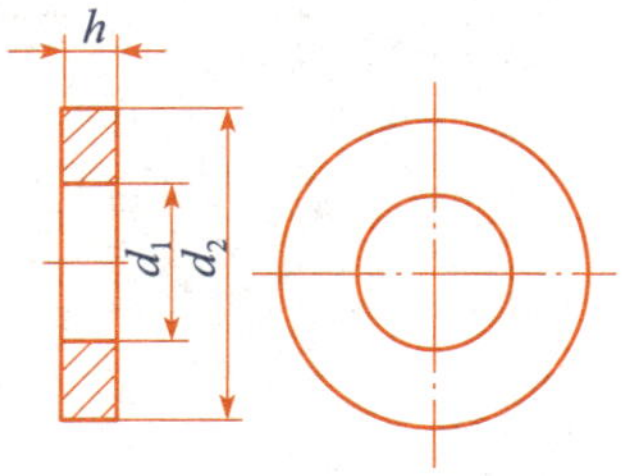

平垫圈　A 级

（GB/T 97.1—2002）

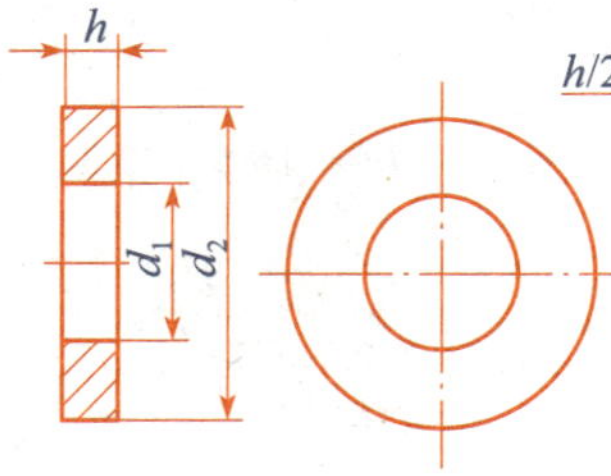

平垫圈　倒角型　A 级

（GB/T 97.2—2002）

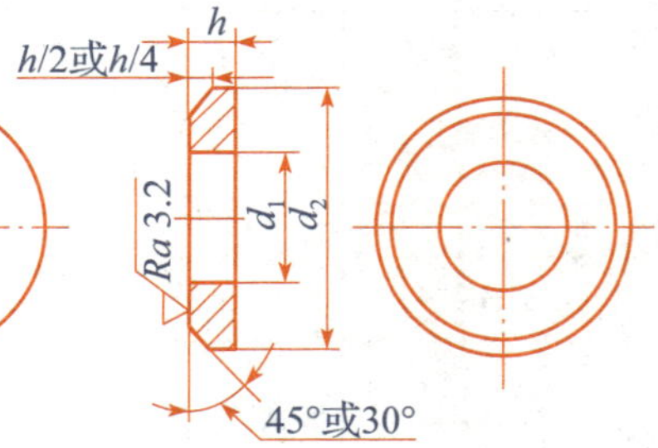

标记示例

标准系列、规格 8mm、性能等级为 140HV 级、不经表面处理、产品等级为 A 级的平垫圈：

垫圈 GB/T 97.1　8

（单位：mm）

公称规格（螺纹大径 d）		1.6	2	2.5	3	4	5	6	8	10	12	14	16	20	24	30	36
d_1	GB/T 848	1.7	2.2	2.7	3.2	4.3	5.3	6.4	8.4	10.5	13	15	17	21	25	31	37
	GB/T 97.1	1.7	2.2	2.7	3.2	4.3	5.3	6.4	8.4	10.5	13	15	17	21	25	31	37
	GB/T 97.2						5.3	6.4	8.4	10.5	13	15	17	21	25	31	37
d_2	GB/T 848	3.5	4.5	5	6	8	9	11	15	18	20	24	28	34	39	50	60
	GB/T 97.1	4	5	6	7	9	10	12	16	20	24	28	30	37	44	56	66
	GB/T 97.2						10	12	16	20	24	28	30	37	44	56	66
h	GB/T 848	0.3	0.3	0.5	0.5	0.5	1	1.6	1.6	1.6	2	2.5	2.5	3	4	4	5
	GB/T 97.1	0.3	0.3	0.5	0.5	0.5	1	1.6	1.6	2	2.5	2.5	3	3	4	4	5
	GB/T 97.2						1	1.6	1.6	2	2.5	2.5	3	3	4	4	5

附表 C　普通平键及键槽（摘自 GB/T 1096—2003 及 GB/T 1095—2003）

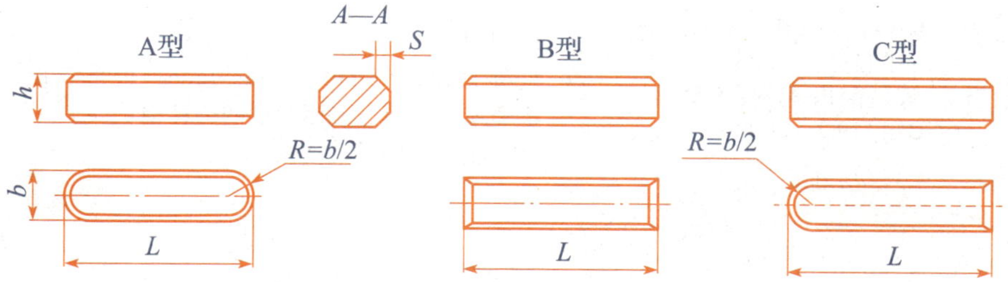

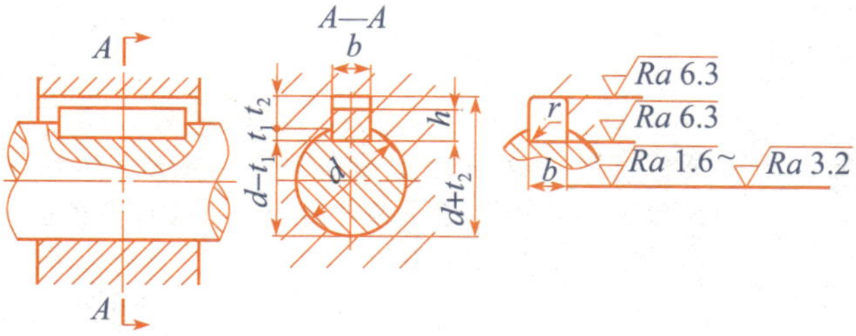

标记示例
圆头普通平键（A型），b=18mm，h=11mm，L=100mm：
GB/T 1096　键 18×11×100
圆头普通平键（B型），b=18mm，h=11mm，L=100mm：
GB/T 1096　键 B18×11×100

（单位：mm）

轴的公称直径	键的公称尺寸			键槽深		半径
				轴	轮毂	
d	b	h	L	t_1	t_2	r(max)
6 ~ 8	2	2	6 ~ 20	1.2	1.0	0.16
>8 ~ 10	3	3	6 ~ 36	1.8	1.4	
>10 ~ 12	4	4	8 ~ 45	2.5	1.8	
>12 ~ 17	5	5	10 ~ 56	3.0	2.3	0.25
>17 ~ 22	6	6	14 ~ 70	3.5	2.8	
>22 ~ 30	8	7	18 ~ 90	4.0	3.3	
>30 ~ 38	10	8	22 ~ 110	5.0	3.3	0.40
>38 ~ 44	12	8	28 ~ 140	5.0	3.3	
>44 ~ 50	14	9	36 ~ 160	5.5	3.8	
>50 ~ 58	16	10	45 ~ 180	6.0	4.3	
>58 ~ 65	18	11	50 ~ 200	7.0	4.4	
>65 ~ 75	20	12	56 ~ 220	7.5	4.9	0.60
>75 ~ 85	22	14	63 ~ 250	9.0	5.4	
>85 ~ 95	25	14	70 ~ 280	9.0	5.4	
>95 ~ 110	28	16	80 ~ 320	10.0	6.4	
>110 ~ 130	32	18	90 ~ 360	11.0	7.4	
>130 ~ 150	36	20	100 ~ 400	12.0	8.4	1.00
>150 ~ 170	40	22	100 ~ 400	13.0	9.4	
>170 ~ 200	45	25	110 ~ 450	15.0	10.4	
>200 ~ 230	50	28	125 ~ 500	17.0	11.4	
>230 ~ 260	56	32	140 ~ 500	20.0	12.4	1.60
>260 ~ 290	63	32	160 ~ 500	20.0	12.4	
>290 ~ 300	70	36	180 ~ 500	22.0	14.4	
L 系列	6，8，10，12，14，16，18，20，22，25，28，32，36，40，45，50，56，63，70，80，90，100，110，125，140，160……					

注：在工作图中轴槽深用 $d-t_1$ 或 t_1 标注，轮毂槽深用 $d+t_2$ 标注。

附录 D 销

附表 D 销

圆柱销 不淬硬钢和奥氏体不锈钢
（GB/T 119.1—2000）
圆柱销 淬硬钢和马氏体不锈钢
（GB/T 119.2—2000）

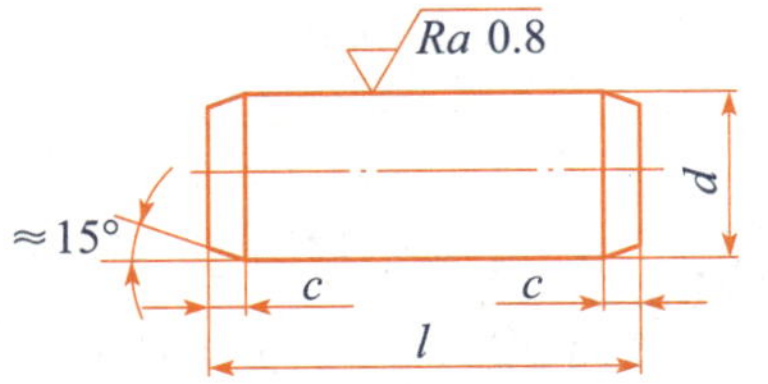

标记示例

公称直径 d = 6mm、公差为 m6、公称长度 l = 30mm、不经淬火、不经表面处理的圆柱销：

销 GB/T 119.1 6 m6 × 30

圆锥销（GB/T 117—2000）

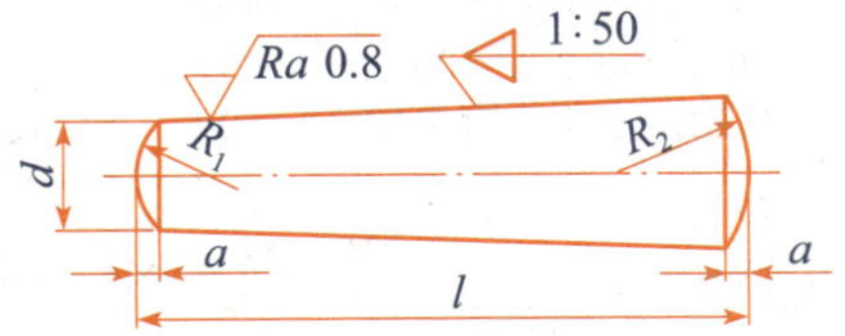

公称直径 d = 6mm、公称长度 l = 30mm、热处理硬度为 28 ～ 38HRC、表面氧化处理的 A 型圆锥销：

销 GB/T 117 6 × 30

开口销（GB/T 91—2000）

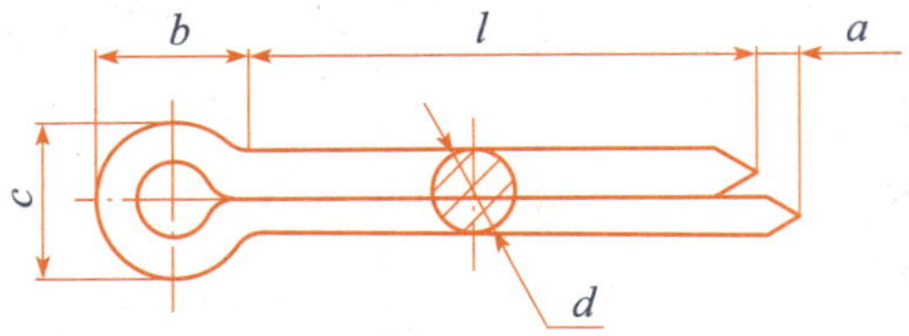

公称规格为 5mm、公称长度 l = 50mm、材料为 Q215 钢、不经表面处理的开口销：

销 GB/T 91 5 × 50

（单位：mm）

公称直径 d		1	1.2	1.5	2	2.5	3	4	5	6	8	10	12
圆柱销（GB/T 119.1—2000）	c ≈	0.2	0.25	0.3	0.35	0.4	0.5	0.63	0.8	1.2	1.6	2	2.5
圆锥销（GB/T 117—2000）	a ≈	0.12	0.16	0.2	0.25	0.3	0.4	0.5	0.63	0.8	1	1.2	1.6
开口销（GB/T 91—2000）	公称规格	0.6	0.8	1	1.2	1.6	2	2.5	3.2	4	5	6.3	8
	c	1	1.4	1.8	2	2.8	3.6	4.6	5.8	7.4	9.2	11.8	15
	b ≈	2	2.4	3	3	3.2	4	5	6.4	8	10	12.6	16
	a	1.6	1.6	1.6	2.5	2.5	2.5	2.5	3.2	4	4	4	4
	l（商品规格范围公称长度）	4 ～ 12	5 ～ 16	6 ～ 20	8 ～ 6	8 ～ 25	10 ～ 40	12 ～ 50	14 ～ 63	18 ～ 80	22 ～ 100	32 ～ 125	40 ～ 160
l 系列		2，3，4，5，6，8，10，12，14，16，18，20，22，24，26，28，30，32，35，40，45，50，55，60，65，70，75，80，85，90，95，100，120											

附表 E.1　深沟球轴承（GB/T 276—2013）

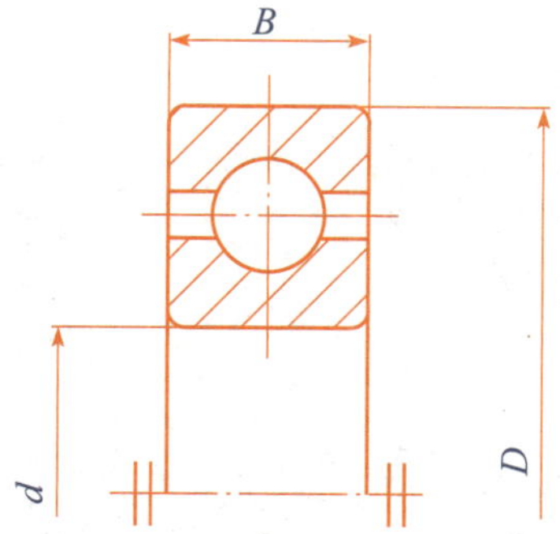

标记示例
类型代号 6、内径 d = 60mm、尺寸系列代号为（0）2 的深沟球轴承：
滚动轴承　6212　GB/T 276—2013

轴承型号	尺寸 /mm			轴承型号	尺寸 /mm		
	d	*D*	*B*		*d*	*D*	*B*
尺寸系列代号 10				尺寸系列代号（0）3			
6000	10	26	8	6307	35	80	21
6001	12	28	8	6308	40	90	23
6002	15	32	9	6309	45	100	25
6003	17	35	10	6310	50	110	27
尺寸系列代号（0）2				尺寸系列代号（0）4			
6202	15	35	11	6408	40	110	27
6203	17	40	12	6409	45	120	29
6204	20	47	14	6410	50	130	31
6205	25	52	15	6411	55	140	33
6206	30	62	16	6412	60	150	35
6207	35	72	17	6413	65	160	37
6208	40	80	18	6414	70	180	42
6209	45	85	19	6415	75	190	45
6210	50	90	20	6416	80	200	48
6211	55	100	21	6417	85	210	52
6212	60	110	22	6418	90	225	54
				6419	95	240	55

附表 E.2　圆锥滚子轴承（GB/T 297—2015）

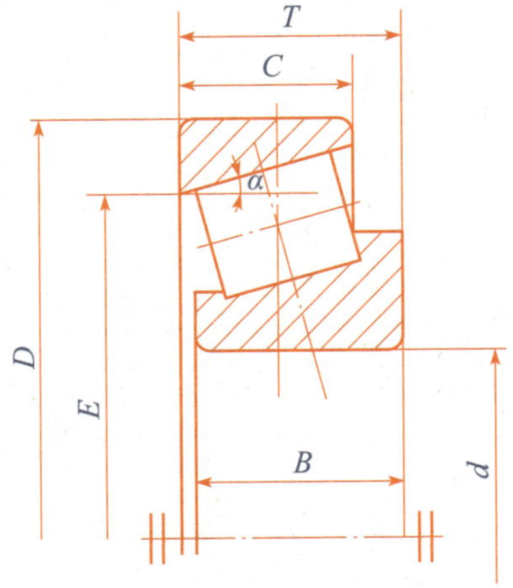

标记示例

内径 $d=35$mm、尺寸系列代号为 02 的圆锥滚子轴承：

滚动轴承　30207　GB/T 297—2015

（单位：mm）

轴承型号	d	D	T	B	C	α	E
02 系列							
30205	25	52	16.25	15	13	14°02′10″	41.135
30206	30	62	17.25	16	14	14°02′10″	49.990
302/32	32	65	18.25	17	15	14°	52.500
30207	35	72	18.25	17	15	14°02′10″	58.884
30208	40	80	19.75	18	16	14°02′10″	65.730
30209	45	85	20.75	19	16	15°06′34″	70.440
30210	50	90	21.75	20	17	15°38′32″	75.078
30211	55	100	22.75	21	18	15°06′34″	84.197
30212	60	110	23.75	22	19	15°06′34″	91.876
30213	65	120	24.75	23	20	15°06′34″	101.934
30214	70	125	26.25	24	21	15°38′32″	105.748
30215	75	130	27.25	25	22	16°10′20″	110.408
03 系列							
30305	25	62	18.25	17	15	11°18′36″	50.637
30306	30	72	20.75	19	16	11°51′35″	58.287
30307	35	80	22.75	21	18	11°51′35″	65.769
30308	40	90	25.25	23	20	12°57′10″	72.703
30309	45	100	27.25	25	22	12°57′10″	81.780
30310	50	110	29.25	27	23	12°57′10″	90.633
30311	55	120	31.5	29	25	12°57′10″	99.146
30312	60	130	33.5	31	26	12°57′10″	107.769
30313	65	140	36	33	28	12°57′10″	116.846
30314	70	150	38	35	30	12°57′10″	125.244
30315	75	160	40	37	31	12°57′10″	134.097
13 系列							
31305	25	62	18.25	17	13	28°48′39″	44.130
31306	30	72	20.75	19	14	28°48′39″	51.771
31307	35	80	22.75	21	15	28°48′39″	58.861
31308	40	90	25.25	23	17	28°48′39″	66.984
31309	45	100	27.25	25	18	25°45′39″	75.107
31310	50	110	29.25	27	19	28°48′39″	82.747
31311	55	120	31.5	29	21	28°48′39″	89.563
31312	60	130	33.5	31	22	28°48′39″	98.236
31313	65	140	36	33	23	28°48′39″	106.539
31314	70	150	38	35	25	28°48′39″	113.449
31315	75	160	40	37	26	28°48′39″	122.122
31316	80	170	42.5	39	27	28°48′39″	129.213

附表 E.3　推力球轴承（GB/T 301—2015）

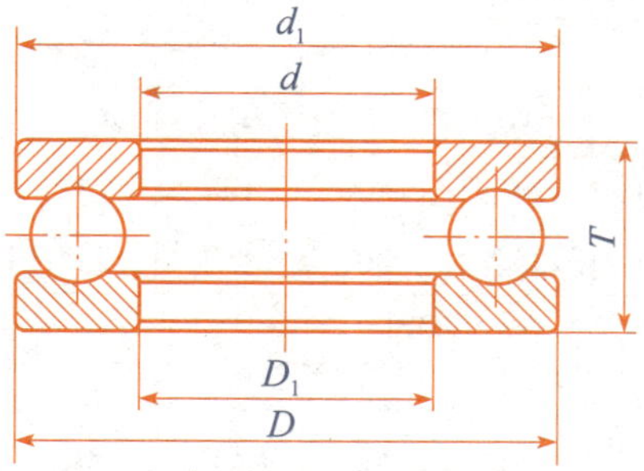

标记示例

滚动轴承　51108　GB/T 301—2015

轴承型号	尺寸 /mm				
	d	D	T	D_{1min}	d_{1max}
11 系列					
51100	10	24	9	11	24
51101	12	26	9	13	26
51102	15	28	9	16	28
51103	17	30	9	18	30
51104	20	35	10	21	35
51105	25	42	11	26	42
51106	30	47	11	32	47
51107	35	52	12	37	52
51108	40	60	13	42	60
51109	45	65	14	47	65
51110	50	70	14	52	70
51111	55	78	16	57	78
51112	60	85	17	62	85
51113	65	90	18	67	90
51114	70	95	18	72	95
51115	75	100	19	77	100
51116	80	105	19	82	105
51117	85	110	19	87	110
51118	90	120	22	92	120
51120	100	135	25	102	135
51122	110	145	25	112	145
51124	120	155	25	122	155
51126	130	170	30	132	170
51128	140	180	31	142	178
51130	150	190	31	152	188
12 系列					
51200	10	26	11	12	26
51201	12	28	11	14	28
51202	15	32	12	17	32
51203	17	35	12	19	35
51204	20	40	14	22	40
51205	25	47	15	27	47
51206	30	52	16	32	52
51207	35	62	18	37	62
51208	40	68	19	42	68
51209	45	73	20	47	73
51210	50	78	22	52	78
51211	55	90	25	57	90
51212	60	95	26	62	95
51213	65	100	27	67	100
51214	70	105	27	72	105
51215	75	110	27	77	110
51216	80	115	28	82	115
51217	85	125	31	88	125
51218	90	135	35	93	135
51220	100	150	38	103	150
51222	110	160	38	113	160
51224	120	170	39	123	170
51226	130	190	45	133	187
51228	140	200	46	143	197
51230	150	215	50	153	215
13 系列					
51304	20	47	18	22	47
51305	25	52	18	27	52
51306	30	60	21	32	60
51307	35	68	24	37	68
51308	40	78	26	42	78

续表

轴承型号	尺寸 /mm					轴承型号	尺寸 /mm				
	d	D	T	D_{1min}	d_{1max}		d	D	T	D_{1min}	d_{1max}
51309	45	85	28	47	85	51328	140	240	80	144	235
51310	50	95	31	52	95	51330	150	250	80	154	245
51311	55	105	35	57	105	14 系列					
51312	60	110	35	62	110	51405	25	60	24	27	60
51313	65	115	36	67	115	51406	30	70	28	32	70
51314	70	125	40	72	125	51407	35	80	32	37	80
51315	75	135	44	77	135	51408	40	90	36	42	90
51316	80	140	44	82	140	51409	45	100	39	47	100
51317	85	150	49	88	150	51410	50	110	43	52	110
51318	90	155	50	93	155	51411	55	120	48	57	120
51320	100	170	55	103	170	51412	60	130	51	62	130
51322	110	190	63	113	187	51413	65	140	56	68	140
51324	120	210	70	123	205	51414	70	150	60	73	150
51326	130	225	75	134	220	51415	75	160	65	78	160

附录 F 标准结构

附表 F.1　零件倒圆和倒角（摘自 GB/T 6403.4—2008）

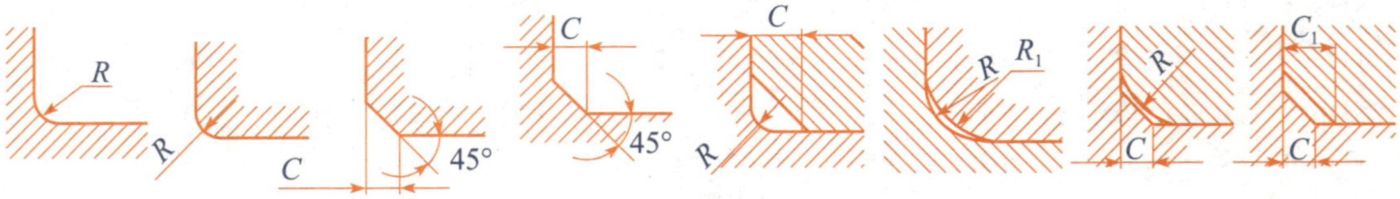

（单位：mm）

ϕ	<3	>3 ~ 6	>6 ~ 10	>10 ~ 18	>18 ~ 30	>30 ~ 50
C 或 R	0.2	0.4	0.6	0.8	1.0	1.6
ϕ	>50 ~ 80	>80 ~ 120	>120 ~ 180	>180 ~ 250	>250 ~ 320	>320 ~ 400
C 或 R	2.0	2.5	3.0	4.0	5.0	6.0
ϕ	>400 ~ 500	>500 ~ 630	>630 ~ 800	>800 ~ 1 000	>1 000 ~ 1 250	>1 250 ~ 1 600
C 或 R	8.0	10	12	16	20	25

附表 F.2　普通螺纹退刀槽（摘自 GB/T 3—1997）

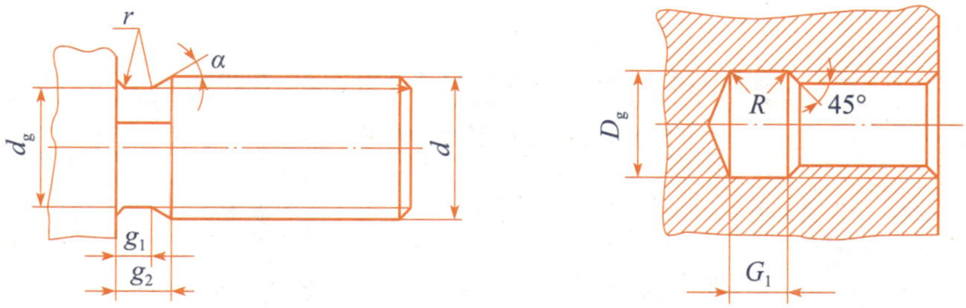

（单位：mm）

螺矩	外螺纹			内螺纹		螺矩	外螺纹			内螺纹	
	g_{2max}	g_{1min}	d_g	G_1	D_g		g_{2max}	g_{1min}	d_g	G_1	D_g
0.5	1.5	0.8	d−0.8	2		1.75	5.25	3	d−2.6	7	
0.7	2.1	1.1	d−1.1	2.8	$D+0.3$	2	6	3.4	d−3	8	
0.8	2.4	1.3	d−1.3	3.2		2.5	7.5	4.4	d−3.6	10	
1	3	1.6	d−1.6	4		3	9	5.2	d−4.4	12	$D+0.5$
1.25	3.75	2	d−2	5	$D+0.5$	3.5	10.5	6.2	d−5	14	
1.5	4.5	2.5	d−2.3	6		4	12	7	d−5.7	16	

附表 F.3　砂轮越程槽（摘自 GB/T 6403.5—2008）

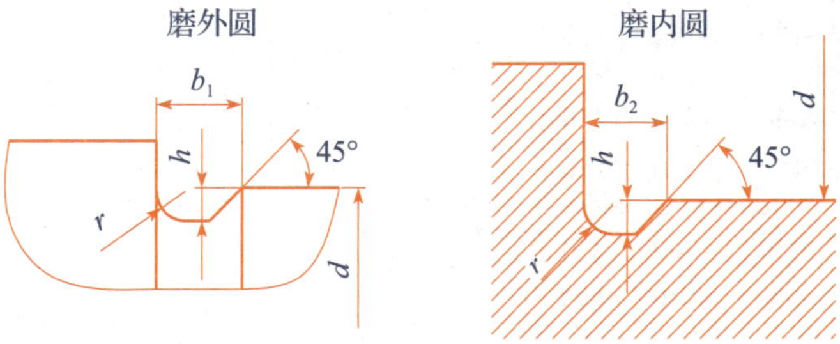

（单位：mm）

d	～10			10～50		50～100		100	
b_1	0.6	1.0	1.6	2.0	3.0	4.0	5.0	8.0	10
b_2	2.0	3.0		4.0		5.0		8.0	10
h	0.1	0.2		0.3	0.4		0.6	0.8	1.2

附录 G 标准公差值

附表 G.1 孔的极限偏差（GB/T 1800.2—2020） （单位：μm）

公称尺寸/mm	常用及优先公差带（带圈者为优先公差带）												
	A	B	C		D			E			F		
	⑪	⑪	10	⑪	9	⑩	11	8	⑨	10	7	⑧	9
≤ 3	+330 +270	+200 +140	+100 +60	+120 +60	+45 +20	+60 +20	+80 +20	+28 +14	+39 +14	+54 +14	+16 +6	+20 +6	+31 +6
>3～6	+345 +270	+215 +140	+118 +70	+145 +70	+60 +30	+78 +30	+105 +30	+38 +20	+50 +20	+68 +20	+22 +10	+28 +10	+40 +10
>6～10	+370 +280	+240 +150	+138 +80	+170 +80	+76 +40	+98 +40	+130 +40	+47 +25	+61 +25	+83 +25	+28 +13	+35 +13	+49 +13
>10～14 >14～18	+400 +290	+260 +150	+165 +95	+205 +95	+93 +50	+120 +50	+160 +50	+59 +32	+75 +32	+102 +32	+34 +16	+43 +16	+59 +16
>18～24 >24～30	+430 +300	+290 +160	+194 +110	+240 +110	+117 +65	+149 +65	+195 +65	+73 +40	+92 +40	+124 +40	+41 +20	+53 +20	+72 +20
>30～40	+470 +310	+330 +170	+220 +120	+280 +120	+142 +80	+180 +80	+240 +80	+89 +50	+112 +50	+150 +50	+50 +25	+64 +25	+87 +25
>40～50	+480 +320	+340 +180	+230 +130	+290 +130									
>50～65	+530 +340	+380 +190	+260 +140	+330 +140	+174 +100	+220 +100	+290 +100	+106 +60	+134 +60	+180 +60	+60 +30	+76 +30	+104 +30
>65～80	+550 +360	+390 +200	+270 +150	+340 +150									
>80～100	+600 +380	+440 +220	+310 +170	+390 +170	+207 +120	+260 +120	+340 +120	+126 +72	+159 +72	+212 +72	+71 +36	+90 +36	+123 +36
>100～120	+630 +410	+460 +240	+320 +180	+400 +180									

续表

<table>
<tr><th rowspan="3">公称尺寸/mm</th><th colspan="13">常用及优先公差带（带圈者为优先公差带）</th></tr>
<tr><th>A</th><th>B</th><th colspan="2">C</th><th colspan="3">D</th><th colspan="3">E</th><th colspan="3">F</th></tr>
<tr><th>⑪</th><th>⑪</th><th>10</th><th>⑪</th><th>9</th><th>⑩</th><th>11</th><th>8</th><th>⑨</th><th>10</th><th>7</th><th>⑧</th><th>9</th></tr>
<tr><td>>120～140</td><td>+710
+460</td><td>+510
+260</td><td>+360
+200</td><td>+450
+200</td><td rowspan="3">+245
+145</td><td rowspan="3">+305
+145</td><td rowspan="3">+395
+145</td><td rowspan="3">+148
+85</td><td rowspan="3">+185
+85</td><td rowspan="3">+245
+85</td><td rowspan="3">+83
+43</td><td rowspan="3">+106
+43</td><td rowspan="3">+143
+43</td></tr>
<tr><td>>140～160</td><td>+770
+520</td><td>+530
+280</td><td>+370
+210</td><td>+460
+210</td></tr>
<tr><td>>160～180</td><td>+830
+580</td><td>+560
+310</td><td>+390
+230</td><td>+480
+230</td></tr>
<tr><td>>180～200</td><td>+950
+660</td><td>+630
+340</td><td>+425
+240</td><td>+530
+240</td><td rowspan="3">+285
+170</td><td rowspan="3">+355
+170</td><td rowspan="3">+460
+170</td><td rowspan="3">+172
+100</td><td rowspan="3">+215
+100</td><td rowspan="3">+285
+100</td><td rowspan="3">+96
+50</td><td rowspan="3">+122
+50</td><td rowspan="3">+165
+50</td></tr>
<tr><td>>200～225</td><td>+1 030
+740</td><td>+670
+380</td><td>+445
+260</td><td>+550
+260</td></tr>
<tr><td>>225～250</td><td>+1 110
+820</td><td>+710
+420</td><td>+465
+280</td><td>+570
+280</td></tr>
<tr><td>>250～280</td><td>+1 240
+920</td><td>+800
+480</td><td>+510
+300</td><td>+620
+300</td><td rowspan="2">+320
+190</td><td rowspan="2">+400
+190</td><td rowspan="2">+510
+190</td><td rowspan="2">+191
+110</td><td rowspan="2">+240
+110</td><td rowspan="2">+320
+110</td><td rowspan="2">+108
+56</td><td rowspan="2">+137
+56</td><td rowspan="2">+186
+56</td></tr>
<tr><td>>280～315</td><td>+1 370
+1 050</td><td>+860
+540</td><td>+540
+330</td><td>+650
+330</td></tr>
<tr><td>>315～355</td><td>+1 560
+1 200</td><td>+960
+600</td><td>+590
+360</td><td>+720
+360</td><td rowspan="2">+350
+210</td><td rowspan="2">+440
+210</td><td rowspan="2">+570
+210</td><td rowspan="2">+214
+125</td><td rowspan="2">+265
+125</td><td rowspan="2">+355
+125</td><td rowspan="2">+119
+62</td><td rowspan="2">+151
+62</td><td rowspan="2">+202
+62</td></tr>
<tr><td>>355～400</td><td>+1 710
+1 350</td><td>+1 040
+680</td><td>+630
+400</td><td>+760
+400</td></tr>
<tr><td>>400～450</td><td>+1 900
+1 500</td><td>+1 160
+760</td><td>+690
+440</td><td>+840
+440</td><td rowspan="2">+385
+230</td><td rowspan="2">+480
+230</td><td rowspan="2">+630
+230</td><td rowspan="2">+232
+135</td><td rowspan="2">+290
+135</td><td rowspan="2">+385
+135</td><td rowspan="2">+131
+68</td><td rowspan="2">+165
+68</td><td rowspan="2">+223
+68</td></tr>
<tr><td>>450～500</td><td>+2 050
+1 650</td><td>+1 240
+840</td><td>+730
+480</td><td>+880
+480</td></tr>
</table>

注：公称尺寸小于 1mm 时，各级的 A 和 B 均不采用。

续表

公称尺寸/mm	常用及优先公差带																
	G		H						JS			K			M		
	6	⑦	6	⑦	⑧	⑨	10	⑪	6	⑦	8	6	⑦	8	6	7	8
≤3	+8 +2	+12 +2	+6 0	+10 0	+14 0	+25 0	+40 0	+60 0	±3	±5	±7	0 −6	0 −10	0 −14	−2 −8	−2 −12	−2 −16
>3～6	+12 +4	+16 +4	+8 0	+12 0	+18 0	+30 0	+48 0	+75 0	±4	±6	±9	+2 −6	+3 −9	+5 −13	−1 −9	0 −12	+2 −16
>6～10	+14 +5	+20 +5	+9 0	+15 0	+22 0	+36 0	+58 0	+90 0	±4.5	±7.5	±11	+2 −7	+5 −10	+6 −16	−3 −12	0 −15	+1 −21
>10～14 >14～18	+17 +6	+24 +6	+11 0	+18 0	+27 0	+43 0	+70 0	+110 0	±5.5	±9	±13.5	+2 −9	+6 −12	+8 −19	−4 −15	0 −18	+2 −25
>18～24 >24～30	+20 +7	+28 +7	+13 0	+21 0	+33 0	+52 0	+84 0	+130 0	±6.5	±10.5	±16.5	+2 −11	+6 −15	+10 −23	−4 −17	0 −21	+4 −29
>30～40 >40～50	+25 +9	+34 +9	+16 0	+25 0	+39 0	+62 0	+100 0	+160 0	±8	±12.5	±19.5	+3 −13	+7 −18	+12 −27	−4 −20	0 −25	+5 −34
>50～65 >65～80	+29 +10	+40 +10	+19 0	+30 0	+46 0	+74 0	+120 0	+190 0	±9.5	±15	±23	+4 −15	+9 −21	+14 −32	−5 −24	0 −30	+5 −41
>80～100 >100～120	+34 +12	+47 +12	+22 0	+35 0	+54 0	+87 0	+140 0	+220 0	±11	±17.5	±27	+4 −18	+10 −25	+16 −38	−6 −28	0 −35	+6 −48
>120～140 >140～160 >160～180	+39 +14	+54 +14	+25 0	+40 0	+63 0	+100 0	+160 0	+250 0	±12.5	±20	±31.5	+4 −21	+12 −28	+20 −43	−8 −33	0 −40	+8 −55
>180～200 >200～225 >225～250	+44 +15	+61 +15	+29 0	+46 0	+72 0	+115 0	+185 0	+290 0	±14.5	±23	±36	+5 −24	+13 −33	+22 −50	−8 −37	0 −46	+9 −63
>250～280 >280～315	+49 +17	+69 +17	+32 0	+52 0	+81 0	+130 0	+210 0	+320 0	±16	±26	±40.5	+5 −27	+16 −36	+25 −56	−9 −41	0 −52	+9 −72
>315～355 >355～400	+54 +18	+75 +18	+36 0	+57 0	+89 0	+140 0	+230 0	+360 0	±18	±28.5	±44.5	+7 −29	+17 −40	+28 −61	−10 −46	0 −57	+11 −78
>400～450 >450～500	+60 +20	+83 +20	+40 0	+63 0	+97 0	+155 0	+250 0	+400 0	±20	±31.5	±48.5	+8 −32	+18 −45	+29 −68	−10 −50	0 −63	+11 −86

（带圈者为优先公差带）

N			P			R			S		T		U	X
6	⑦	8	6	⑦	8	6	⑦	8	6	⑦	6	7	⑦	7
-4 -10	-4 -14	-4 -18	-6 -12	-6 -16	-6 -20	-10 -16	-10 -20	-10 -24	-14 -20	-14 -24	—	—	-18 -28	-20 -30
-5 -13	-4 -16	-2 -20	-9 -17	-8 -20	-12 -30	-12 -20	-11 -23	-15 -33	-16 -24	-15 -27	—	—	-19 -31	-24 -36
-7 -16	-4 -19	-3 -25	-12 -21	-9 -24	-15 -37	-16 -25	-13 -28	-19 -41	-20 -29	-17 -32	—	—	-22 -37	-28 -43
-9 -20	-5 -23	-3 -30	-15 -26	-11 -29	-18 -45	-20 -31	-16 -34	-23 -50	-25 -36	-21 -39	—	—	-26 -44	-33 -51
														-38 -56
-11 -24	-7 -28	-3 -36	-18 -31	-14 -35	-22 -55	-24 -37	-20 -41	-28 -61	-31 -44	-27 -48	—	—	-33 -54	-46 -67
											-37 -50	-33 -54	-40 -61	-56 -77
-12 -28	-8 -33	-3 -42	-21 -37	-17 -42	-26 -65	-29 -45	-25 -50	-34 -73	-38 -54	-34 -59	-43 -59	-39 -64	-51 -76	-71 -96
											-49 -65	-45 -70	-61 -86	-88 -113
-14 -33	-9 -39	-4 -50	-26 -45	-21 -51	-32 -78	-35 -54	-30 -60	-41 -87	-47 -66	-42 -72	-60 -79	-55 -85	-76 -106	-111 -141
						-37 -56	-32 -62	-43 -89	-53 -72	-48 -78	-69 -88	-64 -94	-91 -121	-135 -165
-16 -38	-10 -45	-4 -58	-30 -52	-24 -59	-37 -91	-44 -66	-38 -73	-51 -105	-64 -86	-58 -93	-84 -106	-78 -113	-111 -146	-165 -200
						-47 -69	-41 -76	-54 -108	-72 -94	-66 -101	-97 -119	-91 -126	-131 -166	-197 -232
-20 -45	-12 -52	-4 -67	-36 -61	-28 -68	-43 -106	-56 -81	-48 -88	-63 -126	-85 -110	-77 -117	-115 -140	-107 -147	-155 -195	-233 -273
						-58 -83	-50 -90	-65 -128	-93 -118	-85 -125	-127 -152	-119 -159	-175 -215	-265 -305
						-61 -86	-53 -93	-68 -131	-101 -126	-93 -133	-139 -164	-131 -171	-195 -235	-295 -335
-22 -51	-14 -60	-5 -77	-41 -70	-33 -79	-50 -122	-68 -97	-60 -106	-77 -149	-113 -142	-105 -151	-157 -186	-149 -195	-219 -265	-333 -379
						-71 -100	-63 -109	-80 -152	-121 -150	-113 -159	-171 -200	-163 -209	-241 -287	-368 -414
						-75 -104	-67 -113	-84 -156	-131 -160	-123 -169	-187 -216	-179 -225	-267 -313	-408 -454
-25 -57	-14 -66	-5 -86	-47 -79	-36 -88	-56 -137	-85 -117	-74 -126	-94 -175	-149 -181	-138 -190	-209 -241	-198 -250	-295 -347	-455 -507
						-89 -121	-78 -130	-98 -179	-161 -193	-150 -202	-231 -263	-220 -272	-330 -382	-505 -557
-26 -62	-16 -73	-5 -94	-51 -87	-41 -98	-62 -151	-97 -133	-87 -144	-108 -197	-179 -215	-169 -226	-257 -293	-247 -304	-369 -426	-569 -626
						-103 -139	-93 -150	-114 -203	-197 -233	-187 -244	-283 -319	-273 -330	-414 -471	-639 -696
-27 -67	-17 -80	-6 -103	-55 -95	-45 -108	-68 -165	-113 -153	-103 -166	-126 -223	-219 -259	-209 -272	-317 -357	-307 -370	-467 -530	-717 -780
						-119 -159	-109 -172	-132 -229	-239 -279	-229 -292	-347 -387	-337 -400	-517 -580	-797 -860

附表 G.2　轴的极限偏差

公称尺寸/mm	常用及优先公差带										
	a	b		c		d			e		
	⑪	9	⑪	9	⑪	8	⑨	10	7	⑧	9
≤ 3	-270 -330	-140 -165	-140 -200	-60 -85	-60 -120	-20 -34	-20 -45	-20 -60	-14 -24	-14 -28	-14 -39
>3 ～ 6	-270 -345	-140 -170	-140 -215	-70 -100	-70 -145	-30 -48	-30 -60	-30 -78	-20 -32	-20 -38	-20 -50
>6 ～ 10	-280 -370	-150 -186	-150 -240	-80 -116	-80 -170	-40 -62	-40 -76	-40 -98	-25 -40	-25 -47	-25 -61
>10 ～ 14 >14 ～ 18	-290 -400	-150 -193	-150 -260	-95 -138	-95 -205	-50 -77	-50 -93	-50 -120	-32 -50	-32 -59	-32 -75
>18 ～ 24 >24 ～ 30	-300 -430	-160 -212	-160 -290	-110 -162	-110 -240	-65 -98	-65 -117	-65 -149	-40 -61	-40 -73	-40 -92
>30 ～ 40	-310 -470	-170 -232	-170 -330	-120 -182	-120 -280	-80 -119	-80 -142	-80 -180	-50 -75	-50 -89	-50 -112
>40 ～ 50	-320 -480	-180 -242	-180 -340	-130 -192	-130 -290						
>50 ～ 65	-340 -530	-190 -264	-190 -380	-140 -214	-140 -330	-100 -146	-100 -174	-100 -220	-60 -90	-60 -106	-60 -134
>65 ～ 80	-360 -550	-200 -274	-200 -390	-150 -224	-150 -340						
>80 ～ 100	-380 -600	-220 -307	-220 -440	-170 -257	-170 -390	-120 -174	-120 -207	-120 -260	-72 -107	-72 -126	-72 -159
>100 ～ 120	-410 -630	-240 -327	-240 -460	-180 -267	-180 -400						
>120 ～ 140	-460 -710	-260 -360	-260 -510	-200 -300	-200 -450	-145 -208	-145 -245	-145 -305	-85 -125	-85 -148	-85 -185
>140 ～ 160	-520 -770	-280 -380	-280 -530	-210 -310	-210 -460						
>160 ～ 180	-580 -830	-310 -410	-310 -560	-230 -330	-230 -480						
>180 ～ 200	-660 -950	-340 -455	-340 -630	-240 -355	-240 -530	-170 -242	-170 -285	-170 -355	-100 -146	-100 -172	-100 -215
>200 ～ 225	-740 -1 030	-380 -495	-380 -670	-260 -375	-260 -550						
>225 ～ 250	-820 -1 110	-420 -535	-420 -710	-280 -395	-280 -570						
>250 ～ 280	-920 -1 240	-480 -610	-480 -800	-300 -430	-300 -620	-190 -271	-190 -320	-190 -400	-110 -162	-110 -191	-110 -240
>280 ～ 315	-1 050 -1 370	-540 -670	-540 -860	-330 -460	-330 -650						
>315 ～ 355	-1 200 -1 560	-600 -740	-600 -960	-360 -500	-360 -720	-210 -299	-210 -350	-210 -440	-125 -182	-125 -214	-125 -265
>355 ～ 400	-1 350 -1 710	-680 -820	-680 -1 040	-400 -540	-400 -760						
>400 ～ 450	-1 500 -1 900	-760 -915	-760 -1 160	-440 -595	-440 -840	-230 -327	-230 -385	-230 -480	-135 -198	-135 -232	-135 -290
>450 ～ 500	-1 650 -2 050	-840 -995	-840 -1 240	-480 -635	-480 -880						

（GB/T 1800.2—2020）　　（单位：μm）

（带圈者为优先公差带）											
f			g		h						
6	⑦	8	5	⑥	5	⑥	⑦	8	⑨	10	⑪
−6 −12	−6 −16	−6 −20	−2 −6	−2 −8	0 −4	0 −6	0 −10	0 −14	0 −25	0 −40	0 −60
−10 −18	−10 −22	−10 −28	−4 −9	−4 −12	0 −5	0 −8	0 −12	0 −18	0 −30	0 −48	0 −75
−13 −22	−13 −28	−13 −35	−5 −11	−5 −14	0 −6	0 −9	0 −15	0 −22	0 −36	0 −58	0 −90
−16 −27	−16 −34	−16 −43	−6 −14	−6 −17	0 −8	0 −11	0 −18	0 −27	0 −43	0 −70	0 −110
−20 −33	−20 −41	−20 −53	−7 −16	−7 −20	0 −9	0 −13	0 −21	0 −33	0 −52	0 −84	0 −130
−25 −41	−25 −50	−25 −64	−9 −20	−9 −25	0 −11	0 −16	0 −25	0 −39	0 −62	0 −100	0 −160
−30 −49	−30 −60	−30 −76	−10 −23	−10 −29	0 −13	0 −19	0 −30	0 −46	0 −74	0 −120	0 −190
−36 −58	−36 −71	−36 −90	−12 −27	−12 −34	0 −15	0 −22	0 −35	0 −54	0 −87	0 −140	0 −220
−43 −68	−43 −83	−43 −106	−14 −32	−14 −39	0 −18	0 −25	0 −40	0 −63	0 −100	0 −160	0 −250
−50 −79	−50 −96	−50 −122	−15 −35	−15 −44	0 −20	0 −29	0 −46	0 −72	0 −115	0 −185	0 −290
−56 −88	−56 −108	−56 −137	−17 −40	−17 −49	0 −23	0 −32	0 −52	0 −81	0 −130	0 −210	0 −320
−62 −98	−62 −119	−62 −151	−18 −43	−18 −54	0 −25	0 −36	0 −57	0 −89	0 −140	0 −230	0 −360
−68 −108	−68 −131	−68 −165	−20 −47	−20 −60	0 −27	0 −40	0 −63	0 −97	0 −155	0 −250	0 −400

续表

公称尺寸/mm	常用及优先公差带														
	js			k			m			n			p		
	5	⑥	7	5	⑥	7	5	6	7	5	⑥	7	5	⑥	7
≤3	±2	±3	±5	+4 0	+6 0	+10 0	+6 +2	+8 +2	+12 +2	+8 +4	+10 +4	+14 +4	+10 +6	+12 +6	+16 +6
>3～6	±2.5	±4	±6	+6 +1	+9 +1	+13 +1	+9 +4	+12 +4	+16 +4	+13 +8	+16 +8	+20 +8	+17 +12	+20 +12	+24 +12
>6～10	±3	±4.5	±7.5	+7 +1	+10 +1	+16 +1	+12 +6	+15 +6	+21 +6	+16 +10	+19 +10	+25 +10	+21 +15	+24 +15	+30 +15
>10～14 >14～18	±4	±5.5	±9	+9 +1	+12 +1	+19 +1	+15 +7	+18 +7	+25 +7	+20 +12	+23 +12	+30 +12	+26 +18	+29 +18	+36 +18
>18～24 >24～30	±4.5	±6.5	±10.5	+11 +2	+15 +2	+23 +2	+17 +8	+21 +8	+29 +8	+24 +15	+28 +15	+36 +15	+31 +22	+35 +22	+43 +22
>30～40 >40～50	±5.5	±8	±12.5	+13 +2	+18 +2	+27 +2	+20 +9	+25 +9	+34 +9	+28 +17	+33 +17	+42 +17	+37 +26	+42 +26	+51 +26
>50～65 >65～80	±6.5	±9.5	±15	+15 +2	+21 +2	+32 +2	+24 +11	+30 +11	+41 +11	+33 +20	+39 +20	+50 +20	+45 +32	+51 +32	+62 +32
>80～100 >100～120	±7.5	±11	±17.5	+18 +3	+25 +3	+38 +3	+28 +13	+35 +13	+48 +13	+38 +23	+45 +23	+58 +23	+52 +37	+59 +37	+72 +37
>120～140 >140～160 >160～180	±9	±12.5	±20	+21 +3	+28 +3	+43 +3	+33 +15	+40 +15	+55 +15	+45 +27	+52 +27	+67 +27	+61 +43	+68 +43	+83 +43
>180～200 >200～225 >225～250	±10	±14.5	±23	+24 +4	+33 +4	+50 +4	+37 +17	+46 +17	+63 +17	+51 +31	+60 +31	+77 +31	+70 +50	+79 +50	+96 +50
>250～280 >280～315	±11.5	±16	±26	+27 +4	+36 +4	+56 +4	+43 +20	+52 +20	+72 +20	+57 +34	+66 +34	+86 +34	+79 +56	+88 +56	+108 +56
>315～355 >355～400	±12.5	±18	±28.5	+29 +4	+40 +4	+61 +4	+46 +21	+57 +21	+78 +21	+62 +37	+73 +37	+94 +37	+87 +62	+98 +62	+119 +62
>400～450 >450～500	±13.5	±20	±31.5	+32 +5	+45 +5	+68 +5	+50 +23	+63 +23	+86 +23	+67 +40	+80 +40	+103 +40	+95 +68	+108 +68	+131 +68

注：公称尺寸小于 1mm 时，各级的 a 和 b 均不采用。

（带圈者为优先公差带）											
r			s			t			u		x
5	⑥	7	5	⑥	7	5	6	7	6	7	6
+14 +10	+16 +10	+20 +10	+18 +14	+20 +14	+24 +14	—	—	—	+24 +18	+28 +18	+26 +20
+20 +15	+23 +15	+27 +15	+24 +19	+27 +19	+31 +19	—	—	—	+31 +23	+35 +23	+36 +28
+25 +19	+28 +19	+34 +19	+29 +23	+32 +23	+38 +23	—	—	—	+37 +28	+43 +28	+43 +34
+31 +23	+34 +23	+41 +23	+36 +28	+39 +28	+46 +28	—	—	—	+44 +33	+51 +33	+51 +40
						—	—	—			+56 +45
+37 +28	+41 +28	+49 +28	+44 +35	+48 +35	+56 +35	—	—	—	+54 +41	+62 +41	+67 +54
						+50 +41	+54 +41	+62 +41	+61 +48	+69 +48	+77 +64
+45 +34	+50 +34	+59 +34	+54 +43	+59 +43	+68 +43	+59 +48	+64 +48	+73 +48	+76 +60	+85 +60	+96 +80
						+65 +54	+70 +54	+79 +54	+86 +70	+95 +70	+113 +97
+54 +41	+60 +41	+71 +41	+66 +53	+72 +53	+83 +53	+79 +66	+85 +66	+96 +66	+106 +87	+117 +87	+141 +122
+56 +43	+62 +43	+73 +43	+72 +59	+78 +59	+89 +59	+88 +75	+94 +75	+105 +75	+121 +102	+132 +102	+165 +146
+66 +51	+73 +51	+86 +51	+86 +71	+93 +71	+106 +71	+106 +91	+113 +91	+126 +91	+146 +124	+159 +124	+200 +178
+69 +54	+76 +54	+89 +54	+94 +79	+101 +79	+114 +79	+119 +104	+126 +104	+139 +104	+166 +144	+179 +144	+232 +210
+81 +63	+88 +63	+103 +63	+110 +92	+117 +92	+132 +92	+140 +122	+147 +122	+162 +122	+195 +170	+210 +170	+273 +248
+83 +65	+90 +65	+105 +65	+118 +100	+125 +100	+140 +100	+152 +134	+159 +134	+174 +134	+215 +190	+230 +190	+305 +280
+86 +68	+93 +68	+108 +68	+126 +108	+133 +108	+148 +108	+164 +146	+171 +146	+186 +146	+235 +210	+250 +210	+335 +310
+97 +77	+106 +77	+123 +77	+142 +122	+151 +122	+168 +122	+186 +166	+195 +166	+212 +166	+265 +236	+282 +236	+379 +350
+100 +80	+109 +80	+126 +80	+150 +130	+159 +130	+176 +130	+200 +180	+209 +180	+226 +180	+287 +258	+304 +258	+414 +385
+104 +84	+113 +84	+130 +84	+160 +140	+169 +140	+186 +140	+216 +196	+225 +196	+242 +196	+313 +284	+330 +284	+454 +425
+117 +94	+126 +94	+146 +94	+181 +158	+190 +158	+210 +158	+241 +218	+250 +218	+270 +218	+347 +315	+367 +315	+507 +475
+121 +98	+130 +98	+150 +98	+193 +170	+202 +170	+222 +170	+263 +240	+272 +240	+292 +240	+382 +350	+402 +350	+557 +525
+133 +108	+144 +108	+165 +108	+215 +190	+226 +190	+247 +190	+293 +268	+304 +268	+325 +268	+426 +390	+447 +390	+626 +590
+139 +114	+150 +114	+171 +114	+233 +208	+244 +208	+265 +208	+319 +294	+330 +294	+351 +294	+471 +435	+492 +435	+696 +660
+153 +126	+166 +126	+189 +126	+259 +232	+272 +232	+295 +232	+357 +330	+370 +330	+393 +330	+530 +490	+553 +490	+780 +740
+159 +132	+172 +132	+195 +132	+279 +252	+292 +252	+315 +252	+387 +360	+400 +360	+423 +360	+580 +540	+603 +540	+860 +820